普通高等学校"十三五"规划教材

概率论与数理统计

崔学慧 明 辉 严彦文 高 阳 赵彤远 范 申 编著

U0180562

中国铁道出版社有限公司
CHINA RAILWAY PUBLISHING HOUSE CO., LTD.

内 容 简 介

本书针对普通高等学校理工类和经管类教学需要以及大数据分析和人工智能需要而组织编写。全书共九章,内容包括随机事件与概率、随机变量及其分布、多维随机变量及其分布、随机变量的数字特征、大数定律与中心极限定理、数理统计的基本概念、参数估计、假设检验、方差分析与回归分析等。全书内容涵盖考研要求的各知识点,配备了较多例题和习题。

本书适合作为普通高等学校理工、经管等专业教材,也可作为考研参考书。

图书在版编目(CIP)数据

概率论与数理统计/崔学慧等编著. —北京:中国铁道出版社有限公司,2020.2

普通高等学校"十三五"规划教材

ISBN 978-7-113-26635-6

Ⅰ. ①概… Ⅱ. ①崔… Ⅲ. ①概率论-高等学校-教材 ②数理统计-高等学校-教材 Ⅳ. ①O21

中国版本图书馆 CIP 数据核字(2020)第 022588 号

书　　名:概率论与数理统计
作　　者:崔学慧　明　辉　严彦文　高　阳　赵彤远　范　申

策　　划:李小军　　　　　　　　　编辑部电话:010-63589185 转 2056
责任编辑:钱　鹏　徐盼欣
封面设计:刘　颖
责任校对:张玉华
责任印制:郭向伟

出版发行:中国铁道出版社有限公司(100054,北京市西城区右安门西街 8 号)
网　　址:http://www.tdpress.com/51eds/
印　　刷:三河市兴博印务有限公司
版　　次:2020 年 2 月第 1 版　　2020 年 2 月第 1 次印刷
开　　本:787 mm×1092 mm 1/16　印张:14.5　字数:349 千
书　　号:ISBN 978-7-113-26635-6
定　　价:38.00元

前　言

为研究生产实践与科学试验中纷繁复杂的随机现象的规律性,需要学习、掌握一定的概率论与数理统计基础知识。概率论与数理统计是普通高等学校理工类、经管类、医学类等专业均开设的重要基础课程之一,特别是随着大数据分析、人工智能产业的蓬勃发展,更加凸显概率论与数理统计的基础性地位。

从学科的逻辑思维特征角度看,概率论侧重演绎推理,数理统计侧重归纳推断,二者均需逐步养成较好的批判性思维能力,进而掌握正确分析不确定事件及其结果特征的理论基础与方法。需要指出的是,数理统计学与通常的统计学是有区别的:数理统计更侧重统计方法的数理基础,统计学更侧重统计方法的实用性与有效性。

本书的主要特点如下:

(1)侧重概率论与数理统计基础概念的思辨特征,注重概念的内涵与外延。

(2)包含教育部近年考研数学大纲概率论与数理统计部分的知识点。

(3)理论联系实际,配备大量例题与习题。

本教材共分9章:前五章是概率论部分,其中第1章、第2章由明辉编写,第3章由范申编写,第4章、第5章由严彦文编写;后四章是数理统计部分,其中第6章、第7章由崔学慧编写,第8章由赵彤远编写,第9章由高阳编写。全书由崔学慧统稿定稿。

本书的编写得到了中国石油大学(北京)理学院的大力支持,中国铁道出版社有限公司对本书的出版给出了切实的建议。中国石油大学(北京)理学院数学系刘文敏、罗佳慧、张亚茹、汪思思、马利肖、韩甜、刘慧萍几位硕士研究生参与了本书的校订和绘图工作。在此,一并向他们的辛苦工作表示感谢。

限于编者水平,加之时间仓促,书中难免存在不妥及疏漏之处,敬请广大读者批评指正。

编　者

2019 年 11 月

目　　录

第1章　随机事件与概率 …………… 1

§1.1　随机事件及其运算 ………… 1

1.1.1　随机现象(1)

1.1.2　样本空间(2)

1.1.3　随机事件(2)

1.1.4　随机变量(3)

1.1.5　事件间的关系(3)

1.1.6　事件运算(4)

1.1.7　事件域(7)

§1.2　概率的定义及其确定方法 … 8

1.2.1　频率的定义(8)

1.2.2　概率的统计定义(8)

1.2.3　概率的公理化定义(10)

1.2.4　确定概率的古典方法(10)

1.2.5　确定概率的几何方法(14)

1.2.6　确定概率的主观方法(17)

§1.3　概率的性质 ……………… 18

1.3.1　概率的可加性(18)

1.3.2　概率的单调性(19)

1.3.3　概率的加法公式(19)

1.3.4　概率的连续性(20)

§1.4　条件概率 ………………… 21

1.4.1　条件概率的定义(21)

1.4.2　乘法公式(23)

1.4.3　全概率公式(24)

1.4.4　贝叶斯公式(26)

§1.5　独立性 …………………… 28

1.5.1　两个事件的独立性(28)

1.5.2　多个事件的相互独立性(30)

1.5.3　试验的独立性(32)

习题 ……………………………… 33

第2章　随机变量及其分布 ………… 36

§2.1　随机变量及其分布概述 …… 36

2.1.1　随机变量的概念与意义(36)

2.1.2　随机变量的分布函数(37)

2.1.3　离散随机变量的概率
分布列(律)(38)

2.1.4　连续型随机变量的概率
密度函数(40)

§2.2　常用离散分布 …………… 42

2.2.1　二项分布与两点分布(42)

2.2.2　泊松分布(44)

2.2.3　超几何分布(46)

2.2.4　几何分布与负二项分布(47)

§2.3　常用连续分布 …………… 48

2.3.1　正态分布(48)

2.3.2　均匀分布(50)

2.3.3　指数分布(51)

2.3.4　伽马分布(53)

§2.4　随机变量函数的分布 ……… 55

2.4.1　离散随机变量函数的
分布(55)

2.4.2　连续随机变量函数的分布(57)

习题 ……………………………… 60

第3章　多维随机变量及其分布 …… 64

§3.1　二维随机变量 …………… 64

3.1.1　二维随机变量的定义(64)

3.1.2　联合分布函数(64)

3.1.3　二维离散型随机变量及其
联合分布律(65)

3.1.4　二维连续型随机变量(67)

§3.2　边缘分布 ………………… 69

3.2.1　已知联合分布函数求边缘
分布函数(69)

3.2.2　已知联合分布律求边缘
分布律(70)

3.2.3　已知联合密度函数求边缘
密度函数(72)

§3.3 条件分布 ················ 74
　3.3.1 离散型随机变量的条件
　　　　分布律(74)
　3.3.2 连续型随机变量的条件
　　　　密度函数(75)
§3.4 随机变量的独立性 ········· 77
　3.4.1 随机变量独立性的定义(77)
　3.4.2 离散型随机变量的
　　　　独立性(78)
　3.4.3 连续型随机变量的
　　　　独立性(79)
　3.4.4 n 维随机变量的独立性(81)
§3.5 多维随机变量函数的
　　　分布 ··················· 81
　3.5.1 多维离散型随机变量函数的
　　　　分布(81)
　3.5.2 多维连续型随机变量函数的
　　　　分布(83)
习题 ·························· 87

第4章 随机变量的数字特征 ······· 90
§4.1 数学期望 ··············· 90
§4.2 方差 ··················· 94
　4.2.1 (0—1)分布(96)
　4.2.2 泊松分布(96)
　4.2.3 二项分布(96)
　4.2.4 均匀分布(96)
　4.2.5 指数分布(97)
　4.2.6 正态分布(97)
§4.3 协方差及相关系数 ········· 98
§4.4 矩、协方差矩阵 ·········· 104
习题 ························· 106

第5章 大数定律与中心极限定理 ··· 109
§5.1 大数定律 ·············· 109
§5.2 中心极限定理 ··········· 111
习题 ························· 113

第6章 数理统计的基本概念 ······· 115
§6.1 总体与样本 ············· 115

§6.2 统计量 ················· 117
§6.3 常用抽样分布 ··········· 119
　6.3.1 χ^2 分布(119)
　6.3.2 t 分布(120)
　6.3.3 F 分布(121)
　6.3.4 概率分布的上分位数(122)
§6.4 正态总体的样本均值与样
　　　本方差的分布 ·········· 123
习题 ························· 125

第7章 参数估计 ··············· 128
§7.1 点估计 ················· 128
　7.1.1 矩估计法(128)
　7.1.2 极大似然估计法(131)
§7.2 估计量的评选标准 ········ 135
　7.2.1 无偏性(135)
　7.2.2 有效性(136)
　7.2.3 一致性(137)
§7.3 区间估计 ·············· 138
　7.3.1 区间估计的基本概念(138)
　7.3.2 单正态总体的均值
　　　　与方差的区间估计(139)
　7.3.3 双正态总体均值差的区间
　　　　估计(141)
　7.3.4 双正态总体方差之比的
　　　　区间估计(142)
　7.3.5 (0—1)分布参数的区间
　　　　估计(142)
　7.3.6 单侧置信区间的估计(143)
习题 ························· 143

第8章 假设检验 ··············· 147
§8.1 假设检验的思想 ·········· 147
　8.1.1 假设检验的基本原理(147)
　8.1.2 假设检验的相关概念(149)
　8.1.3 双边假设检验与单边假设
　　　　检验(150)
　8.1.4 假设检验的一般步骤(150)
§8.2 正态总体均值的假设
　　　检验 ················· 151

8.2.1 单个正态总体均值的
检验(151)

8.2.2 双正态总体均值差的假设
检验(154)

8.2.3 基于成对数据的检验
(t 检验)(155)

§8.3 正态总体方差的假设
检验 ·················· 156

8.3.1 单个总体方差的检验(156)

8.3.2 双总体方差的检验(158)

§8.4 置信区间与假设检验的
关系 ·················· 160

§8.5 分布拟合检验 ·············· 161

§8.6 假设检验问题的 p 值法 ··· 162

习题 ·················· 163

第9章 方差分析与回归分析 ········ 166

§9.1 单因素试验的方差分析 ··· 166

9.1.1 单因素方差试验
及其数学模型(167)

9.1.2 检验方法(168)

9.1.3 方差分析表(170)

9.1.4 单因素方差分析举例(170)

§9.2 多因素试验的方差分析 ··· 172

9.2.1 双因素无重复方差分析(172)

9.2.2 双因素重复方差分析(177)

§9.3 一元线性回归 ··············· 180

9.3.1 一元线性回归方程(180)

9.3.2 b_0, b_1 的极大似然估计(181)

9.3.3 b_0, b_1 的最小二乘估计(183)

9.3.4 回归方程的显著性检验(184)

9.3.5 预测与控制(188)

9.3.6 非线性回归问题的
线性化(190)

§9.4 多元线性回归 ··············· 193

9.4.1 多元线性回归的数学模型
及其参数估计(193)

9.4.2 一元多项式回归(195)

9.4.3 回归模型检验(197)

9.4.4 预测(199)

9.4.5 最优回归模型(200)

习题 ························ 203

附录 ···························· 212

附录 A 标准正态分布表 ········ 212

附录 B 泊松分布表 ············ 213

附录 C t 分布分位数表 ········ 215

附录 D χ^2 分布分位数表 ······· 216

附录 E F 分布分位数表 ········ 218

参考文献 ······················ 224

第 1 章　随机事件与概率

概率论是研究随机现象统计规律性的数学学科,它的理论与方法在自然科学、社会科学、工程技术、经济管理等诸多领域有着广泛的应用.从 17 世纪人们利用古典概型来研究赌本分配、人口统计、产品检查等问题到 20 世纪 30 年代概率论公理化体系的建立,概率论形成了自己严格的概念体系和严密的逻辑结构.

本章重点介绍概率论的两个最基本的概念:随机事件与概率.主要内容包括:随机事件与概率的定义、古典概型与几何概型、条件概率、乘法公式、全概率公式与贝叶斯公式,以及事件的独立性等.本章是后面各章节的纲领,后续章节只是用随机变量表示事件.

§1.1　随机事件及其运算

1.1.1　随机现象

在一定条件下必然出现的现象称为**确定性现象**.例如,没有受到外力作用的物体永远保持原来的运动状态,同性电荷相互排斥等,都是必然出现的现象.

在相同的条件下可能出现也可能不出现,但在进行了大量重复地观测之后,其结果往往会表现出某种规律性的现象称为**随机现象**.例如,抛掷一枚硬币出现正面还是出现反面,检查产品质量时任意抽取的产品是合格品还是次品等,都是随机现象.

在对随机现象进行大量重复观测时我们发现:一方面,在每次观测之前不能预知哪个结果出现,这是随机现象的随机性;另一方面,在进行了大量重复观测之后,其结果往往会表现出某种规律性.例如,抛掷一枚硬币,可能出现正面也可能出现反面,抛掷之前无法预知哪个结果出现,但在反复多次抛掷之后,正面出现的频率(即正面出现的次数与抛掷总次数的比值)在 0.5 附近摆动,这表明随机现象存在其固有的量的规律性.我们把随机现象在大量重复观测时所表现出来的量的规律性称为随机现象的**统计规律性**.

为了研究和揭示随机现象的统计规律性,我们需要对随机现象进行大量重复的观察、测量或者试验.为了方便,将它们统称**试验**.如果试验具有以下特点,则称为**随机试验**,简称**试验**:

(1)可重复性:试验可以在相同的条件下重复进行.

(2)可观测性:每次试验的所有可能结果都是明确的、可观测的,并且试验的可能结果有两个或更多个.

(3)随机性:每次试验将要出现的结果是不确定的,试验之前无法预知哪一个结果出现.

也有很多随机试验是不能重复的,比如某些经济现象、比赛等.概率论与数理统计主要研究能够大量重复的随机现象,但也十分注意不能重复的随机现象的研究.

1.1.2 样本空间

我们用字母 E 表示一个随机试验,用 $\Omega=\{\omega_1,\omega_2,\cdots,\omega_n\}$ 表示随机现象的一切可能基本结果组成的集合,称为**样本空间**. 样本空间的元素,即每个基本结果 ω,称为**样本点**.

例 1.1 写出下列各试验的样本空间.

(1)掷一枚硬币,观察正面和反面出现(这两个基本结果依次记为 ω_1 和 ω_2)的情况,则该试验的样本空间为 $\Omega_1=\{\omega_1,\omega_2\}$.

(2)掷一枚骰子,观察出现的点数,则基本结果是"出现 i 点",分别记为 $\omega_i(i=1,2,3,4,5,6)$,则该试验的样本空间为 $\Omega_2=\{\omega_1,\omega_2,\omega_3,\omega_4,\omega_5,\omega_6\}$.

(3)在一只罐子中装有大小和形状完全一样的 2 个白球和 3 个黑球,依次在 2 个白球上标以数字 1 和 2,在 3 个黑球上标以数字 3,4 和 5,从罐子中任取一个球,用 ω_i 表示"取出的是标有 i 的球"$(i=1,2,3,4,5)$,则试验的样本空间为 $\Omega_3=\{\omega_1,\omega_2,\omega_3,\omega_4,\omega_5\}$.

(4)在一个箱子中装有 10 个同型号的某种零件,其中有 3 件次品和 7 件合格品,从此箱子中任取 3 个零件,其中的次品个数可能是 0,1,2,3,试验的样本空间为 $\Omega_4=\{0,1,2,3\}$.

(5)某机场咨询电话在一天内收到的电话次数可能是 $0,1,2,\cdots$,则试验的样本空间为 $\Omega_5=\{0,1,2,\cdots\}$.

(6)考察某一大批同型电子元件的使用寿命(单位:h),则使用的样本空间为 $\Omega_6=[0,+\infty)$.

注意:

(1)样本空间中的元素可以是数,也可以不是数.

(2)样本空间至少有两个样本点,仅含两个样本点的样本空间是最简单的样本空间.

(3)从样本空间中所含的样本点个数来区分,样本空间可分为有限与无限两类,有限样本空间如例 1.1 中的(1)~(4),无限样本空间如例 1.1 中的(5)、(6),例 1.1(5)中样本点的个数是可列的,但例 1.1(6)中样本点的个数是不可列无限的. 样本点的个数有限和可列的归为一类,称为**离散样本空间**;样本点的个数不可列归为一类,称为**连续样本空间**.

必须指出的是,样本空间并不完全由试验所决定,它部分地取决于试验目的. 假设抛掷一枚硬币两次,出于某些目的,也许只需要考虑 3 种可能的结果就足够了:两次都是正面,两次都是反面,一次是正面一次是反面,于是这 3 种结果就构成了样本空间 Ω. 但是,如果要知道硬币出现正反面的精确次序,那么样本空间 Ω 就必须由 4 种可能的结果组成:正面—正面、反面—反面、正面—反面、反面—正面. 如果还考虑硬币降落的精确位置、它们在空中旋转的次数等事项,则可以获得其他可能的样本空间.

当使用不同的样本空间时,其等可能性可能发生改变. 例如,在前面的例子中,由 4 种可能结果组成的样本空间便于问题的讨论,因为对于一个"均匀"的硬币而言这 4 种结果是"等可能"的,当考虑 3 种结果的样本空间时则不具有等可能性.

1.1.3 随机事件

我们把随机现象的某些样本点组成的集合称为**随机事件**,简称**事件**,用大写字母 A,B,C 等表示.

注意:

(1)任一事件 A 均是样本空间的子集,样本空间与事件的关系常用文氏(Venn)图(见图 1.1)来表示.

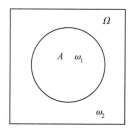

图 1.1 样本空间与事件关系文氏图

（2）设 $A\subseteq\Omega$，如果 A 中的某个样本点出现了，即试验结果 $\omega\in A$，则称在这次试验中事件 A **发生**；如果 $\omega\notin A$，则称事件 A **不发生**．事件 A 发生当且仅当 A 中某个样本点出现．

（3）由单个样本点 ω 组成的事件称为**基本事件**；样本空间 Ω 本身是 Ω 的最大子集，它包含 Ω 的所有样本点，在每次试验中 Ω 必然发生，称为**必然事件**；样本空间 Ω 的最小子集空集 $\varnothing$ 也是 Ω 的子集，它不包含任何样本点，在每次试验中都不可能发生，称为**不可能事件**．

例 1.2　在例 1.1 的（3）中，子集 $A=\{\omega_1,\omega_2\}$ 表示事件"从罐子中任取一球是白球"，子集 $B=\{\omega_3,\omega_4,\omega_5\}$ 表示事件"从罐子中任取一球是黑球"．事件"取出 2 号球"可表示为 $C=\{\omega_2\}$，事件"取出白球或黑球"是必然事件 Ω，事件"取出的是黄球"是不可能事件 $\varnothing$．

总之，事件和集合是同等关系．

1.1.4　随机变量

随机变量是用来表示随机现象结果的变量，常用大写字母 X,Y,Z 等表示．其严格定义在第 2 章给出．

例 1.3　掷一颗骰子，出现的点数是一个随机变量，记为 X，则事件"出现 3 点"、"出现的点数不小于 3"和"出现的点数小于 3"可以分别表示为"$X=3$"、"$X\geqslant 3$"和"$X<3$"．

例 1.4　掷两颗骰子，样本空间中有 36 个样本点，$\Omega=\left\{\begin{matrix}(1,1)&(1,2)&\cdots&(1,6)\\(2,1)&(2,2)&\cdots&(2,6)\\\vdots&\vdots&&\vdots\\(6,1)&(6,2)&\cdots&(6,3)\end{matrix}\right\}$，分别用 X 和 Y 表示第 1 个骰子和第 2 个骰子出现的点数，则 X 和 Y 均可取值 1～6，事件"点数之和等于 5"和"最大点数为 2"可以分别用随机变量表示为"$X+Y=5$"和"$\max\{X,Y\}=2$"，可以分别用集合表示为 $\{(1,4),(2,3),(3,2),(4,1)\}$ 和 $\{(1,2),(2,1),(2,2)\}$．

综上可知，事件的表示方法主要有 3 种：**语言**、**集合**、**随机变量**．

接下来，我们来研究事件之间的关系与运算．因为事件是样本空间的一个集合，因此事件之间的关系与运算可按集合之间的关系和运算来处理．

1.1.5　事件间的关系

1. 包含关系

如果属于事件 A 的样本点必然属于事件 B，即当事件 A 发生时事件 B 一定发生，则称事件 B **包含**事件 A，记作 $A\subset B$ 或 $B\supset A$．

对于任意事件 A，有 $\varnothing\subset A\subset\Omega$．如果 $A\subset B,B\subset C$，则 $A\subset C$．

2. 相等关系

如果事件 A 包含事件 B，事件 B 也包含事件 A，即 $B\subset A$ 且 $A\subset B$，则称事件 A 与事件 B **相等**（或等价），记作 $A=B$．

显然，事件 A 与事件 B 相等是指 A 和 B 所含的样本点完全相同，这等同于集合论中的相等，实际上事件 A 和事件 B 是同一事件．

3. 互不相容

如果事件 A 和事件 B 没有相同的样本点，也就是事件 A 与事件 B 不能同时发生，或者 AB 是不可能事件，即 $AB=\varnothing$，则称事件 A 与事件 B 是**互不相容**的（或互斥的）．

1.1.6 事件运算

1. 事件的并

"由事件 A 和事件 B 中所有的样本点（相同的只记入一次）组成的新事件"，即"事件 A 和事件 B 至少有一个发生"，这样的一个事件称为事件 A 与事件 B 的**并**或**和**，记作 $A\bigcup B$ 或者 $A+B$，即

$$A\bigcup B=\{A \text{ 发生或 } B \text{ 发生}\}=\{\omega|\omega\in A \text{ 或 } \omega\in B\}.$$

对于任何事件 A,B，有

$$A\bigcup A=A, \quad A\bigcup\varnothing=A, \quad A\bigcup B=B\bigcup A,$$
$$A\bigcup\overline{A}=\Omega, \quad A\subset A\bigcup B, \quad B\subset A\bigcup B.$$

如果 $A\subset B$，则有 $A\bigcup B=B$。

事件的并可以推广到多个事件的情形：

(1) $\bigcup\limits_{i=1}^{n}A_i=\{A_1,A_2,\cdots,A_n$ 中至少有一个发生$\}$ 称为**有限并**；

(2) $\bigcup\limits_{i=1}^{+\infty}A_i=\{A_1,A_2,\cdots,A_n,\cdots$ 中至少有一个发生$\}$ 称为**可列并**。

2. 事件的交

"由事件 A 和事件 B 中公共的样本点组成的新事件"，即"事件 A 和事件 B 同时发生"，这样的一个事件称为事件 A 与事件 B 的**交**或**积**，记作 $A\bigcap B$ 或 AB，即

$$A\bigcap B=\{A \text{ 发生且 } B \text{ 发生}\}=\{\omega|\omega\in A \text{ 且 } \omega\in B\}.$$

事件 A 和事件 B 作为样本空间 Ω 的子集，事件 $A\bigcap B$ 就是子集 A 与 B 的交集。

对于任何事件 A,B，有

$$A\bigcap A=A, \quad A\bigcap\varnothing=\varnothing, \quad A\bigcap B=B\bigcap A,$$
$$A\bigcap\overline{A}=\varnothing, \quad A\bigcap B\subset A, \quad A\bigcap B\subset B.$$

如果 $A\subset B$，则有 $A\bigcap B=A$。

事件的交可以推广到多个事件的情形：

(1) $\bigcap\limits_{i=1}^{n}A_i=\{A_1,A_2,\cdots,A_n$ 同时发生$\}$ 称为**有限交**；

(2) $\bigcap\limits_{i=1}^{+\infty}A_i=\{A_1,A_2,\cdots,A_n,\cdots$ 都同时发生$\}$ 称为**可列交**。

注意：$AB=\varnothing$ 的充要条件是事件 A 和事件 B 是互不相容事件。

3. 事件的差

"由在事件 A 中而不在事件 B 中的样本点组成的新事件"，即"事件 A 发生而事件 B 不发生"，这样的一个事件称为事件 A 与事件 B 的**差**，记作 $A-B$，即

$$A-B=\{A \text{ 发生但 } B \text{ 不发生}\}=\{\omega|\omega\in A \text{ 且 } \omega\notin B\}.$$

对于任何事件 A,B，有

$$A-A=\varnothing, \quad A-\varnothing=A, \quad A-B=A-AB=\overline{AB},$$
$$\Omega-A=\overline{A}, \quad A-\Omega=\varnothing, \quad (A-B)\bigcup B=A\bigcup B.$$

4. 对立事件

事件 A 的**对立事件**记为 $\overline{A}$，表示"由在 Ω 中而不在 A 中的样本点组成的新事件"，即"A 不发生"。或者可以另外定义为"在每一次试验中事件 A 和事件 B 都有一个且仅有一个发生，即 $A\bigcup B=\Omega, A\bigcap B=\varnothing$，"则称事件 A 与事件 B 是**互逆**的或**对立**的，其中的一个事件是另一个事

件的**逆事件**,记作 $\overline{A}=B=\Omega-A$,或 $\overline{B}=A$. 显然 $\overline{\overline{A}}=A$. 必然事件与不可能事件是互为对立事件的,即 $\overline{\Omega}=\varnothing,\Omega=\overline{\varnothing}$.

图 1.2 直观地表示了上述关于事件的各种关系及运算.

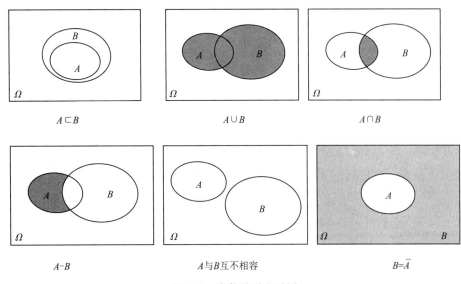

图 1.2　事件关系文氏图

事件间的关系及运算与集合的关系及运算是一致的,为了方便,给出对照表,如表 1.1 所示。

表 1.1　事件与集合对应关系表

记号	概率论	集合论
Ω	样本空间,必然事件	全集
$\varnothing$	不可能事件	空集
ω	基本事件	元素
A	事件	子集
$\overline{A}$	A 的对立事件	A 的余集
$A\subset B$	事件 A 发生导致事件 B 发生	A 是 B 的子集
$A=B$	事件 A 与事件 B 相等	A 与 B 的相等
$A\cup B$	事件 A 与事件 B 至少有一个发生	A 与 B 的和集
AB	事件 A 与事件 B 同时发生	A 与 B 的交集
$A-B$	事件 A 发生而事件 B 不发生	A 与 B 的差集
$AB=\varnothing$	事件 A 和事件 B 互不相容	A 与 B 没有相同的元素

例 1.5　设 A,B,C 是某个随机现象的 3 个事件,则事件:

"A 与 B 发生,C 不发生"表示为 $AB\overline{C}$;

"A,B,C 中至少有一个发生"表示为 $A\cup B\cup C$;

"A,B,C 中至少有两个发生"表示为 $AB\bigcup AC\bigcup BC$；

"A,B,C 中恰好有两个发生"表示为 $AB\bar{C}\bigcup A\bar{B}C\bigcup\bar{A}BC$；

"A,B,C 同时发生"表示为 ABC；

"A,B,C 都不发生"表示为 $\overline{ABC}$；

"A,B,C 不全发生"表示为 $\bar{A}\bigcup\bar{B}\bigcup\bar{C}$.

5. 随机事件的运算性质

事件有如下的运算法则：

(1)交换律：$A\bigcup B=B\bigcup A,AB=BA$.

(2)结合律：$(A\bigcup B)\bigcup C=A\bigcup(B\bigcup C),(AB)C=A(BC)$.

(3)分配律：$A(B\bigcup C)=AB\bigcup AC,A\bigcup(BC)=(A\bigcup B)(A\bigcup C)$

(4)对偶(德·摩根)律：$\overline{A\bigcup B}=\bar{A}\bar{B},\overline{AB}=\bar{A}\bigcup\bar{B}$.

上述运算律亦可推广到任意有限个或可列个事件的情况．例如，对事件 A 和 n 个事件 $A_i,B_i(i=1,2,\cdots,n)$ 有分配律和德·摩根律，即

$$A\bigcap\left(\bigcup_{i=1}^{n}B_i\right)=\bigcup_{i=1}^{n}(A\bigcap B_i),\quad A\bigcup\left(\bigcap_{i=1}^{n}B_i\right)=\bigcap_{i=1}^{n}(A\bigcup B_i)$$

$$\overline{\bigcup_{i=1}^{+\infty}A_i}=\bigcap_{i=1}^{+\infty}\bar{A_i},\quad \overline{\bigcap_{i=1}^{+\infty}A_i}=\bigcup_{i=1}^{+\infty}\bar{A_i}$$

例 1.6 某工人加工了 3 个零件，以 A_i 表示事件"加工的第 i 个零件是合格品"($i=1,2,3$)，试用 A_1,A_2 和 A_3 这 3 个事件表示下列事件：

(1)只有第 1 个零件是合格品；

(2)只有 1 个零件是合格品；

(3)至少有 1 个零件是合格品；

(4)最多有 1 个零件是合格品；

(5)3 个零件全是合格品；

(6)至少有 1 个零件是不合格品.

解：用 A,B,C,D,F,G 分别表示(1)~(6)中的事件.

(1)事件 A 发生，意味着第 1 个零件是合格品，并且第 2 个和第 3 个零件都是不合格品，即事件 A_1 发生且事件 A_2,A_3 都不发生，因此

$$A=A_1\bar{A_2}\bar{A_3}.$$

(2)事件 B 发生，就是在 3 个零件中有 1 个是合格品，并且另外 2 个是不合格品，因此

$$B=A_1\bar{A_2}\bar{A_3}\bigcup\bar{A_1}A_2\bar{A_3}\bigcup\bar{A_1}\bar{A_2}A_3.$$

(3)事件 C 发生，即在 3 个零件中至少有 1 个是合格品，也就是在 3 个零件中恰有 1 个是合格品，或者恰有 2 个是合格品，或者 3 个是合格品，因此

$$C=A_1\bar{A_2}\bar{A_3}\bigcup\bar{A_1}A_2\bar{A_3}\bigcup\bar{A_1}\bar{A_2}A_3\bigcup A_1A_2\bar{A_3}\bigcup A_1\bar{A_2}A_3\bigcup\bar{A_1}A_2A_3\bigcup A_1A_2A_3.$$

事件 C 也就是第 1 个零件是合格品，或者第 2 个零件是合格品，或者第 3 个零件是合格品，因此 C 也可以表示成

$$C=A_1\bigcup A_2\bigcup A_3.$$

事件 C 发生，意味着 3 个零件不能都是合格品，而 3 个零件都是不合格品可表示成 $\bar{A_1}\bar{A_2}\bar{A_3}$，因此

$$C=\overline{A_1}\,\overline{A_2}\,\overline{A_3}.$$

根据对偶律可得

$$\overline{\overline{A_1}\,\overline{A_2}\,\overline{A_3}}=\overline{\overline{A_1}}\cup\overline{\overline{A_2}}\cup\overline{\overline{A_3}}=A_1\cup A_2\cup A_3.$$

（4）事件 D 发生，就是 3 个零件都不是合格品，或者其中有 2 个是不合格品而另外 1 个是合格品，因此

$$D=\overline{A_1}\,\overline{A_2}\,\overline{A_3}\cup A_1\overline{A_2}\,\overline{A_3}\cup\overline{A_1}A_2\overline{A_3}\cup\overline{A_1}\,\overline{A_2}A_3.$$

事件 D 发生，也就是在 3 个零件中任意 2 个都不是同时为合格品，因此事件 D 也可以表示为

$$D=\overline{A_1}\,\overline{A_2}\cup\overline{A_1}\,\overline{A_3}\cup\overline{A_2}\,\overline{A_3}.$$

（5）事件 F 发生，就是 3 个零件中每一个都是合格品，因此

$$F=A_1A_2A_3.$$

（6）事件 G 发生，就是在 3 个零件中有 1 个是不合格品而另外 2 个是合格品，或者有 2 个是不合格品而另外 1 个是合格品，或者 3 个都是不合格品，因此

$$G=\overline{A_1}A_2A_3\cup A_1\overline{A_2}A_3\cup A_1A_2\overline{A_3}\cup\overline{A_1}\,\overline{A_2}A_3\cup\overline{A_1}A_2\overline{A_3}\cup A_1\overline{A_2}\,\overline{A_3}\cup\overline{A_1}\,\overline{A_2}\,\overline{A_3}.$$

事件 G 就是"3 个零件都是合格品"这一事件的逆事件，因此 G 也可以表示为

$$G=\overline{A_1A_2A_3}.$$

事件 G 还可以表示为

$$G=\overline{A_1}\cup\overline{A_2}\cup\overline{A_3}.$$

根据对偶律可知

$$\overline{A_1A_2A_3}=\overline{A_1}\cup\overline{A_2}\cup\overline{A_3}.$$

1.1.7　事件域

一方面，一般不能把 Ω 的一切子集都作为事件，因为这将给定义概率带来困难；另一方面，又必须把问题中感兴趣的事件都包含进来．即：

（1）$\mathfrak{F}$ 应包含 Ω 和 $\varnothing$；

（2）$\mathfrak{F}$ 要对集合的运算具有封闭性．

定义 1.1　设 Ω 为一样本空间，$\mathfrak{F}$ 为 Ω 的某些子集所组成的集合类．如果 $\mathfrak{F}$ 满足：

（1）$\Omega\in\mathfrak{F}$；

（2）若 $A\in\mathfrak{F}$，则对立事件 $\overline{A}\in\mathfrak{F}$；

（3）若 $A_n\in\mathfrak{F}$，$n=1,2,\cdots$，则可列并 $\bigcup\limits_{n=1}^{+\infty}A_n\in\mathfrak{F}$，

则称 $\mathfrak{F}$ 为一个**事件域**，又称 σ **代数**．$(\Omega,\mathfrak{F})$ 称为**可测空间**，即 $\mathfrak{F}$ 中都是有概率可言的事件．

可以证明，$\mathfrak{F}$ 对事件的有限或可数的交、并、差运算都是封闭的．

例 1.7　常见的事件域例子．

（1）样本空间只含两个样本点时：$\Omega=\{\omega_1,\omega_2\}$，记 $A=\{\omega_1\}$，则 $\overline{A}=\{\omega_2\}$，此时事件域 $\mathfrak{F}=\{\varnothing,\Omega,A,\overline{A}\}$．

（2）若样本空间含有 n 个样本点，则事件域 $\mathfrak{F}$ 可取 Ω 中所有子集，共有 $C_n^0+\cdots+C_n^n=2^n$ 个事件．

（3）若样本空间含有可列个样本点，则事件域中共有可列个事件．

（4）若样本空间为全体实数，$\Omega=\{-\infty,+\infty\}=\mathbf{R}$，此时事件域中的元素无法一一列出，

可以由一个基本集合类逐步扩展形成：

首先，取基本集合类 $P=$"全体半直线组成的类"$=\{(-\infty,x),-\infty<x<+\infty\}$.

其次，利用事件域的要求，把有限的左闭右开区间扩展进来：

$$[a,b)=(-\infty,b)-(-\infty,a)，\quad 其中 a,b 为任意实数.$$

再次，把闭区间、单点集、左开右闭区间、开区间扩展进来：

$$[a,b]=\bigcap_n^{+\infty}\left[a,b+\frac{1}{n}\right)，\quad \{b\}=[a,b]-[a,b)，$$

$$(a,b]=[a,b]-\{a\}，\quad (a,b)=[a,b)-\{a\}.$$

最后，用有限个或可列个并运算和交运算把实数集中一切有限集、可列集、开集、闭集都扩展进来.

经过上述扩展得到的事件域称为**波雷尔**(Borel)**事件域**，其中的每个元素又称**波雷尔集**，或**可测集**，它们都是有概率可言的事件.

事件域的选择不是唯一的，比如例 1.7(2)中，若 $A\subset\Omega$，则

$$\mathfrak{F}_1=\{\varnothing,\Omega\}，\quad \mathfrak{F}_2=\{\varnothing,A,\overline{A},\Omega\}，\quad \mathfrak{F}_3=\{\Omega 的一切子集\}$$

等都是 Ω 上的事件域.

从上面几个例子可以看出，事件域可以选得很简单，也可以选得十分复杂，这就需要我们根据问题的不同要求来选择适当的事件域.

§1.2　概率的定义及其确定方法

概率的定义与确定方法有频率法、公理化方法、古典方法和主观方法等.

1.2.1　频率的定义

设 E 为任一随机试验，A 为其中任一事件，在相同条件下，将 E 独立地重复做 n 次，n_A 表示事件 A 在这 n 次试验中出现的次数(称为**频数**). 比值 $f_n(A)=n_A/n$ 称为事件 A 在这 n 次试验中出现的**频率**.

人们在实践中发现：在相同条件下重复进行同一试验，当试验次数 n 很大时，某事件 A 发生的频率具有一定的"稳定性"，就是说其值在某确定的数值上下摆动. 一般而言，试验次数 n 越大，事件 A 发生的频率就越接近那个确定的数值. 因此，事件 A 发生的可能性的大小可以用这个数量指标来描述.

易证，频率具有如下性质：

(1)非负性：对任一事件 A，$0\leqslant f_n(A)\leqslant 1$；

(2)正则性：对必然事件 Ω，$f_n(\Omega)=1$，而 $f_n(\varnothing)=0$；

(3)可加性：若事件 A,B 互不相容，即 $AB=\varnothing$，则 $f_n(A\bigcup B)=f_n(A)+f_n(B)$.

1.2.2　概率的统计定义

定义 1.2　设有随机试验 E，若当试验的次数 n 充分大时，事件 A 的发生频率 $f_A(A)$ 稳定在某数 p 附近摆动，则称数 p 为事件的**概率**，记为 $P(A)=p$.

概率的这种定义称为**概率的统计定义**. 统计定义是以试验为基础的，但这并不是说概率

取决于试验. 值得注意的是,事件 A 出现的概率是事件 A 的一种属性,也就是说完全决定于事件 A 本身的结果,是先于试验客观存在的.

概率的统计定义只是描述性的,一般不能用来计算事件的概率. 在实际中通常只能在 n 充分大时,以事件出现的频率作为事件概率的近似值. 例如,在足球比赛中罚点球是一个扣人心弦的场面,若记事件 A＝"罚点球射中球门",A 的概率即判罚点球的命中率 $P(A)$ 是多少? 这可以通过重复试验所得数据资料计算频率而得概率估计值. 曾经有人对 1930—1988 年世界各地 53 274 场重大足球比赛作了统计,在判罚的 15 382 个点球中,有 11 172 个射中,频率为 11 172/15 382＝0.726,这就是罚点球命中概率 $P(A)$ 的估计值.

例 1.8　说明频率稳定性的例子.

(1)在掷一枚均匀硬币时,古典概率已给出,出现正面的概率为 0.5. 为了验证这一点,很多人做了大量的重复试验,表 1.2 记录了历史上次掷硬币试验的若干结果. 在重复次数比较少时,波动剧烈;随着掷币次数的增多,波动的幅度逐渐变小. 正面出现的频率逐渐稳定在 0.5. 这个 0.5 就是频率的稳定值,也是正面出现的概率.

表 1.2　历史上抛硬币试验的若干结果

实验者	掷硬币次数	正面出现次数	频率
德・摩根(De Morgan)	2 048	1 061	0.518 1
蒲丰(Buffon)	4 040	2 048	0.506 9
费勒(Feller)	10 000	4 979	0.497 9
皮尔逊(Pearson)	12 000	6 019	0.501 6
皮尔逊	24 000	12 012	0.500 5

(2)在英语中某些字母出现的频率远高于另外一些字母. 人们对各类典型的英语书刊中字母出现的频率进行了统计,发现各个字母的使用频率相当稳定. 其使用频率如表 1.3 所示. 这项研究对计算机键盘设计(在方便操作的地方安排使用频率较高的字母键)、信息的编码(使用频率高的字母使用较短的码)、密码的破译等方面都是十分有用的.

表 1.3　英文字母的使用频率

字母	使用频率	字母	使用频率	字母	使用频率
E	0.126 8	L	0.039 4	P	0.018 6
T	0.097 8	D	0.038 9	B	0.015 6
A	0.078 8	U	0.028 0	V	0.010 2
O	0.077 6	C	0.026 8	K	0.006 0
I	0.070 7	F	0.025 6	X	0.001 6
N	0.070 6	M	0.024 4	J	0.001 0
S	0.063 4	W	0.021 4	Q	0.000 9
R	0.059 4	Y	0.020 2	Z	0.000 6
H	0.057 3	G	0.018 7		

在现实世界里,我们无法把一个试验无限次地重复进行下去,因此要获得事件 A 发生的频率的稳定值是件困难的事情. 下面的概率的公理化定义则给出了概率科学严谨的定义.

1.2.3 概率的公理化定义

概率论诞生之初,经常被各种悖论击倒,被冠以"伪科学"的名号,究其原因就是没有建立起概率论科学严谨的理论体系,因而概率论就像空中楼阁. 随着对概率的深入研究和漫长探索,1933 年苏联数学家柯尔莫哥洛夫(Kolmogorov)提出了概率的公理化体系,明确定义了概率的基本概念,使得概率论成为严谨的数学分支的科学,极大推动了概率论研究的发展. 其地位可与平行公理于几何学相媲美. 具体定义如下:

定义 1.3 设 Ω 为一个样本空间,$\mathfrak{F}$ 为 Ω 的某些子集组成的一个事件域. 如果对任一事件 $A \in \mathfrak{F}$,定义在 $\mathfrak{F}$ 上的一个实值函数 $P(A)$ 满足以下三条公理:

(1)非负性:若 $A \in \mathfrak{F}$,则 $P(A) \geqslant 0$;

(2)正则性:$P(\Omega) = 1$;

(3)可列可加性:若事件 $A_1, A_2, \cdots$ 两两互不相容,有

$$P\left(\bigcup_{i=1}^{\infty} A_i\right) = \sum_{i=1}^{\infty} P(A_i),$$

则称 $P(A)$ 为事件 A 的**概率**,称三元素 $(\Omega, \mathfrak{F}, P)$ 为**概率空间**.

注:

(1)在公理化结构中,概率是针对事件定义的,它是定义在事件域上的一个集合的函数.

(2)在公理化结构中,只规定概率应满足的性质,而不具体给出它的计算公式或计算方法,这样建立起来的一般理论适用于任何具体场合.

1.2.4 确定概率的古典方法

概率的公理化定义只规定了概率必须满足的条件,并没有给出计算概率的方法和公式. 在一般情形之下给出概率的计算方法和公式是困难的. 下面我们讨论一类最简单也是最常见的随机试验,它曾经是概率论发展初期的主要研究对象.

如果随机试验 E 满足下列两个条件:

(1)有限性:试验 E 的基本事件总数或者样本空间的样本点总数是有限的 n 个;

(2)等可能性:每一个基本事件或样本点发生的可能性相同,

则称试验 E 为**古典概型**(或**等可能概型**).

此时,假如被考察的事件 A 中含有 k 个样本点,则事件 A 的概率就是

$$P(A) = \frac{\text{事件 } A \text{ 所含样本点个数}}{\Omega \text{ 中所有样本点的个数}} = \frac{n_A}{n_\Omega} = \frac{k}{n}.$$

这种确定概率的方法满足概率定义中的三条公理. 非负性公理是显然满足的. 必然事件概率 $P(\Omega) = n/n = 1$,故正则性公理成立. 最后,对两个互不相容事件 A 和 B,因为 $A \cup B$ 中的样本点个数可以分别计算 A 和 B 的样本点数 k_1 和 k_2,由于 A 和 B 互不相容,故在 $k_1 + k_2$ 个基本结果中没有相同的基本结果,所以并事件 $A \cup B$ 含有 $k_1 + k_2$ 个基本结果. 这样一来,可得 $P(A \cup B) = P(A) + P(B)$,故可加性公理成立.

古典概率的计算,需要对样本空间及样本点数进行计数,下面给出基本的计数原理与方法.

(1)**乘法原理**:如果某件事需经 k 个步骤才能完成,做第一步有 m_1 种方法,做第二步有 m_2 种方法,……,做第 k 步有 m_k 种方法,那么完成这件事共有 $m_1 \times m_2 \times \cdots \times m_k$ 种方法.

例如,由甲城到乙城有 3 条旅游线路,由乙城到丙城有 2 条旅游线路,那么从甲城经乙城去丙城共有 $3×2＝6$ 条旅游线路.

(2)**加法原理**:如果某件事可由 k 类不同途径之一去完成,在第一类办法中有 m_1 种完成方法,在第二类办法中有 m_2 种完成方法,……,在第 k 类办法中有 m_k 种完成方法,那么完成这件事共有 $m_1＋m_2＋\cdots＋m_k$ 种方法.

例如,由甲城到乙城去旅游有 3 类交通工具:汽车、火车和飞机. 而汽车有 5 个班次,火车有 3 个班次,飞机有 2 个班次,那么,从甲城到乙城共有 $5＋3＋2＝10$ 个班次供旅游者选择.

计算"从 n 个元素中取 r 个元素",组合不讲究取出元素的次序,而排列讲究次序. 排列与组合的定义及其计算公式有以下几种:

(1)**排列**:从 n 个不同元素中任取 $r(r≤n)$ 个元素排成一列(考虑元素出现的先后次序)称为一个**排列**,按乘法原理,此种排列共有 $n×(n-1)×\cdots×(n-r+1)$ 个,记为 P_n^r. 若 $r＝n$,则称为**全排列**. 全排列数共有 $n!$ 个,记为 $\mathrm{P}_n^n＝n!$.

(2)**重复排列**:从 n 个不同元素中每次取出一个,放回后再取下一个,如此连续取 r 次所得的排列称为**重复排列**,此种重复排列数共有 n^r 个. 需要注意的是,这里的 r 允许大于 n.

(3)**组合**:从 n 个不同元素中任取 $r(r≤n)$ 个元素并成一组(不考虑出现元素的先后顺序)称为一个**组合**,按乘法原理,此种组合总数为 C_n^r.

$$\mathrm{C}_n^r＝\binom{n}{r}＝\frac{n(n-1)\cdots(n-r+1)}{r!}＝\frac{n!}{r!\,(n-r)!}.$$

这里规定 $0!＝1,\mathrm{C}_n^0＝1$.

(4)**重复组合**:从 n 个不同元素中每次取出一个,放回后再取下一个,如此连续取 r 次所得的组合称为**重复组合**.

可以把该过程看作一个"放球模型":n 个不同的元素看作 n 个格子,去掉头尾之后中间共有 $(n-1)$ 块相同的隔板,用 r 个相同的小球代表取 r 次,则原问题可以简化为将 r 个不加区别的小球放进 n 个格子里面,问有多少种放法. 注意到格子的头尾两块隔板无论什么情况下位置都是不变的,故去掉不用考虑,相当于 r 个相同的小球和 $(n-1)$ 块相同的隔板先进行全排列,一共有 $(r+n-1)!$ 种排法,再由于 r 个小球和 $(n-1)$ 块隔板是分别不加以区分的,所以除以重复的情况,为 $r!\,(n-1)!$ 种排法,所以组合总数为

$$\mathrm{H}_n^r＝\frac{(m+r-1)!}{r!\,(n-1)!}＝\binom{n+r-1}{r}.$$

需要注意的是,这里的 r 也允许大于 n.

(5)**多重组合**:把 n 个不同元素随机分成 m 组,第 i 组有 n_i 个元素,则总的分法为

$$\mathrm{C}_n^{n_1}\cdot\mathrm{C}_{n-n_1}^{n_2}\cdot\mathrm{C}_{n-n_1-n_2}^{n_3}\cdot\cdots\cdot\mathrm{C}_{n_m}^{n_m}＝\frac{n!}{n_1!\cdots n_m!}$$

例 1.9(抽样模型)　一批产品共有 N 个,其中不合格品有 M 个,现从中随机取出 n 个,问事件 $A_m＝$"恰好有 m 个不合格品"的概率是多少?

解:先计算样本空间 Ω 中样本点的个数,从 N 个产品中随机取出 n 个,不讲次序只有 C_N^n 种基本结果,其中"随机取出"必导致这 C_N^n 种基本结果是等可能的. 以后对"随机"一词亦可作同样理解. 下面我们先计算事件 A_0 和 A_1 的概率,然后再计算一般事件 A_m 的概率.

$$P(A_0)=\frac{\binom{N-M}{n}}{\binom{N}{n}},P(A_1)=\frac{\binom{M}{1}\binom{N-M}{n-1}}{\binom{N}{n}}.$$

要使事件不 A_m 发生,必须从 M 个不合格品中抽 m 个,再从 $N-M$ 个合格品中抽出 $n-m$ 个,依据乘法原理,A_m 发生的基本结果共有 $\binom{M}{m}\binom{N-M}{n-m}$ 个,故事件 A_m 的概率是

$$P(A_m)=\frac{\binom{M}{m}\binom{N-M}{n-m}}{\binom{N}{n}},\quad m=0,1,2,\cdots,r;r=\min\{n,M\}.$$

这里要求 $m\leqslant n,m\leqslant M$,所以 $m\leqslant\min\{n,M\}$,否则概率为 0,因为它们是不可能事件.

例 1.10(放回抽样) 抽样有两种方式:不放回抽样与放回抽样.上例谈的是不放回的抽样,每次抽取一个,不放回,再抽第二个,这相当于同时取出,因此可不论其次序.放回抽样(又称**还原抽样**)是抽一个,放回后,再抽下一个,如此重复直至抽出 n 个为止.现对上例采取放回抽样讨论事件 $B_m=$"恰好有 m 个不合格品"的概率.

解:先计算样本空间 Ω 中样本点的个数,为 N^n 个.然后计算 B_0 和 B_1.

事件 $B_0=$"全是合格品"发生,故

$$P(B_0)=\frac{(N-M)^n}{N^n}=\left(1-\frac{M}{N}\right)^n$$

事件 $B_1=$"恰好有 1 件不合格品"发生,故

$$P(B_1)=\frac{nM(N-M)^{n-1}}{N^n}=n\frac{M}{N}\left(1-\frac{M}{N}\right)^{n-1}.$$

事件 B_m 的发生共有 $C_n^m M^m(N-M)^{n-m}$ 个基本结果,故

$$P(B_m)=C_n^m\frac{M^m(N-M)^{n-m}}{N^n}=C_n^m\left(\frac{M}{N}\right)^m\left(1-\frac{M}{N}\right)^{n-m},\quad m=0,1,2,\cdots,n.$$

例 1.11(抽球问题) 袋中有 a 只黑球,b 只白球,它们除颜色不同外,其他方面没有差别,现在把球随机地一只只摸出来,求第 k 次摸出的球是黑球的概率($1\leqslant k\leqslant a+b$).

解法一:把 a 只黑球及 b 只白球都看作不同的(如设想把它们进行编号),若把摸出的球依次放在排列成一直线的 $a+b$ 位置上,则可能的排列法相当于把 $a+b$ 个元素进行全排列,总数为 $(a+b)!$,把它们作为样本点全体.有利场合数为 $a\times(a+b-1)!$,这是因为第 k 次摸得黑球有 a 种取法,而另外 $(a+b-1)$ 次摸球相当于 $a+b-1$ 只球进行全排列,有 $(a+b-1)!$ 种构成法,故所求概率为

$$P_k=\frac{a\times(a+b-1)!}{(a+b)!}=\frac{a}{a+b}.$$

注:这个结果与 k 无关.回想一下,就会发觉这与我们平常的生活经验是一致的.例如,在体育比赛中进行抽签,对各队机会均等,与抽签的先后次序无关.

解法二:把 a 只黑球看作没有区别,把 b 只白球也看作没有区别.仍把摸出的球依次放在排列成一直线的 $a+b$ 位置上.若把 a 只黑球的位置固定下来,则其他位置必然是放白球,而

黑球的位置可以有 $\begin{bmatrix} a+b \\ b \end{bmatrix}$ 种放法,以这种放法作为样本点. 这时有利场合数为 $\begin{bmatrix} a+b-1 \\ a-1 \end{bmatrix}$,这是由于第 k 次取得黑球,这个位置必须放黑球,剩下的黑球可以在 $a+b-1$ 个位置上任取 $a-1$ 个位置,因此共有 $\begin{bmatrix} a+b-1 \\ a-1 \end{bmatrix}$ 种放法. 所以所求概率为

$$P_k = \frac{\begin{bmatrix} a+b-1 \\ a-1 \end{bmatrix}}{\begin{bmatrix} a+b \\ a \end{bmatrix}} = \frac{a}{a+b}.$$

注:

(1)运用古典概型计算概率时,为了便于问题的解决,样本空间可进行不同的设计,但必须满足等可能性的要求.

(2)在计算样本点总数及有利场合数时,必须对同一个确定的样本空间考虑,也就是说,计数时必须同时用排列或者同时用组合.

例 1. 12(分球入盒问题)　设有 n 个颜色互不相同的球,每个球都以概率 $\frac{1}{N}$ 落在 $N(n\leqslant N)$ 个盒子中的每一个盒子里,且每个盒子能容纳的球数是没有限制的,试求下列事件的概率:

$A=\{$某指定的一个盒子中没有球$\}$;

$B=\{$某指定的 n 个盒子中各有一个球$\}$;

$C=\{$恰有 n 个盒子中各有一个球$\}$;

$D=\{$某指定的一个盒子中恰有 m 个球$\}$$(m\leqslant n)$.

解: 把 n 球随机地分配到 N 个盒子中去$(n\leqslant N)$,总共有 N^n 种放法,即基本事件总数为 N^n.

事件 A:指定的盒子中不能放球,因此,n 个球中的每一个球可以并且只可以放入其余的 $N-1$ 个盒子中. 总共有 $(N-1)^n$ 种放法. 因此

$$P(A) = \frac{(N-1)^n}{N^n}.$$

事件 B:指定的 n 个盒子中,每个盒子中各放一球,共有 $n!$ 种放法,因此

$$P(B) = \frac{n!}{N^n}.$$

事件 C:恰有 n 个盒子,其中各有一球,即 N 个盒子中任选出 n 个,选取的种数为 C_N^n. 在这 n 个盒子中各分配一个球,n 个盒中各有 1 球(同上),$n!$ 种放法;事件 C 的样本点总数为 $C_N^n \cdot n!$.

$$P(C) = \frac{C_N^n \cdot n!}{N^n} = \frac{P_N^n}{N^n}.$$

事件 D:指定的盒子中,恰好有 m 个球,这 m 个球可从 n 个球中任意选取,共有 C_n^m 种选法,而其余 $n-m$ 个球可以任意分配到其余的 $N-1$ 个盒子中去,共有 $(N-1)^{n-m}$ 种,所以事件 D 所包含的样本点总数为 $C_n^m (N-1)^{n-m}$.

$$P(D) = \frac{C_n^m (N-1)^{n-m}}{N^n} = C_n^m \left[\frac{1}{N}\right]^m \left[1-\frac{1}{N}\right]^{n-m}.$$

n 个球在 N 个盒子中的分布是一种理想化的概率模型,可用以描述许多直观背景很不相同的随机试验. 为了阐明这一点,我们列举一些本质相同的试验:

(1)旅客下车. 一列火车中有 n 名旅客,它在 N 个站上都停. 旅客下车的各种可能情形,相当于 n 个球分到 N 个盒子中的各种情形.

(2)住房分配. n 个人被分配到 N 个房间中去住,则人相当于球,房间相当于盒子.

(3)印刷错误. n 个印刷错误在一本具有 N 页的书中的一切可能的分布,相当于 n 个球放入 N 个盒子中的一切可能分布(n 必须小于每一页的字数).

(4)生日问题. n 个人生日的可能情形,相当于 n 个球放入 $N=365$ 个盒子中的不同排列(假定一年有 365 天). 设某班级有 50 名学生,则这 50 名学生生日各不相同就相当于上例中的 C 事件,其概率为

$$P(50 \text{ 名学生生日各不相同}) = \frac{C_{365}^{50} \cdot (50)!}{365^{50}} = 0.03.$$

此外,本例中给出的小球是可辨的,试想若小球是不可辨的,结果会有不同吗? 回答这个问题并不是一件容易的事,不同的统计模型假设会得到不同的结果. 如果认为排列等可能,即**玻尔兹曼-麦克斯韦统计**,这也是宏观世界最常用的,此时小球是否可辨对以上事件概率没有影响. 若采用不同组合等可能的**玻色-爱因斯坦统计**,则以上事件概率将不同. 此外,还有一种**费米-狄拉克统计**. 它们在量子力学中各有不同的应用场景.

1.2.5 确定概率的几何方法

下面由一个例子引出几何概率.

例 1.13 某人欲从某车站乘车出差,已知该站发往各站的客车均每小时一班,求此人等车时间不多于 10 min 的概率.

分析:假设该人在 $0 \sim 60$ min 之间任何一个时刻到车站等车是等可能的,但在 $0 \sim 60$ min 之间有无穷多个时刻,不能用古典概型公式计算随机事件发生的概率. 因为客车每小时一班,该人在 $0 \sim 60$ min 之间任何一个时刻到站等车是等可能的,所以他在哪个时间段到站等车的概率只与该时间段的长度有关,而与该时间段的位置无关.

解:设 $A=\{$等待的时间不多于 10 min$\}$,我们所关心的事件 A 恰好是到站等车的时刻位于 $[50,60]$ 这一时间段内,因此由几何概型的概率公式,得 $P(A)=\frac{60-50}{60}=\frac{1}{6}$,即此人等车时间不多于 10 min 的概率为 $\frac{1}{6}$.

其基本思想是:

(1)如果一个随机试验的样本空间 Ω 充满某个区域,其度量或测度(长度、面积或体积等)大小可用 M_Ω 表示;

(2)任意一点落在度量相同的子区域内是等可能的;

(3)若事件 A 为 Ω 中的某个子区域,且其度量大小可用 M_A 表示,则事件 A 的概率为

$$P(A)=\frac{M_A}{M_\Omega}.$$

这个概率称为**几何概率**,它满足概率的公理化定义,其计算的关键在于图形的度量(一般为长度、面积或体积).

例 1.14[蒲丰(Buffon)投针问题]　蒲丰投针问题于 1777 年由法国科学家蒲丰提出．平面上有距离都为 d 的平行线一族，向平面上任意投一根长度为 $l(l \leqslant d)$ 的针，求针与直线相交的概率．

解：以 M 表示针的中点，针投在平面上，以 x 表示点 M 到最近的一条平行线的距离，以 α 表示针与平行线的夹角(见图 1.3)，

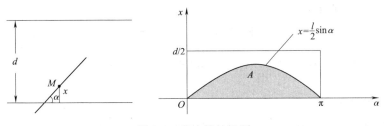

图 1.3　蒲丰投针问题

则样本空间
$$S = \left\{ (\alpha, x) \mid 0 \leqslant \alpha \leqslant \pi, 0 \leqslant x \leqslant \frac{d}{2} \right\}.$$

令 $A=$ "针与直线相交"，则
$$A = \left\{ (\alpha, x) \mid 0 \leqslant x \leqslant \frac{d}{2} \sin \alpha, 0 \leqslant \alpha \leqslant \pi, 0 \leqslant x \leqslant \frac{d}{2} \right\}.$$

所以
$$P(A) = \frac{A \text{ 的面积}}{S \text{ 的面积}} = \frac{\int_0^\pi \frac{l}{2} \sin \alpha \, \mathrm{d}\alpha}{\pi \cdot \frac{l}{2}} = \frac{2l}{\pi d}.$$

另外，用统计概率的方法也可以求针与直线相交的概率，向平面投针 n 次，查得针与直线相交 m 次，当投针次数相当大时，就有
$$\frac{m}{n} \approx \frac{2l}{\pi d} \Rightarrow \pi \approx \frac{2dnl}{md}.$$

这样就可以通过投针试验来模拟 π．历史上有一些学者曾做过这个试验，表 1.4 记录了他们的试验结果．

表 1.4　历史上的蒲丰投针试验结果

试验者	年份	投掷次数	相交次数	得到 π 的近似值	针长/cm
沃尔夫(Wolf)	1850	5 000	2 532	3.159 6	0.8
史密斯(Smith)	1855	3 204	1 218.5	3.155 4	0.6
德·摩根(DeMorgan)	1860	600	382.5	3.137	1.0
福克斯(Fox)	1884	1 030	489	3.159 5	0.75
拉泽里尼(Lazzerini)	1901	3 408	1 808	3.141 592 9	0.83
雷纳(Reina)	1925	2 520	859	3.179 5	0.541 9

这是一个颇为奇妙的方法：只要设计一个随机试验，使一个事件的概率与某一未知数有关，然后通过多次重复试验，以频率近似概率，即可求得未知数的近似解．随着电子计算机的出现与发展，人们利用计算机来模拟所设计的随机试验，使得这种方法得到了迅速的发展和广泛的应用．人们称这种计算方法为**随机模拟法**，也称**蒙特-卡洛(Monte-Carlo)方法**．这种方

法在应用物理、原子能、固体物理、化学、生态学、社会学、经济学以及人工智能等领域中得到广泛利用.

例 1.15(贝特朗悖论) 贝特朗悖论是法国学者贝特朗(Bertrand)于 1899 年针对几何概念提出的:"在一个圆内任意选一条弦,这条弦的弦长大于这个圆的内接等边三角形的边长的概率是多少?"

此问题有以下 3 种代表解法:

解法一:任取一弦 AB,过点 A 作圆的内接等边三角形,如图 1.4(a)所示. 三角形内角 A 所对的弧占整个圆周的 $\frac{1}{3}$. 显然,只有点 B 落在这段弧上时,AB 弦的长度才能超过正三角形的边长,故所求概率是 $\frac{1}{3}$.

解法二:任取一弦 AB,作垂直于 AB 的直径 PQ. 过点 P 作等边三角形,交直径于 N,取 OP 的中点 M,如图 1.4(b)所示. 易证 $QN=NO=OM=MP$. 我们知道弦长与弦心距有关. 一切与 PQ 垂直的弦如果通过 MN 线段,其弦心距小于 ON,则该弦长大于等边三角形边长,故所求概率是 $\frac{1}{2}$.

解法三:任取一弦 AB,作圆内接等边三角形的内切圆,如图 1.4(c)所示.这个圆是大圆的同心圆,而且它的半径是大圆的 $\frac{1}{2}$,它的面积是大圆的 $\frac{1}{4}$. 设 M 是弦 AB 的中点,显然,只有中点落在小圆内时,AB 弦才能大于正三角形的边长. 因此所求概率是 $\frac{1}{4}$.

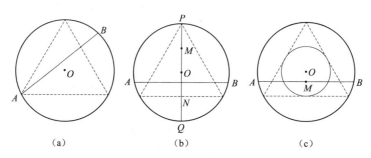

(a)   (b)   (c)

图 1.4 贝特朗悖论

这导致同一事件有不同概率,因此为悖论.

同一问题有 3 种不同答案,究其原因在于圆内"任意取弦"规定得不够清楚,不同的"等可能性假定"导致了不同的样本空间,具体如下(其中"均匀分布"应理解为"等可能取点"):

解法一中假定弦的中点在直径上均匀分布,直径上的点组成样本空间 Ω_1.

解法二中假定弦的另一端在圆周上均匀分布,圆周上的点组成样本空间 Ω_2.

解法三中假定弦的中点在大圆内均匀分布,大圆内的点组成样本空间 Ω_3.

可见,上述 3 个答案是针对 3 个不同样本空间的,它们都是正确的. 贝特朗悖论告诉我们,在定义概率时要事先明确指出样本空间是什么,因为样本空间是概率空间三要素之一.

1.2.6　确定概率的主观方法

在现实性界里有一些随机现象是不能重复或不能大量重复的,这时有关事件的概率如何确定呢? 统计界有一个贝叶斯学派. 他们在研究了这些随机现象后认为:**一个事件的概率是人们根据经验对按事件发生可能性所给出的个人信念**. 这样给出的概率称为**主观概率**.

例 1.16　说明主观概率的例子.

(1)一名企业家认为"一项新产品在未来市场上畅销"的概率是 0.8. 这里的 0.8 是该企业家根据自己的多年经验和当时的一些市场信息综合而成的个人信念.

(2)一名投资者认为"购买某种股票能获得高收益"的概率是 0.6,这里的 0.6 是该名投资者根据自己多年的股票生意经验和当时股票行情综合而成的个人信念.

(3)一名脑外科医生要对一位病人动手术,他认为成功的概率是 0.9,这是该名医生根据手术的难易程度和自己的手术经验而对"手术成功"所给出的把握程度.

(4)一名教师认为甲学生考取大学的概率是 0.95,而乙学生考取大学的概率是 0.5. 这是该名教师根据自己多年的教学经验和甲、乙两位学生的学习情况而分别给出的个人信念.

这样的例子在人们的生活、生产和经济活动中也是常见的. 他们给出的主观概率不是随意的,而是要求当事人对待考察的事件有较透彻的了解和丰富的经验,甚至是这一行的专家,并能对周围信息和历史信息进行仔细分析,在这个基础上确定的主观概率就能符合实际. 所以,应把主观概率与主观臆造、瞎说一通区别开来. 从某种意义上说,不利用这些丰富的经验去确定概率也是一种浪费.

对主观概率的批评也是有的. 20 世纪 50 年代苏联数学家格涅坚科在他的《概率论教程》中说:"把概率看作认识主体对事件的信念的数量测度,则概率论成了类似心理学的东西,这种纯主观的概率主张贯彻下去的话,最后总不可避免要走到主观唯心论的路上去."这种担心不能说不存在,但以经验为基础的主观概率与纯主观还是不同的,何况主观概率也要受到实践检验,也要符合概率的三条公理,通过实践检验和公理验证,人们会取其精华,去其糟粕.

自主观概率提出以来,使用的人越来越多,特别是在经济领域和决策分析中使用较为广泛,因为在那里随机现象大多是不能大量重复的,无法用频率方法去确定事件概率. 从这个意义上看,主观概率至少是频率方法和古典方法的一种补充,有了主观概率至少使人们在频率观点不适用时也能谈论概率,使用概率与统计方法. 贝叶斯统计学派中,在形成先验概率时,很多情况下可以采用主观概率.

主观概率的确定除根据自己的经验外,还可利用他人经验和历史资料在对比中形成. 例 1.17 具体说明了这种方法.

例 1.17　有一项带有风险的生意,欲估计成功(记为 A)的概率. 为此,决策者去拜访了这方面的专家(如董事长、银行家等),向专家提出以下问题:"如果这种生意做 100 次,你认为会成功几次?"专家回答:"成功次数不会太多,大约 60 次."这里 $P(A)=0.6$ 是专家的主观概率,可此专家还不是决策者. 决策者很熟悉这位专家,认为他的估计往往是偏保守的决策者决定修改专家的估计,把 0.6 提高到 0.7. 这样 $P(A)=0.7$ 就是决策者的主观概率.

这种用专家意见来确定主观概率的方法是经常使用的. 当决策者对某事件了解甚少时,就可去征求专家意见. 这里要注意以下两点:一是要设计好向专家提的问题,既要使专家易懂,又要使专家回答不模棱两可;二是要对专家本人较为了解,以便做出修正,形成自己的主观概率.

§1.3　概率的性质

由概率的公理化定义基础,即非负性、正则性和可列可加性,可导出概率诸多性质.

1.3.1　概率的可加性

性质 1.1　对于不可能事件 $\varnothing$,有 $P(\varnothing)=0$.

证明:令 $A_i=\varnothing(i=1,2,\cdots)$,则 $A_1,A_2,\cdots,A_n\cdots$ 是两两互不相容的事件,且 $\bigcup\limits_{i=1}^{\infty}A_i=\varnothing$,根据概率的可列可加性有

$$P(\varnothing)=P\left(\bigcup_{i=1}^{\infty}A_i\right)=\sum_{i=1}^{\infty}P(A_i)=\sum_{i=1}^{\infty}P(\varnothing).$$

由于实数 $P(\varnothing)\geqslant0$,因此 $P(\varnothing)=0$.

性质 1.2(有限可加性)　对 n 个互不相容事件 $A_1,A_2,\cdots,A_n$(即当 $i\neq j$ 时,有 $A_iA_j=\varnothing$,$i,j=1,2,\cdots,n$),有

$$P\left(\bigcup_{i=1}^{n}A_i\right)=\sum_{i=1}^{n}P(A_i).$$

证明:令 $A_i=\varnothing(i=n+1,n+2,\cdots)$,根据概率的可列可加性有

$$P\left(\bigcup_{i=1}^{n}A_i\right)=P\left(\bigcup_{i=1}^{\infty}A_i\right)=\sum_{i=1}^{\infty}P(A_i)=\sum_{i=1}^{n}P(A_i).$$

性质 1.3　对于任一事件 A,有

$$P(\overline{A})=1-P(A).$$

证明:$A\cup\overline{A}=\Omega,A\overline{A}=\varnothing$,由概率的正则性及有限可加性,有

$$P(A)+P(\overline{A})=1,$$

于是

$$P(\overline{A})=1-P(A).$$

例 1.18　掷两枚硬币,至少出现一个正面(记为事件 A_2)的概率是多少?

解:掷两枚硬币共有 4 个等可能基本结果:

$$(正,正),(正,反),(反,正),(反,反)$$

事件 A_2 含有其中前三个基本结果,故 $P(A_2)=3/4$,作为讨论我们来考察 A_2 的对立事件,它的含义是 $B_2=$"掷两枚硬币,都出现反面". 它只含一个基本结果(反,反),于是 $P(B_2)=1/4$,再用性质 1.3,可得

$$P(A_2)=1-P(B_2)=1-1/4=0.75.$$

由此可见,两条不同思路获得相同结果,但相比之下,后一条思路更容易实现些,因为 B_2 所含的基本结果比 A_2 所含基本结果要少一些. 从而计算也容易一些. 这种思路在掷更多枚硬币时更易显露出其方便的特点,如求掷 5 枚硬币时既出现正面又出现反面的概率. 记"既出现正面又出现反面"的事件为 A,出现 5 个正面(记为 B)的概率为 $P(B)=1/2^5$,出现 5 个反面(记为 C)的概率为 $P(C)=1/2^5$,则有 $\overline{A}=B\cup C$,且 B 和 C 互不相容,所以由有限可加性得

$$P(A)=1-P(\overline{A})=1-P(B\cup C)=1-P(B)-P(C)=1-\frac{1}{2^5}-\frac{1}{2^5}=\frac{15}{16}.$$

1.3.2　概率的单调性

性质 1.4　对任意两个事件 A 与 B，$B \subset A$，有：

(1) $P(A-B)=P(A)-P(B)$；

(2)（单调性）$P(A) \geqslant P(B)$.

证明：由于 $A \supset B$，故可把 A 分为二个互不相容事件 B 与 $A-B$. 由有限可加性可得
$$P(A)=P(B)+P(A-B).$$

移项即得(1). 再由非负性公理，$P(A-B) \geqslant 0$，由(1)可得(2). 但(2)的逆命题不成立，即 $P(A) \geqslant P(B)$ 无法推出 $A \supset B$.

对任何事件 A 都有 $A \subset \Omega$，于是由概率单调性及正则性可知：$P(A) \leqslant P(\Omega)=1$.

性质 1.5　对任意两个事件 A 与 B，有
$$P(A-B)=P(A)-P(AB).$$

证明：因为 $A-B=A-AB$，且 $AB \subset A$，所以由性质 1.4 得
$$P(A-B)=P(A)-P(AB).$$

上式称为概率的**减法公式**.

例 1.19　某城有 N 部卡车，车牌号从 1 到 N，有一个外地人到该城去，把遇到的 n 部卡车的车牌号抄下（可能重复抄到某些车牌号），问抄到的最大号码正好为 $k(1 \leqslant k \leqslant N)$ 的概率.

解：这种抄法可以看作对 N 个车牌号进行 n 次有放回的抽样. 所有可能的抽法共有 N^n 种，以它为样本点全体. 由于每部卡车被遇到的机会可以认为相同，因此这是一个古典概型概率的计算问题.

设 A_k 表示抄到的最大车牌号正好为 k，B_k 表示抄到的最大车牌号不超过 k，显然有
$$B_{k-1} \subset B_k, \quad A_k=B_k-B_{k-1}, \quad P(B_k)=\frac{k^n}{N^n}.$$

由概率的单调性，可得所求概率为
$$P(A_k)=P(B_k)-P(B_{k-1})=\frac{k^n-(k-1)^n}{N^n}.$$

1.3.3　概率的加法公式

性质 1.6　对任意两个事件 A 与 B，有：

(1)（加法公式）$P(A \cup B)=P(A+B)=P(A)+P(B)-P(AB)$；

(2)（半可加性）$P(A \cup B) \leqslant P(A)+P(B)$.

证明：因为 $A \cup B=A \cup (B-AB)$，且 $A(B-AB)=\varnothing$，$AB \subset B$，由可加性及和单调性，可得
$$P(A \cup B)=P(A)+P(B-AB)=P(A)+P(B)-P(AB).$$

此式称为**加法公式**. 类似对任意三个事件 A,B,C，有
$$P(A+B+C)=P(A)+P(B)+P(C)-P(AB)-P(BC)-P(AC)+P(ABC).$$

对任意 n 个事件的加法公式为
$$P\left(\bigcup_{i=1}^n A_i\right)=\sum_{i=1}^n P(A_i)-\sum_{1 \leqslant i<j \leqslant n} P(A_iA_j)+\sum_{1 \leqslant i<j<k \leqslant n} P(A_iA_jA_k)+\cdots+(-1)^{n-1}P(A_1A_2\cdots A_n),$$
$$P\left(\bigcup_{i=1}^n A_i\right) \leqslant \sum_{i=1}^n P(A_i).$$

例 1.20 已知：$P(A)=P(B)=P(C)=1/4$，$P(AB)=0$，$P(BC)=1/16=P(AC)$，则 A，B，C 中至少发生一个的概率是多少？A，B，C 都不发生的概率是多少？

解：$P(A \bigcup B \bigcup C)=P(A)+P(B)+P(C)-P(AB)-P(BC)-P(AC)+P(ABC)$

$$=\frac{3}{4}-\frac{2}{16}=\frac{5}{8},$$

$$P(\overline{ABC})=P(\overline{A \bigcup B \bigcup C})=1-P(A \bigcup B \bigcup C)=1-\frac{5}{8}=\frac{3}{8}.$$

一般求"至少有一……"的概率时，可以使用对立事件公式．而下例则不同．

例 1.21（配对问题） 在一个有 n 个人参加的晚会上，每个人带了一件礼物，且假定各人带的礼物不同．晚会期间各人从放在一起的 n 件礼物中随机地抽取一件，问至少有一个人抽到自己带的礼物的概率是多少？

解：以 A_i 记事件"第 i 个人抽到自己带的礼物"，$i=1,2,\cdots,n$，则所求概率为 $P\left(\bigcup\limits_{i=1}^{n} A_i\right)$.

$$P(A_i)=1/n, \quad i=1,2,\cdots,n,$$

$$P(A_1 A_2)=P(A_1 A_3)=\cdots=P(A_{n-1} A_n)=\frac{1}{n(n-1)},$$

$$\cdots\cdots$$

$$P(A_1 A_2 \cdots A_n)=\frac{1}{n!}.$$

由 n 个事件的加法公式得

$$P\left(\bigcup\limits_{i=1}^{n} A_i\right)=\sum_{i=1}^{n} P(A_i)-\sum_{1 \leqslant i<j \leqslant n} P(A_i A_j)+\sum_{1 \leqslant i<j<k \leqslant n} P(A_i A_j A_k)+\cdots+(-1)^{n-1} P(A_1 A_2 \cdots A_n)$$

$$=C_n^1 \cdot \frac{1}{n}-C_n^2 \cdot \frac{1}{n(n-1)}+\cdots+(-1)^{n-1} C_n^n \cdot \frac{1}{n!}$$

$$=1-\frac{1}{2!}+\frac{1}{3!}+\cdots+(-1)^{n-1} \frac{1}{n!}.$$

当 n 无限大时，其极限为 $1-e^{-1}$.

1.3.4 概率的连续性

定义 1.4 对 F 中的任意单调不减的事件序列 $F_1 \subset F_2 \subset \cdots \subset F_n \subset \cdots$，称可列并 $\bigcup\limits_{n=1}^{+\infty} F_n$ 为 $\{F_n\}$ 的**极限事件**，记为

$$\lim_{n \to +\infty} F_n=\bigcup\limits_{i=1}^{+\infty} F_i.$$

对 F 中的任意单调不增的事件序列 $E_1 \supset E_2 \supset \cdots \supset E_n \cdots$，称 $\bigcap\limits_{n=1}^{+\infty} E_n$ 为 $\{E_n\}$ 的**极限事件**，记为

$$\lim_{n \to +\infty} E_n=\bigcap\limits_{n=1}^{+\infty} E_n.$$

对 F 上的一个概率 P，有：

(1)若它对 F 中任一单调不减序列 $\{F_n\}$，均有

$$\lim_{n \to +\infty} P(F_n)=P\left(\lim_{n \to +\infty} F_n\right),$$

则称概率 P 是**下连续**的．

（2）若它对 F 中的任一单调不增序列 $\{E_n\}$，均有

$$\lim_{n \to +\infty} P(E_n) = P\left(\lim_{n \to +\infty} E_n\right),$$

则称概率 P 是**上连续**的.

定理 1.1（连续性定理）　若 P 是 F 上的概率，则 P 既是上连续又是下连续的.

证明：设 $\{F_n\}$ 是 F 中单调不减事件列，即 $\lim_{n \to +\infty} F_n = \bigcup_{i=1}^{+\infty} F_i$.

现定义 $F_0 = \varnothing$，则 $\bigcup_{i=1}^{+\infty} F_i = \bigcup_{i=1}^{+\infty} (F_i - F_{i-1})$.

由于 $F_{i-1} \subset F_i$，显然 $(F_i - F_{i-1})$ 两两互不相容，根据可列可加性得

$$P\left[\bigcup_{i=1}^{+\infty} F_i\right] = \sum_{i=1}^{\infty} P(F_i - F_{i-1}) = \lim_{n \to \infty} \sum_{i=1}^{n} P(F_i - F_{i-1}).$$

又由有限可加性得

$$\sum_{i=1}^{n} P(F_i - F_{i-1}) = P\left[\bigcup_{i=1}^{n} (F_i - F_{i-1})\right] = \sum_{i=1}^{n} [P(F_i) - P(F_{i-1})] = P(F_n),$$

所以

$$P\left[\lim_{n \to +\infty} F_n\right] = P\left[\bigcup_{i=1}^{+\infty} F_i\right] = \lim_{n \to \infty} P(F_n).$$

这就证明了 P 的下连续性. 利用对偶原则和下连续性即可证得上连续性.

由可列可加性可以推得有限可加性，而由有限可加性一般并不能推出可列可加性. 下面的定理很好地说明了有限可加性和可列可加性之间的差异.

定理 1.2　若 P 是 F 上非负的、规范的集函数，则 P 具有可列可加性的充要条件是：
（1）P 是有限可加的；
（2）P 在 F 上是下连续的.

§1.4　条　件　概　率

1.4.1　条件概率的定义

假设 A 和 B 是随机试验 E 的两个事件，那么事件 A 或 B 的概率是确定的，而且不受另一个事件是否发生的影响. 但是，如果已知事件 A 已经发生，那么需要对另一个事件 B 发生的可能性的大小进行重新考虑.

为了讲清楚条件概率概念，我们先来考察一个例子.

例 1.22　某温泉开发商通过网状管道向 25 个温泉浴场供应矿泉水，每个浴场要安装一个阀门，这 25 个阀门购自两家生产厂，其中部分是有缺陷的，具体如下：

	$\overline{B}$:无缺陷	B:有缺陷
A:来自生产厂 1	10	5
$\overline{A}$:来自生产厂 2	8	2

为进行试验,随机地从 25 个阀门选出一个,考察如下两个事件:

$A=$"选出的阀门来自生产厂 1";

$B=$"选出的阀门是有缺陷的".

利用二维联列表提供的信息,容易算得事件 A,B 及 AB 的概率

$$P(A)=15/25=3/5, \quad P(B)=7/25, \quad P(AB)=5/25=1/5.$$

其中 AB 表示事件"选出的阀门来自生产厂 1,并有缺陷".

现我们转而考察如下问题:在已知事件 B 发生的条件下,事件 A 再发生的概率是多少?事件 B 的发生给人们带来新的信息:B 的对立事件 $\overline{B}=$"选出的阀门是无缺陷的"是不能发生了,因此 B 中的 18 个基本结果立即从考察中剔去,所有可能发生的基本结果仅限于 B 中的 7 个基本结果,这意味着,事件 B 的发生改变了基本空间,从原基本空间 Ω(含有 25 个基本结果)缩减为新的基本空间 $\Omega_B=B$(含有 7 个基本结果),这时事件 A 所含的基本结果在 $\Omega_B=B$ 中所占的比率为 5/7,这就是在事件 B 发生下,事件 A 的条件概率,即 $P(A|B)=5/7$.

我们继续考察这个例子,条件概率 $P(A|B)=5/7$ 中的分母是事件 B 中的基本结果数. 记为 $N(B)=7$. 分子是交事件 AB 中的基本结果数,记为 $N(AB)=5$,若分子与分母都同时除以原基本空间中的基本结果数 $N(\Omega)$,则有如下关系式:

$$P(A|B)=\frac{N(AB)}{N(B)}=\frac{N(AB)/N(\Omega)}{N(B)/N(\Omega)}=\frac{P(AB)}{P(B)}.$$

这表明,条件概率可用两个特定的无条件概率之商表示. 该式不仅在等可能场合成立,在一般场合也是合理的,因此,公认为该式是条件概率的定义,但要保证式中的分母不为零. 这样我们就得到条件概率的一般定义.

定义 1.5 设 A 与 B 是基本空间 Ω 中的两个事件,若 $P(B)>0$,则称 $\dfrac{P(AB)}{P(B)}$ 为事件 B 发生的条件下事件 A 发生的**条件概率**,记为

$$P(A|B)=\frac{P(AB)}{P(B)}.$$

例 1.23 甲、乙两车间各生产 50 件产品,其中分别含有次品 3 件与 5 件. 现从这 100 件产品中任取 1 件,在已知取到甲车间产品的条件下,求取得次品的概率.

解:设 A 为取得次品的事件,B 为取得甲车间产品的事件,则由 B 已发生即已知抽得甲车间产品,可得缩减的样本空间 Ω_B 中由 50 件产品(100 件产品去掉乙车间的产品之后的产品数),于是用"缩减样本空间"的方法,得

$$P(A|B)=\frac{3}{50}=0.06.$$

若用条件概率定义计算,则为

$$P(A|B)=\frac{P(AB)}{P(B)}=\frac{\dfrac{3}{100}}{\dfrac{50}{100}}=\frac{3}{50}=0.06.$$

在计算条件概率时,有时可以根据试验的结构从条件概率的本质含义直接得到条件概率,有时则需要用定义来计算条件概率.

性质 1.7 条件概率是概率,即若 $P(B)>0$,则条件概率满足概率的三条公理:

(1)非负性:$P(A|B)\geqslant 0, A\in F$;

(2)正则性：$P(\Omega|B)=1$；

(3)可加性：假如事件 $A_1,A_2,\cdots,A_n\cdots$ 两两互不相容，则

$$P\left(\bigcup_{n=1}^{+\infty}A_n\Big|B\right)=\sum_{n=1}^{+\infty}P(A_n|B).$$

其中非负性与正则性是显然的，下面我们来证明可加性.因为 $A_1,A_2,\cdots,A_n,\cdots$ 两两互不相容，所以 $A_1B,A_2B,\cdots,A_nB,\cdots$ 也是两两互不相容，故

$$P\left(\bigcup_{n=1}^{+\infty}A_n\Big|B\right)=\frac{P\left(\left(\bigcup\limits_{n=1}^{+\infty}A_n\right)B\right)}{P(B)}=\frac{P\left(\bigcup\limits_{n=1}^{+\infty}(A_nB)\right)}{P(B)}$$

$$=\sum_{n=1}^{+\infty}\frac{P(A_nB)}{P(B)}=\sum_{n=1}^{+\infty}P(A_n\mid B).$$

1.4.2　乘法公式

性质 1.8　乘法公式：

(1)设有事件 A 和 B，若 $P(A)>0$，或 $P(B)>0$，则由条件概率定义，得
$$P(AB)=P(A)P(B|A)\quad\text{或}\quad P(AB)=P(B)P(A|B);$$

(2)设事件 $A_1,A_2,\cdots,A_n$，若 $P(A_1A_2\cdots A_{n-1})>0$，则有
$$P(A_1A_2\cdots A_n)=P(A_1)P(A_2|A_1)P(A_3|A_1A_2)\cdots P(A_n|A_1A_2\cdots A_{n-1}).$$

证明：由　　　　　$A_1\supset A_1A_2\supset A_1A_2A_3\supset\cdots\supset A_1A_2\cdots A_{n-1}$，

有　　　$P(A_1)\geqslant P(A_1A_2)\geqslant P(A_1A_2A_3)\geqslant\cdots\geqslant P(A_1A_2\cdots A_{n-1})>0.$

故公式右边的每个条件概率都是有意义的，于是由条件概率定义可得

$$P(A_1)P(A_2|A_1)P(A_3|A_1A_2)\cdots P(A_n|A_1A_2\cdots A_{n-1})$$

$$=P(A_1)\cdot\frac{P(A_1A_2)}{P(A_1)}\cdot\frac{P(A_1A_2A_3)}{P(A_1A_2)}\cdots\frac{P(A_1A_2\cdots A_n)}{P(A_1A_2\cdots A_{n-1})}$$

$$=P(A_1,A_2,\cdots A_n).$$

例 1.24　一批零件共 100 件，其中有 10 件次品，采用不放回抽样依次抽取 3 次，求第 3 次才抽到合格品的概率．

解：设 $A_i(i=1,2,3)$ 为第 i 次抽到合格品的事件，则由题意得所求概率
$$P=P(\overline{A_1}\ \overline{A_2}A_3)=P(\overline{A_1})P(\overline{A_2}\mid\overline{A_1})P(A_3\mid\overline{A_1}\ \overline{A_2})$$

$$=\frac{10}{100}\cdot\frac{9}{99}\cdot\frac{90}{98}=0.008\,3.$$

若视抽取 3 次为一事件，则本题可用古典概型计算所求概率，得

$$P=\frac{\mathrm{P}_{10}^2\cdot 90}{\mathrm{P}_{100}^3}=\frac{10\cdot 9\cdot 90}{100\cdot 99\cdot 98}=0.008\,3.$$

本题若改为"求第 3 次抽到合格品的概率"，则此概率为

$$P=\frac{90}{100}=0.9.$$

例 1.25（罐子模型）　设罐子中有 b 个黑球和 r 个红球，每次随机取出一个球，把原球放回，还加进（与取出的球）同色球 c 个和异色球 d 个，若 B_i 表示事件"第 i 次取出是黑球"，R_j 表示事件"第 j 次取出是红球"，我们来研究事件"连续从罐子中取出三个球，其中有 2 个红球、1 个黑球"的概率，由乘法公式得

$$P(B_1R_2R_3) = P(B_1)P(R_2|B_1)P(R_3|B_1R_2)$$
$$= \frac{b}{b+r} \cdot \frac{r+d}{b+r+c+d} \cdot \frac{r+d+c}{b+r+2c+2d},$$
$$P(R_1B_2R_3) = P(R_1)P(B_2|R_1)P(R_3|R_1B_2)$$
$$= \frac{r}{b+r} \cdot \frac{b+d}{b+r+c+d} \cdot \frac{r+d+c}{b+r+2c+2d},$$
$$P(R_1R_2B_3) = P(R_1)P(R_2|R_1)P(R_3|R_1R_2)$$
$$= \frac{r}{b+r} \cdot \frac{r+c}{b+r+c+d} \cdot \frac{b+2d}{b+r+2c+2d}.$$

这三个概率是不同的. 这表明黑球出现的次序在影响着概率.

罐子模型也称波利亚(Polya)模型,它可以有各种变化:

(1)$c=-1,d=0$. 这是**无返回抽样**,每次抽出的球不再放回,这时前次抽取结果会影响后次抽取结果,但只要抽取的黑球与红球的个数相同,其概率就不依赖其抽出球的顺序,它们的概率相同,

$$P(B_1R_2R_3) = P(R_1B_2R_3) = P(R_1R_2B_3) = \frac{br(r-1)}{(b+r)(b+r-1)(b+r-2)}.$$

(2)$c=0,d=0$,这是**返回抽样**,前次抽取结果不会影响后次抽取结果,故上述三个概率相等,

$$P(B_1R_2R_3) = P(R_1B_2R_3) = P(R_1R_2B_3) = \frac{br^2}{(b+r)^3}.$$

(3)$c>0,d=0$,称为**传染病模型**. 这意味着:每次取出球后会增加下一次也取到同色球的概率. 每次发现一个传染病患者,以后都会增加再传染的概率. 在这种情况下,上述三个概率为

$$P(B_1R_2R_3) = P(R_1B_2R_3) = P(R_1R_2B_3) = \frac{br(r+c)}{(b+r)(b+r+c)(b+r+2c)}.$$

这三个概率相同.

从以上(1)、(2)、(3)中可以看出:在罐子模型中只要 $d=0$,则上述三个概率都相等,概率只与黑球红球出现的次数有关,而与出现的顺序无关. 这一现象在取更多个球时也是这样.

(4)$c=0,d>0$,称为**安全模型**. 每当发生了事故(如红球被取出),安全工作就抓紧一些,下次再发生事故的概率就会减少;而当没有事故发生时,安全工作就会放松一些,于是发生事故的概率就会增大. 在这种场合下,上述 3 个概率分别为

$$P(B_1R_2R_3) = \frac{b}{b+r} \cdot \frac{r+d}{b+r+d} \cdot \frac{r+d}{b+r+2d},$$
$$P(R_1B_2R_3) = \frac{r}{b+r} \cdot \frac{b+d}{b+r+d} \cdot \frac{r+d}{b+r+2d},$$
$$P(R_1R_2B_3) = \frac{r}{b+r} \cdot \frac{r}{b+r+d} \cdot \frac{b+2d}{b+r+2d}.$$

这三个概率不相同. 这表明:在 $c=0$ 场合,上述概率不仅与黑球与红球出现的次数有关,还与出现的顺序有关.

1.4.3 全概率公式

在计算比较复杂事件的概率时,我们需要将其分解成若干两两互不相容的比较简单的事件的和,分别计算出这些简单事件的概率,然后根据概率的可加性求得复杂事件的概率.

性质 1.9(全概率公式) 设 $B_1, B_2, \cdots, B_n$ 为 Ω 的一个分割,即

(1)$B_i B_j = \varnothing$, $i \neq j, i, j = 1, 2, \cdots, n$;

(2)$\bigcup\limits_{i=1}^{n} B_i = \Omega$.

如果 $P(B_i) > 0, i = 1, 2, \cdots, n$,则对任一事件 A,有

$$P(A) = P(B_1)P(A|B_1) + P(B_2)P(A|B_2) + \cdots + P(B_n)P(A|B_n).$$

证明: 因为有 $A = A\Omega = A\left(\bigcup\limits_{i=1}^{n} B_i\right) = \bigcup\limits_{i=1}^{n} AB_i$. 再由 $P(B_i) > 0 (i = 1, 2, \cdots, n)$,且 AB_i 与 AB_j $(i \neq j)$ 互不相容,所以便得

$$P(A) = P\left(\bigcup_{i=1}^{n} AB_i\right) = \sum_{i=1}^{n} P(AB_i) = \sum_{i=1}^{n} P(B_i)P(A \mid B_i).$$

上式称为**全概率公式**,它是概率论的基本公式,参见图 1.5.

注意:

(1)全概率公式的最简单形式,假如 $0 < P(B) < 1$,则

$$P(A) = P(B)P(A|B) + P(\overline{B})P(A|\overline{B});$$

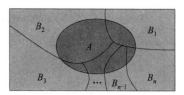

图 1.5　全概率公式图示

(2)条件 $B_1, B_2, \cdots, B_n$ 为 Ω 的一个分割,可改成 $B_1, B_2, \cdots, B_n$ 互不相容,且 $A \subset \bigcup\limits_{i=1}^{n} B_i$,这时定理仍然成立.

(3)实际问题中,A 可以理解为事件发生的结果,B_i 可理解为导致 A 发生的原因.

例 1.26(摸彩模型) 设在 n 张彩票中有 m 张奖券. 求第 i 人摸到奖券的概率是多少.

解: 设 A_i 表示"第 i 人摸到奖券",$i = 1, 2, \cdots, n$. 如今要求 $P(A_2)$,A_1 是否发生直接关系到 A_2 发生的概率,显然有

$$P(A_1) = \frac{m}{n}, \quad P(A_2|A_1) = \frac{m-1}{n-1}, \quad P(A_3|A_1A_2) = \frac{m-2}{n-2},$$

$$P(A_2|\overline{A_1}) = \frac{m}{n-1}, \quad P(A_3|A_1\overline{A_2}) = \frac{m-1}{n-2}.$$

由全概率公式及乘法公式得

$$P(A_2) = P(A_1)P(A_2|A_1) + P(\overline{A_1})P(A_2|\overline{A_1}) = \frac{m}{n} \cdot \frac{m-1}{n-1} + \frac{n-m}{n} \cdot \frac{m}{n-1} = \frac{m}{n};$$

$$P(A_3) = P(A_1A_2)P(A_3|A_1A_2) + P(\overline{A_1}A_2)P(A_3|\overline{A_1}A_2) + P(A_1\overline{A_2})P(A_3|A_1\overline{A_2}) +$$
$$\qquad P(\overline{A_1}\,\overline{A_2})P(A_3|\overline{A_1}\,\overline{A_2})$$

$$= \frac{m}{n} \cdot \frac{m-1}{n-1} \cdot \frac{m-2}{n-2} + \frac{n-m}{n} \cdot \frac{m}{n-1} \cdot \frac{m-1}{n-2} + \frac{m}{n} \cdot \frac{n-m}{n-1} \cdot \frac{m-1}{n-2} +$$

$$\qquad \frac{n-m}{n} \cdot \frac{n-m-1}{n-1} \cdot \frac{m}{n-2}$$

$$= \frac{m}{n}.$$

用类似方法亦可算得第四人、第五人、……摸到奖券的概率仍为 $\frac{m}{n}$.

这说明,摸彩不论先后,中奖的机会是均等的. 类似地,在体育比赛中抽签不论先后,机会也是均等的.

1.4.4　贝叶斯公式

若我们把 A 视为"结果"，把 $B_1,B_2,\cdots,B_n$ 理解为"原因"，全概率公式就可以理解为已知原因找结果．现在假定结果 A 出现，我们能不能找出导致结果出现的原因呢？答案是肯定的，就是下面的贝叶斯公式．

性质 1.10(贝叶斯公式)　设 $B_1,B_2,\cdots,B_n$ 为样本空间 Ω 的一个分割，即

(1) $B_iB_j=\varnothing,i\neq j,i,j=1,2,\cdots,n$；

(2) $\bigcup\limits_{i=1}^{n}B_i=\Omega$.

且 $P(A)>0,P(B_i)>0,i=1,2,\cdots,n$. 则

$$P(B_i\mid A)=\frac{P(B_i)P(A\mid B_i)}{\sum\limits_{j=1}^{n}P(B_j)P(A\mid B_j)},\quad i=1,2,\cdots,n.$$

证明：由条件概率定义及全概率公式，即可得

$$P(B_i\mid A)=\frac{P(B_iA)}{P(A)}=\frac{P(B_i)P(A\mid B_i)}{\sum\limits_{j=1}^{n}P(B_j)P(A\mid B_j)},\quad i=1,2,\cdots,n.$$

先通过一个具体问题来说明这个公式的实际意义．

若有一病人高热到 $40\,℃$，医生要确定他患有何种疾病，则必须考虑病人可能发生的疾病 $B_1,B_2,\cdots,B_n$. 这里假定一个病人不会同时得几种疾病，即事件 $B_1,B_2,\cdots,B_n$ 互不相容．医生可凭以往的经验估计出发病率 $P(B_i)(i=1,2,\cdots,n)$，这通常称为**先验概率**．进一步要考虑的是一个人得 B_i 这样病时高热到 $40\,℃$ 的可能性，即 $P(B_i|A)(i=1,2,\cdots,n)$ 的大小，它可由叶贝斯公式算得．这个概率表示在获得新的信息(即知病人高热 $40\,℃$)后病人得 $B_1,B_2,\cdots,B_n$ 这些疾病的可能性的大小，这通常称为**后验概率**．后验概率为医生的诊断提供了重要依据．

例 1.27　假定用血清甲胎蛋白诊断肝癌，A 表示事件"诊断出被检查者患有肝癌"，B 表示事件"被检查者确实患有肝癌"．已知确实患肝癌者被诊断为有肝癌的概率 $P(A|B)=0.95$，确实不患肝癌者被诊断为有肝癌的概率 $P(A|\overline{B})=0.1$，且假设在所有人中患有肝癌的概率 $P(B)=0.0004$. 现在有一个人被诊断为患有肝癌，求此人确实为肝癌患者的概率 $P(B|A)$.

解：由贝叶斯公式，得

$$P(B|A)=\frac{P(B)P(A|B)}{P(B)P(A|B)+P(\overline{B})P(A|\overline{B})}$$

$$=\frac{0.0004\times0.95}{0.0004\times0.95+(1-0.0004)\times0.1}$$

$$\approx0.0038.$$

本例中，$P(B)=0.0004$ 就是先验概率，而 $P(B|A)=0.0038$ 就是后验概率．由结果可见，后验概率比先验概率提高了近 10 倍．虽然诊断的可靠性 $[P(B|A)]$ 较高，但是确诊(即被诊断患有肝癌者确实有肝癌)的可能性很小，所以还需不断提高诊断的准确率．

例 1.28(三门问题)　"三门问题"亦称蒙提霍尔问题(Monty Hall problem)，出自美国的电视游戏节目 $Let's\ Make\ a\ Deal$. 问题的名字来自该节目的主持人蒙提·霍尔(Monty

Hall),其基本规则是猜奖者要从三扇封闭的门中选择一扇并得到门后的奖品.其中两件是山羊,一件是跑车.该游戏的特别之处就在于当猜奖者当场选定一扇门未打开之前,主持人打开另外一扇后面是山羊的门,如图 1.6 所示(这一点一定可以做到,因为,若猜奖者选中的是山羊门,则主持人只能打开剩余的一扇山羊门;若猜奖者选中的是跑车门,则主持人可从剩余两扇山羊门中随机打开一扇),这时主持人问猜奖者是否需要改猜另外一扇门.问题是:换另外一扇门是否会增加猜奖者赢得跑车的机会?

图 1.6 三门问题

此问题当时在美国引起了激烈的争议,有人认为应该改选,有人认为不需要.现在我们用贝叶斯公式来解答.

设三个门分别编号为 1,2,3,则在三个门都关闭的情况下,设事件 B_i 表示第 i 个门后面是跑车($i=1,2,3$),则

$$P(B_i)=\frac{1}{3} \quad (i=1,2,3).$$

设"嘉宾第一次选择的是 1 门",事件 A 表示主持人打开 3 门,且门后是羊,则

$$P(A|B_1)=\frac{1}{2}, \quad P(A|B_2)=1, \quad P(A|B_3)=0,$$

$$P(A)=P(B_1)P(A|B_1)+P(B_2)P(A|B_2)+P(B_3)P(A|B_3)$$

$$=\frac{1}{3}\left[\frac{1}{2}+1+0\right]=\frac{1}{2}.$$

由贝叶斯公式知,改选 2 号门后中得跑车的概率为

$$P(B_2|A)=\frac{P(B_2)P(A|B_2)}{P(A)}=\frac{2}{3}.$$

由此可见,改选后获得跑车的概率由 $\frac{1}{3}$ 变为 $\frac{2}{3}$,故应该改选.

此问题可做适当推广:现有 1 000 扇门,999 扇门后是山羊,1 扇门后是跑车,若猜奖者选中某一门后主持人打开余下 999 扇中的 998 扇是山羊的门,此时猜奖者是否要改选呢?答案是显而易见的.

例 1.29(狼来了) 伊索寓言"孩子与狼"讲的是一个小孩每天到山上放羊.第一天,他在山上喊"狼来了! 狼来了!"山下的村民闻声便去打狼,发现狼没有来;第二天仍是如此;第三天,狼真的来了,可无论小孩怎么喊叫,也没有人来救他,因为前两次他说了谎,人们不再相信他了.

现在用贝叶斯公式来分析此寓言中村民对这个小孩的可信程度是如何下降的.

首先记事件 A 为"小孩说谎",记事件 B 为"小孩可信".不妨设村民过去对这个小孩的印象还不错,可信度为 $P(B)=0.8$,我们假定可信的小孩撒谎的概率为 0.1,不可信的小孩撒谎的概率为 0.5,即

$$P(A|B)=0.1, \quad P(A|\overline{B})=0.5.$$

第一次村民上山打狼,发现狼没有来,即小孩说了谎(A).村民根据这个信息,对小孩的可

信程度改变为(用贝叶斯公式)

$$P(B|A) = \frac{P(B)P(A|B)}{P(B)P(A|B)+P(\overline{B})P(A|\overline{B})} = \frac{0.8 \times 0.1}{0.8 \times 0.1 + 0.2 \times 0.5} = 0.444.$$

这表明村民上了一次当后,对这个小孩的可信程度由原来的 0.8 调整为 0.444,也就是

$$P(B) = 0.444, \quad P(\overline{B}) = 0.556,$$

小孩第二次撒谎后,再一次利用贝叶斯公式,得到小孩的可信度变为

$$P(B|A) = \frac{P(B)P(A|B)}{P(B)P(A|B)+P(\overline{B})P(A|\overline{B})} = \frac{0.444 \times 0.1}{0.444 \times 0.1 + 0.556 \times 0.5} = 0.138.$$

这表明村民们经过两次上当,对这个小孩的可信程度已经从 0.8 下降到 0.138. 如此低的可信程度,村民听到第三次呼叫怎么再会上山打狼呢?

由此可以看出,贝叶斯公式结合历史的先验信息(小孩以往的可信度)以及现有信息(小孩撒谎),最终得到新的认知或信息,即后验信息. 它反映了人们认知和学习的过程,并由此衍生出贝叶斯统计方法. 在机器学习及人工智能领域,贝叶斯方法有着重要的地位.

§1.5 独 立 性

1.5.1 两个事件的独立性

设 A, B 为两个事件. 若 $P(A) > 0$,则可定义 $P(B|A)$. 一般地,$P(B) \neq P(B|A)$,即事件 A 的发生对 B 发生的概率是有影响的. 在特殊情况下,一个事件的发生对另一事件发生的概率没有影响,即 $P(B|A) = P(B)$. 这时就称两事件是独立的. 关于独立性,我们由如下例引出:

例 1.30 在 100 件产品中有 5 件次品. 现采用有放回抽样,即每次从中取出一件样品观察后在放回,然后进行下次抽样. 试求:

(1)在第一次取得次品的条件下,第二次取得次品的概率;

(2)在第二次取得正品的条件下,第二次取得次品的概率;

(3)第二次取得次品的概率.

解:设 A, B 分别表示第一、二次取得次品的事件,则

$$P(A) = \frac{5}{100} = \frac{1}{20}, \quad P(\overline{A}) = \frac{19}{20}.$$

因为是有放回抽样,所以

$$P(AB) = P(A)P(A|B) = \frac{5}{100} \times \frac{5}{100} = \frac{1}{400};$$

$$P(\overline{A}B) = P(\overline{A})P(B|\overline{A}) = \frac{95}{100} \times \frac{5}{100} = \frac{19}{400}.$$

于是

(1) $P(B|A) = \frac{P(AB)}{P(A)} = \frac{1}{400} / \frac{1}{20} = \frac{1}{20}$;

(2) $P(B|\overline{A}) = \frac{P(\overline{A}B)}{P(A)} = \frac{19}{400} / \frac{19}{20} = \frac{1}{20}$;

(3) $P(B) = \frac{5}{100} = \frac{1}{20}.$

事实上,该题若改为无放回抽样,则

$$P(B|A)=\frac{4}{99},\quad P(B|\overline{A})=\frac{5}{99},\quad P(B)=\frac{5}{100}=\frac{1}{20}.$$

此时乘法公式可简化为

$$P(AB)=P(A)P(B|A)=P(A)P(B).$$

定义 1.6　设事件 A,B 满足

$$P(AB)=P(A)P(B),$$

则称事件 A,B 是**统计独立**的,简称**独立**,否则称 A 和 B **不独立**或**相依**.

例 1.31　考虑有三个小孩的家庭,并设所有 8 种情况:

$$\mathrm{bbb,bbg,bgb,gbb,bgg,gbg,ggb,ggg}$$

是等可能的,其中 b 表示男孩,g 表示女孩. 我们来考察如下两个事件:令 A 是"家中男女孩都有"的事件;令 B 是"家里至多一个女孩"的事件. 它们的概率分别是

$$P(A)=6/8,\quad P(B)=4/8,$$

而事件 AB 是指"家中恰有一个女孩",其概率为

$$P(AB)=3/8=P(A)P(B).$$

于是,在家庭中有三个小孩的情况下,这两个事件是独立的. 但是,当所考察的家庭有两个或有四个小孩时,事件 A 与 B 就不再独立了. 比如家中有 2 个小孩的情况,共有四种等可能结果:bb,bg,gb,gg. 这时

$$P(A)=2/4,\quad P(B)=3/4,\quad P(AB)=2/4,$$

由于没有等式 $P(AB)=P(A)P(B)$,所以 A 与 B 不独立.

在实际问题中,常常不是根据定义来判断事件的独立性,而是由独立性的实际含义,即一个事件发生并不影响另一个事件发生的概率来判断两事件的相互独立性. 但是上例说明了两事件是否具有独立性并不总是显然的. 究其原因,是因为我们认为的独立性是从事件角度理解的,但是又不能给出事件表示的严格定义,而 $P(AB)=P(A)P(B)$ 的独立性只是从概率这个单纯数字关系定义,但显然概率数字关系无法完全确定事件关系,这也是称之为统计独立性的原因.

性质 1.11　若事件 A,B 相互独立,则 $\overline{A}$ 与 B,A 与 $\overline{B}$,$\overline{A}$ 与 $\overline{B}$ 也相互独立.

证明:由 $\overline{A}B=B-A=B-AB$,有

$$\begin{aligned}P(\overline{A}B)&=P(B-AB)=P(B)-P(AB)\\&=P(B)-P(A)P(B)=[1-P(A)]P(B),\\&=P(\overline{A})P(B),\end{aligned}$$

故得 $\overline{A}$ 与 B 相互独立. 余可类推.

关于独立性,有以下几点说明:

(1)由定义,可知必然事件 Ω 和不可能事件 $\varnothing$ 与任何事件都是相互独立的.

(2)若事件 A,B 相互独立,且 $P(A)>0$,则有

$$P(B|A)=\frac{P(AB)}{P(A)}=\frac{P(A)P(B)}{P(A)}=P(B),$$

这与前面所理解的独立性是一致的.

(3)独立与互斥的关系:互斥是从事件的关系定义的,而独立则是从概率关系定义. 一般来说,当 $P(A)>0,P(B)>0$,则 A,B 相互独立与 A,B 互斥不能同时成立,因为此时 $P(AB)=$

$P(A)P(B)>0$,而若 A,B 互斥则必有 $AB=\varnothing$,从而 $P(AB)=0$. 独立可以理解为事件没关系,而互斥则正是一种排斥关系.

在实际应用中,只有两个事件的独立性是不够的,还必须用到多个事件的独立性.

1.5.2 多个事件的相互独立性

定义 1.7 对于 3 个事件 A,B,C,若下面 3 个等式同时成立:

$$\begin{cases} P(AB)=P(A)P(B) \\ P(AC)=P(A)P(C), \\ P(BC)=P(B)P(C) \end{cases}$$

则称 A,B,C **两两独立**,若进一步有

$$P(ABC)=P(A)P(B)P(C),$$

则称 A,B,C **相互独立**.

注意:若 A,B,C 相互独立,则 A,B,C 必两两独立. 一般地,若 A,B,C 两两独立,则 A,B,C 不一定相互独立.

例 1.32(伯恩斯坦反例) 一个均匀的正四面体,其第一面染成红色,第二面染成白色,第三面染成黑色,而第四面同时染上红、白、黑三种颜色. 现以 A,B,C 分别记投一次四面体出现红、白、黑颜色朝下的事件,问 A,B,C 是否相互独立.

解:显然

$$P(A)=P(B)=P(C)=\frac{2}{4}=\frac{1}{2},$$

$$P(AB)=P(AC)=P(BC)=\frac{1}{4},$$

所以

$$P(AB)=P(A)P(B),\quad P(AC)=P(A)P(C),\quad P(BC)=P(B)P(C).$$

因此,事件 A,B,C 是两两独立的. 但

$$P(ABC)=\frac{1}{4}\neq P(A)P(B)P(C),$$

所以事件 A,B,C 不相互独立.

类似可以定义多个事件的独立性.

定义 1.8 设 $A_1,A_2,\cdots,A_n$ 是同一试验 E 中的 n 个事件,如果对于任意正整数 k 以及这 n 个事件中的任意 $k(2\leqslant k\leqslant n)$ 个事件 $A_{i_1},A_{i_2},\cdots,A_{i_k}$,都有等式

$$P(A_{i_1}A_{i_2}\cdots A_{i_k})=P(A_{i_1})P(A_{i_2})\cdots P(A_{i_k})$$

成立,则称 n 个事件 $A_1,A_2,\cdots,A_n$ **相互独立**.

易见,等式约束条件数一共有 2^n-n-1 个.

注意:若 $A_1,A_2,\cdots,A_n$ 相互独立,则将 $A_1,A_2,\cdots,A_n$ 的任意多个事件换成它们的逆事件,所得的 n 个事件仍然相互独立.

若 $A_1,A_2,\cdots,A_n$ 相互独立,则易得:

(1) $P(A_1A_2\cdots A_n)=P(A_1)P(A_2)\cdots P(A_n)$;

(2) $P(A_1\bigcup A_2\bigcup\cdots\bigcup A_n)=1-P(\overline{A_1})P(\overline{A_2})\cdots P(\overline{A_n})$.

例 1.33 设 A,B,C 三事件相互独立,试证 $A\bigcup B$ 与 C 相互独立.

证明:

$$P((A \cup B)C) = P(AC \cup BC) = P(AC) + P(BC) - P(ABC)$$
$$= P(A)P(C) + P(B)P(C) - P(A)P(B)P(C)$$
$$= \{P(A) + P(B) - P(A)P(B)\}P(C)$$
$$= P(A \cup B)P(C).$$

因此 $A \cup B$ 与 C 相互独立.

例 1.34　设某种高炮每次击中飞机的概率为 0.2,问至少需要多少门这种高炮同时独立发射(每门射一次)才能使击中飞机的概率达到 95% 以上.

解:设所需高炮为 n 门,A 表示击中飞机的事件,$A_i(i=1,2,\cdots,n)$ 表示第 i 门高炮击中飞机的事件,则由题意,得

$$P(A) = P(A_1 \cup A_2 \cup \cdots \cup A_n) \geqslant 0.95,$$

即

$$1 - P(\overline{A_1})P(\overline{A_2}) \cdots P(\overline{A_n}) \geqslant 0.95.$$

将 $P(A_i)=0.2$ 代入,得 $0.8^n \leqslant 0.05$,解得 $n \geqslant 14$,故至少需要 14 门高炮才能有 95% 以上的把握击中飞机.

例 1.35　两名选手轮流射击同一目标,甲命中的概率为 α,乙命中的概率为 β,甲先射,谁先命中谁得胜,问甲、乙二人获胜的概率各为多少?

解:A_i 表示"第 i 次射击命中目标",$i=1,2,\cdots$. 因为甲先射,所以"甲获胜"可以表示为

$$A_1 \cup \overline{A_1}\overline{A_2}A_3 \cup \overline{A_1}\overline{A_2}\overline{A_3}\overline{A_4}A_5 \cup \cdots,$$

由于各次射击是相互独立的,所以

$$P(甲获胜) = \alpha + (1-\alpha)(1-\beta)\alpha + (1-\alpha)^2(1-\beta)^2\alpha + \cdots$$
$$= \alpha \sum_{i=0}^{+\infty} (1-\alpha)^i (1-\beta)^i = \frac{\alpha}{1-(1-\alpha)(1-\beta)}.$$

同理可得

$$P(乙获胜) = P(\overline{A_1}A_2 \cup \overline{A_1}\overline{A_2}\overline{A_3}A \cup \cdots)$$
$$= (1-\alpha)\beta + (1-\alpha)(1-\beta)(1-\alpha)\beta + \cdots$$
$$= \beta(1-\alpha) \sum_{i=0}^{+\infty} (1-\alpha)^i (1-\beta)^i = \frac{\beta(1-\alpha)}{1-(1-\alpha)(1-\beta)}.$$

例 1.36　系统由多个元件组成,且所有元件都独立地工作,设每个元件正常工作的概率都是 $p=0.9$,试求以下系统正常工作的概率.

(1)二元件串联 S_1;　(2)二元件并联 S_2;　(3)五元件桥式系统 S_3(见图 1.7).

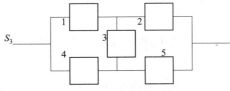

图 1.7　五元件桥式系统 S_3

解:设 S_i 表示"第 i 个系统正常工作";A_i 表示"第 i 个元件正常工作".

(1)对串联系统而言,$S_1 = A_1A_2$,所以

$$P(S_1) = P(A_1A_2) = P(A_1)P(A_2) = p^2 = 0.81.$$

(2)对并联系统而言,$S_1 = A_1 \cup A_2$,所以

$$P(S_2) = P(A_1 \bigcup A_2) = P(A_1) + P(A_2) - P(A_1A_2)$$
$$= p + p - p^2 = 0.99.$$

（3）由全概率公式有

$$P(S_3) = P(A_3)P(S_3|A_3) + P(\overline{A}_3)P(S_3|\overline{A}_3).$$

在"第三个元件正常工作"的条件下，系统成为先并后串系统，所以

$$P(S_3|A_3) = P((A_1 \bigcup A_4)(A_2 \bigcup A_5)) = P(A_1 \bigcup A_4)P(A_2 \bigcup A_5)$$
$$= [1 - (1-p)^2]^2 = 0.9801.$$

在"第三个元件不正常工作"的条件下，系统成为先串后并系统，所以

$$P(S_3|\overline{A}_3) = P(A_1A_2 \bigcup A_4A_5) = 1 - (1-p^2)^2 = 0.9639.$$

综上，得

$$P(S_3) = p[1 - (1-p)^2]^2 + (1-p)[1 - (1-p^2)^2]$$
$$= 0.9 \times 0.9801 + 0.1 \times 0.9639 = 0.9785.$$

1.5.3　试验的独立性

利用事件的独立性可以定义两个或更多个试验的独立性.

定义 1.9　设有两个试验 E_1 和 E_2，如试验 E_1 的任一个结果（事件）与试验 E_2 的任一个结果（事件）都是相互独立事件，则称**这两个试验相互独立**.

例如，掷一枚硬币（试验 E_1）和掷一枚骰子（试验 E_2）是相互独立的，因为硬币出现正面与反面与骰子出现 1～6 点中任一点都是相互独立的事件.

类似可以定义 n 个试验 $E_1, E_2, \cdots, E_n$ 的相互独立性：假如 E_1 的任一结果、E_2 的任一结果、$\cdots\cdots$、E_n 的任一结果都是相互独立的事件，则称**试验 $E_1, E_2, \cdots, E_n$ 相互独立**. 假如这 n 个试验还是相同的，则称其为 n **重独立置复试验**. 如果在 n 重独立置复试验中，每次试验的可能结果为两个：A 或 $\overline{A}$，则称这种试验为 n **重伯努利**(Bernoulli)**试验**.

例如，掷 n 枚硬币、掷 n 枚骰子、检查 n 个产品等都是 n 重伯努利试验.

例 1.37　某彩票每周开奖一次，每次提供十万分之一的中奖机会，且各周开奖是相互独立的. 若每周买一张彩票，尽管坚持十年（每年 52 次）之久，从未中奖的可能性是多少？

解：设 A_i 表示"第 i 次开奖不中奖"，$i = 1, 2, \cdots, 520$，则 $A_1, A_2, \cdots, A_{520}$ 相互独立，由此得十年从未中奖的可能性是

$$P(A_1, A_2, \cdots, A_{520}) = (1 - 10^{-5})^{520} = 0.9948.$$

即十年未中奖是很正常的事.

例 1.38　在独立重复抛硬币实验中，硬币正面朝上的概率是 p，现一共抛 n 次，求正面朝上次数为偶数的概率.

解：设 A_n 表示抛 n 次正面朝上次数为偶数，记 $P(A_n) = p_n$，显然有

$$P(A_n|A_{n-1}) = 1 - p, \quad P(A_n|\overline{A}_{n-1}) = p.$$

以 $n-1$ 次抛掷结果为条件，利用全概率公式可得到

$$p_n = P(A_n) = P(A_{n-1})P(A_n|A_{n-1}) + P(\overline{A}_{n-1})P(A_n|\overline{A}_{n-1})$$
$$= p_{n-1}(1-p) + (1 - p_{n-1})p,$$

从而

$$p_n - \frac{1}{2} = (1-2p)\left(p_{n-1} - \frac{1}{2}\right),$$

注意到 $p_0 = 1$，最终得到

$$P(A_n) = p_n = \frac{1}{2}\left[(1-2p)^n + 1\right].$$

习　　题

1. 用 3 个事件 A, B, C 的运算表示下列事件：

(1) A, B, C 中至少有一个发生；

(2) A, B, C 中只有 A 发生；

(3) A, B, C 中恰好有两个发生；

(4) A, B, C 中至少有两个发生；

(5) A, B, C 中至少有一个不发生；

(6) A, B, C 中不多于一个发生.

2. 在区间 $[0,2]$ 上任取一数 x，记 $A = \left\{x \mid \frac{1}{2} < x \leqslant 1\right\}$，$B = \left\{x \mid \frac{1}{4} \leqslant x \leqslant \frac{3}{2}\right\}$，求下列事件的表达式：

(1) $\overline{A}B$；　(2) $A\overline{B}$；　(3) $A \cup \overline{B}$.

3. 已知 $P(A) = 0.4, P(B\overline{A}) = 0.2, P(C\overline{A}\overline{B}) = 0.1$，求 $P(A \cup B \cup C)$.

4. 已知 $P(A) = 0.4, P(B) = 0.25, P(A-B) = 0.25$，求 $P(B-A)$ 与 $P(\overline{A}\overline{B})$.

5. 将 13 个分别写有 $A, A, A, C, E, H, I, I, M, M, N, T, T$ 的卡片随意地排成一行，求恰好排成单词 *MATHEMATICIAN* 的概率.

6. 从一批由 45 件正品、5 件次品组成的产品中任取 3 件产品，求其中恰好有 1 件次品的概率.

7. 某学生研究小组共有 12 名同学，求这 12 名同学的生日都集中在第二季度(即 4 月、5 月和 6 月)的概率.

8. 在 100 件产品中有 5 件是次品，每次从中随机地抽取 1 件，取后不放回，求第 3 次才取到次品的概率.

9. 两人相约 7 点到 8 点在校门口见面，试求一人要等另一人半小时以上的概率.

10. 两艘轮船在码头的同一泊位停船卸货，且每艘船卸货都需要 6 小时. 假设它们在一昼夜的时间段中随机地到达，求两轮船中至少有一轮船在停靠时必须等待的概率.

11. 任取两个不大于 1 的正数，求它们的积不大于 $\frac{2}{9}$ 且它们和不大于 1 的概率.

12. 设 $P(A) = a, P(B) = b$，证明：$P(A|B) \geqslant \dfrac{a+b-1}{b}$.

13. 有朋自远方来，其坐火车、坐船、坐汽车和坐汽车的概率分别为 0.3, 0.2, 0.1, 0.4. 若坐火车来，迟到的概率是 0.25；若坐船来，迟到的概率是 0.3；若坐汽车来，迟到的概率是 0.1；若坐飞机来，则不会迟到. 求其迟到的概率.

14. 设 10 个考题签中有 4 个难签，3 人参加抽签，甲先抽，乙次之，丙最后. 求下列事件的概率：

(1)甲抽到难签；

(2)甲未抽到难签而乙抽到难签；

(3)甲、乙、丙均抽到难签.

15. 发报台分别以概率 0.6 和 0.4 发出信号"＊"和"－". 由于通信系统受到干扰, 当发出信号"＊"时, 收报台未必收到信号"＊", 而是分别以概率 0.8 和 0.2 收到信号"＊"和"－"；同样, 当发出信号"－"时, 收报台分别以 0.9 和 0.1 收到信号"－"和"＊". 求:

(1)收报台收到信号"＊"的概率；

(2)当收到信号"＊"时, 发报台确实是发出信号"＊"的概率.

16. 设 A, B 相互独立, $P(A \cup B) = 0.6, P(B) = 0.4$, 求 $P(A)$.

17. 两两独立的 3 个事件 A, B, C 满足 $ABC = \varnothing$, 并且 $P(A) = P(B) = P(C) < \dfrac{1}{2}$. 若 $P(A \cup B \cup C) = \dfrac{9}{16}$, 求 $P(A)$.

18. 证明:

(1)若 $P(A|B) > P(A)$, 则 $P(B|A) > P(B)$；

(2)若 $P(A|B) = P(A|\overline{B})$, 则事件 A 与 B 相互独立.

19. 甲、乙、丙 3 人独立地向一架飞机射击. 设甲、乙、丙的命中率分别为 0.4, 0.5, 0.7. 又飞机中 1 弹、2 弹、3 弹而坠毁的概率分别为 0.2, 0.6, 1. 若 3 人各向飞机射击一次, 求:

(1)飞机坠毁的概率；

(2)已知飞机坠毁, 求飞机被击中 2 弹的概率.

20. 三人独立破译一密码, 他们能独立译出的概率分别为 0.25, 0.35, 0.4. 求此密码能被译出的概率.

21. 在试验 E 中, 事件 A 发生的概率为 $P(A) = p$, 将试验 E 独立重复进行 3 次, 若在 3 次试验中"A 至少出现一次的概率为 $\dfrac{19}{27}$", 求 p.

22. 已知某种灯泡的耐用时间在 1000 h 以上的概率为 0.2, 求 3 个该型号的灯泡在使用 1000 h 以后最多有一个坏掉的概率.

23. 设有两箱同种零件, 在第一箱内装 50 件, 其中有 10 件是一等品；在第二箱内装有 30 件, 其中有 18 件是一等品. 现从两箱中任取一箱, 然后从该箱中不放回地取两次零件, 每次 1 个, 求:

(1)第一次取出的零件是一等品的概率；

(2)已知第一次取出的零件是一等品, 第二次取出的零件也是一等品的概率.

24. 箱中有 α 个白球和 β 个黑球, 从中不放回地接连取 $k+1 (k+1 \leqslant \alpha + \beta)$ 次球, 每次 1 个. 求最后取出的是白球的概率.

25. 一栋大楼共有 11 层, 电梯等可能地停在 2 层至 11 层楼的每一层, 电梯在一楼开始运行时有 6 位乘客, 并且乘客在 2 层至 11 层楼的每一层离开电梯的可能性相等, 求下列事件的概率:

(1)某一层有两位乘客离开；

(2)没有两位及以上的乘客在同一层离开；

(3)至少有两位乘客在同一层离开.

26. 将线段$(0,a)$任意折成 3 折,求此 3 折线段能构成三角形的概率.

27. 设平面区域 D 由 4 点$(0,0),(0,1),(1,0),(1,1)$围成的正方形,现向 D 内随机投 10 个点,求这 10 个点中至少有 2 个落在由曲线 $y=x^2$ 和直线 $y=x$ 所围成的区域 D_1 的概率.

28. 设有来自 3 个地区的 10 名、15 名、25 名考生的报名表,其中女生的报名表分别为 3 份、7 份、5 份. 随机地取一个地区的报名表,从中先后抽取两份.

(1)求先抽到的一份是女生表的概率;

(2)已知后抽到的一份是男生表,求先抽到的一份是女生表的概率.

29.(Banach 问题)某数学家有两盒火柴,每盒装有 N 根,每次使用时,他在任一盒中取一根,问他发现一空盒,而另一盒还有 k 根火柴的概率是多少.

30. 已知直角三角形的两直角边都是区间$(0,1)$上的随机数,试求斜边长小于 $\frac{2}{3}$ 的概率.

31. 任意取 3 个正数,求以这 3 个正数为边长可以围成一个钝角三角形的概率 P.

32. 设平面上画有等距离 $l(l>0)$ 的平行线,向平面上任意投掷一个以 a,b,c 为边长的三角形,且 $a<l,b<l,c<l$ 时,求三角形与平行线相交的概率.

33. 人们为了解一支股票未来一定时期内价格的变化,往往会去分析影响股票价格的基本因素,比如利率的变化. 现假设人们经分析估计利率下调的概率为 60%,利率不变的概率为 40%. 根据经验,人们估计,在利率下调的情况下,该支股票价格上涨的概率为 80%;而在利率不变的情况下,其价格上涨的概率为 40%. 求该支股票将上涨的概率.

34. 某商店收进甲厂生产的产品 30 箱,乙厂生产的同种产品 20 箱,甲厂每箱装 100 个,废品率为 0.06,乙厂每箱装 120 个,废品率为 0.05,求:

(1)任取一箱,从中任取一个为废品的概率;

(2)若将所有产品开箱混放,求任取一个为废品的概率.

35. 一辆飞机场的交通车载有 25 名乘客途经 9 个站,每位乘客都等可能在这 9 站中任意一站下车(且不受其他乘客下车与否的影响),交通车只在有乘客下车时才停车,求交通车在第 i 站停车的概率以及在第 i 站不停车的条件下在第 j 站停车的概率,并判断"第 i 站停车"与"第 j 站停车"两个事件是否独立.

36. 某型号高炮,每门炮发射一发炮弹击中飞机的概率为 0.6,现若干门炮同时各射一发.

(1)欲以 99% 的把握击中一架来犯的敌机至少需配置几门炮?

(2)现有 3 门炮,欲以 99% 的把握击中一架来犯的敌机,每门炮的命中率应提高到多少?

37. 任取 3 条不大于 a 的线段,求这 3 条线段能够成一个三角形的概率.

38. 甲、乙两人掷均匀硬币,其中甲掷 $n+1$ 次,乙掷 n 次,求"甲掷出正面的次数大于乙掷出正面的次数"这一事件的概率.

第2章 随机变量及其分布

在随机试验中,人们除对某些特定事件发生的概率感兴趣外,往往还关心某个与随机试验的结果相联系的变量.由于这一变量的取值依赖于随机试验结果,因而被称为随机变量.与普通的变量不同,对于随机变量,人们无法事先预知其确切取值,但可以研究其取值的统计规律性.本章将介绍两类随机变量及描述随机变量统计规律性的分布.

§2.1 随机变量及其分布概述

在随机试验中,若把试验中观察的对象与实数对应起来,即建立对应关系 X,使其对试验的每个结果 ω,都有一个实数 $X(\omega)$ 与之对应,则 X 的取值可能随着试验的重复而不同,X 是一个变量,且在每次试验中 X 究竟取什么值事先无法预知,也就是说,X 是一个随机取值的变量.因此,很自然地称 X 为随机变量.

2.1.1 随机变量的概念与意义

定义 2.1 设 Ω 是某随机试验的样本空间,若对 Ω 中每个基本事件 ω 都有唯一的实数 $X(\omega)$ 与之对应,则称 $X(\omega)$ 为**随机变量**,通常简记为 X.随机变量是定义在样本空间 Ω 上的单值实值函数,通常以 X,Y,Z 等来表示随机变量.随机变量的取值用小写字母 x,y,z 等来表示.关于随机变量,需要注意以下几点:

(1)随机变量与普通的函数不同.

随机变量是一个函数,但它与普通的函数有着本质的差别.普通函数是定义在实数轴上的,而随机变量是定义在样本空间上的(样本空间的元素不一定是实数).

(2)随机变量的取值具有一定的概率规律.

随机变量随着试验的结果不同而取不同的值,由于试验各个结果的出现具有一定的概率,因此随机变量的取值也有一定的概率规律.

(3)随机变量与随机事件的关系.

随机事件包含在随机变量这个范围更广的概念之内.或者说,随机事件是从静态的观点来研究随机现象,而随机变量则是从动态的观点来研究随机现象.

随机变量概念的产生是概率论发展史上的重大事件.引入随机变量后,对随机现象统计规律的研究,就由对事件及事件概率的研究转化为对随机变量及其取值规律的研究,因此,就可利用数学分析的方法,从而将概率论变为数学学科的分支之一.

随机变量按其取值方式不同,通常分为离散型和非离散型两类.离散型是指随机变量取值有限或者可数,而非离散型随机变量中最重要的是连续型随机变量.今后,我们主要讨论离散型随机变量和连续型随机变量.

例如,从一批产品中任意取出 10 件,若用 X 表示其中的废品数,则 X 为取值有限的离散型.此时,{少于 2 件废品}、{恰有 1 件废品}两个事件,就可以分别用{$X<2$}、{$X=1$}来表示.

又如,单位时间内电话交换台接到的呼唤次数用 X 表示,则 X 为取值可数的离散型.此时,{接到不少于 1 次呼唤}、{没有接到呼唤}两个事件,可以分别用{$X\geqslant1$}、{$X=0$}来表示.

再如,在测试灯泡寿命的试验中,每一个灯泡的实际使用寿命可能是 $[0,+\infty)$ 中任何一个实数,若用 X 表示灯泡的寿命(单位:h),则 X 是定义在样本空间 $\Omega=\{t\,|\,t\geqslant0\}$ 上的函数,即 $X=X(t)=t$,X 为连续型随机变量.

例 2.1 在将一枚硬币抛掷 3 次,观察正面 H、反面 T 出现情况的试验中,其样本空间

$$S=\{HHH,HHT,HTH,THH,HTT,THT,TTH,TTT\};$$

记每次试验出现正面 H 的总次数为随机变量 X,则 X 作为样本空间 S 上的函数定义为

ω	HHH	HHT	HTH	THH	HTT	THT	TTH	TTT
X	3	2	2	2	1	1	1	0

易见,使 X 取值为 2({$X=2$})的样本点构成的子集为

$$A=\{HHT,HTH,THH\},$$

故
$$P\{X=2\}=P(A)=3/8.$$

类似地,有

$$P\{X\leqslant1\}=P\{HTT,THT,TTH,TTT\}=4/8.$$

2.1.2 随机变量的分布函数

我们要描述适用于所有随机变量的分布规律方法,一个直观的想法是一个一个地列举出其所有取值并确定取值概率,然而,这对于一些随机变量(如连续型随机变量)是不适合的.首先连续型随机变量取值数目是不可数的,其次连续型随机变量取任何值的概率为 0.比如,在 $[0,1]$ 线段上任取一点,设其坐标为 X,则 X 可以取 $[0,1]$ 上任何值,显然总数不可数,事件 $A=$ "正好取到中点" $=\{X=0.5\}$ 的概率只能为 0.这显然是没有意义的.因此,我们转而讨论随机变量 X 的取值落在某一个区间里的概率,即取定 $x_1,x_2\,(x_1<x_2)$,讨论 $P\{x_1<X\leqslant x_2\}$.因为

$$P\{x_1<X\leqslant x_2\}=P\{X\leqslant x_2\}-P\{X\leqslant x_1\},$$

所以,对任何一个实数 x,只需知道 $P\{X\leqslant x\}$,就可知 X 的取值落在任一区间里的概率了.为此,我们用 $P\{X\leqslant x\}$ 来讨论随机变量 X 的概率分布情况.

定义 2.2 设 X 是一个随机变量,x 是任意实数,则函数 $F(X)=P\{X\leqslant x\}$ 称为 X 的**分布函数**.称 X 服从 $F(X)$,记为 $X\sim F(X)$.

若把 X 看作数轴上的随机点的坐标,则分布函数 $F(x)$ 在 x 的函数值就表示 X 落在区间 $(-\infty,x]$ 里的概率.对于任意的实数 $x_1,x_2\,(x_1<x_2)$,随机变量 X 落在区间 $(x_1,x_2]$ 里的概率可用分布函数来计算:

$$P\{x_1<X\leqslant x_2\}=P\{X\leqslant x_2\}-P\{X\leqslant x_1\}=F(x_2)-F(x_1).$$

在这个意义上可以说,分布函数完整地描述了随机变量的统计规律性;或者说,分布函数完整地表示了随机变量的概率分布情况.

定理 2.1 任一分布函数 $F(x)$ 具有以下 3 条基本性质：

(1)**单调性**：$F(x)$ 是一个单调不减的函数，即当 $x_1 < x_2$ 时，$F(x_1) \leqslant F(x_2)$.

事实上，$F(x_2) - F(x_1) = P\{x_1 < X \leqslant x_2\} \geqslant 0$，故 $F(x_1) \leqslant F(x_2)$.

(2)**有界性**：$0 \leqslant F(x) \leqslant 1$，且 $F(+\infty) = \lim\limits_{x \to +\infty} F(x) = 1$，$F(-\infty) = \lim\limits_{x \to -\infty} F(x) = 0$.

因为 $F(x) = P\{X \leqslant x\}$，即 $F(x)$ 是 X 落在 $(-\infty, x]$ 里的概率，所以 $0 \leqslant F(x) \leqslant 1$. 对其余两式，我们只给出一个直观的解释，不作严格的证明. 事实上，$F(+\infty)$ 是事件 $(X < +\infty)$ 的概率，而 $(X < +\infty)$ 是必然事件，故 $F(+\infty) = 1$. 类似地，$(X < -\infty)$ 是不可能事件，故 $F(-\infty) = 0$.

(3)**右连续性**：$F(x+0) = \lim\limits_{x \to x_0^+} F(x) = F(x_0)$，即 $F(x)$ 是右连续的函数.

反之可证明：对于任意一个函数，若满足上述 3 条性质，则它一定是某随机变量的分布函数.

由此可以得到以下常用公式：

$$P\{a < X \leqslant b\} = F(b) - F(a); \quad P\{X = a\} = F(a) - F(a-0);$$

$$P\{X \geqslant b\} = 1 - F(b-0); \quad P\{X > b\} = 1 - F(b);$$

$$P\{a < X < b\} = F(b-0) - F(a); \quad P\{a \leqslant X \leqslant b\} = F(b) - F(a-0);$$

$$P\{a \leqslant X < b\} = F(b-0) - F(a-0).$$

当 $F(x)$ 在 a 与 b 连续时，有 $F(a-0) = F(a)$；$F(b-0) = F(b)$.

例 2.2 设某随机变量的分布函数为

$$F(x) = A + B\arctan x, \quad -\infty < x < +\infty.$$

(1)确定 A, B 的值；(2)求 $P\{-1 \leqslant X \leqslant 1\}$.

解：根据分布函数的性质

$$F(-\infty) = \lim\limits_{x \to -\infty} F(x) = \lim\limits_{x \to -\infty} (A + B\arctan x) = A - \pi/2 \cdot B = 0,$$

$$F(+\infty) = \lim\limits_{x \to +\infty} F(x) = \lim\limits_{x \to +\infty} (A + B\arctan x) = A + \pi/2 \cdot B = 1,$$

得 $A = 1/2, B = 1/\pi$，所以

$$P\{-1 \leqslant X \leqslant 1\} = F(1) - F(-1) = \frac{1}{\pi}[\arctan(1) - \arctan(-1)]$$

$$= \frac{1}{\pi}\left[\frac{\pi}{4} - \left(-\frac{\pi}{4}\right)\right] = \frac{1}{2}.$$

此分布为标准柯西分布.

2.1.3 离散随机变量的概率分布列（律）

如果随机变量所有可能取的值是有限个或可列个，则称之为离散型随机变量.

定义 2.3 设离散型随机变量 X 所有可能取的值为 $x_i (i = 1, 2, \cdots)$，且取各个值的概率为 $P\{X = x_i\} = p(x_i) = p_i, i = 1, 2, \cdots$，则称上式为离散型的随机变量 X 的**分布列**或**分布律**或**概率质量函数**. 分布列也可以用表格的形式来表示，即表示为：

X	x_1	x_2	$\cdots$	x_n	$\cdots$
P	p_1	p_2	$\cdots$	p_n	$\cdots$

或记成

$$\begin{bmatrix} x_1 & x_2 & \cdots & x_n & \cdots \\ p(x_1) & p(x_2) & \cdots & p(x_n) & \cdots \end{bmatrix}.$$

注意：在同一样本空间上可以定义不同的随机变量. 例如，掷两颗骰子，样本空间含有 36 个等可能的样本的点，可定义不同的随机变量：X——点数之和；Y——6 点的个数；Z——最大点数.

分布列的性质：

(1)**非负性**：$p(x_i) \geqslant 0, i = 1, 2, \cdots$；

(2)**正则性**：$\sum\limits_{i=1}^{\infty} p(x_i) = 1.$

注意：

(1)某个数列为分布列的充要条件即为以上两条性质.

(2)离散随机变量的分布函数为 $F(x) = \sum\limits_{x_i \leqslant x} p(x_i).$

(3)离散型随机变量 X 的分布函数是阶梯函数，$x_1, x_2, \cdots$ 是 $F(X)$ 的第一类间断点，而 X 在 $x_k(k = 1, 2, \cdots)$ 处的概率就是 $F(x)$ 在这些间断点处的跃度.

例 2.3　设一汽车在开往目的地的道路上需经过 4 盏信号灯，每盏信号灯以概率 1/2 允许汽车通过或禁止汽车通过. 以 X 表示汽车首次停下时它已通过的信号灯的盏数(设各信号灯的工作是相互独立的). 求 X 的分布律、分布函数以及概率 $P\{X \leqslant 3/2\}$，$P\{3/2 < X \leqslant 5/2\}$，$P\{2 \leqslant X \leqslant 3\}$.

解：设 p 为每盏信号灯禁止汽车通过的概率，则

$$P\{X = k\} = p(1-p)^k, \quad k = 0, 1, 2;$$
$$P\{X = 3\} = p(1-p)^3.$$

现 $p = 1/2$，故 X 的分布律为

X	0	1	2	3
P	1/2	1/4	1/8	1/8

由此得 X 的分布函数

$$F(x) = \begin{cases} 0 & \text{当 } x < 0 \\ \dfrac{1}{2} & \text{当 } 0 \leqslant x < 1 \\ \dfrac{1}{2} + \dfrac{1}{4} = \dfrac{3}{4} & \text{当 } 1 \leqslant x < 2 \\ \dfrac{1}{2} + \dfrac{1}{4} + \dfrac{1}{8} = \dfrac{7}{8} & \text{当 } 2 \leqslant x < 3 \\ \dfrac{1}{2} + \dfrac{1}{4} + \dfrac{1}{8} + \dfrac{1}{8} = 1 & \text{当 } x \geqslant 3 \end{cases}.$$

其图形如图 2.1 所示.

题中要求计算的概率分别为：

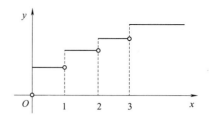

$P\{X\leqslant 3/2\}=F(3/2)=3/4$；

$P\{3/2<X\leqslant 5/2\}=F(5/2)-F(3/2)=7/8-3/4=1/8$；

$P\{2\leqslant X\leqslant 3\}=P\{2<X\leqslant 3\}+P\{X=2\}$

$=F(3)-F(2)+P\{X=2\}$

$=1-7/8+1/8=1/4.$

图 2.1　离散随机变量的分布函数

以上概率也可以用分布律来计算：

$P\{X\leqslant 3/2\}=P\{X=0\}+P\{X=1\}=1/2+1/4=3/4$；

$P\{3/2<X\leqslant 5/2\}=P\{X=2\}=1/8$；

$P\{2\leqslant X\leqslant 3\}=P\{X=3\}+P\{X=2\}=1/8+1/8=1/4.$

由图 2.1 也可以看出，离散型随机变量的分布函数不连续，仅为右连续．

例 2.4　设 X 的分布函数为 $F(x)=P\{X\leqslant x\}=\begin{cases}0 & \text{当 } x<-1\\ 0.4 & \text{当 }-1\leqslant x<1\\ 0.8 & \text{当 } 1\leqslant x<3\\ 1 & \text{当 } x\geqslant 3\end{cases}$，求 X 的概率分布．

解：由于 $F(x)$ 仅为右连续，每一区间的 $F(x)$ 为常数，故 X 具有离散型特征．$F(x)$ 在 $x=$ $-1,1,3$ 处有第一类跳跃间断点，即 X 在这些点的概率不为零，**正概率点**存在，所以

$P\{X=-1\}=F(-1)-F(-1-0)=0.4-0=0.4$；

$P\{X=1\}=F(1)-F(1-0)=0.8-0.4=0.4$；

$P\{X=3\}=F(3)-F(3-0)=1-0.8=0.2.$

X 的概率分布（即离散分布律）为

X	-1	1	3
P_i	0.4	0.4	0.2

2.1.4　连续型随机变量的概率密度函数

在实际问题中，除了离散型随机变量以外，还有非离散型随机变量，其中常用的是连续型随机变量．例如炮弹落地点和目标之间的距离．尽管分布函数是描述各种类型随机变量变化规律的最一般的共同形式，但由于它不够直观，比较臃肿复杂，往往不常用．例如，对于离散型随机变量，用分布律来描述既简单又直观．对于连续型随机变量，我们也希望有一种比分布函数更直观的描述方式．

定义 2.4　设 $F(x)$ 是随机变量 X 的分布函数，若存在实数轴上的非负可积函数 $f(x)$，使得对任意实数 x，有

$$F(x)=\int_{-\infty}^{x}f(t)\mathrm{d}t,$$

则称 X 为**连续型随机变量**，其中函数 $f(x)$ 称为 X 的**概率密度函数**，简称**概率密度**．

概率密度 $f(x)$ 在几何上表示一条曲线，称为**密度曲线**．分布函数 $F(x)$ 的几何意义是密度曲线 $f(x)$ 下从 $-\infty$ 到 x 的一块面积，这块面积随 x 而改变．

易知，概率密度 $f(x)$ 具有下列性质：

(1) $f(x)\geqslant 0$；

(2) $\int_{-\infty}^{+\infty} f(x)\mathrm{d}x = 1$；

(3) $P\{x_1 < X \leqslant x_2\} = F(x_2) - F(x_1) = \int_{x_1}^{x_2} f(x)\mathrm{d}x (x_1 \leqslant x_2)$；

(4) 若 $f(x)$ 在点 x 处连续，则有 $F'(x) = f(x)$.

注：

(1) 若函数 $f(x)$ 满足性质 (1)、(2)，则 $f(x)$ 一定是某个连续型随机变量的概率密度.

(2) 对于连续型随机变量 X 来说，它取任一指定实数 a 的概率为 0，即 $P\{X=a\}=0$. 事实上，设 X 的分布函数为 $F(X)$，$\Delta x > 0$，则由 $\{X=a\} \subset \{a - \Delta x < X \leqslant a\}$ 得

$$0 \leqslant P\{X=a\} \leqslant P\{a - \Delta x < X \leqslant a\} = F(a) - F(a - \Delta x) = \int_a^{a+\Delta x} f(x)\mathrm{d}x.$$

又 $\lim\limits_{\Delta x \to 0} \int_a^{a+\Delta x} f(x)\mathrm{d}x = 0$，所以 $P\{X=a\}=0$.

(3) 连续型随机变量 X 落在小区间 $(x, x + \Delta x)(\Delta x > 0)$ 上的概率为

$$P\{x < X \leqslant x + \Delta x\} = \int_x^{x+\Delta x} f(x)\mathrm{d}x \approx f(x)\mathrm{d}x.$$

乘积 $f(x)\mathrm{d}x$ 称为**概率微分**，上式表明，连续型随机变量 X 落在小区间 $(x, x + \Delta x)$ 上的概率近似地等于概率微分. $f(x)\mathrm{d}x$ 在连续型随机变量理论中所起的作用与概率 $P\{X=x_k\}=p_k$ 在离散型随机变量理论中所起的作用是类似的. 如果把 x 看作点的坐标，$f(x)$ 看作在 x 处的线密度，则 $P\{x_1 < X \leqslant x_2\} = \int_{x_1}^{x_2} f(x)\mathrm{d}x$ 就可看作分布在线段 $x_1 x_2$ 上的质量，这就是称 $f(x)$ 为概率密度的原因.

例 2.5 设随机变量 X 的概率密度 $f(x) = \dfrac{A}{\mathrm{e}^x + \mathrm{e}^{-x}} (-\infty < x < +\infty)$. 求：

(1) 常数 A；　(2) 概率 $P\left\{0 < X < \dfrac{1}{2}\ln 3\right\}$；　(3) X 的分布函数 $F(x)$.

解： (1) 由 $\int_{-\infty}^{+\infty} f(x)\mathrm{d}x = A \arctan \mathrm{e}^x \Big|_{-\infty}^{+\infty} = \dfrac{\pi}{2} A = 1$，得 $A = \dfrac{2}{\pi}$.

(2) $P\left\{0 < X < \dfrac{1}{2}\ln 3\right\} = \dfrac{2}{\pi}\arctan \mathrm{e}^x \Big|_0^{\ln\sqrt{3}} = \dfrac{1}{6}$.

(3) X 的分布函数 $F(x)$ 为

$$F(x) = \dfrac{2}{\pi}\arctan \mathrm{e}^x, \quad -\infty < x < +\infty.$$

概率密度与分布列的差别如下：

(1) 离散随机变量的分布函数总是右连续的阶梯函数，而连续随机变量的分布函数一定是整个数轴上的连续函数.

(2) 离散随机变量在其可能取值的点上的概率不为 0，而连续随机变量在实数轴上的任一点取值的概率恒为 0. 从而不可能事件的概率为 0，但概率为 0 的事件不一定是不可能事件；必然事件的概率为 1，但概率为 1 的事件不一定是必然事件.

(3) 在连续随机变量概率计算中有

$$P\{a \leqslant x \leqslant b\} = P\{a < x \leqslant b\} = P\{a \leqslant x < b\} = P\{a < x < b\}.$$

(4) 在定义式中改变连续随机变量的密度函数 $f(x)$ 在个别点上的函数值，不会改变分布

函数 $F(x)$ 的取值,可见密度函数不是唯一的.

除了离散分布和连续分布之外,还有既非离散又非连续的分布,如例 2.6 所示.

例 2.6 以下的函数 $F(x)$ 是一个分布,它的图形如图 2.2 所示.

$$F(x)=\begin{cases} 0 & \text{当 } x<0 \\ \dfrac{x+1}{2} & \text{当 } 0 \leqslant x<1. \\ 1 & \text{当 } x \geqslant 1 \end{cases}$$

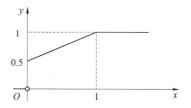

图 2.2 非连续非离散随机变量的分布函数

由图 2.2 可见,它既非阶梯函数,也非连续函数,所以它非离散也非连续.

分布函数可以描述任何类型的随机变量,不仅可以描述连续型随机变量,还可以描述离散型随机变量及其他非连续型随机变量,但不同的随机变量可以有相同的分布函数.对连续型随机变量任一点的概率等于零,而对非连续型随机变量任一点的概率不一定等于零.

例 2.7 设连续型随机变量 X 的密度函数为 $f(x)=\begin{cases} 4x^3 & \text{当 } 0<x<1 \\ 0 & \text{其他} \end{cases}$.

(1)已知 $P\{X>a\}=P\{X<a\}$,求常数 a; (2)已知 $P\{X>b\}=0.05$,求常数 b.

解:由于这是一个连续随机变量,所以有 $P\{X=a\}=0$,从而 $P\{X>a\}+P\{X<a\}=1$. 又由已知,$P\{X>a\}=P\{X<a\}$,得 $P\{X<a\}=0.5$. 而 $P\{X<a\}=\int_0^a 4x^3 \mathrm{d}x=a^4$. 从 $a^4=0.5$ 解得 $a=0.8409$. 这里 a 点左侧与右侧面积各为 0.5,把该分布的密度函数下的面积分为两部分,故称 a 点为该分布的**中位数**.

$$P\{X>b\}=\int_b^1 4x^3 \mathrm{d}x=1-b^4 \,,$$

所以可从 $1-b^4=0.05$ 解得 $b=0.9873$.

§2.2 常用离散分布

2.2.1 二项分布与两点分布

n 重伯努利试验中,每次试验结果只有两个:A 及 $\overline{A}$,且
$$P(A)=p,$$
$$P(\overline{A})=q=1-p, \quad 0<p<1.$$
例如,抛硬币试验中,A 可指正朝上.

1. 二项分布

设 X 表示在 n 重伯努利试验中 A 出现的次数,则
$$P_n(k)=P\{X=k\}=B(k,n,p)=\mathrm{C}_n^k \binom{n}{k} p^k q^{n-k}, \quad k=0,1,2,\cdots,n.$$

事实上,如将"第 i 次试验中 A 出现"的事件记为 $A_i(i=1,2,\cdots,n)$,则由伯努利概型知,在 n 次试验中事件 A 在指定的 k 次试验中出现(如在前 k 次出现),其余 $n-k$ 次试验中不出现

的概率为

$$P(A_1 \cdots A_k \overline{A_{k+1}} \cdots \overline{A_n}) = P(A_1) \cdots P(A_k) P(\overline{A_{k+1}}) \cdots P(\overline{A_n}) = p^k (1-p)^{1-k} = p^k q^{1-k}.$$

由于 n 次试验中 A 出现 k 次的方式很多(在前 k 次出现只是其中一种方式),其总数相当于 k 个相同的质点安排在 n 个位置(每个位置只能安排一个质点)上的所有可能方式,易知共应有 C_n^k 种方式,而它所对应的这 C_n^k 个事件(即"n 次试验中 A 出现 k 次"这一事件)是不相容的,故由概率的可加性得

$$P_n(k) = B(k, n, p) = C_n^k p^k q^{n-k}, \quad k = 0, 1, 2, \cdots, n.$$

显然有

$$\sum_{k=0}^{n} C_n^k p^k q^{n-k} = (p+q)^n = 1.$$

注意到 $C_n^k p^k q^{n-k}$ 刚好是二项式 $(p+q)^n$ 的展开式中出现 p^k 的项,故称随机变量 X 服从参数为 n, p 的**二项分布**,记为 $X \sim B(n, p)$,其中 n 表示总的实验次数,p 表示每次实验 A 发生的概率.

图 2.3 所示为二项分布的分布律图形.

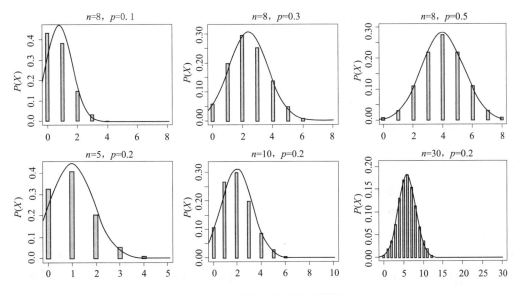

图 2.3　二项分布的分布律图形

例 2.8(巴拿赫火柴问题)　某人有两盒火柴,用时从任一盒中取一根火柴,经过若干时间以后发现一盒火柴已经用完,如果最初两盒中各有 n 根火柴,求这时另一盒中还有 r 根火柴的概率.

解: 发现一盒火柴已经用完,而另一盒中还有 r 根火柴,这种情况一定是在第 $n+(n-r)+1 = 2n-r+1$ 次用时发现的. 设在前 $2n-r$ 次中此人恰有 n 次取了第一盒,$n-r$ 次取了第二盒,而在第 $2n-r+1$ 次又取了第一盒,发现它是空的,这一事件的概率为

$$p_1 = P_{2n-r}(n) \cdot \frac{1}{2} = C_{2n-r}^n \left(\frac{1}{2}\right)^n \left(\frac{1}{2}\right)^{n-r} \cdot \frac{1}{2} = C_{2n-r}^n \left(\frac{1}{2}\right)^{2n-r+1}.$$

同理,设在前 $2n-r$ 次中此人恰有 n 次取了第二盒,$n-r$ 次取了第一盒,而在第 $2n-r+1$ 次又取了第二盒,发现它是空的,这一事件的概率为

$$p_2 = C_{2n-r}^n \left(\frac{1}{2}\right)^{2n-r+1}.$$

因此,所求事件的概率为

$$p = p_1 + p_2 = C_{2n-r}^n \left(\frac{1}{2}\right)^{2n-r}.$$

2. 二点分布(0-1 分布)

$n=1$ 时的二项分布 $B(1,p)$ 称为**二点分布**或者**伯努利分布**,其分布列为

$$P(X=x) = p^x (1-p)^{1-x},$$

或记为

X	1	0
P	p	$1-p$

二项分布为 n 重伯努利试验中 A 发生的总次数,而二点分布为 1 重伯努利试验中 A 发生的次数,显然二项分布可以视为 n 个独立同分布的二点分布随机变量之和.

2.2.2 泊松分布

1. 泊松分布

若随机变量 X 所有可能取值为 $0,1,2,\cdots$,而

$$P(X=k) = \frac{\lambda^k}{k!} e^{-\lambda}, \quad k=0,1,2,\cdots.$$

其中 $\lambda > 0$ 是常数,则称 X 服从参数为 λ 的**泊松分布**,记为 $X \sim P(\lambda)$. 其分布图像如图 2.4 所示.

2. 二项分布的泊松近似

定理 2.2(泊松 Poisson 定理) 在 n 重伯努利试验中,记事件 A 在一次试验中发生的概率为 p_n(与试验次数 n 有关),若 $n \to \infty$ 时,$np_n = \lambda$,则对任一固定的非负整数 k,有

$$\lim_{n \to +\infty} C_n^k p_n^k (1-p_n)^{n-k} = \frac{\lambda^k}{k!} e^{-\lambda}.$$

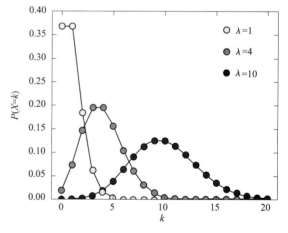

图 2.4 泊松分布的分布图像

证明: 由 $p_n = \dfrac{\lambda}{n}$,有

$$C_n^k p_n^k (1-p_n)^{n-k} = \frac{1}{k!} n(n-1)\cdots(n-k+1)\left(\frac{\lambda}{n}\right)^k \left(1-\frac{\lambda}{n}\right)^{n-k}$$

$$= \frac{\lambda^k}{k!}\left[1 \cdot \left(1-\frac{1}{n}\right) \cdot \left(1-\frac{2}{n}\right)\cdots\left(1-\frac{k-1}{n}\right)\right]\left(1-\frac{\lambda}{n}\right)^n \left(1-\frac{\lambda}{n}\right)^{-k}.$$

对于任意固定的 k,当 $n \to \infty$ 时,有

$$\left[1 \cdot \left(1-\frac{1}{n}\right) \cdot \left(1-\frac{2}{n}\right)\cdots\left(1-\frac{k-1}{n}\right)\right] \to 1, \quad \left(1-\frac{\lambda}{n}\right)^n \to e^{-\lambda}, \quad \left(1-\frac{\lambda}{n}\right)^{-k} \to 1.$$

故

$$\lim_{n \to \infty} C_n^k p_n^k (1-p_n)^{n-k} = \frac{\lambda^k e^{-\lambda}}{k!}.$$

定理的条件 $np_n = \lambda$,意味着 n 很大时,p_n 必定很小,由泊松定理知,当 $X \sim B(n,p)$,且 n

很大而 p 很小时,有

$$P(X=k)=C_n^k p^k (1-p)^{n-k} \approx \frac{\lambda^k}{k!} e^{-\lambda},$$

其中 $\lambda=np$. 在实际计算中,当 $n \geqslant 20$, $p \leqslant 0.05$ 时,近似值效果颇佳,而 $n \geqslant 100$ 且 $np \leqslant 10$ 时,效果更好. $\frac{\lambda^k}{k!} e^{-\lambda}$ 的值有表可查(见书后附录).

例 2.9　某人进行射击,每次命中率为 0.02,独立射击 400 次,求命中次数 $X \geqslant 2$ 的概率.

解:显然,$X \sim B(400, 0.02)$,则

$$P\{X \geqslant 2\} = 1-P\{X=0\}-P\{X=1\}$$
$$= 1-C_{400}^0 (0.02)^0 (0.98)^{400}-C_{400}^1 (0.02)^1 (0.98)^{399}$$
$$\approx 1-9e^{-8} \approx 0.9970.$$

这个概率接近于 1,它说明:一个事件尽管它在一次试验中发生的概率很小,但只要试验次数很多,而且试验是独立进行的,那么这一事件的发生几乎是肯定的,所以不能轻视小概率事件. 另外,**小概率事件在一次试验中几乎不可能发生**. 这一事实通常被称为**实际推断原理**. 如果在 400 次射击中,击中目标的次数竟不到 2 次,根据实际推断原理,我们将怀疑"每次命中率为 0.02"这一假设.

例 2.10　为保证设备正常工作,需要配备适量的维修工人(工人配备多了会产生浪费,配备少了要影响生产). 现有同类型设备 300 台,各台工作与否是相互独立的,发生故障的概率都是 0.01,在通常情况下,一台设备的故障可由一人来处理(我们也只考虑这种情况),问至少需配备多少工人,才能保证当设备发生故障但不能维修的概率小于 0.01.

解:设需要配备 N 人,记同一时刻发生故障的设备台数为 X,则 $X \sim B(300, 0.01)$,所要解决的问题是确定 N,使得 $P\{X > N\} < 0.01$. 由泊松定理,$\lambda=np=3$.

$$P\{X > N\} = 1-P\{X \leqslant N\} = 1-\sum_{k=0}^{N} C_{300}^k (0.01)^k \cdot (0.99)^{300-k}$$
$$\approx 1-\sum_{k=0}^{N} \frac{3^k e^{-3}}{k!} = \sum_{k=N+1}^{\infty} \frac{3^k e^{-3}}{k!} < 0.01.$$

查表知,满足上式的最小的 N 是 8,因此需配备 8 个维修工人.

例 2.11　在上例中,若由一人负责维修 20 台设备,求设备发生故障而不能及时处理的概率. 若由 3 人共同负责维修 80 台设备呢?

解:在前一种情况,设备发生故障而不能及时处理,说明在同一时刻设备有 2 台以上发生故障. 设 X 为发生故障设备的台数,则 $X \sim B(20, 0.01)$,且 $n=20$,$\lambda=0.2$,于是,设备发生故障而不能及时处理的概率为

$$P\{X \geqslant 2\} = \sum_{k=2}^{20} C_{20}^k (0.01)^k (0.99)^{20-k} = 1-P\{X < 2\}$$
$$= 1-\sum_{k=0}^{1} C_{20}^k (0.01)^k (0.99)^{20-k} \approx 1-\sum_{k=0}^{1} e^{-0.2} \frac{(0.2)^k}{k!} = 0.0175.$$

若由 3 人共同负责维修 80 台设备,设同一时刻发生故障的设备台数为 X,则 $X \sim B(80, 0.01)$,$\lambda=0.8$,故同一时刻至少有 4 台设备发生故障的概率为

$$P\{X \geqslant 4\} = \sum_{k=4}^{80} C_{80}^k (0.01)^k (0.99)^{80-k} \approx \sum_{k=4}^{80} \frac{(0.8)^k e^{-0.8}}{k!} \approx 0.0091.$$

计算结果表明,后一种情况尽管任务重了(平均每人维修 27 台),但工作质量不仅没有降低,反而还提高了,不能维修的概率变小了,这说明,由 3 人共同负责维修 80 台,比由一人单独维修 20 台效果更好,既节约了人力又提高了工作效率,所以,可用概率论的方法进行国民经济管理,以便达到更有效地利用人力、物力资源的目的. 因此,概率方法成为运筹学的一个有力工具.

具有泊松分布的随机变量在实际中存在相当广泛. 例如,纺纱车间大量纱锭上的纺线在一个时间间隔内被扯断的次数,纺织厂生产的一批布匹上的疵点个数,一本书某页(或某几页)上印刷错误的个数,在一个固定时间内从某块放射物质中发射出的α粒子的数目,商场某天的人流数,1 h 内热线电话的次数等,都近似服从泊松分布.

综合而言,泊松分布可以表示单位时间内事件或者脉冲到达的次数,在上面的例子中,事件或脉冲可以表示布匹出现疵点、页面出现印刷错误、放射α粒子、商场顾客到来、热线电话接入等,λ 表示此事件或者脉冲的强度,即单位时间内事件平均发生的次数或者脉冲到达的个数,如果满足:

(1)平稳性:在 $[t_0, t_0 + t)$ 时段内事件到达的个数只与时长 t 有关,与起点 t_0 无关;

(2)独立性:不同时段内事件达到的个数是独立的;

(3)平凡性:充分小的时段内最多发生 1 次事件,或者发生 2 次及以上的概率是时长的高阶无穷小.

根据上面条件,可以证明,单位时间内事件发生的次数 X 服从泊松分布(此 3 个条件即为泊松过程特性). 事实上,将单位时间段 $[0,1]$ 平均分成 n 段,每段时长 $\frac{1}{n}$,当 n 无限大时,时长充分小,由平稳性和平凡性知,每个时段内可视为发生 1 次或者发生 0 次(不发生)事件. 由于 $[0,1]$ 时长为 1,事件平均发生的总次数为 λ,故每个时长为 $\frac{1}{n}$ 的小段内事件平均发生的次数为 $\frac{\lambda}{n}$,此亦可以理解为发生 1 次事件的概率 $p_n = \frac{\lambda}{n}$,现试验考察每个小时段内是否发生事件,n 个时段相当于进行 n 次试验,由独立性可知,此试验为 n 重伯努利试验,以 X_n 表示所有 n 个时段事件发生的总次数,显然有 $X_n \sim B(n, p_n)$,当 n 无限大时,X_n 即为单位时间内事件发生的总次数 X,这就回到前述泊松定理的证明过程,$\lim_{n \to \infty} C_n^k p_n^k (1-p_n)^{n-k} = \frac{\lambda^k e^{-\lambda}}{k!}$,即 X 服从泊松分布.

2.2.3 超几何分布

1. 超几何分布

一批产品有 N 件,其中有 M 件次品,其余 $N-M$ 件为正品. 现从中取出 n 件.

令 X:取出 n 件产品中的次品数,则 X 的分布列为

$$P(X=k) = \frac{C_M^k C_{N-M}^{n-k}}{C_N^n}. \quad k = 0, 1, \cdots, \min\{M, n\},$$

且有 $M \leqslant N, n \leqslant N, n, N, M$ 均为正整数.

此时,随机变量 X 服从参数为 (N, M, n) 的超几何分布,记为

$$X \sim h(n, N, M).$$

2. 超几何分布的二项近似

当 $n \ll N$ 时，即抽取个数 n 远小于产品总数 N 时，每次抽取后，总体中的不合格品率 $p = M/N$ 改变甚微，所以不放回抽样可近似地看成放回抽样，这时超几何分布可用二项分布近似：

$$\lim_{N \to \infty} \frac{C_M^k C_{N-M}^{n-k}}{C_N^n} = C_N^k p^k (1-p)^{n-k}.$$

其中 $p = M/N, k = 0, 1, 2, \cdots, n$.

2.2.4　几何分布与负二项分布

1. 几何分布

在伯努利试验中，

$$P(A) = p, \quad P(\overline{A}) = q = 1 - p.$$

X 表示 A 首次出现所需要的总的试验次数，则 X 的分布列为

$$P\{X = k\} = q^{k-1} p, k = 1, 2, \cdots,$$

此即参数为 p 的**几何分布** $\mathrm{Ge}(p)$，其图形如图 2.5 所示.

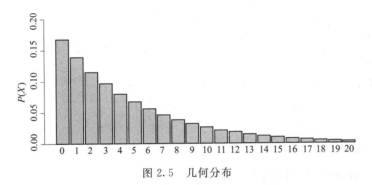

图 2.5　几何分布

2. 几何分布的无记忆性

定理 2.3(几何分布的无记忆性)　设 $X \sim \mathrm{Ge}(p)$，则对任意正整数 m 与 n 有 $P\{X > m + n \mid X > m\} = P\{X > n\}$.

证明：因为

$$P\{X > n\} = \sum_{k=n+1}^{+\infty} q^{k-1} p = \frac{pq^n}{1-q} = q^n,$$

所以对任意的正整数 m 与 n，条件概率

$$P\{X > m + n \mid X > m\} = \frac{P\{X > m+n\}}{P\{X > m\}} = \frac{q^{m+n}}{q^m} = q^n = P\{X > n\}$$

3. 负二项分布(巴斯卡分布)

在伯努利试验序列中，记每次试验中事件 A 发生的概率为 p，如果 X 为事件 A 第 r 次出现时总的试验次数，则 X 的可能取值为 $r, r+1, \cdots, r+m, \cdots$，称 X 服从**负二项分布**，其分布列为

$$P\{X = k\} = C_{k-1}^{r-1} p^r (1-p)^{k-r}, \quad k = r, r+1, \cdots,$$

记为 $X \sim \mathrm{Nb}(r, p)$.

显然，负二项分布的随机变量可以表示成 r 个独立同分布的几何分布随机变量之和.

§2.3 常用连续分布

2.3.1 正态分布

1. 正态分布的密度函数和分布函数

若随机变量 X 的概率密度函数为

$$f(x)=\frac{1}{\sqrt{2\pi}\sigma}e^{-\frac{(x-\mu)^2}{2\sigma^2}}, \quad -\infty<x<+\infty,$$

其中 μ 和 σ 为常数,且 $\sigma>0$,则称随机变量 X 服从参数为 μ 和 σ 的**正态分布**,或**高斯**(Gauss)**分布**,记为 $X\sim N(\mu,\sigma^2)$.

X 的分布函数为

$$F(x)=\frac{1}{\sqrt{2\pi}\sigma}\int_{-\infty}^{x}\exp\left[-\frac{(t-\mu)^2}{2\sigma^2}\right]\mathrm{d}t.$$

可以证明,$f(x)$ 满足概率密度的两个性质. 事实上

$$\int_{-\infty}^{+\infty}\frac{1}{\sqrt{2\pi}\sigma}e^{-\frac{(x-\mu)^2}{2\sigma^2}}\mathrm{d}x\left(\diamondsuit\ t=\frac{x-\mu}{\sigma}\right)=\int_{-\infty}^{+\infty}\frac{1}{\sqrt{2\pi}}e^{-\frac{t^2}{2}}\mathrm{d}t=I.$$

而 $I^2=\left(\int_{-\infty}^{+\infty}\frac{1}{\sqrt{2\pi}}e^{-\frac{t^2}{2}}\mathrm{d}t\right)^2=\int_{-\infty}^{+\infty}\frac{1}{\sqrt{2\pi}}e^{-\frac{x^2}{2}}\mathrm{d}x\cdot\int_{-\infty}^{+\infty}\frac{1}{\sqrt{2\pi}}e^{-\frac{y^2}{2}}\mathrm{d}y=\frac{1}{2\pi}\int_{-\infty}^{+\infty}\int_{-\infty}^{+\infty}e^{-\frac{1}{2}(x^2+y^2)}\mathrm{d}x\mathrm{d}y.$

利用极坐标,令 $x=r\cos\theta,y=r\sin\theta$,则

$$I^2=\frac{1}{2\pi}\int_0^{+\infty}\int_0^{2\pi}e^{-\frac{1}{2}r^2}r\mathrm{d}r\mathrm{d}\theta=\int_0^{+\infty}re^{-\frac{r^2}{2}}\mathrm{d}r=1.$$

由于 $I\geqslant0$,故有 $\int_{-\infty}^{+\infty}f(x)\mathrm{d}x=1$.

$f(x)$ 和 $F(x)$ 的图形分别如图 2.6 和图 2.7 所示.

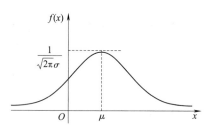

图 2.6　正态分布密度

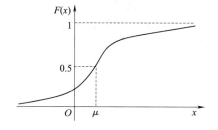

图 2.7　正态分布的分布函数

曲线 $y=f(x)$ 以 $x=\mu$ 为对称轴,以 Ox 轴为水平渐近线,在 $x=\mu\pm\sigma$ 处有拐点,当 $x=\mu$ 时取最大值 $1/\sqrt{2\pi\sigma^2}$.

另外,若 σ 固定,改变 μ 的值,则 $y=f(x)$ 的图形沿 Ox 轴平移而不改变形状,故 μ 又称**位置参数**(见图 2.8). 若 μ 固定,改变 σ 的值,则 $y=f(x)$ 的图形的形状随着 σ 的增大而变得平坦,故 σ 称为**形状参数**(见图 2.9).

正态分布在 19 世纪前叶由高斯加以推广,因此又称**高斯分布**. 正态分布的图像展示出的钟形曲线反映了大自然的均衡力量. 高斯分布是我们认识的最重要的一种分布. 一般来说,一个随机变量如果受到许多随机因素的影响,而其中每一个因素都不起主导作用(作用微小),则

它服从正态分布. 这是正态分布在实践中得以广泛应用的原因. 例如,产品的质量指标,元件的尺寸,某地区成年男子的身高、体重,测量误差,射击目标的水平或垂直偏差,信号噪声,农作物的产量等,都服从或近似服从正态分布. 前面我们学习过的二项分布、泊松分布,后续学习的伽马分布,其极限分布皆为正态分布.

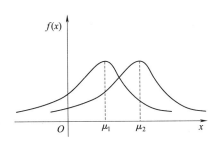

图 2.8 正态分布位置参数

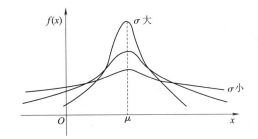

图 2.9 正态分布形状参数

2. 标准正态分布

参数 $\mu=0,\sigma=1$ 的正态分布称为**标准正态分布**,记为 $X\sim N(0,1)$,其密度函数记为

$$\varphi(x)=\frac{1}{\sqrt{2\pi}}\mathrm{e}^{-\frac{x^2}{2}}, \quad -\infty<x<+\infty,$$

分布函数为

$$\Phi(x)=\frac{1}{\sqrt{2\pi}}\int_{-\infty}^{x}\mathrm{e}^{-\frac{t^2}{2}}\mathrm{d}t.$$

注意:如无特别说明 $\varphi(x)$,$\Phi(x)$ 均指标准正态分布的密度和分布函数. $\Phi(x)$ 的函数值已编制成表,可供查用. 当 $x<0$ 时,可由 $\Phi(x)=1-\Phi(-x)$ 来查得 $\Phi(x)$ 的函数值,这是因为 $\Phi(x)$ 的函数值是图 2.10 中阴影部分的面积,而 $y=\varphi(x)$ 又是关于 Oy 轴对称的. 当 $x<0$ 时,图 2.10 中左边阴影部分的面积等于 $\Phi(x)$,$-x$ 右侧部分的面积等于 $1-\Phi(-x)$,由 $y=\varphi(x)$ 的对称性,可知它们是相等的. 另外还有如下等式成立:

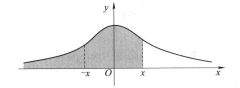

图 2.10 正态分布的对称性

$$P\{X>x\}=1-\Phi(x), \quad P\{a<X<b\}=\Phi(b)-\Phi(a), \quad P\{|X|<c\}=2\Phi(c)-1.$$

例 2.12 已知 $X\sim N(0,1)$,求 $P\{-\infty<X\leqslant-3\}$,$P\{|X|<3\}$.

解:$P\{-\infty<X\leqslant-3\}=\Phi(-3)=1-\Phi(3).$

查表,$\Phi(3)=0.9987$,故 $P\{-\infty<X\leqslant-3\}=1-0.9987=0.0013.$

$$P\{|X|<3\}=P\{-3<X<3\}=\Phi(3)-\Phi(-3)=\Phi(3)-[1-\Phi(-3)]$$
$$=2\Phi(3)-1=2\times0.9987-1=0.9974.$$

3. 一般正态分布的标准化

定理 2.4 若 $X\sim N(\mu,\sigma^2)$,令 $U=(X-\mu)/\sigma$,则 $U\sim N(0,1)$.

证明:设 X 和 U 的分布函数分别为 $F_X(x)$ 和 $F_U(u)$,则由分布函数的定义知

$$F_U(u)=P\{U\leqslant u\}=P\left\{\frac{X-\mu}{\sigma}\leqslant u\right\}=P\{X\leqslant\mu+\sigma u\}=F_X(\mu+\sigma u).$$

由于正态分布函数是严格单调增函数,且处处可导,因此,若记 X 与 U 的密度函数分别为 $f_X(x),f_U(u)$,则有

$$f_U(u) = \frac{\mathrm{d}}{\mathrm{d}u} F_X(\mu + \sigma u) = f_X(\mu + \sigma u) \cdot \sigma = \frac{1}{\sqrt{2\pi}} \mathrm{e}^{-u^2/2},$$

由此得 $U \sim N(0,1)$.

由以上定理可得公式:

$$P\{X \leqslant c\} = \Phi\left(\frac{c-\mu}{\sigma}\right);$$

$$P\{a < X \leqslant b\} = P\left\{\frac{b-\mu}{\sigma} < \frac{X-\mu}{\sigma} \leqslant \frac{a-\mu}{\sigma}\right\} = \Phi\left(\frac{b-\mu}{\sigma}\right) - \Phi\left(\frac{a-\mu}{\sigma}\right).$$

例 2.13 已知 $X \sim N(1,4)$,求 $P\{5 < X \leqslant 7.2\}$ 和 $P\{0 < X \leqslant 1.6\}$,求常数 a,使 $P\{X < a\} = 0.95$.

解:
$$P\{5 < X \leqslant 7.2\} = \Phi[(7.2-1)/2] - \Phi[(5-1)/2]$$
$$= \Phi(3.1) - \Phi(2) = 0.999\ 0 - 0.977\ 2 = 0.021\ 8.$$

$$P\{0 < X \leqslant 1.6\} = \Phi[(1.6-1)/2] - \Phi[(0-1)/2]$$
$$= \Phi(0.3) - \Phi(-0.5) = \Phi(0.3) - [1 - \Phi(0.5)]$$
$$= 0.617\ 9 - (1 - 0.691\ 5) = 0.309\ 4.$$

$$P\{X < a\} = \Phi\left(\frac{X-1}{2}\right) = 0.95 = \Phi(1.645).$$

所以 $\dfrac{X-1}{2} = 1.645$,从而 $X = 4.29$.

例 2.14 公共汽车车门的高度是按男子与车门顶碰头的机会在 0.01 以下来设计的. 设男子身长 X 服从 $\mu = 170$ cm,$\sigma = 6$ cm 的正态分布,即 $X \sim N(170, 6^2)$,问车门高度应如何确定.

解: 设车门高度为 h. 按设计要求,$P\{X \geqslant h\} \leqslant 0.10$ 或 $P\{X < h\} \geqslant 0.99$. 因 $X \sim N(170, 6^2)$,故 $P\{X < h\} = F(h) = \Phi\left(\dfrac{h-170}{6}\right) \approx 0.99$,查表得 $\Phi(2.33) = 0.990\ 1 > 0.99$,所以,$\dfrac{h-170}{6} = 2.33$,$h = 184$ cm.

4. 正态分布的 3σ 原则

设 $X \sim N(\mu, \sigma^2)$,则易知

$$P\{|X - \mu| < \sigma\} = P\{|(X-\mu)/\sigma| < 1\} = \Phi(1) - \Phi(-1) = 2\Phi(1) - 1 = 0.682\ 6;$$
$$P\{|X - \mu| < 2\sigma\} = P\{|(X-\mu)/\sigma| < 2\} = 2\Phi(2) - 1 = 0.954\ 4;$$
$$P\{|X - \mu| < 3\sigma\} = P\{|(X-\mu)/\sigma| < 3\} = 2\Phi(3) - 1 = 0.997\ 4.$$

可见在一次试验中 X 落在区间 $(\mu - 3\sigma, \mu + 3\sigma)$ 的规律相当大,即 X 几乎必然落在上述区间内,或者说,在一般情形下,X 在一次试验中落在区间 $(\mu - 3\sigma, \mu + 3\sigma)$ 以外的概率可以忽略不计. 这就是通常所说的 3σ **原理**,如图 2.11 所示.

2.3.2 均匀分布

若随机变量 X 具有概率密度函数为

$$f(x) = \begin{cases} \dfrac{1}{b-a} & \text{当 } a<x<b, \\ 0 & \text{其他} \end{cases},$$

则称 X 在区间 (a,b) 上服从**均匀分布**,记为 $X \sim U(a,b)$.

在 (a,b) 上服从均匀分布的随机变量 X 具有下述等可能性:它落在区间 (a,b) 中任意长度相同的子区间的概率是相同的,或者说 X 落在子区间里的概率只依赖于子区间的长度而与子区间的位置无关.

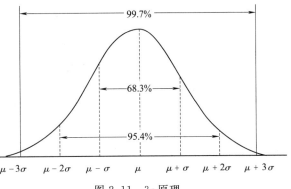

图 2.11　3σ 原理

事实上对于任一长度为 l 的子区间 $(c,c+l]$,$a \leqslant c < c+l \leqslant b$,有

$$P\{c < X < c+l\} = \int_c^{c+l} f(x)\,\mathrm{d}x = \int_c^{c+l} \frac{1}{b-a}\,\mathrm{d}x = \frac{l}{b-a}.$$

在 (a,b) 上服从均匀分布的随机变量 X 的分布函数为

$$F(x) = \begin{cases} 0 & \text{当 } x<a \\ \dfrac{x-a}{b-a} & \text{当 } a \leqslant x<b. \\ 1 & \text{当 } x \geqslant b \end{cases}$$

$f(x)$ 和 $F(x)$ 的图形分别如图 2.12 和图 2.13 所示.

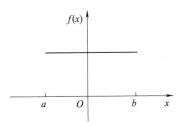

图 2.12　均匀分布密度

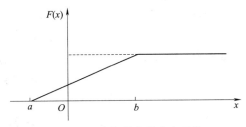

图 2.13　均匀分布的分布函数

均匀分布表示取值等可能或者完全随机的随机变量.通过均匀分布的随机数可以产生其他分布的随机数,是蒙特卡罗模拟的基础.

例 2.15　设 X 服从 $(1,6)$ 上的均匀分布,求一元两次方程 $t^2 + Xt + 1 = 0$ 有实根的概率.

解: 因为当 $\Delta = X^2 - 4 \geqslant 0$ 时 $t^2 + Xt + 1 = 0$ 有实根,故所求概率为

$$P\{X^2 - 4 \geqslant 0\} = P\{X \geqslant 2 \text{ 或 } X \leqslant -2\} = P\{X \geqslant 2\} + P\{X \leqslant -2\}.$$

而 X 的密度函数为

$$f(x) = \begin{cases} 1/5 & \text{当 } 1<x<6 \\ 0 & \text{其他} \end{cases}.$$

且

$$P\{X \geqslant 2\} = \int_2^6 f(t)\,\mathrm{d}t = \frac{4}{5}, \quad P\{X \leqslant -2\} = 0.$$

因此所求概率为

$$P\{X^2 - 4 \geqslant 0\} = 4/5.$$

2.3.3　指数分布

1. 指数分布的密度函数和分布函数

若随机变量 X 的密度函数为

$$f(x)=\begin{cases} \lambda e^{-\lambda x}=\dfrac{1}{\theta} e^{-\frac{x}{\theta}} & \text{当 } x \geqslant 0 \\ 0 & \text{当 } x > 0 \end{cases},$$

则称 X 服从以 λ 为参数的**指数分布**，其中 $\lambda > 0$，记为 $X \sim \text{Exp}(\lambda)$.

其分布函数为

$$F(x)=\begin{cases} 1-e^{-\lambda x} & \text{当 } x \geqslant 0 \\ 0 & \text{当 } x < 0 \end{cases},$$

其密度函数如图 2.14 所示，其分布函数如图 2.15 所示.

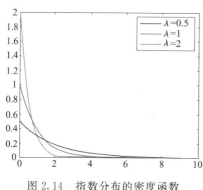

图 2.14 指数分布的密度函数

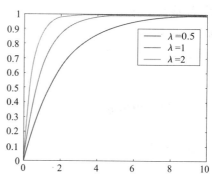

图 2.15 指数分布的分布函数

2. 指数分布的无记忆性

定理 2.5(指数分布的无记忆性)   如果 $X \sim \text{Exp}(\lambda)$，则对任意 $s > 0, t > 0$，有
$$P\{X > s+t \mid X > s\} = P\{X > t\}.$$

证明：因为 $X \sim \text{Exp}(\lambda)$，所以 $P\{X > s\} = e^{-\lambda s}, s > 0$. 又因为
$$P\{X > s+t\} \subseteq P\{X > s\},$$
所以条件概率
$$P\{X > s+t \mid X > s\} = \frac{P\{X > s+t\}}{P\{X > s\}} = \frac{e^{-\lambda(s+t)}}{e^{-\lambda s}} = e^{-\lambda t} = P\{X > t\}.$$

指数分布有重要应用，常用它来作为各种"寿命"分布的近似. 例如，无线电元件的寿命、动物的寿命、电话问题中的通话时间、随机服务系统中的服务时间等，都常假定服从指数分布.

指数分布的无记忆性和几何分布的无记忆性是类似的. 如果 X 是某一元件的寿命，那么定理 2.5 中的式子表示. 已知元件已使用了 s(单位:h)它总共能使用至少 $s+t$ 的条件概率，与从开始使用时算起它至少能使用 t 的概率相等. 这就是说，元件对它已使用过 s 没有记忆. 所以也可以说指数分布是"永远年轻的".

指数分布中的参数 λ 可以与泊松分布中的参数 λ 视为同一参数，注意到泊松分布中 λ 表示单位时间内平均发生的"事情"数，此处不妨把"事件"理解为"电子元件失效消亡"，亦即单位时间内电子元件平均失效数为 λ，则在 $[0,t]$ 时段内电子元件失效数 $N(t)$ 服从参数为 λt 的泊松分布，即

$$P\{N(t)=k\} = \frac{(\lambda t)^k}{k!} e^{-\lambda t}, \quad k=0,1,\cdots.$$

设 T 表示第一次(个)电子元件失效所需要的时间，T 的分布函数为 $F_T(t)$，事件 $\{T \geqslant t\}$ 说明此设备在 $[0,t]$ 内没有元件失效，即 $\{T \geqslant t\} = \{N(t)=0\}$，由此得

当 $t<0$ 时,有 $F_T(t)=P\{T\leqslant t\}=0$;

当 $t\geqslant 0$ 时,有 $F_T(t)=P\{T\leqslant t\}=1-P\{T>t\}=1-P\{N(t)=0\}=1-\mathrm{e}^{-\lambda t}$.

所以 $T\sim\mathrm{Exp}(\lambda)$,即第一次电子元件失效的时间,$T$ 服从参数为 λ 的指数分布.

T 表示第一次电子元件失效的时间,因此 T 也可以理解为电子元件的寿命. 例如,$\lambda=0.1$ 表示单位时间(比如 1 h)内平均发生 0.1 个元件失效事件,所以此时的 λ 又可理解为电子元件单位时间的平均失效(死亡)率,从而意味着失效(死亡)一个电子元件所需要的平均时间,也就是电子元件的平均寿命为 $\theta=1/\lambda=10$ h. 电子元件在 $[t,t+\Delta t]$ 的平均失效率可定义为如下条件概率:

$$\frac{P\{T\leqslant t+\Delta t\mid T\geqslant t\}}{\Delta t}=\frac{P\{t\leqslant T\leqslant t+\Delta t\}}{\Delta t P\{T\geqslant t\}}=\frac{F_T(t+\Delta t)-F_T(t)}{\Delta t[1-F_T(t)]},$$

其意义为元件在 t 时刻尚正常工作,但在接下来 Δt 时段内将失效的概率,将其除以时间长度 Δt 即为平均失效率,令 $\Delta t\to 0$ 即为元件在 t 时刻的瞬时失效率 λ,即

$$\lim_{\Delta t\to 0}\frac{P\{T\leqslant t+\Delta t\mid T\geqslant t\}}{\Delta t}=\lim_{\Delta t\to 0}\frac{F_T(t+\Delta t)-F_T(t)}{\Delta t[1-F_T(t)]}=\frac{F'_T(t)}{1-F_T(t)}=\lambda.$$

注意到 $F_T(0)=P\{T\leqslant 0\}=0$,可解出 $F_T(t)=1-\mathrm{e}^{-\lambda t}(t>0)$,即 $T\sim\mathrm{Exp}(\lambda)$.

指数分布之所以无记忆或者"永远年轻",是因为失效率或者死亡率为常数 λ,所以指数分布通常表示动植物或电子元件初期的寿命. 事实上,随着寿命的延续,失效率死亡率应该上升,或者说应该是寿命的增函数,若取 $\lambda=\lambda(t)=at^b(b>0)$ 时,由上式可得到寿命 T 服从威布尔(Weibull)分布.

指数分布的密度函数有时也写成

$$f(x)=\frac{1}{\theta}\mathrm{e}^{-\frac{x}{\theta}},\quad x\geqslant 0,$$

其中 $\theta=\dfrac{1}{\lambda}$ 表示寿命.

第 1 次电子元件失效所需的时间服从指数分布 $\mathrm{Exp}(\lambda)$,类似可求出第 r 次电子元件失效所需要的时间则服从爱尔朗(Erlang)分布,亦即下面 2.3.4 节中的 $\mathrm{Ga}(r,\lambda)$,推导过程见例 2.16.威布尔分布和爱尔朗分布在排队论、可靠性分析中有广泛应用.

此外,二项分布和泊松分布对应间隔时间离散和连续的到达(计数)过程,固定时间内事件到达次数分布服从二项分布和泊松分布,首次到达时间服从几何分布和指数分布,第 r 次到达时间分别服从负二项分布和爱尔朗分布. 详细内容参考随机过程教材.

2.3.4 伽马分布

1. 伽马函数
称以下函数

$$\Gamma(\alpha)=\int_0^{+\infty}x^{\alpha-1}\mathrm{e}^{-x}\mathrm{d}x$$

为**伽马函数**,其中参数 $\alpha>0$.

伽马函数的性质:

(1) $\Gamma(1)=1$,$\Gamma\left(\dfrac{1}{2}\right)=\sqrt{\pi}$;

（2）$\Gamma(\alpha+1)=\alpha\Gamma(\alpha)$，当 α 为自然数 n 时，有 $\Gamma(n+1)=n\Gamma(n)=n!$.

2. 伽马分布

若随机变量 X 的密度函数为

$$f(x)=\begin{cases} \dfrac{\lambda^{\alpha}}{\Gamma(\alpha)}x^{\alpha-1}\mathrm{e}^{-\lambda x} & 当\ x\geqslant 0,\\ 0 & 当\ x<0 \end{cases}$$

则称 X 服从**伽马分布**，记作 $X\sim\mathrm{Ga}(\alpha,\lambda)$，其中 $\alpha>0$ 为形状参数，$\lambda>0$ 为尺度参数. 图 2.16 所示为若干不同 α 和 λ 的伽马分布密度函数曲线.

$0<\alpha<1$ 时，$f(x)$ 是严格下降函数，且在 $x=0$ 处有奇异点；

$\alpha=1$ 时，$f(x)$ 是严格下降函数，且 $x=0$ 处 $f(0)=\lambda$；

$1<\alpha\leqslant 2$ 时，$f(x)$ 是单峰函数，先上凸，后下凸；

$\alpha>2$ 时，$f(x)$ 是单峰函数，先下凸，中间上凸，后下凸，且 α 越大，$f(x)$ 越近似于正态密度.

3. 伽马分布的两个特例

（1）$\alpha=1$ 时的伽马分布就是指数分布，即 $\mathrm{Ga}(\alpha,\lambda)=\mathrm{Exp}(\lambda)$；

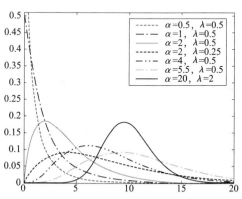

图 2.16　伽马分布密度函数曲线

（2）称 $\alpha=n/2,\lambda=1/2$ 时的伽马分布是自由度为 n 的 χ^2 **分布**，记为 $\chi^2(n)$，即 $\mathrm{Ga}\left(\dfrac{n}{2},\dfrac{1}{2}\right)=\chi^2(n)$，其密度函数为

$$p(x)=\begin{cases} \dfrac{1}{2^{\frac{n}{2}}\Gamma\left(\dfrac{n}{2}\right)}x^{\frac{n}{2}-1}\mathrm{e}^{-\frac{x}{2}} & 当\ x>0\\ 0 & 当\ x\leqslant 0 \end{cases}$$

其中 n 是唯一的参数，称为**自由度**，它可以是正实数，大多数情况下是正整数.

例 2.16　电子产品的失效常常是由于外界的"冲击"引起的，若在 $(0,t)$ 内发生冲击的次数 $N(t)$ 服从参数为 λt 的泊松分布，试证第 n 次冲击来到的时间 S_n 服从伽马分布 $\mathrm{Ga}(n,\lambda)$.

证明：由事件"第 n 次冲击来到的时间 S_n 小于等于 t"等价于事件"$(0,t)$ 内发生冲击的次数 $N(t)$ 大于等于 n"，即

$$\{S_n\leqslant t\}=\{N(t)\geqslant n\}.$$

所以 S_n 的分布函数为

$$F(t)=P\{S_n\leqslant t\}=P\{N(t)\geqslant n\}=\sum_{k=n}^{+\infty}\frac{(\lambda t)^k}{k!}\mathrm{e}^{-\lambda t};$$

S_n 的密度函数为

$$f(t)=F'(t)=\frac{\lambda^n x^{n-1}}{\Gamma(n)}\mathrm{e}^{-\lambda t},$$

即 $S_n\sim\mathrm{Ga}(n,\lambda)$.

连续型随机变量的密度函数和离散随机变量的分布律统称**概率函数**.

关于概率函数,我们给出以下两点说明:

(1)随机变量的概率函数主要是由核心函数决定的,简称**核**(kernel).而前面的常数主要起归一化作用的,可以通过对核积分(或者累加)的倒数确定.例如,$X \sim N(\mu, \sigma^2)$,则 X 的概率密度函数可写为

$$f(x) = \frac{1}{\sqrt{2\pi}\sigma} \mathrm{e}^{-\frac{(x-\mu)^2}{2\sigma^2}} \propto \mathrm{e}^{-\frac{x^2}{2\sigma^2} + \frac{\mu}{\sigma^2}x} \propto \mathrm{e}^{ax^2 + bx} = C \mathrm{e}^{ax^2 + bx}, \quad a < 0.$$

其中 $h(x) = \mathrm{e}^{ax^2 + bx}$ 即为核函数.通过函数对比,易得到

$$\mu = -\frac{b}{2a}, \quad \sigma^2 = -\frac{1}{2a}.$$

由此可以看出,可以通过核心函数完全确定概率密度.

最后由密度函数的归一化可得

$$C = \left[\int_{-\infty}^{+\infty} h(x) \mathrm{d}x \right]^{-1} = \left(\int_{-\infty}^{+\infty} \mathrm{e}^{ax^2 + bx} \mathrm{d}x \right)^{-1} = \frac{1}{\sqrt{2\pi}\sigma} \mathrm{e}^{-\frac{\mu^2}{2\sigma^2}}.$$

(2)设 X 服从概率函数 $f(x)$,引入位置参数 μ,尺度参数 $\sigma > 0$,对 $f(x)$ 进行平移、伸缩或者同时变换,便可得到对应的

位置族:$f(x - \mu)$;

尺度族:$\dfrac{1}{\sigma} f\left(\dfrac{x}{\sigma} \right)$;

位置尺度族:$\dfrac{1}{\sigma} f\left(\dfrac{x - \mu}{\sigma} \right)$.

容易验证,三者皆为合法的概率函数.前面学习的一般正态分布 $N(\mu, \sigma^2)$ 显然为标准正态分布 $N(0,1)$ 的位置尺度族.

§2.4 随机变量函数的分布

在微积分中,函数 $y = g(x)$ 是最基本的概念,同样,在概率论与数理统计中,也常遇到随机变量的函数.例如,在测量圆轴截面面积的试验中,所关心的随机变量圆轴截面面积 A 不能直接测量得到,只能直接测量圆轴截面的直径 d 这个随机变量,再根据关系式 $A = \dfrac{\pi}{4}d^2$ 得到 A,这里随机变量 A 是随机变量 d 的函数.

一般地,设 $g(x)$ 是定义在随机变量 X 的一切可能取值 x 的集合上的函数,如果当 X 取值为 x 时,随机变量 Y 的取值为 $y = g(x)$,则称 Y 是随机变量 X 的**函数**,记为 $Y = g(X)$.下面讨论如何由已知的随机变量 X 的分布去求得它的函数的分布.

2.4.1 离散随机变量函数的分布

设 X 是离散随机变量,X 的分布律为

X	x_1	x_2	$\cdots$	x_n	$\cdots$
P	p_1	p_2	$\cdots$	p_n	$\cdots$

$Y = g(X)$ 也是一个离散随机变量,此时 Y 的分布律就可以简单地表示为

Y	$g(x_1)$	$g(x_2)$	$\cdots$	$g(x_n)$	$\cdots$
P	$p(x_1)$	$p(x_2)$	$\cdots$	$p(x_n)$	$\cdots$

当 $g(x_1),g(x_2),\cdots,g(x_n)\cdots$ 中有某些值相等时,则把那些相等的值分别合并,并把对应的概率相加即可.

例 2.17 设随机变量 X 有以下分布律,试求随机变量 $Y=(X-1)^2$ 的分布律.

X	-1	0	1	2
P	0.2	0.3	0.1	0.4

解: Y 的所有可能取值为 $0,1,4$. 由

$$P\{Y=0\}=P\{(X-1)^2=0\}=P\{X=1\}=0.1;$$
$$P\{Y=1\}=P\{(X-1)^2=1\}=P\{X=0\}+P\{X=2\}=0.7;$$
$$P\{Y=4\}=P\{(X-1)^2=4\}=P\{X=-1\}=0.2.$$

可得 Y 的分布律为

Y	0	1	4
P	0.1	0.7	0.2

例 2.18 设随机变量 X 的分布律为

X	1	2	3	$\cdots$	n	$\cdots$
p_k	$\dfrac{1}{2}$	$\left(\dfrac{1}{2}\right)^2$	$\left(\dfrac{1}{2}\right)^3$	$\cdots$	$\left(\dfrac{1}{2}\right)^n$	$\cdots$

求 $Y=\sin\left(\dfrac{\pi}{2}X\right)$ 的分布律.

解: 因为 $\sin\left(\dfrac{n\pi}{2}\right)=\begin{cases}-1 & \text{当 } n=4k-1 \\ 0 & \text{当 } n=2k \\ 1 & \text{当 } n=4k-3\end{cases}$,所以,$Y=\sin\left(\dfrac{\pi}{2}X\right)$ 只有 3 个可能取值:$-1,0,1.$

而取得这些值的概率分别是

$$P\{Y=-1\}=\frac{1}{2^3}+\frac{1}{2^7}+\frac{1}{2^{11}}+\cdots+\frac{1}{2^{4k-1}}+\cdots=\frac{2}{15};$$
$$P\{Y=0\}=\frac{1}{2^2}+\frac{1}{2^4}+\frac{1}{2^6}+\cdots+\frac{1}{2^{2k}}+\cdots=\frac{1}{3};$$
$$P\{Y=1\}=\frac{1}{2}+\frac{1}{2^5}+\frac{1}{2^9}+\cdots+\frac{1}{2^{4k-3}}+\cdots=\frac{8}{15}.$$

所以,Y 的分布律为

Y	-1	0	1
p_k	$\dfrac{2}{15}$	$\dfrac{1}{3}$	$\dfrac{8}{15}$

2.4.2　连续随机变量函数的分布

设 X 是连续型随机变量,则随机变量 $Y=g(X)$ 可能是连续型的,也可能是离散型的. 若函数 $y=g(x)$ 只有有限或可数个可能值,按离散型情形处理;否则按以下情况处理.

1. 当 $g(x)$ 为严格单调时

定理 2.6　设 X 是连续随机变量,其密度函数为 $p_X(x)$, $Y=g(X)$ 是另一个随机变量,若 $y=g(x)$ 严格单调,其反函数 $h(y)$ 有连续导数,则 $Y=g(X)$ 的密度函数为

$$f_Y(y)=\begin{cases} f_X[h(y)]|h'(y)| & \text{当 } \alpha<y<\beta \\ 0 & \text{其他} \end{cases},$$

其中 $\alpha=\min\{g(-\infty),g(+\infty)\}$, $\beta=\max\{g(-\infty),g(+\infty)\}$.

证明:对于任意 x 有 $g'(x)>0$[或 $g'(x)<0$]. 因而 $g(x)$ 单调增加(或单调减少),它的反函数 $h(y)$ 存在,并且 $h(y)$ 在 (α,β) 内单调增加(或单调减少)且可导.

设 $g(x)$ 单调增加,则 Y 的分布函数为

$$F_Y(y)=P\{Y\leqslant y\}=P\{g(X)\leqslant y\}=P\{X\leqslant h(y)\}=\int_{-\infty}^{h(y)}f_X(x)\mathrm{d}x,$$

于是 Y 的概率密度为

$$f_Y(y)=F_Y'(y)=f_X(h(y))h'(y),\quad g(-\infty)<g(+\infty),\quad h'(y)>0.$$

设 $g(x)$ 单调减少,则 Y 的分布函数为

$$F_Y(y)=P\{Y\leqslant y\}=P\{g(X)\leqslant y\}=P\{X\geqslant h(y)\}=\int_{h(y)}^{+\infty}f_X(x)\mathrm{d}x,$$

于是 Y 的概率密度为

$$f_Y(y)=F_Y'(y)=-f_X[h(y)]h'(y),\quad g(+\infty)<g(-\infty),\quad h'(y)<0.$$

综合以上两种情形,即得所需结论.

定理 2.7　设随机变量 X 服从正态分布 $N(\mu,\sigma^2)$,则当 $a\neq 0$ 时,有
$$Y=aX+b\sim N(a\mu+b,a^2\sigma^2).$$

证明: X 概率密度函数为 $f_X(x)=\dfrac{1}{\sqrt{2\pi}\sigma}\mathrm{e}^{-\frac{(x-\mu)^2}{2\sigma^2}}$, $-\infty<x<+\infty$.

因为 $y=g(x)=ax+b$ 是严格单调函数,且当 $x\in(-\infty,+\infty)$ 时,有 $y\in(-\infty,+\infty)$,又其反函数及反函数的导数分别为

$$x=h(y)=(y-b)/a,\quad h'(y)=1/a.$$

所以由定理 2.6,得

$$f_Y(y)=\frac{1}{|a|}f_X\left(\frac{y-b}{a}\right)=\frac{1}{|a|}\frac{1}{\sqrt{2\pi}\sigma}\exp\left[\frac{-\left(\frac{y-b}{a}-\mu\right)^2}{2\sigma^2}\right]$$

$$=\frac{1}{|a|\sigma\sqrt{2\pi}}\exp\left\{\frac{-[y-(a\mu+b)]^2}{2(a\sigma)^2}\right\},\quad -\infty<y<+\infty,$$

即 $Y=aX+b\sim N(a\mu+b,a^2\sigma^2)$,故得 Y 服从以 $a\mu+b$ 和 $a^2\sigma^2$ 为参数的正态分布.

以上定理说明:正态变量的线性变换仍为正态变量,只是分布的参数不同.

例如,$X\sim N(0,2^2)$,由定理 2.7 易得,$Y=3X+5\sim N(5,36)$, $Z=-X\sim N(0,4)$.

注意到 Z 与 X 的分布相同,但这是两个不同的随机变量.分布相同和随机变量相等是两

个完全不同的概念.

定理 2.8(对数正态分布) 设随机变量 $X \sim N(\mu, \sigma^2)$，则 $Y = e^X$ 的概率密度函数为

$$f_Y(y) = \begin{cases} \dfrac{1}{\sqrt{2\pi}\, y\sigma} \exp\left[-\dfrac{(\ln y - \mu)}{2\sigma^2} \right] & \text{当 } y > 0 \\ 0 & \text{当 } y \leqslant 0 \end{cases},$$

该分布称为**对数正态分布**，记为 $\mathrm{LN}(\mu, \sigma^2)$.

定理 2.9 若 X 的分布函数 $F_X(x)$ 为严格单调增的连续函数，其反函数 $F_X^{-1}(x)$ 存在，则 $Y = F_X(X)$ 服从 $(0,1)$ 上的均匀分布.

证明：由 $F_X(x)$ 为分布函数且严格单增知，$0 \leqslant F_X(x) \leqslant 1$，且 $F_X^{-1}(x)$ 亦单调增加.

Y 的分布函数：

$$F_Y(y) = P\{Y \leqslant y\} = P\{F_X(X) \leqslant y\}.$$

当 $y \leqslant 0$ 时，$F_Y(y) = 0$；

当 $y \geqslant 1$ 时，$F_Y(y) = 1$；

当 $0 < y < 1$ 时，$F_Y(y) = P\{F_X(X) \leqslant y\} = P\{X \leqslant F_X^{-1}(y)\} = F_X(F_X^{-1}(y)) = y$，

即 $Y = F_X(X) \sim U(0,1)$，证毕.

此定理的重要意义在于可以通过均匀分布的随机数产生其他分布的随机数，比如产生指数分布 $\mathrm{Exp}(\lambda)$ 的随机数，此时 $Y = F_X(X) = 1 - \exp(-\lambda X) \sim U(0,1)$，可先产生 $(0,1)$ 上的均匀分布的随机数 Y，然后解出 $X = -\dfrac{\ln(1-Y)}{\lambda}$，则 $X \sim \mathrm{Exp}(\lambda)$.

2. 当 $g(x)$ 为其他形式时

(1) 求分布函数

$$F_Y(y) = P\{Y \leqslant y\} = P\{g(X) \leqslant y\} = \int_{g(x) \leqslant y} f_X(x)\mathrm{d}x.$$

实际中，通常需要对 y 进行讨论.

(2) 用求导数的方法求出密度函数 $f_Y(y) = F_Y'(y)$.

例 2.19 设 X 具有概率密度函数 $f_X(x)$ $(-\infty < x < +\infty)$，求随机变量 $Y = X^2$ 的分布.

解：由于 $Y = X^2 \geqslant 0$，故当 $y \leqslant 0$ 时，$F_Y(y) = 0$；当 $y > 0$ 时有

$$F_Y(y) = P\{Y \leqslant y\} = P\{X^2 \leqslant y\} = P\{-\sqrt{y} \leqslant x \leqslant \sqrt{y}\} = \int_{-\sqrt{y}}^{+\sqrt{y}} f_X(x)\mathrm{d}x.$$

由此知 Y 的概率密度函数为

$$f_Y(y) = \frac{\mathrm{d}}{\mathrm{d}y} F_Y(y) = \begin{cases} \dfrac{1}{2\sqrt{y}}(f_X(\sqrt{y}) + f_X(-\sqrt{y})) & \text{当 } y > 0 \\ 0 & \text{当 } y \leqslant 0 \end{cases}.$$

若 $X \sim N(0,1)$，X 的概率密度函数为

$$\varphi(x) = \frac{1}{\sqrt{2\pi}} e^{-\frac{x^2}{2}}, \quad -\infty < x < +\infty,$$

则 $Y = X^2$ 的概率密度函数为

$$f_Y(y) = \begin{cases} \dfrac{1}{\sqrt{2\pi}} y^{-\frac{1}{2}} e^{-\frac{y}{2}} & \text{当 } y > 0 \\ 0 & \text{当 } y \leqslant 0 \end{cases}.$$

此时 Y 服从自由度为 1 的 χ^2 分布,其详细定义见 §6.3 节.

例 2.20 设 X 的概率密度函数为

$$f(x) = \begin{cases} \dfrac{2x}{\pi^2} & \text{当 } 0 < x < \pi, \\ 0 & \text{其他} \end{cases}$$

求 $Y = \sin X$ 的概率密度函数.

解: 因为 Y 在 $[0,1]$ 上取值,所以,当 $y \leqslant 0$ 时,$F_Y(y) = P(Y \leqslant y) = 0$;

当 $y \geqslant 1$ 时,$F_Y(y) = P\{Y \leqslant y\} = 1$;

当 $0 < y < 1$ 时,$F_Y(y) = P\{Y \leqslant y\} = P(\sin X \leqslant y)$.

当 $0 < x < \pi$ 时,满足 $(\sin X \leqslant y)$ 的 X 落在区间 $(0, \arcsin y)$ 和 $(\pi - \arcsin y, \pi)$ 之内(见图 2.17),故若记 $x_1 = \arcsin y$,$x_2 = \pi - \arcsin y$,则 Y 的分布函数为

$$\begin{aligned} F_Y(y) &= P\{\sin X \leqslant y\} = P\{(0 < X \leqslant x_1) \bigcup (x_2 < X \leqslant \pi)\} \\ &= P\{0 < X \leqslant x_1\} + P\{x_2 < X \leqslant \pi\} \\ &= \int_0^{x_1} f_X(x)\,\mathrm{d}x + \int_{x_2}^{\pi} f_X(x)\,\mathrm{d}x. \end{aligned}$$

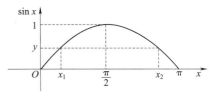

图 2.17 例 2.20 用图

于是 $Y = \sin X$ 的概率密度函数为

$$f_Y(y) = \begin{cases} f_X(x_1)\dfrac{\mathrm{d}x_1}{\mathrm{d}y} - f_X(x_2)\dfrac{\mathrm{d}x_2}{\mathrm{d}y} & \text{当 } 0 < y < 1 \\ 0 & \text{其他} \end{cases}.$$

又因为

$$f_X(x_1)\frac{\mathrm{d}x_1}{\mathrm{d}y} - f_X(x_2)\frac{\mathrm{d}x_2}{\mathrm{d}y}$$

$$= \frac{2}{\pi^2}\left[\arcsin y \cdot \frac{1}{\sqrt{1-y^2}} + (\pi - \arcsin y)\frac{1}{\sqrt{1-y^2}}\right] = \frac{2}{\pi\sqrt{1-y^2}},$$

所以

$$f_Y(y) = \begin{cases} \dfrac{2}{\pi\sqrt{1-y^2}} & \text{当 } 0 < y < 1 \\ 0 & \text{其他} \end{cases}.$$

当 $Y = g(X)$ 非严格单调时,可视为分段单调.设一共 k 段单调,则在每一个单调区间内可以解出唯一的反函数,$X_i = g_i^{-1}(Y) = h_i'(Y)$,则

$$f_Y(y) = \sum_{i=1}^{k} f_X(h_i(y)) \mid h_i'(y) \mid.$$

上述例 2.20 中,$Y = \sin X$ 分 2 段单调,有 2 支反函数

$$x_1 = \arcsin y = h_1(y); \quad x_2 = \pi - \arcsin y = h_2(y).$$

于是

$$\begin{aligned} f_Y(y) &= \sum_{i=1}^{2} f_X(h_i(y)) \mid h_i'(y) \mid \\ &= \frac{2\arcsin y}{\pi^2} \cdot \left| \frac{1}{\sqrt{1-y^2}} \right| + \frac{2(\pi - \arcsin y)}{\pi^2} \cdot \left| -\frac{1}{\sqrt{1-y^2}} \right| \\ &= \frac{2}{\pi\sqrt{1-y^2}}, \quad 0 < y < 1. \end{aligned}$$

习　题

1. 判断下列给出的 3 个数列是否为随机变量的分布律,并说明理由.

(1) $p_i = \dfrac{i}{15}$,　$i=0,1,2,3,4,5$;

(2) $p_i = \dfrac{(5-i^2)}{6}$,　$i=0,1,2,3$;

(3) $p_i = \dfrac{i+1}{25}$,　$i=1,2,3,4,5$.

2. 一袋中有 5 个乒乓球,编号分别为 1,2,3,4,5,从中随机地取 3 个,以 X 表示取出的 3 个球中最大号码,求 X 的概率分布.

3. 某射手有 5 发子弹,现对一目标进行射击,每次射击命中率为 0.7,如果击中就停止射击,如果不中就一直射击到子弹用尽,求子弹剩余数的分布列.

4. 试确定常数 c,使 $P\{X=i\}=\dfrac{c}{2^i}$ $(i=0,1,2,3,4)$ 成为某个随机变量 X 的分布律,并求: $P\{X\leqslant 2\}$,$P\left\{\dfrac{1}{2}<X<\dfrac{5}{2}\right\}$.

5. 一袋中有 6 个球,在这 6 个球上分别标有数字 $-3,-3,1,1,1,2$. 从这个袋中任取一球,设各个球被取到的可能性相同,求取得的球上标明的数字 X 的分布律与分布函数.

6. 直线上有一质点,每经一个单位时间,它分别以概率 p 或 $1-p$ 向右或向左移动一格,若该质点在时刻 0 从原点出发,而且每次移动是相互独立的,试用随机变量来描述这质点的运动(以 S_n 表示时间 n 时质点的位置).

7. 设离散型随机变量 X 的分布函数为 $F(x)=\begin{cases} 0 & \text{当 } x<-1 \\ 0.4 & \text{当 } -1\leqslant x<1 \\ 0.8 & \text{当 } 1\leqslant x<3 \\ 1 & \text{当 } x\geqslant 3 \end{cases}$,求 X 的分布律.

8. 设随机变量 $X\sim B(6,p)$,已知 $P\{X=1\}=P\{X=5\}$,求 p 与 $P\{X=2\}$ 的值.

9. 某陪审团由 12 名陪审员组成,至少要有 8 名陪审员投有罪的票才能宣判被告有罪. 假设陪审员的判断是相互独立的,且每位陪审员做出正确判断的概率为 θ,问这个陪审团做出正确判决的概率是多少.

10. 某通信设备由 n 个元件组成,每个元件是相互独立的,而且每个元件运行的概率为 p,如果至少一半的元件运行则整个设备能够有效工作.

(1) p 取什么值时,5 个元件的设备比 3 个元件的设备更容易有效工作?

(2) 一般地,p 取什么值时,有 $(2k+1)$ 个元件的设备比 $(2k-1)$ 个元件的设备更容易有效工作?

11. 有一汽车站有大量汽车通过,每辆汽车在一天某段时间出事故的概率为 0.000 1,在某天该段时间内有 1 000 辆汽车通过,求事故次数不少于 2 的概率.

12. 设某机场每天有 200 架飞机在此降落,任一飞机在某一时刻降落的概率设为 0.02,且设各飞机降落是相互独立的. 试问该机场需配备多少条跑道,才能保证某一时刻飞机需立即降落而没有空闲跑道的概率小于 0.01(每条跑道只能允许一架飞机降落).

13. X 的概率函数在某一点达到最大值,该点称为众数(Mode),求二项分布的众数.

14. 有 2 500 名同一年龄的人参加了保险公司的人寿保险. 在一年中每个人死亡的概率为 0.002,每个参加保险的人在 1 月 1 日须交 12 元保险费,而在死亡时家属可从保险公司领取 2 000 元赔偿金. 求:

(1)保险公司亏本的概率;

(2)保险公司获利分别不少于 10 000 元、20 000 元的概率.

15. 一电话总机每分钟收到呼唤的次数服从参数为 4 的泊松分布,求:

(1)某一分钟恰有 8 次呼唤的概率;

(2)某一分钟的呼唤次数大于 3 的概率.

16. 设在一段时间内进入某一商店的顾客人数 X 服从泊松分布 $P(\lambda)$,每个顾客购买某种物品的概率为 p,并且各个顾客是否购买该种物品相互独立. 求进入商店的顾客购买这种物品的人数 Y 的分布律.

17. 某航线的航班,常常有旅客预订机票后又临时取消,每班平均为 4 人. 若预订机票而又取消的人数服从以平均人数为参数的泊松分布,求:

(1)正好有 4 人取消的概率;

(2)不超过 3 人(含 3 人)取消的概率;

(3)超过 6 人(含 6 人)取消的概率;

(4)无人取消的概率.

18. 箱中有 N 个白球与 M 个黑球,每次随机取一个球,直到取出黑球为止. 如果每取出一球后立即放回,再取出一个球. 试求下列概率:

(1)正好需要取 n 次;

(2)至少需要取 k 次.

19. 进行一独立重复试验,每次结果为成功的概率为 p. 问在 m 次失败之前取得 r 次成功的概率是多少.

20. 设顾客在某银行的窗口等待服务的时间 X(单位:min)服从指数分布 $\mathrm{Exp}\left(\dfrac{1}{5}\right)$. 某顾客在窗口等待服务,若超过 10 min 他就离开. 他一个月要到银行 5 次,以 Y 表示一个月内他未等到服务而离开窗口的次数,试写出 Y 的分布律,并求 $P\{Y\geqslant 1\}$.

21. 证明:函数 $f(x)=\dfrac{1}{2}\mathrm{e}^{-|x|}\ (-\infty<x<\infty)$ 是一个密度函数.

22. 设连续型随机变量 X 的密度函数为

$$f(x)=\begin{cases} Ax & \text{当 } 0\leqslant x\leqslant 1 \\ 0 & \text{其他} \end{cases}.$$

(1)求:常数 A;

(2)求 $P\{0<X<0.5\}$;

(3)求 $P\{0.25<X\leqslant 2\}$.

23. 设随机变量 X 的分布函数为

$$F(x)=\begin{cases} 1-(1+x)\mathrm{e}^{-x} & \text{当 } x\geqslant 0 \\ 0 & \text{当 } x<0 \end{cases}.$$

求相应的密度函数,并求 $P\{X\leqslant 1\}$.

24. 设随机变量 X 具有概率密度

$$f(x)=\begin{cases} Ke^{-3x} & \text{当 } x>0 \\ 0 & \text{当 } x\leqslant 0 \end{cases}.$$

(1)试确定常数 K;

(2)求 $P\{X>0.1\}$;

(3)求 $F(x)$.

25. 设随机变量 X 分布函数为

$$F(x)=\begin{cases} A+Be^{-\lambda x} & \text{当 } x\geqslant 0 \\ 0 & \text{当 } x<0,(\lambda>0) \end{cases}.$$

(1)求常数 A,B;

(2)求 $P\{X\leqslant 2\},P\{X>3\}$;

(3)求分布密度 $f(x)$.

26. 若随机变量 ξ 在 $(1,6)$ 上服从均匀分布,求关于 t 的方程 $t^2+\xi t+1=0$ 有实根的概率.

27. 某类日光灯管的使用寿命 X(单位:h)服从参数为 $\lambda=2\,000^{-1}$ 的指数分布. 任取一只这种灯管,求能正常使用 $1\,000\,h$ 以上的概率.

28. 设 $X\sim N(3,2^2)$.

(1)求 $P\{2<X\leqslant 5\},P\{-4<X\leqslant 10\},P\{|X|>2\},P\{X>3\}$;

(2)试确定 c 使得 $P\{X>c\}=P\{X\leqslant c\}$;

(3)设 d 满足 $P\{X\geqslant d\}\geqslant 0.9$,求 d 的最大值.

29. 标准普尔中公司股票的价格(单位:美元)服从 $\mu=30,\sigma=8$ 的正态分布,问:

(1)某公司股票价格至少为 40 美元的概率;

(2)某公司股票价格不超过 26 美元的概率;

(3)若公司股票价格排名位于全部股票的前 10%,则公司股票至少应达到多少?

30. 某人乘汽车去火车站乘火车,有两条路可走:第一条路程较短但交通拥挤,所需时间 X 服从 $N(40,10^2)$;第二条路程较长,但阻塞少,所需时间 X 服从 $N(50,4^2)$.

(1)若动身时离火车开车只有 $1\,h$,问应走哪条路能乘上火车的把握大些?

(2)若离火车开车时间只有 $45\,\min$,问应走哪条路赶上火车把握大些?

31. 由某机器生产的螺栓长度(单位:cm)$X\sim N(10.05,0.06^2)$,规定长度在 10.05 ± 0.12 内为合格品,求一螺栓为不合格品的概率.

32. 设离散型随机变量 X 的分布律为

X	-2	-1	0	1	2
P	0.1	0.2	0.3	0.3	0.1

(1)求 $Y=3X+1$ 的分布律;

(2)求 $Z=2X^2$ 的分布律.

33. 设 $P\{X=k\}=\left(\dfrac{1}{2}\right)^k,k=1,2,\cdots,$令

$$Y=\begin{cases} 1 & \text{当 X 取偶数时} \\ -1 & \text{当 X 取奇数时} \end{cases}.$$

求随机变量 X 的函数 Y 的分布律.

34. 设随机变量 X 服从 $(0,2)$ 上的均匀分布,求随机变量 $Y=X^3$ 的概率密度函数.

35. 设随机变量 X 的密度函数为 $f_X(x)=\dfrac{1}{\pi(1+x^2)}$,求 $Y=1-\sqrt[3]{x}$ 的密度函数 $f_Y(y)$.

36. 设随机变量 $X\sim\mathrm{Exp}(2)$,求 $Y=\mathrm{e}^X$ 的概率密度.

37. 设随机变量 X 的绝对值不大于 1,$P\{X=-1\}=1/8$,$P\{X=1\}=1/4$. 在事件 $\{-1<X<1\}$ 出现的条件下,X 在 $\{-1,1\}$ 内任一子区间上取值的条件概率与该子区间长度成正比,试求 X 的分布函数 $F(x)=P\{X\leqslant x\}$.

38. 设 $X\sim N(0,1)$.

(1) 求 $Y=2X^2+1$ 的概率密度;

(2) 求 $Z=|X|$ 的概率密度.

39. 设随机变量 $X\sim U(0,1)$,试求:

(1) $Y=\mathrm{e}^X$ 的分布函数及密度函数;

(2) $Z=-2\ln X$ 的分布函数及密度函数.

40. 设随机变量 X 服从参数为 λ 的指数分布,求 $Y=\min\{X,2\}$ 的分布.

第3章　多维随机变量及其分布

在上一章,我们实际上学习了一维随机变量及其分布. 在现实中,我们往往需要考察某研究对象的多个属性或指标的取值规律,并且研究这些指标之间的相互关系,这就需要研究多维随机变量及其分布,我们从二维随机变量开始.

§3.1　二维随机变量

3.1.1　二维随机变量的定义

定义 3.1　设 E 是一个随机试验,记其样本空间为 S. 设 $X = X(e)$ 和 $Y = Y(e)$ 是定义在 S 上的随机变量,由它们构成的一个向量 (X,Y) 称为定义在 S 上的一个**二维随机向量**,或二维**随机变量**.

注意:

(1) 我们应把二维随机变量

$$(X,Y) = (X(e),Y(e)), \quad e \in S$$

看作一个整体,因为 X 与 Y 之间是有联系的,而且我们往往对 X 与 Y 的关系感兴趣;

(2) 在几何上,二维随机变量 (X,Y) 可看作取值在二维平面上的"随机点".

下面来看一些二维随机变量的例子.

例 3.1　考察某地区成年男子的身体状况,记 X 为该地区成年男子的身高,Y 为该地区成年男子的体重,则 (X,Y) 就是一个二维随机变量.

例 3.2　考察某地区的气候状况,记 X 为该地区的温度,Y 为该地区的湿度,则 (X,Y) 就是一个二维随机变量.

3.1.2　联合分布函数

类似于一维随机变量,对于多维随机变量我们也关注其取值规律.

定义 3.2　设 (X,Y) 是一个二维随机变量. 定义二元函数 $F(x,y)$,使得对任意一对实数 (x,y),有

$$F(x,y) = P\{X \leqslant x, Y \leqslant y\}, \tag{3.1}$$

称此函数为二维随机变量 (X,Y) 的**联合分布函数**,简称**分布函数**.

1. 二元分布函数的几何意义及性质

由分布函数的定义式 (3.1) 可知,$F(x,y)$ 表示平面上的随机点 (X,Y) 落在以 (x,y) 为右上顶点的无穷矩形中的概率(见图 3.1).

由分布函数的几何意义,能容易地看出任意二维随机变量 (X,Y) 的分布函数 $F(x,y)$ 具

有以下性质:

性质 3.1　设 $x_1 < x_2, y_1 < y_2$, 则

$$F(x_2, y_2) - F(x_2, y_1) - F(x_1, y_2) + F(x_1, y_1) \geqslant 0.$$

证明: 注意到 (X, Y) 落在区域 $\{(x, y) \mid x_1 < x \leqslant x_2, y_1 < y \leqslant y_2\}$ 内的概率为

$$P\{x_1 < X \leqslant x_2, y_1 < Y \leqslant y_2\}$$
$$= F(x_2, y_2) - F(x_2, y_1) - F(x_1, y_2) + F(x_1, y_1).$$

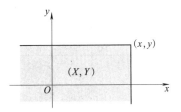

图 3.1　分布函数 $F(x, y)$ 的几何意义

由概率的非负性, 即有

$$F(x_2, y_2) - F(x_2, y_1) - F(x_1, y_2) + F(x_1, y_1) \geqslant 0.$$

另外, 由二维随机变量 (X, Y) 的分布函数的定义, 并结合一维随机变量分布函数的性质, 容易得到 $F(x, y)$ 的以下性质:

性质 3.2　二维随机变量 (X, Y) 的分布函数 $F(x, y)$ 具有以下性质:

(1) $F(x, y)$ 是变量 x, y 的单调不减函数, 即:

对于任意固定的 y, 当 $x_1 < x_2$ 时, $F(x_1, y) \leqslant F(x_2, y)$;

对于任意固定的 x, 当 $y_1 < y_2$ 时, $F(x, y_1) \leqslant F(x, y_2)$.

(2) 对任意的 $(x, y) \in \mathbf{R}^2$, 有 $0 \leqslant F(x, y) \leqslant 1$. 记 $\lim\limits_{x \to -\infty} f(x, y)$ 为 $F(-\infty, y)$, $\lim\limits_{y \to -\infty} f(x, y)$ 为 $F(x, -\infty)$, 则

$$F(-\infty, y) = F(x, -\infty) = 0, \quad \forall x, y \in \mathbf{R}.$$

(3) 固定 y, $F(x, y)$ 关于 x 右连续; 固定 x, $F(x, y)$ 关于 y 右连续. 即

$$F(x, y) = F(x+0, y), \quad F(x, y) = F(x, y+0).$$

2. n 维随机变量的分布函数

设 E 是一个随机试验, S 是其样本空间, $X_i = X_i(e), i = 1, 2, \cdots, n$, 是定义在样本空间 S 上的 n 个随机变量, 则称

$$(X_1, X_2, \cdots, X_n) = (X_1(e), X_2(e), \cdots, X_n(e))$$

为定义在样本空间 S 上的 **n 维随机变量**.

和二维随机变量类似, 可以定义 n 维随机变量的分布函数.

定义 3.3　设 $(X_1, X_2, \cdots, X_n)$ 是一个 n 维随机变量, 则对任意一个 n 维实数组 $(x_1, x_2, \cdots, x_n)$, 定义

$$F(x_1, x_2, \cdots, x_n) = P\{X_1 \leqslant x_1, X_2 \leqslant x_2, \cdots, X_n \leqslant x_n\},$$

称函数 $F(x_1, x_2, \cdots, x_n)$ 为 n 维随机变量 $(X_1, X_2, \cdots, X_n)$ 的**联合分布函数**, 简称**分布函数**.

和一维随机变量类似, 这里我们主要考虑离散型和连续型的多维随机变量.

3.1.3　二维离散型随机变量及其联合分布律

定义 3.4　若二维随机变量 (X, Y) 的取值是有限个或者可列无穷个数对, 则称 (X, Y) 为 **二维离散型随机变量**. 若 (X, Y) 为二维离散型随机变量, 其中 X 的取值为 $x_1, x_2, \cdots, x_i, \cdots$; Y 的取值为 $y_1, y_2, \cdots, y_j, \cdots$, 则称

$$p_{ij} = P\{X = x_i, Y = y_j\}, \quad i, j = 1, 2, \cdots \tag{3.2}$$

为**二维离散型随机变量 (X, Y) 的(联合)分布律**.

注: 二维离散型随机变量 (X, Y) 的联合分布律常用如下形式的表格来表示:

X \ Y	y_1	y_2	$\cdots$	y_j	$\cdots$
x_1	p_{11}	p_{12}	$\cdots$	p_{1j}	$\cdots$
x_2	p_{21}	p_{22}	$\cdots$	p_{2j}	$\cdots$
$\vdots$	$\vdots$	$\vdots$		$\vdots$	
x_i	p_{i1}	p_{i2}	$\cdots$	p_{ij}	$\cdots$
$\vdots$	$\vdots$	$\vdots$		$\vdots$	

由概率的非负性和归一性,容易得到二维离散型随机变量的分布律具有以下性质:

性质 3.3　对任意的 $(i,j)(i,j=1,2,\cdots)$,有
$$p_{ij} = P\{X=x_i, Y=y_j\} \geqslant 0.$$

性质 3.4　设 $p_{ij}=P\{X=x_i, Y=y_j\}(i,j=1,2,\cdots)$ 为二维随机变量 (X,Y) 的分布律,则
$$\sum_{i,j} p_{ij} = 1.$$

例 3.3　将两个球等可能地放入编号为 $1,2,3$ 的 3 个盒子中. 令 X 表示放入 1 号盒子中的球数,Y 表示放入 2 号盒子中的球数. 试求 (X,Y) 的联合分布律.

解:X 的可能取值为 $0,1,2$;Y 的可能取值为 $0,1,2$. 经计算有

$$P\{X=0,Y=0\}=\frac{1}{9}, \quad P\{X=0,Y=1\}=\frac{2}{9}, \quad P\{X=0,Y=2\}=\frac{1}{9},$$

$$P\{X=1,Y=0\}=\frac{2}{9}, \quad P\{X=1,Y=1\}=\frac{2}{9}, \quad P\{X=1,Y=2\}=0,$$

$$P\{X=2,Y=0\}=\frac{1}{9}, \quad P\{X=2,Y=1\}=0, \quad P\{X=2,Y=2\}=0.$$

由此得 (X,Y) 的联合分布律为

X \ Y	0	1	2
0	$\frac{1}{9}$	$\frac{2}{9}$	$\frac{1}{9}$
1	$\frac{2}{9}$	$\frac{2}{9}$	0
2	$\frac{1}{9}$	0	0

例 3.4　将一枚均匀的硬币掷 3 次,令 X 表示 3 次抛掷中正面出现的次数,Y 表示 3 次抛掷中正面出现的次数与反面出现的次数之差的绝对值.

(1) 求 (X,Y) 的联合分布律;

(2) 记 (X,Y) 的联合分布函数为 $F(x,y)$,试计算 $F(0.5,5)$.

解:(1) 由题意可知 X 的可能取值为 $0,1,2,3$;Y 的可能取值为 $1,3$. 经计算有

$$P\{X=0,Y=1\}=0, \quad P\{X=0,Y=3\}=\frac{1}{8},$$

$$P\{X=1,Y=1\}=\frac{3}{8}, \quad P\{X=1,Y=3\}=0,$$

$$P\{X=2,Y=1\}=\frac{3}{8}, \quad P\{X=2,Y=3\}=0,$$

$$P\{X=3,Y=1\}=0, \quad P\{X=3,Y=3\}=\frac{1}{8}.$$

由此得随机变量(X,Y)的联合分布律为

Y \ X	0	1	2	3
1	0	$\frac{3}{8}$	$\frac{3}{8}$	0
3	$\frac{1}{8}$	0	0	$\frac{1}{8}$

(2) 由于$F(x,y)=P\{X\leqslant x,Y\leqslant y\}$,所以

$$F(0.5,5)=P\{X=0,Y=1\}+P\{X=0,Y=3\}=0+\frac{1}{8}=\frac{1}{8}.$$

3.1.4　二维连续型随机变量

二维连续型随机变量的定义和一维连续型随机变量的定义类似.

定义 3.5　对于二维随机变量(X,Y)的分布函数$F(x,y)$,如果存在非负函数$f(x,y)$,使得对于任意的x,y有

$$F(x,y)=\int_{-\infty}^{y}\int_{-\infty}^{x}f(u,v)\mathrm{d}u\mathrm{d}v,$$

则称(X,Y)是**连续型的二维随机变量**,函数$f(x,y)$称为**二维随机变量**(X,Y)**的概率密度**,或称X和Y的**联合概率密度**.

由密度函数的定义,很容易看出$f(x,y)$具有以下性质:

性质 3.5　设$f(x,y)$为二维连续型随机变量(X,Y)的密度函数,则

(1) $f(x,y)\geqslant 0$;

(2) $\int_{-\infty}^{\infty}\int_{-\infty}^{\infty}f(x,y)\mathrm{d}x\mathrm{d}y=F(\infty,\infty)=1$;

(3) 若$f(x,y)$在点(x,y)连续,则有

$$\frac{\partial^2 F(x,y)}{\partial x\partial y}=f(x,y);\tag{3.3}$$

(4) 设G是平面上的一个区域,则点(X,Y)落在G内的概率为

$$P\{(X,Y)\in G\}=\iint\limits_{G}f(x,y)\mathrm{d}x\mathrm{d}y.\tag{3.4}$$

例 3.5　设二维随机变量(X,Y)的密度函数为

$$f(x,y)=\begin{cases}ce^{-(3x+4y)} & \text{当 } x>0,y>0 \\ 0 & \text{其他}\end{cases}.$$

(1) 求常数 c;

(2) 求 (X,Y) 的联合分布函数;

(3) 求 $P\{0 < X < 1, 0 < Y < 2\}$;

(4) 求 $P\{X + Y \geqslant 1\}$.

解: (1) 由密度函数的性质, 得

$$1 = \int_{-\infty}^{+\infty} \int_{-\infty}^{+\infty} f(x,y) \mathrm{d}x \mathrm{d}y = c \int_{0}^{+\infty} \int_{0}^{+\infty} \mathrm{e}^{-(3x+4y)} \mathrm{d}x \mathrm{d}y$$

$$= c \int_{0}^{+\infty} \mathrm{e}^{-3x} \mathrm{d}x \cdot \int_{0}^{+\infty} \mathrm{e}^{-4y} \mathrm{d}y = \frac{c}{12}.$$

所以 $c = 12$.

(2) 由定义, $F(x,y) = P\{X \leqslant x, Y \leqslant y\} = \int_{-\infty}^{x} \int_{-\infty}^{y} f(u,v) \mathrm{d}v \mathrm{d}u$, 所以

当 $x \leqslant 0$ 或 $y \leqslant 0$ 时, $F(x,y) = 0$;

当 $x > 0$ 且 $y > 0$ 时,

$$F(x,y) = \int_{-\infty}^{x} \int_{-\infty}^{y} f(u,v) \mathrm{d}v \mathrm{d}u = 12 \int_{0}^{x} \mathrm{d}u \int_{0}^{y} \mathrm{e}^{-(3u+4v)} \mathrm{d}v$$

$$= 12 \int_{0}^{x} \mathrm{e}^{-3u} \mathrm{d}u \cdot \int_{0}^{y} \mathrm{e}^{-4v} \mathrm{d}v = (1 - \mathrm{e}^{-3x})(1 - \mathrm{e}^{-4y}),$$

所以

$$F(x,y) = \begin{cases} (1 - \mathrm{e}^{-3x})(1 - \mathrm{e}^{-4y}) & \text{当 } x > 0, y > 0 \\ 0 & \text{其他} \end{cases}.$$

(3) 由式 (3.4) 有

$$P\{0 < X < 1, 0 < Y < 2\} = \iint\limits_{0<x<1,0<y<2} f(x,y) \mathrm{d}x \mathrm{d}y$$

$$= 12 \int_{0}^{1} \mathrm{d}x \int_{0}^{2} \mathrm{e}^{-(3x+4y)} \mathrm{d}y = 12 \int_{0}^{1} \mathrm{e}^{-3x} \mathrm{d}x \cdot \int_{0}^{2} \mathrm{e}^{-4y} \mathrm{d}y$$

$$= (1 - \mathrm{e}^{-3})(1 - \mathrm{e}^{-8}).$$

(4) 这里同样需要利用式 (3.4), 只是上一问中需要求密度函数在一个矩形区域上的积分, 这里是求密度函数在如图 3.2 所示的阴影部分区域上的积分. 所求概率为

$$P\{X + Y \geqslant 1\}$$
$$= \iint\limits_{x+y \geqslant 1} f(x,y) \mathrm{d}x \mathrm{d}y$$
$$= 12 \int_{0}^{1} \mathrm{d}x \int_{1-x}^{\infty} \mathrm{e}^{-(3x+4y)} \mathrm{d}y + 12 \int_{1}^{\infty} \mathrm{d}x \int_{0}^{\infty} \mathrm{e}^{-(3x+4y)} \mathrm{d}y$$
$$= 4\mathrm{e}^{-3} - 3\mathrm{e}^{-4}.$$

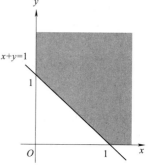

图 3.2　例 3.5 用图

下面我们来考察几种常见的二维连续型随机变量.

1. 二维均匀分布

设 D 是平面上的有界区域, 其面积为 A, 如果二维随机变量 (X,Y) 的密度函数为

$$f(x,y) = \begin{cases} \dfrac{1}{A} & 当(x,y) \in D \\ 0 & 当(x,y) \notin D \end{cases},$$

则称二维随机变量(X,Y)服从区域D上的**均匀分布**,记作$(X,Y) \sim U(D)$.

设(X,Y)服从区域D上的均匀分布,$D_1 \subset D$,则

$$P\{(X,Y) \in D_1\} = \iint\limits_{D_1} \frac{1}{A} \mathrm{d}\sigma = \frac{D_1 \text{ 的面积}}{A}. \tag{3.5}$$

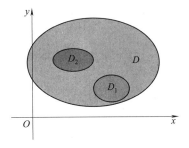

从式(3.5)可以看出,若(X,Y)服从区域D上的均匀分布,则(X,Y)落在D的子区域D_1上的概率只与D_1的面积有关,而与其具体的形状及在D内所处的位置无关. 如图3.3所示,虽然D_1,D_2的位置不同,形状也有差异,但如果D_1, $D_2 \subset D$,且D_1和D_2面积相等,则

$$P\{(X,Y) \in D_1\} = P\{(X,Y) \in D_2\}.$$

2. 二维正态分布

若二维随机变量(X,Y)具有概率密度

图 3.3　二维均匀分布的几何意义

$$f(x,y) = \frac{1}{2\pi\sigma_1\sigma_2\sqrt{1-\rho^2}} \times$$

$$\exp\left\{-\frac{1}{2(1-\rho^2)}\left[\left(\frac{x-\mu_1}{\sigma_1}\right)^2 - 2\rho\left(\frac{x-\mu_1}{\sigma_1}\right)\left(\frac{y-\mu_2}{\sigma_2}\right) + \left(\frac{y-\mu_2}{\sigma_2}\right)^2\right]\right\},$$

其中$\mu_1,\mu_2,\sigma_1,\sigma_2,\rho$均为常数,且$\sigma_1 > 0, \sigma_2 > 0, |\rho| < 1$,则称$(X,Y)$服从参数为$\mu_1,\mu_2,\sigma_1,\sigma_2$, ρ的**二维正态分布**,记作$(X,Y) \sim N(\mu_1,\mu_2,\sigma_1^2,\sigma_2^2,\rho)$.

二维正态分布乃至多维正态分布是很重要的一类连续型分布,我们在本书后续章节将陆续讨论二维正态分布的若干性质.

§3.2　边　缘　分　布

在上一节中,我们讨论了多维随机变量的定义及其联合分布. 多维随机变量的各个分量都是一维随机变量,都具有自身的分布.本节讨论由多维随机变量的联合分布确定各个分量的概率分布的方法.

定义 3.6　如果(X,Y)是一个二维随机变量,称X的分布为X关于二维随机变量(X,Y)的**边缘分布**,称Y的分布为Y关于二维随机变量(X,Y)的**边缘分布**. 边缘分布也称**边沿分布**或**边际分布**.

3.2.1　已知联合分布函数求边缘分布函数

设二维随机变量(X,Y)的分布函数为$F(x,y)$,则分量X的分布函数为

$$F_X(x) = P\{X \leqslant x\} = P\{X \leqslant x, Y < +\infty\} = F(x, +\infty),$$

同理,分量Y的分布函数为

$$F_Y(y) = P\{Y \leqslant y\} = P\{X < +\infty, Y \leqslant y\} = F(+\infty, y).$$

例 3.6 设二维随机变量 (X,Y) 的联合分布函数为

$$F(x,y) = A\left(B + \arctan \frac{x}{2}\right)\left(C + \arctan \frac{y}{3}\right), \quad x,y \in \mathbf{R}^2.$$

试求:(1) 常数 A,B,C;(2) X 及 Y 的边缘分布函数.

解:(1) 由分布函数的性质,得

$$1 = F(+\infty, +\infty) = A\left(B + \frac{\pi}{2}\right)\left(C + \frac{\pi}{2}\right),$$

$$0 = F(x, -\infty) = A\left(B + \arctan \frac{x}{2}\right)\left(C - \frac{\pi}{2}\right),$$

$$0 = F(-\infty, y) = A\left(B - \frac{\pi}{2}\right)\left(C + \arctan \frac{y}{3}\right).$$

由以上三式可求得 $A = \dfrac{1}{\pi^2}, B = \dfrac{\pi}{2}, C = \dfrac{\pi}{2}$,于是 (X,Y) 的联合分布函数为

$$F(x,y) = \frac{1}{\pi^2}\left(\frac{\pi}{2} + \arctan \frac{x}{2}\right)\left(\frac{\pi}{2} + \arctan \frac{y}{3}\right), \quad x,y \in \mathbf{R}^2.$$

(2) X 的边缘分布函数为

$$F_X(x) = F(x,\infty) = \lim_{y \to +\infty} \frac{1}{\pi^2}\left(\frac{\pi}{2} + \arctan \frac{x}{2}\right)\left(\frac{\pi}{2} + \arctan \frac{y}{3}\right)$$

$$= \frac{1}{\pi}\left(\frac{\pi}{2} + \arctan \frac{x}{2}\right), -\infty < x < +\infty.$$

Y 的边缘分布函数为

$$F_Y(y) = F(\infty,y) = \lim_{x \to +\infty} \frac{1}{\pi^2}\left(\frac{\pi}{2} + \arctan \frac{x}{2}\right)\left(\frac{\pi}{2} + \arctan \frac{y}{3}\right)$$

$$= \frac{1}{\pi}\left(\frac{\pi}{2} + \arctan \frac{y}{3}\right), \quad -\infty < y < +\infty.$$

3.2.2 已知联合分布律求边缘分布律

设随机变量 (X,Y) 的联合分布律为

$$p_{ij} = P\{X = x_i, Y = y_j\}, \quad i,j = 1,2,\cdots,$$

则随机变量 X 的分布律为

$$p_{i.} = P\{X = x_i\} = P\{X = x_i, \bigcup_j (Y = y_j)\}$$

$$= P\{\bigcup_j (X = x_i, Y = y_j)\}$$

$$= \sum_j P\{X = x_i, Y = y_j\} = \sum_j p_{ij}.$$

同理,随机变量 Y 的分布律为

$$p_{.j} = P\{Y = y_j\}$$

$$= \sum_i P\{X = x_i, Y = y_j\} = \sum_i p_{ij}.$$

X 以及 Y 的边缘分布律也可以通过在 X 和 Y 的联合分布律的最右边和底端各添加一行一列来表示(这也是边缘分布律这个名字的由来):

Y X	y_1	y_2	$\cdots$	y_j	$\cdots$	$p_i.$
x_1	p_{11}	p_{12}	$\cdots$	p_{1j}	$\cdots$	$p_1.$
x_2	p_{21}	p_{22}	$\cdots$	p_{2j}	$\cdots$	$p_2.$
$\vdots$	$\vdots$	$\vdots$		$\vdots$		$\vdots$
x_i	p_{i1}	p_{i2}	$\cdots$	p_{ij}	$\cdots$	$p_i.$
$\vdots$	$\vdots$	$\vdots$		$\vdots$		$\vdots$
$p._j$	$p._1$	$p._2$	$\cdots$	$p._j$	$\cdots$	

例 3.7　从 1,2,3,4 这 4 个数中随机取出一个,记为 X,再从 1 到 X 中随机地取出一个数,记为 Y,试求 (X,Y) 的联合分布律及 X 和 Y 各自的边缘分布律.

解:X 与 Y 的可能取值都是 1,2,3,4. 首先来求 (X,Y) 的联合分布律. 由于 $X \geqslant Y$,所以当 $i < j$ 时,$P_{ij} = P\{X = i, Y = j\} = 0$;当 $i \geqslant j$ 时,由乘法公式,有

$$P_{ij} = P\{X = i, Y = j\} = P\{X = i\}P\{Y = j \mid X = i\} = \frac{1}{4} \cdot \frac{1}{i} = \frac{1}{4i}.$$

再由 $p_i. = \sum_j p_{ij}$ 及 $p._j = \sum_i p_{ij}$,可得 (X,Y) 的联合分布律及 X 和 Y 的边缘分布律如下表所示:

Y X	1	2	3	4	$p_i.$
1	$\frac{1}{4}$	0	0	0	$\frac{1}{4}$
2	$\frac{1}{8}$	$\frac{1}{8}$	0	0	$\frac{1}{4}$
3	$\frac{1}{12}$	$\frac{1}{12}$	$\frac{1}{12}$	0	$\frac{1}{4}$
4	$\frac{1}{16}$	$\frac{1}{16}$	$\frac{1}{16}$	$\frac{1}{16}$	$\frac{1}{4}$
$p._j$	$\frac{25}{48}$	$\frac{13}{48}$	$\frac{7}{48}$	$\frac{3}{48}$	

例 3.8　掷一枚骰子,直到出现小于 5 点为止. 用 X 表示最后一次掷出的点数,Y 表示掷骰子的次数. 求随机变量 (X,Y) 的联合分布律及 X 和 Y 的边缘分布律.

解:X 的可能取值为 1,2,3,4,Y 的可能取值为所有正整数. 由古典概型,(X,Y) 的联合分布律为

$$p_{ij} = P\{X = i, Y = j\} = \frac{1}{6} \cdot \left(\frac{2}{6}\right)^{j-1}, \quad i = 1,2,3,4, j = 1,2,\cdots.$$

X 的边缘分布律为

$$p_i. = \sum_{j=1}^{\infty} P_{ij} = \sum_{j=1}^{\infty} \left(\frac{2}{6}\right)^{j-1} \cdot \frac{1}{6} = \frac{1}{6} \cdot \frac{1}{1 - \frac{1}{3}} = \frac{1}{4}, \quad i = 1,2,3,4.$$

Y 的边缘分布律为

$$p_{\cdot j} = \sum_{i=1}^{4} P_{ij} = \sum_{i=1}^{4} \left(\frac{2}{6}\right)^{j-1} \cdot \frac{1}{6} = \frac{4}{6} \cdot \left(\frac{1}{3}\right)^{j-1} = \frac{2}{3} \cdot \left(\frac{1}{3}\right)^{j-1}, \quad j = 1, 2, \cdots.$$

3.2.3 已知联合密度函数求边缘密度函数

假设二维连续型随机变量(X, Y)的密度函数为$f(x, y)$，下面来考虑随机变量X和Y的边缘密度函数 $f_X(x)$ 和 $f_Y(y)$.

由 $F_X(x) = P\{X \leqslant x\} = F(x, +\infty) = \int_{-\infty}^{x} \left[\int_{-\infty}^{+\infty} f(u, y) \mathrm{d}y\right] \mathrm{d}u,$

得
$$f_X(x) = \int_{-\infty}^{+\infty} f(x, y) \mathrm{d}y. \tag{3.6}$$

同理，由于 $F_Y(y) = P\{Y \leqslant y\} = F(+\infty, y) = \int_{-\infty}^{y} \left[\int_{-\infty}^{+\infty} f(x, v) \mathrm{d}x\right] \mathrm{d}v,$

有
$$f_Y(y) = \int_{-\infty}^{+\infty} f(x, y) \mathrm{d}x. \tag{3.7}$$

例 3.9 区域 D 是由抛物线 $y = x^2$ 及直线 $y = x$ 所围，随机变量(X, Y)服从区域 D 上的均匀分布．试求随机变量(X, Y)的联合密度函数及 X 和 Y 各自的边缘密度函数.

解： (1) 区域 D 如图 3.4 所示，其面积为

$$A = \int_0^1 \mathrm{d}x \int_{x^2}^{x} \mathrm{d}y = \left(\frac{1}{2}x^2 - \frac{1}{3}x^3\right)\Big|_0^1 = \frac{1}{6}.$$

所以二维随机变量(X, Y)的联合密度函数为

$$f(x, y) = \begin{cases} 6 & \text{当} (x, y) \in D \\ 0 & \text{当} (x, y) \notin D \end{cases}.$$

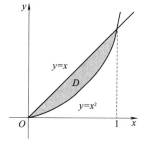

图 3.4　例 3.9 用图

(2) 先求随机变量 X 的边缘密度函数，由式(3.6)，当 $0 \leqslant x \leqslant 1$ 时，

$$f_X(x) = \int_{-\infty}^{+\infty} f(x, y) \mathrm{d}y = \int_{x^2}^{x} 6 \mathrm{d}y = 6(x - x^2).$$

当 $x < 0$ 或 $x > 1$ 时，对任意 y 都有 $f(x, y) = 0$，此时

$$f_X(x) = \int_{-\infty}^{+\infty} f(x, y) \mathrm{d}y = 0,$$

所以

$$f_X(x) = \begin{cases} 6(x - x^2) & \text{当} 0 \leqslant x \leqslant 1 \\ 0 & \text{其他} \end{cases}.$$

同理，当 $0 \leqslant y \leqslant 1$ 时，随机变量 Y 的边缘密度函数为

$$f_Y(y) = \int_{-\infty}^{+\infty} f(x, y) \mathrm{d}x = \int_{y}^{\sqrt{y}} 6 \mathrm{d}x = 6(\sqrt{y} - y).$$

当 $y < 0$ 或 $y > 1$ 时，对任意 x 都有 $f(x, y) = 0$，此时

$$f_Y(y) = \int_{-\infty}^{+\infty} f(x, y) \mathrm{d}x = 0.$$

所以

$$f_Y(y) = \begin{cases} 6(\sqrt{y} - y) & \text{当} 0 \leqslant y \leqslant 1 \\ 0 & \text{其他} \end{cases}.$$

例 3. 10 设二维连续型随机变量 $(X,Y) \sim N(\mu_1,\mu_1,\sigma_1^2,\sigma_2^2,r)$. 试求 X 和 Y 的边缘密度函数.

解: (X,Y) 的联合密度函数为

$$f(x,y) = \frac{1}{2\pi\sigma_1\sigma_2\sqrt{1-r^2}} \cdot$$

$$\exp\left\{-\frac{1}{2(1-r^2)}\left[\frac{(x-\mu_1)^2}{\sigma_1^2} - \frac{2r(x-\mu_1)(y-\mu_2)}{\sigma_1\sigma_2} + \frac{(y-\mu_2)^2}{\sigma_2^2}\right]\right\},$$

将 $-\dfrac{1}{2(1-r^2)}\left[\dfrac{(x-\mu_1)^2}{\sigma_1^2} - \dfrac{2r(x-\mu_1)(y-\mu_2)}{\sigma_1\sigma_2} + \dfrac{(y-\mu_2)^2}{\sigma_2^2}\right]$ 看成 $(y-\mu_2)$ 的二次多项式并

进行配方,有

$$-\frac{1}{2(1-r^2)}\left[\frac{(x-\mu_1)^2}{\sigma_1^2} - \frac{2r(x-\mu_1)(y-\mu_2)}{\sigma_1\sigma_2} + \frac{(y-\mu_2)^2}{\sigma_2^2}\right]$$

$$= -\frac{1}{2(1-r^2)}\left(\frac{y-\mu_2}{\sigma_2} - r\frac{x-\mu_1}{\sigma_1}\right)^2 - \frac{(x-\mu_1)^2}{2\sigma_1^2},$$

于是

$$f_X(x) = \frac{1}{2\pi\sigma_1\sigma_2\sqrt{1-r^2}}\exp\left[-\frac{(x-\mu_1)^2}{2\sigma_1^2}\right] \cdot$$

$$\int_{-\infty}^{+\infty}\exp\left[-\frac{1}{2(1-r^2)}\left(\frac{y-\mu_2}{\sigma_2} - r\frac{x-\mu_1}{\sigma_1}\right)^2\right]\mathrm{d}y,$$

令 $u = \dfrac{1}{\sqrt{1-r^2}}\left(\dfrac{y-\mu_2}{\sigma_2} - r\dfrac{x-\mu_1}{\sigma_1}\right)$,则 $\mathrm{d}u = \dfrac{\mathrm{d}y}{\sigma_2\sqrt{1-r^2}}$,于是

$$f_X(x) = \frac{1}{2\pi\sigma_1}\exp\left[-\frac{(x-\mu_1)^2}{2\sigma_1^2}\right]\int_{-\infty}^{+\infty}\exp\left(-\frac{u^2}{2}\right)\mathrm{d}u = \frac{1}{\sqrt{2\pi}\sigma_1}\exp\left[-\frac{(x-\mu_1)^2}{2\sigma_1^2}\right], \quad -\infty < x < +\infty.$$

这表明 $X \sim N(\mu_1,\sigma_1^2)$.

同理,

$$f_Y(y) = \frac{1}{\sqrt{2\pi}\sigma_2}\exp\left[-\frac{(y-\mu_2)^2}{2\sigma_2^2}\right], \quad -\infty < y < +\infty,$$

这表明 $Y \sim N(\mu_2,\sigma_2^2)$.

注: 从上述例题我们可以得到以下结论.

(1) 二维正态分布的边缘分布是一维正态分布. 即若 $(X,Y) \sim N(\mu_1,\mu_1,\sigma_1^2,\sigma_2^2,r)$,则 $X \sim N(\mu_1,\sigma_1^2)$,$Y \sim N(\mu_2,\sigma_2^2)$.

(2) 上述的两个边缘分布中的参数与二维正态分布中的参数 r 无关.

(3) 假设 $(X_1,Y_1) \sim N(\mu_1,\mu_1,\sigma_1^2,\sigma_2^2,r_1)$,$(X_2,Y_2) \sim N(\mu_1,\mu_1,\sigma_1^2,\sigma_2^2,r_2)$. 若 $r_1 \neq r_2$,则 (X_1,Y_1) 和 (X_2,Y_2) 的分布不同,但 X_1 和 X_2 的分布相同,Y_1 和 Y_2 的分布也相同. 我们知道边缘分布可由联合分布唯一确定,但这个例子表明,一般我们不能由边缘分布确定出联合分布.

§3.3　条　件　分　布

本节我们将借助第 1 章中介绍的条件概率的概念,来讨论二维随机变量(X,Y)在已知某个分量(比如 Y)的取值的情况下,另外一个随机变量(比如 X)的分布问题,即条件分布.我们首先从简单的离散型随机变量开始.

3.3.1　离散型随机变量的条件分布律

设(X,Y)是二维离散型随机变量,其分布律为

$$P\{X = x_i, Y = y_j\} = p_{ij}, \quad i,j = 1,2,3,\cdots.$$

(X,Y)关于 X 和关于 Y 的边缘分布律分别为

$$P\{X = x_i\} = p_{i\cdot} = \sum_{j=1}^{\infty} p_{ij}, \quad i = 1,2,3,\cdots;$$

$$P\{Y = y_j\} = p_{\cdot j} = \sum_{i=1}^{\infty} p_{ij}, \quad j = 1,2,3,\cdots.$$

由条件概率公式 $P(A \mid B) = \dfrac{P(AB)}{P(B)}$,可自然地引出如下定义:

定义 3.7　设(X,Y)是二维离散型随机变量,且设对某固定的 j,$P\{Y = y_j\} > 0$,则称

$$P\{X = x_i \mid Y = y_j\} = \frac{P\{X = x_i, Y = y_j\}}{P\{Y = y_j\}} = \frac{p_{ij}}{p_{\cdot j}}, \quad i = 1,2,3,\cdots \tag{3.8}$$

为在 $Y = y_j$ 条件下随机变量 X 的**条件分布律**. 同样,对于固定的 i,若 $P\{X = x_i\} > 0$,则称

$$P\{Y = y_j \mid X = x_i\} = \frac{P\{X = x_i, Y = y_j\}}{P\{X = x_i\}} = \frac{p_{ij}}{p_{i\cdot}}, \quad j = 1,2,3,\cdots \tag{3.9}$$

为在 $X = x_i$ 条件下随机变量 Y 的**条件分布律**.

容易看出,条件分布律有以下特性:

(1)$P\{X = x_i \mid Y = y_j\} \geqslant 0, i = 1,2,3,\cdots$;

(2)$\displaystyle\sum_{i=1}^{\infty} P\{X = x_i \mid Y = y_j\} = \sum_{i=1}^{\infty} \frac{p_{ij}}{p_{\cdot j}} = \frac{p_{\cdot j}}{p_{\cdot j}} = 1.$

从以上两条性质可以看出,条件分布律本质上也是分布律.

例 3.11　一个射手进行射击,击中目标的概率为 p,射击到击中目标两次为止.设以 X 表示首次击中目标所进行的射击次数,以 Y 表示总共进行的射击次数,试求 X 和 Y 的联合分布律以及条件分布律.

解:记 $q = 1 - p$. 注意到 Y 能取的值是 $2,3,4,\cdots$,X 的取值是 $1,2,3,\cdots$,并且 $X < Y$. 由古典概型,X,Y 的联合分布律为

$$P\{X = m, Y = n\} = q^{m-1} \cdot p \cdot q^{n-m-1} \cdot p = q^{n-2} \cdot p^2,$$

其中 $n = 2,3,\cdots; m = 1,2,\cdots,n-1$.于是,$X$ 的边缘分布律为

$$P\{X = m\} = \sum_{n=m+1}^{\infty} P\{X = m, Y = n\} = \sum_{n=m+1}^{\infty} p^2 \cdot q^{n-2} = p^2 \cdot \frac{q^{m-1}}{1-q} = pq^{m-1},$$

$$m = 1,2,\cdots,$$

Y 的边缘分布律为

$$P\{Y=n\}=\sum_{m=1}^{n-1}P\{X=m,Y=n\}=\sum_{m=1}^{n-1}p^2q^{n-2}=(n-1)p^2q^{n-2},\quad n=2,3,\cdots.$$

设 $n\geqslant 2$ 为正整数,此时 $P\{Y=n\}>0$,在 $Y=n$ 条件下随机变量 X 的条件分布律为

$$P\{X=m\mid Y=n\}=\frac{P\{X=m,Y=n\}}{P\{Y=n\}}=\frac{1}{n-1},\quad m=1,2,\cdots,n-1.$$

设 $m\geqslant 1$ 为正整数,此时 $P\{X=m\}>0$,在 $X=m$ 条件下随机变量 Y 的条件分布律为

$$P\{Y=n\mid X=m\}=\frac{P\{X=m,Y=n\}}{P\{X=m\}}=pq^{n-m-1},\quad n=m+1,m+2,\cdots.$$

例 3.12　设某班车起点站上车人数 X 服从参数为 $\lambda(\lambda>0)$ 的泊松分布,每位乘客在中途下车的概率为 $p(0<p<1)$,且中途下车与否相互独立.以 Y 表示在中途下车的人数,求:

(1) 在发车时有 n 个乘客的条件下,中途有 m 个人下车的概率;

(2) 二维随机变量 (X,Y) 的概率分布.

解:(1) 由题意,在 $X=n$ 条件下 Y 的条件分布为二项分布,所以

$$P\{Y=m\mid X=n\}=\mathrm{C}_n^m p^m(1-p)^{n-m},\quad m=0,1,\cdots,n;n=0,1,2,\cdots.$$

(2) 由 X 服从参数为 λ 的泊松分布及问题(1)得

$$P\{X=n,Y=m\}=P\{Y=m\mid X=n\}P\{X=n\}$$
$$=\mathrm{C}_n^m p^m(1-p)^{n-m}\cdot\frac{\lambda^n}{n!}\mathrm{e}^{-\lambda},\quad n=0,1,2,\cdots;m=0,1,\cdots,n.$$

3.3.2　连续型随机变量的条件密度函数

设 (X,Y) 是二维连续型随机变量,由于 $P\{Y=y\}=0$,所以依照前面的方法定义 $P\{X\leqslant x\mid Y=y\}$ 无意义,我们不能像二维离散型随机变量那样定义连续型随机变量的条件密度函数.下面直接给出连续型随机变量的条件密度函数的定义.

定义 3.8　设 (X,Y) 是二维连续型随机变量,联合密度函数为 $f(x,y)$,X 和 Y 的边缘密度函数分别为 $f_X(x)$ 和 $f_Y(y)$.若对给定的 $y,f_Y(y)\neq 0$,则称

$$f_{X|Y}(x\mid y)=\frac{f(x,y)}{f_Y(y)} \tag{3.10}$$

为在条件 $Y=y$ 下 X 的**条件密度函数**;类似地,若对给定的 $x,f_X(x)\neq 0$,则称

$$f_{Y|X}(y\mid x)=\frac{f(x,y)}{f_X(x)} \tag{3.11}$$

为在条件 $X=x$ 下 Y 的**条件密度函数**.

由条件密度函数的定义,不难看出条件密度函数具有以下性质:

(1) 对任意的 x,有 $f_{X|Y}(x\mid y)\geqslant 0$.

(2) $\int_{-\infty}^{+\infty}f_{X|Y}(x\mid y)\mathrm{d}x=1$.

注:条件密度函数 $f_{Y|X}(y\mid x)$ 也有类似的性质,且由定义 3.8 的(1)和(2)可知,条件密度函数 $f_{X|Y}(x\mid y)$ 和 $f_{Y|X}(y\mid x)$ 是密度函数.

例 3.13　设随机变量 (X,Y) 的概率密度为

$$f(x,y)=\begin{cases}1 & \text{当}\mid y\mid<x,0<x<1\\0 & \text{其他}\end{cases}.$$

试求:(1) $f_X(x),f_Y(y)$;(2) $f_{X|Y}(x\mid y),f_{Y|X}(y\mid x)$.

解：(1) 由式(3.6)，$f_X(x) = \int_{-\infty}^{\infty} f(x,y)\mathrm{d}y = \begin{cases} \int_{-x}^{x} \mathrm{d}y = 2x & \text{当}\ 0 < x < 1 \\ 0 & \text{其他} \end{cases}$.

同理，由式(3.7)，有

$$f_Y(y) = \int_{-\infty}^{\infty} f(x,y)\mathrm{d}x = \begin{cases} \int_{y}^{1} \mathrm{d}x = 1-y & \text{当}\ 0 \leqslant y < 1 \\ \int_{-y}^{1} \mathrm{d}x = 1+y & \text{当} -1 \leqslant y < 0 \\ 0 & \text{其他} \end{cases}$$

$$= \begin{cases} 1-|y| & \text{当}\ |y| < 1 \\ 0 & \text{其他} \end{cases}.$$

(2) 当 $|y| < 1$ 时，$f_Y(y) \neq 0$，此时

$$f_{X|Y}(x \mid y) = \frac{f(x,y)}{f_Y(y)} = \begin{cases} \dfrac{1}{1-|y|} & \text{当}\ |y| < x < 1 \\ 0 & \text{其他} \end{cases}.$$

当 $0 < x < 1$ 时，$f_X(x) \neq 0$

$$f_{Y|X}(y \mid x) = \frac{f(x,y)}{f_X(x)} = \begin{cases} \dfrac{1}{2x} & \text{当} -x < y < x \\ 0 & \text{其他} \end{cases}.$$

例 3.14 设二维随机变量 $(X,Y) \sim N(\mu_1, \mu_2, \sigma_1^2, \sigma_2^2, r)$. 则 (X,Y) 的联合密度函数为

$$f(x,y) = \frac{1}{2\pi\sigma_1\sigma_2\sqrt{1-r^2}} \cdot$$

$$\exp\left\{-\frac{1}{2(1-r^2)}\left[\frac{(x-\mu_1)^2}{\sigma_1^2} - \frac{2r(x-\mu_1)(y-\mu_2)}{\sigma_1\sigma_2} + \frac{(y-\mu_2)^2}{\sigma_2^2}\right]\right\}.$$

又随机变量 Y 的边缘密度函数为

$$f_Y(y) = \frac{1}{\sqrt{2\pi}\sigma_2}\exp\left[-\frac{(y-\mu_2)^2}{2\sigma_2^2}\right], \quad -\infty < y < +\infty,$$

因此，对任意的 y，在条件 $Y = y$ 下 X 的条件密度函数为

$$f_{X|Y}(x \mid y) = \frac{f(x,y)}{f_Y(y)}$$

$$= \frac{1}{\sqrt{2\pi}\sqrt{\sigma_1^2(1-r^2)}} \cdot$$

$$\exp\left(-\frac{1}{2\sigma_1^2(1-r^2)}\left\{x - \left[\mu_1 + r\frac{\sigma_1}{\sigma_2}(y-\mu_2)\right]\right\}^2\right), \quad \forall x \in \mathbf{R}.$$

因此，在条件 $Y = y$ 下 X 的条件分布为 $N\left(\mu_1 + r\dfrac{\sigma_1}{\sigma_2}(y-\mu_2), \sigma_1^2(1-r^2)\right)$. 同理，在条件 $X = x$ 下 Y 的条件分布也是一维正态分布.

例 3.15 设随机变量 X 服从区间 $(0,1)$ 上的均匀分布，当 $0 < x < 1$ 时，随机变量 Y 在 $X = x$ 的条件下服从区间 $(x,1)$ 上的均匀分布. 试求随机变量 Y 的密度函数.

解：随机变量 X 的密度函数为

$$f_X(x) = \begin{cases} 1 & \text{当 } 0 < x < 1 \\ 0 & \text{其他} \end{cases}.$$

又由题设知,当 $0 < x < 1$ 时,随机变量 Y 在条件 $X = x$ 下的条件密函数为

$$f_{Y|X}(y \mid x) = \begin{cases} \dfrac{1}{1-x} & \text{当 } x < y < 1 \\ 0 & \text{其他} \end{cases}.$$

所以,由公式 $f_{Y|X}(y \mid x) = \dfrac{f(x,y)}{f_X(x)}$ 得

$$f(x,y) = f_X(x) f_{Y|X}(y \mid x) = \begin{cases} \dfrac{1}{1-x} & \text{当 } 0 < x < y < 1 \\ 0 & \text{其他} \end{cases}.$$

于是,随机变量 Y 的密度函数为

$$f_Y(y) = \int_{-\infty}^{+\infty} f(x,y)\mathrm{d}x = \begin{cases} \displaystyle\int_0^y \dfrac{1}{1-x}\mathrm{d}x = -\ln(1-y) & \text{当 } 0 < y < 1 \\ 0 & \text{其他} \end{cases}.$$

§3.4　随机变量的独立性

我们在第一章中曾经讨论过事件的独立性,本节进一步讨论随机变量的独立性及其性质.

3.4.1　随机变量独立性的定义

定义 3.9　设 (X,Y) 是二维随机变量,其联合分布函数为 $F(x,y)$,又随机变量 X 的分布函数为 $F_X(x)$,随机变量 Y 的分布函数为 $F_Y(y)$. 如果对于任意的 (x,y) 有

$$F(x,y) = F_X(x) \cdot F_Y(y), \tag{3.12}$$

则称 X 与 Y 是**相互独立的随机变量**.

注:

(1) 由上定义可知,随机变量 X 与 Y 相互独立 $\Leftrightarrow$ 对于任意的 $(x,y) \in \mathbf{R}^2$,事件 $\{X \leqslant x\}$ 与事件 $\{Y \leqslant y\}$ 相互独立.

(2) 在独立性条件下有 $F(x,y) = F_X(x) \cdot F_Y(y)$,即二维随机变量 (X,Y) 的联合分布函数 $F(x,y)$ 可由其边缘分布函数 $F_X(x)$ 与 $F_Y(y)$ 唯一确定.

例 3.16　设二维随机变量 (X,Y) 的联合分布函数为

$$F(x,y) = \frac{1}{\pi^2}\left(\frac{\pi}{2} + \arctan\frac{x}{5}\right)\left(\frac{\pi}{2} + \arctan\frac{y}{10}\right), \quad x,y \in \mathbf{R}.$$

试判断 X 与 Y 是否相互独立.

解: X 的边缘分布函数为

$$F_X(x) = \lim_{y \to \infty} \frac{1}{\pi^2}\left(\frac{\pi}{2} + \arctan\frac{x}{5}\right)\left(\frac{\pi}{2} + \arctan\frac{y}{10}\right) = \frac{1}{\pi}\left(\frac{\pi}{2} + \arctan\frac{x}{5}\right), \quad x \in \mathbf{R}.$$

Y 的边缘分布函数为

$$F_Y(y) = \lim_{x \to \infty} \frac{1}{\pi^2}\left(\frac{\pi}{2} + \arctan\frac{x}{5}\right)\left(\frac{\pi}{2} + \arctan\frac{y}{10}\right) = \frac{1}{\pi}\left(\frac{\pi}{2} + \arctan\frac{y}{10}\right), \quad y \in \mathbf{R}.$$

所以,对于任意的实数 x,y 有

$$F(x,y) = \frac{1}{\pi^2}\left(\frac{\pi}{2} + \arctan\frac{x}{5}\right)\left(\frac{\pi}{2} + \arctan\frac{y}{10}\right)$$

$$= \frac{1}{\pi}\left(\frac{\pi}{2} + \arctan\frac{x}{5}\right)\frac{1}{\pi}\left(\frac{\pi}{2} + \arctan\frac{y}{10}\right)$$

$$= F_X(x) \cdot F_Y(y).$$

即得 X,Y 是相互独立的随机变量.

3.4.2　离散型随机变量的独立性

对离散型随机变量,一般直接根据分布律来判断独立性,我们不难证明下面的性质(读者自证).

性质 3.6　设 (X,Y) 是二维离散型随机变量,其联合分布律为
$$p_{ij} = P\{X = x_i, Y = y_j\}, \quad i,j = 1,2,\cdots.$$
随机变量 X 的分布律为
$$p_{i.} = P\{X = x_i\}, \quad i = 1,2,\cdots;$$
随机变量 Y 的分布律为
$$p_{.j} = P\{Y = y_j\}, \quad j = 1,2,\cdots.$$
则 X 和 Y 相互独立的充分必要条件为对于任意 (i,j) 下式成立
$$p_{ij} = p_{i.}p_{.j}. \tag{3.13}$$

例 3.17　设二维离散型随机变量 (X,Y) 的联合分布律为

X \ Y	1	2	3
1	$\frac{1}{6}$	$\frac{1}{9}$	$\frac{1}{18}$
2	$\frac{1}{3}$	α	β

试确定常数 α,β 使得随机变量 X 与 Y 相互独立.

解:首先根据 (X,Y) 的联合分布律求得 X 与 Y 的边缘分布律如下表.

Y \ X	1	2	3	$p_{i.}$
1	$\frac{1}{6}$	$\frac{1}{9}$	$\frac{1}{18}$	$\frac{1}{3}$
2	$\frac{1}{3}$	α	β	$\frac{1}{3} + \alpha + \beta$
$p_{.j}$	$\frac{1}{2}$	$\frac{1}{9} + \alpha$	$\frac{1}{18} + \beta$	

由性质 3.6,如果随机变量 X 与 Y 相互独立,则有

$$\frac{1}{9} = P\{X=1, Y=2\} = P\{X=1\}P\{Y=2\} = \frac{1}{3} \cdot \left(\frac{1}{9}+\alpha\right),$$

于是 $\alpha = \frac{2}{9}$;

同理,由

$$\frac{1}{18} = P\{X=1, Y=3\} = P\{X=1\}P\{Y=3\} = \frac{1}{3} \cdot \left(\frac{1}{18}+\beta\right),$$

可得 $\beta = \frac{1}{9}$.

当 $\alpha = \frac{2}{9}, \beta = \frac{1}{9}$ 时,X 和 Y 的联合分布律及边缘分布律如下:

X \ Y	1	2	3	$p_{i.}$
1	$\frac{1}{6}$	$\frac{1}{9}$	$\frac{1}{18}$	$\frac{1}{3}$
2	$\frac{1}{3}$	$\frac{2}{9}$	$\frac{1}{9}$	$\frac{2}{3}$
$p_{.j}$	$\frac{1}{2}$	$\frac{1}{3}$	$\frac{1}{6}$	

可以验证,此时有

$$p_{ij} = p_{i.}p_{.j}, \quad \forall i \in \{1,2\}, \forall j \in \{1,2,3\},$$

因此,当 $\alpha = \frac{2}{9}, \beta = \frac{1}{9}$ 时,X 与 Y 相互独立.

3.4.3　连续型随机变量的独立性

对连续型随机变量,一般直接根据密度函数来判断独立性.

性质 3.7　设 (X,Y) 是二维连续型随机变量,其联合密度函数为 $f(x,y)$,随机变量 X 的边缘密度函数为 $f_X(x)$,Y 的边缘密度函数为 $f_Y(y)$.则 X 与 Y 相互独立当且仅当对几乎所有的 $(x,y) \in \mathbf{R}^2$ 有

$$f(x,y) = f_X(x)f_Y(y). \tag{3.14}$$

性质 3.7 的证明超出了本书范围,这里不予证明. 我们仅在这里对性质 3.7 做两点说明:

(1) 性质中的"对几乎所有的 $(x,y) \in \mathbf{R}^2$ 有式(3.14)成立"是指集合

$$\{(x,y) \mid f(x,y) \neq f_X(x)f_Y(y)\}$$

在某个意义下的"面积"(称为**二维 Lebesgue 测度**)为 0.

(2) 设 $f(x,y)$ 在 (x_0, y_0) 处连续,$f_X(x)$ 在 x_0 处连续,$f_Y(y)$ 在 y_0 处连续,若 X 与 Y 相互独立,则一定有

$$f(x_0, y_0) = f_X(x_0)f_Y(y_0).$$

例 3.18　设二维随机变量 (X,Y) 的密度函数为

$$f(x,y) = \begin{cases} x^2 + \frac{1}{3}xy & \text{当 } 0 \leqslant x \leqslant 1, 0 \leqslant y \leqslant 2 \\ 0 & \text{其他} \end{cases}$$

试判断随机变量 X 与 Y 是否相互独立.

解：首先计算 X 和 Y 的边缘密度函数. 当 $0 \leqslant x \leqslant 1$ 时，

$$f_X(x) = \int_{-\infty}^{+\infty} f(x,y)\mathrm{d}y = \int_0^2 \left(x^2 + \frac{1}{3}xy\right)\mathrm{d}y = 2x^2 + \frac{2}{3}x.$$

当 $x < 0$ 或 $x > 1$ 时 $f_X(x) = 0$，所以 X 的密度函数为

$$f_X(x) = \begin{cases} 2x^2 + \dfrac{2}{3}x & \text{当 } 0 \leqslant x \leqslant 1 \\ 0 & \text{其他} \end{cases}.$$

当 $0 \leqslant y \leqslant 2$ 时，

$$f_Y(y) = \int_{-\infty}^{+\infty} f(x,y)\mathrm{d}x = \int_0^1 \left(x^2 + \frac{1}{3}xy\right)\mathrm{d}x = \frac{1}{3} + \frac{1}{6}y.$$

当 $y < 0$ 或 $y > 2$ 时，$f_Y(y) = 0$，所以 Y 的密度函数为

$$f_Y(y) = \begin{cases} \dfrac{1}{3} + \dfrac{1}{6}y & \text{当 } 0 \leqslant y \leqslant 2 \\ 0 & \text{其他} \end{cases}.$$

由于，当 $0 < x < 1, 0 < y < 2$ 时，

$$f(x,y) \neq f_X(x)f_Y(y),$$

所以，随机变量 X 与 Y 不独立.

例 3.19 甲、乙两人约定在某地相会，假定每人到达时间是相互独立的，且均服从中午 12:00 到下午 1:00 的均匀分布. 试求先到者需等待 10 min 以内的概率.

解：设甲于 12 时 X 分到达，乙于 12 时 Y 分到达. 由题意知 X 和 Y 都服从区间 $[0,60]$ 上的均匀分布，所以 X 和 Y 的密度函数分别为

$$f_X(x) = \frac{1}{60}, \quad 0 \leqslant x \leqslant 60,$$

和

$$f_Y(y) = \frac{1}{60}, \quad 0 \leqslant y \leqslant 60.$$

又由随机变量 X 与 Y 相互独立，故 (X,Y) 的联合密度函数为

$$f(x,y) = f_X(x) \cdot f_Y(y) = \begin{cases} \dfrac{1}{3\,600} & \text{当 } 0 \leqslant x \leqslant 60, 0 \leqslant y \leqslant 60 \\ 0 & \text{其他} \end{cases}.$$

设 A 为事件"先到者等待时间不超过 10min"，则 $A = \{|X-Y| \leqslant 10\}$. 于是所求概率为

$$P(A) = P\{|X-Y| \leqslant 10\} = \iint\limits_{|x-y| \leqslant 10} f(x,y)\mathrm{d}x\mathrm{d}y = \frac{3\,600 - 50 \times 50}{3\,600} = \frac{11}{36}.$$

例 3.20 设二维随机变量 $(X,Y) \sim N(\mu_1, \mu_2, \sigma_1^2, \sigma_2^2, r)$，则 (X,Y) 的联合密度为

$$f(x,y) = \frac{1}{2\pi\sigma_1\sigma_2\sqrt{1-r^2}} \cdot$$

$$\exp\left\{-\frac{1}{2(1-r^2)}\left[\frac{(x-\mu_1)^2}{\sigma_1^2} - \frac{2r(x-\mu_1)(y-\mu_2)}{\sigma_1\sigma_2} + \frac{(y-\mu_2)^2}{\sigma_2^2}\right]\right\}.$$

又随机变量 X 的边缘密度函数为

$$f_X(x) = \frac{1}{\sqrt{2\pi}\,\sigma_1}\exp\left[-\frac{(x-\mu_1)^2}{2\sigma_1^2}\right],\quad -\infty < x < +\infty;$$

Y 的边缘密度函数为

$$f_Y(y) = \frac{1}{\sqrt{2\pi}\,\sigma_2}\exp\left[-\frac{(y-\mu_2)^2}{2\sigma_2^2}\right],\quad -\infty < y < +\infty.$$

所以,当 $r=0$ 时 (X,Y) 的联合密度函数

$$f(x,y) = \frac{1}{2\pi\sigma_1\sigma_2}\exp\left\{-\frac{1}{2}\left[\frac{(x-\mu_1)^2}{\sigma_1^2}+\frac{(y-\mu_2)^2}{\sigma_2^2}\right]\right\} = f_X(x)\cdot f_Y(y).$$

这表明当 $r=0$ 时随机变量 X 与 Y 相互独立.

反之,如果随机变量 X 与 Y 相互独立,由 $f(x,y),f_X(x)$ 及 $f_Y(y)$ 都是连续函数,故对任意的实数 x,y 有

$$f(x,y) = f_X(x)\cdot f_Y(y),$$

特别地,取 $x=\mu_1,y=\mu_2$ 有

$$f(\mu_1,\mu_2) = f_X(\mu_1)\cdot f_Y(\mu_2),$$

即

$$\frac{1}{2\pi\sigma_1\sigma_2\sqrt{1-r^2}} = \frac{1}{\sqrt{2\pi}\,\sigma_1}\cdot\frac{1}{\sqrt{2\pi}\,\sigma_2},$$

故 $r=0$.

注:由上例可知,若 $(X,Y)\sim N(\mu_1,\mu_2,\sigma_1^2,\sigma_2^2,r)$,则 X 与 Y 相互独立当且仅当 $r=0$.

3.4.4　n 维随机变量的独立性

我们简单介绍 n 维随机变量的独立性.

定义 3.10　设 $(X_1,X_2,\cdots,X_n)$ 是 n 维随机变量,$F(x_1,x_2,\cdots,x_n)$ 为其联合分布函数,随机变量 X_i 的边缘分布函数为 $F_{X_i}(x_i),i=1,2,\cdots,n$. 若

$$F(x_1,x_2,\cdots,x_n) = F_{X_1}(x_1)F_{X_2}(x_2)\cdots F_{X_n}(x_n),\quad \forall\,(x_1,x_2,\cdots,x_n)\in \mathbf{R}^n$$

成立,则称 $X_1,X_2,\cdots,X_n$ 是**相互独立的**随机变量.

最后我们不加证明地给出独立随机变量的一个非常重要的性质.

性质 3.8　设随机变量 $X_1,X_2,\cdots,X_n$ 相互独立,$f_1(x),f_2(x),\cdots,f_n(x)$ 是定义在 $\mathbf{R}$ 上的 n 个连续函数,则 $f_1(X_1),f_2(X_2),\cdots,f_n(X_n)$ 相互独立.

§3.5　多维随机变量函数的分布

在本节将讨论多维随机变量函数的分布. 我们首先从离散型的情况开始.

3.5.1　多维离散型随机变量函数的分布

注意到离散型随机变量的函数依然是离散型随机变量,因此这种情况相对比较简单,这里

仅通过求解离散型随机变量函数的分布律的两个例子,揭示求解其分布的方法.

例 3.21 设二维离散型随机变量 X,Y 的联合分布律为

X \ Y	0	1
1	$\frac{1}{4}$	0
2	$\frac{1}{8}$	$\frac{5}{8}$

令 $Z = \max\{X,Y\}$,试求随机变量 Z 的分布律.

解: 由 X 与 Y 的取值知,$Z = \max\{X,Y\}$ 的取值为 $1,2$. 下面直接计算 Z 取这两个值的概率.

$$P\{Z=1\} = P\{(X=1,Y=0) \bigcup (X=1,Y=1)\} = \frac{1}{4};$$

$$P\{Z=2\} = P\{(X=2,Y=0) \bigcup (X=2,Y=1)\} = \frac{1}{8} + \frac{5}{8} = \frac{3}{4}.$$

由此得 $Z = \max\{X,Y\}$ 的分布律如下:

Z	1	2
P	$\frac{1}{4}$	$\frac{3}{4}$

例 3.22 设随机变量 X 与 Y 相互独立,且分别服从参数为 λ_1 和 λ_2 的 Poisson 分布,令 $Z = X+Y$,试求随机变量 Z 的分布律.

解: 由随机变量 X 与 Y 的取值都是 $0,1,2,\cdots$,可知随机变量 $Z = X+Y$ 的取值也是 $0,1,2,\cdots$. 下面来求 Z 的分布律. 由 X 与 Y 相互独立可知

$$P\{Z=n\} = P\{X+Y=n\} = P\left\{\bigcup_{k=0}^{n} (X=k,Y=n-k)\right\}$$

$$= \sum_{k=0}^{n} P\{X=k,Y=n-k\} = \sum_{k=0}^{n} P\{X=k\} \cdot P\{Y=n-k\}$$

$$= \sum_{k=0}^{n} \frac{\lambda_1^k}{k!}e^{-\lambda_1} \cdot \frac{\lambda_2^{n-k}}{(n-k)!}e^{-\lambda_2} = e^{-(\lambda_1+\lambda_2)} \sum_{k=0}^{n} \frac{1}{k!(n-k)!}\lambda_1^k \cdot \lambda_2^{n-k}$$

$$= \frac{e^{-(\lambda_1+\lambda_2)}}{n!} \sum_{k=0}^{n} \frac{n!}{k!(n-k)!}\lambda_1^k \cdot \lambda_2^{n-k} = \frac{e^{-(\lambda_1+\lambda_2)}}{n!} \sum_{k=0}^{n} C_n^k \cdot \lambda_1^k \cdot \lambda_2^{n-k}$$

$$= \frac{e^{-(\lambda_1+\lambda_2)}}{n!} (\lambda_1+\lambda_2)^n,$$

即

$$P\{Z=n\} = \frac{(\lambda_1+\lambda_2)^n}{n!}e^{-(\lambda_1+\lambda_2)}, \quad n = 0,1,2,\cdots.$$

注: 上例表明,若随机变量 X 与 Y 相互独立,且分别服从参数为 λ_1 和 λ_2 的 Poisson 分布,则

$Z = X + Y$ 服从参数为 $\lambda_1 + \lambda_2$ 的 Poisson 分布.

3.5.2　多维连续型随机变量函数的分布

多维连续型随机变量的函数不一定是连续型随机变量. 我们首先在一般情形下利用定义考察多维随机变量函数的分布,然后给出了 3 种特殊情形下的多维随机变量函数的分布,分别是和、商以及极值的分布.

1. 一般情形

设 $g(x,y)$ 是一个二元连续函数,二维随机变量 (X,Y) 的联合密度函数为 $f(x,y)$. 下面考虑随机变量 $Z = g(X,Y)$ 的分布问题. 根据定义,可求得随机变量 $Z = g(X,Y)$ 的分布函数为 $F_Z(z) = P\{Z \leqslant z\} = P\{g(X,Y) \leqslant z\}$,若 Z 为连续型随机变量,可进一步对分布函数 $F_Z(z)$ 求导,求出 Z 的密度函数 $f_Z(z) = F_Z'(z)$.

例 3.23　设随机变量 X 与 Y 相互独立,且 $X \sim N(0,1)$,$Y \sim N(0,1)$,试求随机变量 $Z = \sqrt{X^2 + Y^2}$ 的密度函数.

解: 由 $X \sim N(0,1)$,$Y \sim N(0,1)$ 知,X 和 Y 的密度函数分别为

$$f_X(x) = \frac{1}{\sqrt{2\pi}} e^{-\frac{x^2}{2}}, \quad x \in \mathbf{R}$$

和

$$f_Y(y) = \frac{1}{\sqrt{2\pi}} e^{-\frac{y^2}{2}}, \quad y \in \mathbf{R}.$$

又由于 X 与 Y 相互独立,可得 (X,Y) 的联合密度函数为

$$f(x,y) = \frac{1}{2\pi} e^{-\frac{x^2+y^2}{2}}, \quad (x,y) \in \mathbf{R}^2.$$

下面求 $Z = \sqrt{X^2 + Y^2}$ 的分布函数,依定义

$$F_Z(z) = P\{Z \leqslant z\} = P\{\sqrt{X^2 + Y^2} \leqslant z\}.$$

当 $z \leqslant 0$ 时,$F_Z(z) = 0$;当 $z > 0$ 时,

$$F_Z(z) = P\{\sqrt{X^2 + Y^2} \leqslant z\} = \iint\limits_{\sqrt{x^2+y^2} \leqslant z} f(x,y)\mathrm{d}x\mathrm{d}y$$

$$= \frac{1}{2\pi} \iint\limits_{\sqrt{x^2+y^2} \leqslant z} e^{-\frac{x^2+y^2}{2}}\mathrm{d}x\mathrm{d}y.$$

作极坐标变换 $x = r\cos\theta, y = r\sin\theta$,则有

$$F_Z(z) = \frac{1}{2\pi}\int_0^{2\pi}\mathrm{d}\theta\int_0^z e^{-\frac{r^2}{2}} r\mathrm{d}r = \int_0^z e^{-\frac{r^2}{2}} r\mathrm{d}r.$$

综上可得 Z 的分布函数为

$$F_Z(z) = \begin{cases} \int_0^z e^{-\frac{r^2}{2}} r\mathrm{d}r & \text{当 } z > 0 \\ 0 & \text{当 } z \leqslant 0 \end{cases}.$$

所以,$Z = \sqrt{X^2 + Y^2}$ 的密度函数为

$$f_Z(z) = \begin{cases} z\mathrm{e}^{-\frac{z^2}{2}} & \text{当 } z > 0 \\ 0 & \text{当 } z \leqslant 0 \end{cases}.$$

2. 连续型随机变量和的分布

设 X, Y 是二维连续型随机变量,其联合密度函数为 $f(x, y)$. 令 $Z = X + Y$,下面讨论随机变量 $Z = X + Y$ 的密度函数 $f_Z(z)$.

依定义,$Z = X + Y$ 的分布函数为

$$\begin{aligned} F_Z(z) = P\{Z \leqslant z\} &= P\{X + Y \leqslant z\} \\ &= \iint\limits_{x+y \leqslant z} f(x, y)\mathrm{d}x\mathrm{d}y = \int_{-\infty}^{+\infty}\mathrm{d}x\int_{-\infty}^{z-x} f(x, y)\mathrm{d}y. \end{aligned}$$

对内层积分做变元替换,令 $y = u - x$,则有

$$F_Z(z) = \int_{-\infty}^{+\infty}\mathrm{d}x\int_{-\infty}^{z} f(x, u-x)\mathrm{d}u = \int_{-\infty}^{z}\mathrm{d}u\int_{-\infty}^{+\infty} f(x, u-x)\mathrm{d}x. \tag{3.15}$$

根据式(3.15),由连续型随机变量及密度函数的定义可知,$Z = X + Y$ 为连续型随机变量,且密度函数为

$$f_Z(z) = \int_{-\infty}^{+\infty} f(x, z-x)\mathrm{d}x. \tag{3.16}$$

由于 X, Y 的对称性,Z 的密度函数也可由式(3.17)计算

$$f_Z(z) = \int_{-\infty}^{+\infty} f(z-y, y)\mathrm{d}y. \tag{3.17}$$

特别地,如果随机变量 X 与 Y 相互独立,则有

$$f(x, y) = f_X(x)f_Y(y).$$

于是由式(3.16)和式(3.17)得

$$f_Z(z) = \int_{-\infty}^{+\infty} f_X(x)f_Y(z-x)\mathrm{d}x = \int_{-\infty}^{+\infty} f_X(z-y)f_Y(y)\mathrm{d}y. \tag{3.18}$$

上式称为函数 $f_X(x)$ 与 $f_Y(y)$ 的**卷积**,记作

$$f_X(x) * f_Y(y).$$

因此,若随机变量 X 与 Y 相互独立,则它们的和 $Z = X + Y$ 的密度函数等于 X 与 Y 密度函数的卷积

$$f_Z(z) = f_X(x) * f_Y(y). \tag{3.19}$$

例 3.24 设随机变量 X 与 Y 相互独立,都服从区间 $(0, 1)$ 上的均匀分布. 令 $Z = X + Y$,试求随机变量 Z 的密度函数.

解:由题意知 X 与 Y 的密度函数分别为

$$f_X(x) = \begin{cases} 1 & \text{当 } 0 < x < 1 \\ 0 & \text{其他} \end{cases}; \quad f_Y(y) = \begin{cases} 1 & \text{当 } 0 < y < 1 \\ 0 & \text{其他} \end{cases}.$$

再由 X 与 Y 相互独立,故 $Z = X + Y$ 的密度函数为

$$f_Z(z) = \int_{-\infty}^{+\infty} f_X(x)f_Y(z-x)\mathrm{d}x = \begin{cases} 0 & \text{当 } z \leqslant 0 \text{ 或 } z \geqslant 2 \\ \int_0^z 1\mathrm{d}x = z & \text{当 } 0 < z \leqslant 1 \\ \int_{z-1}^1 1\mathrm{d}x = 2 - z & \text{当 } 1 < z < 2 \end{cases}.$$

综上所述,$Z = X + Y$ 的密度函数为

$$f_Z(z) = \begin{cases} z & \text{当 } 0 < z \leqslant 1 \\ 2 - z & \text{当 } 1 < z < 2. \\ 0 & \text{其他} \end{cases}$$

例 3.25 设随机变量 X 与 Y 相互独立,$X \sim N(0,1)$,$Y \sim N(0,1)$. 令 $Z = X + Y$,试求随机变量 Z 的密度函数.

解: 由题意,可知 X 与 Y 的密度函数为

$$f_X(x) = f_Y(x) = \frac{1}{\sqrt{2\pi}} e^{-\frac{x^2}{2}}, \quad x \in \mathbf{R}.$$

设随机变量 $Z = X + Y$ 的密度函数为 $f_Z(z)$,则有

$$f_Z(z) = \int_{-\infty}^{+\infty} f_X(x) f_Y(z - x) \mathrm{d}x = \frac{1}{2\pi} \int_{-\infty}^{+\infty} e^{-\frac{x^2}{2}} e^{-\frac{(z-x)^2}{2}} \mathrm{d}x.$$

将 e 上的指数看作 x 的二次函数并配方,得

$$f_Z(z) = \frac{1}{\sqrt{2\pi}} e^{-\frac{z^2}{4}} \int_{-\infty}^{+\infty} \frac{1}{\sqrt{2\pi}} e^{-\left(x - \frac{z}{2}\right)^2} \mathrm{d}x.$$

作积分变换 $\frac{u}{\sqrt{2}} = x - \frac{z}{2}$,则有 $\frac{\mathrm{d}u}{\sqrt{2}} = \mathrm{d}x$,代入上式,得 Z 的密度函数为

$$f_Z(z) = \frac{1}{\sqrt{2\pi}\sqrt{2}} \exp\left[-\frac{z^2}{2 \cdot (\sqrt{2})^2}\right] \int_{-\infty}^{+\infty} \frac{1}{\sqrt{2\pi}} e^{-\frac{u^2}{2}} \mathrm{d}u = \frac{1}{\sqrt{2\pi}\sqrt{2}} \exp\left[-\frac{z^2}{2 \cdot (\sqrt{2})^2}\right].$$

注:

(1) 上例表明 X 与 Y 相互独立且 $X \sim N(0,1)$,$Y \sim N(0,1)$,则 $X + Y \sim N(0,2)$.

(2) 更一般地,若随机变量 $X_1, X_2, \cdots, X_n$ 相互独立,且

$$X_i \sim N(\mu_i, \sigma_i^2), \quad i = 1, 2, \cdots, n.$$

又 $a_1, a_2, \cdots, a_n$ 为 n 个实常数,令 $Z = \sum_{i=1}^{n} a_i X_i$,则

$$Z \sim N\left(\sum_{i=1}^{n} a_i \mu_i, \sum_{i=1}^{n} a_i^2 \sigma_i^2\right).$$

3. 商和乘积的分布

下面来讨论 X 和 Y 的商及乘积的分布.

性质 3.9 设 (X, Y) 是二维连续型随机变量,其联合密度函数为 $f(x, y)$.

(1) 令 $Z = \dfrac{Y}{X}$,则其概率密度为

$$f_Z(z) = \int_{-\infty}^{+\infty} |x| f(x, xz) \mathrm{d}x.$$

(2) 令 $Z = XY$,则其概率密度为

$$f_Z(z) = \int_{-\infty}^{+\infty} \frac{1}{|x|} f\left(x, \frac{z}{x}\right) \mathrm{d}x.$$

证明: 这里只证明结论 (1). 计算 $Z = \dfrac{Y}{X}$ 的分布函数得

$$F_Z(z) = P\{Z \leqslant z\} = P\left\{\frac{Y}{X} \leqslant z\right\} = \iint\limits_{G_1 \cup G_2} f(x,y)\mathrm{d}x\mathrm{d}y$$

$$= \iint\limits_{\frac{y}{x} \leqslant z, x<0} f(x,y)\mathrm{d}y\mathrm{d}x + \iint\limits_{\frac{y}{x} \leqslant z, x>0} f(x,y)\mathrm{d}y\mathrm{d}x$$

$$= \int_{-\infty}^{0}\left[\int_{zx}^{\infty} f(x,y)\mathrm{d}y\right]\mathrm{d}x + \int_{0}^{\infty}\left[\int_{-\infty}^{zx} f(x,y)\mathrm{d}y\right]\mathrm{d}x$$

$$\xlongequal{\diamondsuit y=xu} \int_{-\infty}^{0}\left[\int_{z}^{-\infty} xf(x,xu)\mathrm{d}u\right]\mathrm{d}x + \int_{0}^{\infty}\left[\int_{-\infty}^{z} xf(x,xu)\mathrm{d}u\right]\mathrm{d}x$$

$$= \int_{-\infty}^{0}\left[\int_{-\infty}^{z} (-x)f(x,xu)\mathrm{d}u\right]\mathrm{d}x + \int_{0}^{\infty}\left[\int_{-\infty}^{z} xf(x,xu)\mathrm{d}u\right]\mathrm{d}x$$

$$= \int_{-\infty}^{\infty}\left[\int_{-\infty}^{z} |x| f(x,xu)\mathrm{d}u\right]\mathrm{d}x = \int_{-\infty}^{z}\left[\int_{-\infty}^{\infty} |x| f(x,xu)\mathrm{d}x\right]\mathrm{d}u.$$

由连续型随机变量及密度函数的定义可知,$Z = \dfrac{Y}{X}$ 是连续型随机变量且密度函数为

$$f_Z(z) = \int_{-\infty}^{+\infty} |x| f(x,xz)\mathrm{d}x.$$

4. 极值分布

设 $X_1, X_2, \cdots, X_n$ 是相互独立的随机变量,其中 X_i 的分布函数记为 $F_i(x)$. 记:

$$X_{(1)} = \min\{X_1, X_2, \cdots, X_n\};$$
$$X_{(n)} = \max\{X_1, X_2, \cdots, X_n\}.$$

$X_{(1)}$ 和 $X_{(n)}$ 分别被称为 $X_1, X_2, \cdots, X_n$ 的最小顺序统计量和最大顺序统计量. 下面我们来求 $X_{(1)}$ 和 $X_{(n)}$ 的分布.

记随机变量 $X_{(n)}$ 的分布函数为 $F_{(n)}(x)$,随机变量 $X_{(1)}$ 的分布函数为 $F_{(1)}(x)$. 则由事件 $\{\max\{X_1, X_2, \cdots, X_n\} \leqslant x\}$ 和事件 $\{X_1 \leqslant x, X_2 \leqslant x, \cdots, X_n \leqslant x\}$ 相等,以及 $X_1, X_2, \cdots, X_n$ 相互独立,有

$$\begin{aligned} F_{(n)}(x) &= P\{X_{(n)} \leqslant x\} \\ &= P\{\max\{X_1, X_2, \cdots, X_n\} \leqslant x\} \\ &= P\{X_1 \leqslant x, X_2 \leqslant x, \cdots, X_n \leqslant x\} \\ &= P\{X_1 \leqslant x\}P\{X_2 \leqslant x\}\cdots P\{X_n \leqslant x\} \\ &= \prod_{i=1}^{n} F_i(x). \end{aligned}$$

类似地,有

$$\begin{aligned} F_{(1)}(x) &= P\{X_{(1)} \leqslant x\} = P\{\min\{X_1, X_2, \cdots, X_n\} \leqslant x\} \\ &= 1 - P\{\min\{X_1, X_2, \cdots, X_n\} > x\} \\ &= 1 - P\{X_1 > x, X_2 > x, \cdots, X_n > x\} \\ &= 1 - P\{X_1 > x\}P\{X_2 > x\}\cdots P\{X_n > x\} \\ &= 1 - (1 - P\{X_1 \leqslant x\})(1 - P\{X_2 \leqslant x\})\cdots(1 - P\{X_n \leqslant x\}) \\ &= 1 - \prod_{i=1}^{n} (1 - F_i(x)). \end{aligned}$$

进一步,若 $X_1, X_2, \cdots, X_n$ 是相互独立的连续型随机变量,密度函数分别为 $f_i(x)$,记 $X_{(1)}$ 的密度函数为 $f_{(1)}(x)$,$X_{(n)}$ 的密度函数为 $f_{(n)}(x)$,则

$$f_{(1)}(x) = \frac{\mathrm{d}}{\mathrm{d}x}[F_{(1)}(x)] = \sum_{i=1}^{n} f_i(x) \prod_{j=1, j \neq i}^{n} [1 - F_j(x)], \tag{3.20}$$

及

$$f_{(n)}(x) = \frac{\mathrm{d}}{\mathrm{d}x}[F_{(n)}(x)] = \sum_{i=1}^{n} f_i(x) \prod_{j=1, j \neq i}^{n} F_j(x). \tag{3.21}$$

例 3.26 设某系统 L 由 n 个相互独立的子系统 $L_1, L_2, \cdots, L_n$ 并联而成,并且 L_i 的寿命为 X_i,它们都服从参数为 $\lambda = \dfrac{1}{\theta}$ 的指数分布,试求系统的寿命 Z 的密度函数.

解: 由于 L 是由相互独立的子系统 $L_1, L_2, \cdots, L_n$ 并联而成,故 L 的寿命 Z 满足

$$Z = \max\{X_1, X_2, \cdots, X_n\}.$$

又因为对任意 $i \in \{1, 2, \cdots, n\}$,子系统 L_i 的寿命服从参数为 λ 的指数分布,因此其密度函数为

$$f(x) = \begin{cases} \lambda \mathrm{e}^{-\lambda x} & \text{当 } x > 0 \\ 0 & \text{当 } x \leqslant 0 \end{cases};$$

分布函数为

$$F(x) = \begin{cases} 1 - \mathrm{e}^{-\lambda x} & \text{当 } x > 0 \\ 0 & \text{当 } x \leqslant 0 \end{cases}.$$

故由式(3.21)知,Z 的概率密度为

$$f_Z(z) = \frac{\mathrm{d}}{\mathrm{d}x}[F_{(n)}(x)] = \sum_{i=1}^{n} f_i(x) \prod_{j=1, j \neq i}^{n} F_j(x) = n f(x)[F(x)]^{n-1}$$

$$= \begin{cases} n(1 - \mathrm{e}^{-\lambda x})^{n-1} \lambda \mathrm{e}^{-\lambda x} & \text{当 } x > 0 \\ 0 & \text{当 } x \leqslant 0 \end{cases}.$$

习 题

1. 假设盒中有 6 个球(2 红,2 白,2 黑),从中有放回地取 3 次,记:
$$X_1 = \text{取到的红球数};$$
$$X_2 = \text{取到的白球数}.$$
试求 (X_1, X_2) 的联合分布律.

2. 假设离散型随机变量 (X, Y) 的联合分布律如下:

X \ Y	0	1	2	3
0	0.1	0.1	0.2	0.1
1	0.1	0	0.05	0.1
2	0.1	0.05	0.1	m

(1)试确定表中的常数 m;

(2)计算 X 和 Y 的边缘分布律;

(3) 计算事件 $\{X \geqslant 1\}$ 的概率；

(4) 计算概率 $P\{X \geqslant Y\}$.

3. 设 (X, Y) 服从区域 $D = \{(x, y) \mid x^2 + y^2 \leqslant 2\}$ 上的均匀分布.

(1) 写出 (X, Y) 的联合密度函数；

(2) 写出 X 和 Y 的边缘密度函数；

(3) 求概率 $P\{X \geqslant 1\}$.

4. 假设二维连续型随机变量 (X, Y) 的联合密度为

$$f(x, y) = \begin{cases} c(x^2 + y^2) & \text{当 } 0 \leqslant y \leqslant 1 - x^2 \\ 0 & \text{其他} \end{cases}.$$

(1) 确定常数 c；

(2) 计算概率 $P\left\{0 \leqslant X \leqslant \dfrac{1}{2}\right\}$；

(3) 计算概率 $P\{Y = X^2\}$.

5. 假设二维离散型随机变量 (X, Y) 的分布律如下：

$$p_{ij} = P(X = i, Y = j) = \begin{cases} \dfrac{1}{30}(i + j) & \text{当 } i = 0, 1, 2, j = 0, 1, 2, 3 \\ 0 & \text{其他} \end{cases}.$$

(1) 求 X 和 Y 的边缘分布律；

(2) 判断 X 和 Y 是否相互独立.

6. 假设二维连续型随机变量 (X, Y) 的密度函数为

$$f(x, y) = \begin{cases} \dfrac{3}{2} y^2 & \text{当 } 0 \leqslant x \leqslant 2, 0 \leqslant y \leqslant 1 \\ 0 & \text{其他} \end{cases}.$$

(1) 确定 X 和 Y 的边缘密度函数；

(2) 判断事件 $\{X < 1\}$ 和 $\left\{Y \geqslant \dfrac{1}{2}\right\}$ 是否相互独立；

(3) 判断 X 和 Y 是否相互独立.

7. 假设二维连续型随机变量 (X, Y) 的密度函数为

$$f(x, y) = \begin{cases} 2x \mathrm{e}^{-y} & \text{当 } 0 \leqslant x \leqslant 1, 0 < y < \infty \\ 0 & \text{其他} \end{cases}.$$

(1) 确定 X 和 Y 的边缘密度函数；

(2) 判断 X 和 Y 是否相互独立.

8. 假设二维连续型随机变量 (X, Y) 的密度函数为

$$f(x, y) = \begin{cases} 24xy & \text{当 } x \geqslant 0, y \geqslant 0 \text{ 且 } x + y \leqslant 1 \\ 0 & \text{其他} \end{cases}.$$

(1) 确定 X 和 Y 的边缘密度函数；

(2) 判断 X 和 Y 是否相互独立.

9. 设 (X, Y) 服从 D 上的均匀分布, 其中

$$D = \{(x, y) \mid (x - 1)^2 + (y + 2)^2 \leqslant 9\}.$$

(1) 求条件密度 $f_{X|Y}(x \mid y), f_{Y|X}(y \mid x)$；

（2）求条件概率 $P\{y \geqslant -2 \mid x \leqslant 1\}$.

10. 设二维连续型随机变量 (X,Y) 的密度函数为

$$f(x,y) = \begin{cases} c(x + y^2) & \text{当 } 0 \leqslant x \leqslant 1, 0 \leqslant y \leqslant 1 \\ 0 & \text{其他} \end{cases}.$$

（1）求常数 c;

（2）求条件密度 $f_{X|Y}(x \mid y), f_{Y|X}(y \mid x)$.

11. 已知 $X \sim N(2,3^2), Y \sim N(-2,4^2)$, 且 X 与 Y 相互独立.

（1）求 $X + Y$ 的分布;

（2）求 $P\{X + Y > 5\}$.

12. 假设二维连续型随机变量 (X,Y) 的密度函数为

$$f(x,y) = \begin{cases} 2(x + y) & \text{当 } 0 \leqslant x \leqslant y \leqslant 1 \\ 0 & \text{其他} \end{cases}.$$

求 $Z = X + Y$ 的密度函数.

13. 假设随机变量 X 和 Y 独立, 有相同的密度函数

$$f(x) = \begin{cases} \mathrm{e}^{-x} & \text{当 } x > 0 \\ 0 & \text{其他} \end{cases}.$$

求 $Z = X - 2Y$ 的密度函数.

14. 假设二维连续型随机变量 (X,Y) 的密度函数为

$$f(x,y) = \begin{cases} x + y & \text{当 } 0 \leqslant x \leqslant 1, 0 \leqslant y \leqslant 1 \\ 0 & \text{其他} \end{cases}.$$

（1）求 XY 的密度函数;

（2）求 X/Y 的密度函数.

15. 假设随机变量 $X_1, X_2, \cdots, X_n$ 相互独立且都服从区间 $[0,1]$ 上的均匀分布, 记 $X_{(n)} = \max\{X_1, X_2, \cdots, X_n\}$. 试找出最小的正整数 n 使得

$$P\{X_{(n)} \geqslant 0.99\} \geqslant 0.95.$$

第4章　随机变量的数字特征

随机变量的分布函数对随机变量的概率性质进行了最完整的刻画,包含了随机变量的全部信息.但在很多情况下,人们并不需要获得一个随机变量的全部信息,只需要了解它的部分信息.另外,有时随机变量的全部概率特性并不能很好地说明问题,而是需要某些更集中、更概括地反映随机变量特征的量.这就是随机变量的数字特征.例如,在评价某地区粮食产量的水平时,通常只要知道该地区粮食的平均产量.此外,所有重要的分布都会含有参数,这些参数都与随机变量的数字特征有着密切的关系,所以只要知道分布的类型,就能通过数字特征确定分布函数.

本章主要讨论随机变量的常用数字特征,包括数学期望、方差、协方差、相关系数、矩.

§4.1　数 学 期 望

在随机变量的数字特征中,最重要的是数学期望和方差.首先我们来看离散型随机变量的数学期望.

定义 4.1　设 X 是离散型随机变量,其概率分布为 $P\{X = x_i\} = p_i, i = 1,2,3,\cdots$,当 $\sum_{i=1}^{\infty} |x_i| p_i < \infty$ 时,称 $\sum_{i=1}^{\infty} x_i p_i$ 为随机变量 X 的**数学期望**(又称均值),记作 $E(X) = \sum_{i=1}^{\infty} x_i p_i$.

在上述定义中,数学期望定义为 $E(X) = \sum_{i=1}^{\infty} x_i p_i$,那么只要 $\sum_{i=1}^{\infty} x_i p_i$ 收敛就可以,为什么还要有绝对收敛的条件呢?这是因为,离散型随机变量可依某种次序一一列举,对于同一离散型随机变量,它的取值列举次序可以不同,但当改变次序时,数学期望不应该改变.这就是说改变 $\sum_{i=1}^{\infty} x_i p_i$ 的求和次序,其收敛性及和不应改变,所以必须要求 $\sum_{i=1}^{\infty} x_i p_i$ 绝对收敛.

关于定义的几点说明:

(1) $E(X)$ 是一个实数,而非变量,它是一种加权平均,与一般的算术平均值不同,它从本质上体现了随机变量 X 取可能值的真正平均值,也称均值.

(2)级数的绝对收敛性保证了级数的和不随级数列举次序的改变而改变,之所以这样要求,是因为数学期望是反映随机变量 X 可能取值的平均值,它不应随可能取值排列次序的改变而改变.

(3)数学期望的统计意义,就是对随机变量进行长期观测所得数据的平均数.因而数学期望只对长期或大量观测才有意义.

例 4.1　设随机变量 X 取值为 $x_k = (-1)^k \dfrac{2^k}{k}, k = 1,2,3,\cdots$,其对应的概率为 $p_i = P\{X =$

$x_i\} = \dfrac{1}{2^k}, k = 1, 2, 3, \cdots$. 判断随机变量 X 是否存在数学期望.

解:因为随机变量 X 对应的概率为

$$p_k = P\{X = x_k\} = \frac{1}{2^k}, \quad k = 1, 2, 3, \cdots.$$

所以

$$\sum_{k=1}^{\infty} x_k p_k = \sum_{k=1}^{\infty} (-1)^k \frac{2^k}{k} \cdot \frac{1}{2^k} = \sum_{k=1}^{\infty} (-1)^k \frac{1}{k} = -\ln 2.$$

但由于 $\displaystyle\sum_{k=1}^{\infty} \mid x_k \mid p_k = \sum_{k=1}^{\infty} \frac{1}{k} = \infty$, 故随机变量 X 的数学期望 $E(X)$ 不存在.

例 4.2　设随机变量 X 服从参数为 λ 的泊松分布, 其概率分布为 $P\{X = k\} = \dfrac{\lambda^k}{k!} \mathrm{e}^{-\lambda}, k = 0, 1, 2, 3, \cdots$, 求随机变量 X 的数学期望.

解:随机变量 X 的数学期望为

$$E(X) = \sum_{k=0}^{\infty} k \frac{\lambda^k}{k!} \mathrm{e}^{-\lambda} = \lambda \mathrm{e}^{-\lambda} \sum_{k=1}^{\infty} \frac{\lambda^{k-1}}{(k-1)!} = \lambda \mathrm{e}^{-\lambda} \mathrm{e}^{\lambda} = \lambda.$$

至此, 我们有了离散型随机变量数学期望的定义, 那么, 连续型随机变量的数学期望应该如何定义呢? 连续型随机变量的取值充满整个区间, 且取每一特定值的概率为 0, 因此不能直接利用上述定义求其数学期望. 但可将连续型随机变量离散化, 再由离散型随机变量数学期望的定义自然地导出连续型随机变量的数学期望的定义.

设 X 是连续型随机变量, 其密度函数为 $f(x)$, 在数轴上取很密的分点 $x_0 < x_1 < x_2 < \cdots$, 则 X 落在小区间 $[x_i, x_{i+1})$ 的概率是

$$P\{x_i \leqslant X < x_{i+1}\} = \int_{x_i}^{x_{i+1}} f(x)\mathrm{d}x \approx f(x_i)(x_{i+1} - x_i) = f(x_i)\Delta x_i.$$

由于 x_i 与 x_{i+1} 很接近, 所以区间 $[x_i, x_{i+1})$ 中的值可以用 x_i 来近似代替. 因此, X 与以概率 $f(x_i)\Delta x_i$ 取值 x_i 的离散型随机变量近似, 该离散型随机变量的数学期望是 $\displaystyle\sum_i x_i f(x_i)\Delta x_i$, 这正是 $\displaystyle\int_{-\infty}^{\infty} x f(x)\mathrm{d}x$ 的渐近和式. 由此启发引入如下定义:

定义 4.2　设 X 是连续型随机变量, 其密度函数为 $f(x)$, 如果 $\displaystyle\int_{-\infty}^{\infty} x f(x)\mathrm{d}x$ 绝对收敛, 定义 X 的数学期望为 $E(X) = \displaystyle\int_{-\infty}^{\infty} x f(x)\mathrm{d}x$.

例 4.3　柯西(Cauchy)分布的密度函数为 $f(x) = \dfrac{1}{\pi(1 + x^2)}, -\infty < x < +\infty$, 判断它的数学期望是否存在?

解:由于

$$\int_{-\infty}^{+\infty} \mid x \mid f(x)\mathrm{d}x = \int_{-\infty}^{+\infty} \mid x \mid \frac{1}{\pi(1 + x^2)}\mathrm{d}x = 2\int_{0}^{+\infty} \frac{x}{\pi(1 + x^2)}\mathrm{d}x$$

$$= \frac{1}{\pi}\ln(1 + x^2)\Big|_{0}^{+\infty} = +\infty,$$

所以它的数学期望不存在.

例 4.4 设随机变量 X 的概率密度为 $f(x) = \begin{cases} \dfrac{1}{5}\mathrm{e}^{-\frac{x}{5}} & \text{当 } x > 0 \\ 0 & \text{当 } x \leqslant 0 \end{cases}$，求 X 的数学期望 $E(X)$.

解: $E(X) = \displaystyle\int_{-\infty}^{\infty} x f(x)\mathrm{d}x = \int_{0}^{\infty} x\,\frac{1}{5}\mathrm{e}^{-\frac{x}{5}}\mathrm{d}x = 5.$

例 4.5 对 N 个人进行验血,有两种方案:(1) 对每个人的血样逐个化验,共需 N 次化验;(2) 将采集到的每个人的血样分成两份,然后取其中的一份,按 k 个人一组混合后进行化验(设 N 是 k 的倍数),若呈阴性,则认为 k 个人的血样都呈阴性,这时 k 个人的血样只需化验一次;如果混合血液呈阳性,则需对 k 个人的另一份血样进行逐一化验,这时 k 个人的血样要化验 $k+1$ 次;假设每个人的血液呈阳性的概率都是 p,且各次化验结果是相互独立的. 试证明适当选取 k 可使第二种方案减少化验次数.

解: 设 X 表示第二种方案下的总化验次数,X_i 表示第 i 组的化验次数,则 $X = \displaystyle\sum_{i=1}^{\frac{N}{k}} X_i$,$E(X) = \displaystyle\sum_{i=1}^{\frac{N}{k}} E(X_i)$,$E(X)$ 表示第二种方案下总的平均化验次数,$E(X_i)$ 表示第 i 组的平均化验次数. X_i 只可能取两个值:1 或 $k+1$,且 $P\{X_i = 1\} = q^k$,$P\{X_i = k+1\} = 1-q^k$,其中 $q = 1-p$,则 $E(X_i) = q^k + (k+1)(1-q^k) = k+1-kq^k$,所以 $E(X) = \dfrac{N}{k}(k+1-kq^k)$.

只要选择 k,使 $1+1/k-q^k < 1$,就可使第二种方案化验次数小于第一种方案的化验次数;当 q 已知时,选择 k,使 $f(k) = 1+1/k-q^k$ 取最小值,就可使化验次数最少.

例如,当 $p = 0.1$,$q = 0.9$ 时,可证明 $k = 4$ 可使最小;这时,$E(X) = N(1+1/4-0.9^4) = 0.593\,9N$,工作量将减少 40%.

下面给出随机变量函数的数学期望.

设 X 是一随机变量,$g(x)$ 为一实函数,则 $Y = g(X)$ 也是一随机变量. 理论上,虽然可通过 X 的分布求出 $g(X)$ 的分布,再按定义求出 $g(X)$ 的数学期望 $E[g(X)]$. 但这种求法一般比较复杂. 下面引入有关计算随机变量函数的数学期望的定理.

定理 4.1 设 X 是一个随机变量,$Y = g(X)$,且 $E(Y)$ 存在,则:

(1) 若 X 为离散型随机变量,其概率分布为 $P\{X = x_i\} = p_i$,$i = 1,2,3,\cdots$,则 Y 的数学期望为 $E(Y) = E[g(X)] = \displaystyle\sum_{i=1}^{\infty} g(x_i) p_i$;

(2) 若 X 为连续型随机变量,其概率密度为 $f(x)$,则 Y 的数学期望为

$$E(Y) = E[g(X)] = \int_{-\infty}^{\infty} g(x) f(x)\mathrm{d}x.$$

定理的重要性在于:求 $E[g(X)]$ 时,不必知道 $g(X)$ 的分布,只需知道 X 的分布即可. 这给求随机变量函数的数学期望带来很大方便. 下面我们只对连续型的特殊情况进行证明.

证明: 设是 X 连续型随机变量,且 $y = g(x)$ 满足处处可导且恒有 $g'(x) > 0$[或 $g'(x) < 0$],则 $Y = g(x)$ 的密度函数为

$$f_Y(y) = \begin{cases} f_X[h(y)] \mid h'(y) \mid & \text{当 } \alpha < y < \beta \\ 0 & \text{其他} \end{cases}.$$

所以

$$E(Y) = \int_{-\infty}^{+\infty} y f_Y(y) \mathrm{d}y = \int_a^\beta y f_X(h(y)) \mid h'(y) \mid \mathrm{d}y.$$

当 $g'(x) > 0$ 时,

$$E(Y) = \int_{-\infty}^{+\infty} y f_Y(y) = \int_a^\beta y f_X(h(y)) h'(y) \mathrm{d}y = \int_{-\infty}^{+\infty} g(x) f(x) \mathrm{d}x.$$

当 $g'(x) < 0$ 时,

$$E(Y) = \int_{-\infty}^{+\infty} y f_Y(y) = -\int_a^\beta y f_X(h(y)) h'(y) \mathrm{d}y = -\int_\infty^{-\infty} g(x) f(x) \mathrm{d}x = \int_{-\infty}^\infty g(x) f(x) \mathrm{d}x.$$

由以上两个式子,定理得证. 此定理可推广到二维以上的情形,即:

定理 4.2　设 (X,Y) 是二维随机向量,$Z = g(X,Y)$,且 $E(Z)$ 存在,则:

(1) 若 (X,Y) 为离散型随机向量,其概率分布为 $P\{X = x_i, Y = y_j\} = p_{ij}(i,j = 1,2,3,\cdots)$,则 Z 的数学期望为

$$E(Z) = E[g(X,Y)] = \sum_{j=1}^\infty \sum_{i=1}^\infty g(x_i, y_j) p_{ij}.$$

(2) 若 (X,Y) 为连续型随机向量,其概率密度为 $f(x,y)$ 则 Z 的数学期望为

$$E(Z) = E[g(X,Y)] = \int_{-\infty}^\infty \int_{-\infty}^\infty g(x,y) f(x,y) \mathrm{d}x.$$

现在我们给出数学期望的几个重要性质:

(1) 设 C 为常数,则 $E(C) = C$.

(2) 若 k 是常数,则 $E(kX) = kE(X)$.

(3) 设 X_1, X_2 是任意两个随机变量,则 $E(X_1 + X_2) = E(X_1) + E(X_2)$,即数学期望具有可加性. 一般地,若 $a_1, a_2, \cdots, a_n$ 及 C 为常数,$X_1, X_2, \cdots, X_n$ 为随机变量,则 $E\left(\sum_{i=1}^n a_i X_i + C\right) = \sum_{i=1}^n a_i E(X_i) + C$,这个性质称为数学期望的线性性质.

(4) 设 X,Y 是相互独立的随机变量,则 $E(XY) = E(X)E(Y)$. 一般地,若 $X_1, X_2, \cdots, X_n$ 相互独立,则 $E(X_1 X_2 \cdots X_n) = E(X_1)E(X_2)\cdots E(X_n)$.

关于性质的证明比较简单,由读者自行证明.

注:由 $E(XY) = E(X)E(Y)$ 不一定能推出 X,Y 相互独立.

例 4.6　设国际市场上每年对我国某种出口商品的需求量是随机变量 X(单位:t),$X \sim U[2\,000, 4\,000]$,每售出 $1\,\mathrm{t}$ 商品,可为国家挣得 3 万元外汇,但销售不出而囤积在仓库,则每吨商品需花费保养费 1 万元. 问需要准备多少货源,才能使国家收益最大.

解:设 y 为预备出口的该商品的数量,用 Z 表示国家的收益(单位:万元),$2\,000 \leqslant y \leqslant 4\,000$,则

$$Z = \begin{cases} 3y & \text{当 } X \geqslant y \\ 3X - (y - X) & \text{当 } X < y \end{cases};$$

$$z = g(x) = \begin{cases} 3y & \text{当 } x \geqslant y \\ 3x - (y - x) & \text{当 } x < y \end{cases}.$$

下面求 $E(Z)$,并求 y 使 $E(Z)$ 达到最大值.

$$E(Z) = \int_{-\infty}^{+\infty} g(x) f(x) \mathrm{d}x = \int_{2\,000}^{y} \frac{3x - (y - x)}{2\,000} \mathrm{d}x + \int_{y}^{4\,000} \frac{3y}{2\,000} \mathrm{d}x$$

$$= -\frac{1}{1\,000}(y^2 - 7\,000y + 4 \times 10^6)$$

$$= -\frac{1}{1\,000}\left[(y - 3\,500)^2 - 3\,500^2 + 4 \times 10^6\right]$$

$$= -\frac{1}{1\,000}(y - 3\,500)^2 + 8\,250,$$

所以 $y = 3\,500$ 时,$E(Z)$ 最大. 因此准备 $3\,500$ t 此种商品是最佳的决策.

例 4.7　设 (X,Y) 在区域 A 上服从均匀分布,其中 A 为 x 轴、y 轴和直线 $x + y + 1 = 0$ 围成的区域. 求 $E(X)$,$E(-3X + 4Y)$,$E(XY)$.

解: $f(x,y) = \begin{cases} 2 & \text{当} (x,y) \in A \\ 0 & \text{其他} \end{cases}$.

$$E(X) = \int_{-\infty}^{+\infty}\int_{-\infty}^{+\infty} xf(x,y)\mathrm{d}x\mathrm{d}y = \int_{-1}^{0} \mathrm{d}x \int_{-1-x}^{0} x \cdot 2\mathrm{d}y = -\frac{1}{3};$$

$$E(-3X + 4Y) = \int_{-\infty}^{+\infty}\int_{-\infty}^{\infty} (-3x + 4y)f(x,y)\mathrm{d}x\mathrm{d}y = \int_{-1}^{0} \mathrm{d}x \int_{-x-1}^{0} 2(-3x + 2y)\mathrm{d}y = \frac{1}{3};$$

$$E(XY) = \int_{-\infty}^{\infty}\int_{-\infty}^{\infty} xyf(x,y)\mathrm{d}x\mathrm{d}y = \int_{-1}^{0} \mathrm{d}x \int_{-1-x}^{0} x \cdot 2y\mathrm{d}y = \frac{1}{12}.$$

§4.2　方　　差

随机变量的数学期望是对随机变量取值水平的综合评价,而随机变量取值的稳定性是判断随机现象性质的另一个十分重要的指标. 这就是我们接下来要学习的方差.

设随机变量 X 的数学期望 $a = E(X)$. 试验中,X 的取值不一定恰好是 a,而会有所偏离,偏离的量 $X - a$ 本身也是随机的,所以,应该取这个偏离 $X - a$ 的某种具有代表性的数字特征来刻画该偏离,即散布程度的大小;但又不能取 $X - a$ 的数学期望,因为 $E(X - a) = 0$,正负偏离彼此抵消了. 一种解决的办法是取 $X - a$ 的绝对值 $|X - a|$,以消除符号,再取其数学期望 $E(|X - a|)$,作为随机变量 X 取值的散布程度的数字特征. 但是,由于绝对值在数学上处理不方便,人们就考虑了另外一种做法:先计算 $X - a$ 的平方值,以消去符号,然后取其数学期望得 $E(X - a)^2$,把它作为 X 取值散布程度的度量,这个量就是 X 的方差. 下面我们给出方差的严格数学定义.

定义 4.3　设 X 是一个随机变量,若 $E[X - E(X)]^2$ 存在,则称它为 X 的**方差**,记为 $D(X) = E[X - E(X)]^2$.

方差的算术平方根 $\sqrt{D(X)}$ 称为**标准差**或**均方差**,它与 X 具有相同的度量单位,在实际应用中经常使用. 方差刻画了随机变量 X 的取值与数学期望的偏离程度,它的大小可以衡量随机变量取值的稳定性. 从方差的定义易见:若 X 的取值比较集中,则方差较小;若 X 的取值比较分散,则方差较大.

若 X 是离散型随机变量,且其概率分布为 $P\{X = x_i\} = p_i, i = 1, 2, \cdots,$ 则

$$D(X) = \sum_{i=1}^{\infty} (x_i - EX)^2 p_i.$$

若 X 是连续型随机变量,且其概率密度为 $f(x)$,则

$$D(X) = \int_{-\infty}^{\infty} [x_i - E(X)]^2 f(x) \mathrm{d}x.$$

利用数学期望的性质,可以得到方差的一个简化公式:

$$D(X) = E(X^2) - [E(X)]^2.$$

证明:

$$\begin{aligned}
D(X) &= E[X - E(X)]^2 = E\{X^2 - 2XE(X) + [E(X)]^2\} \\
&= E(X^2) - 2E(X)E(X) + [E(X)]^2 \\
&= E(X^2) - [E(X)]^2.
\end{aligned}$$

方差之所以成为刻画散布度最重要的数字特征,原因之一就是它具有如下优良性质:

(1) 设 C 为常数,则 $D(C) = 0$.

(2) 若 X 是随机变量,C 是常数,则 $D(CX) = C^2 D(X)$.

(3) 设 X, Y 是两个随机变量,则

$$D(aX \pm bY) = a^2 D(X) + b^2 D(Y) \pm 2ab E\{[X - E(X)][Y - E(Y)]\};$$

特别地,若 X, Y 相互独立,则 $D(aX \pm bY) = a^2 D(X) + b^2 D(Y)$.

注:若 n 维随机变量 $X_1, X_2, \cdots, X_n$ 相互独立,则

$$D\left(\sum_{i=1}^{n} X_i\right) = \sum_{i=1}^{n} D(X_i), \quad D\left(\sum_{i=1}^{n} C_i X_i\right) = \sum_{i=1}^{n} C_i^2 D(X_i).$$

(4) $D(X) = 0$ 的充要条件是 X 以概率 1 取常数 $E(X)$,即 $P\{X = E(X)\} = 1$.

证明:(1) $D(C) = E[C - E(C)]^2 = 0$.

(2) $D(CX) = E\{[CX - E(CX)]^2\} = C^2 E\{[X - E(X)]^2\} = C^2 D(X)$.

(3) 只证明 $D(aX + bY) = a^2 D(X) + b^2 D(Y) + 2ab E\{[X - E(X)][Y - E(Y)]\}$.

$$\begin{aligned}
D(aX + bY) &= E\{[(aX + bY) - E(aX + bY)]^2\} \\
&= E(\{[aX - E(aX)] + [bY - E(bY)]\}^2) \\
&= E\{[aX - E(aX)]^2 + [bY - E(bY)]^2 + 2[aX - E(aX)][bY - E(bY)]\} \\
&= E\{[aX - E(aX)]^2\} + E\{[bY - E(bY)]^2\} + 2ab E\{[X - E(X)][Y - E(Y)]\} \\
&= a^2 D(X) + b^2 D(Y) + 2ab E\{[X - E(X)][Y - E(Y)]\}.
\end{aligned}$$

(4) 充分性. 设 $P\{X = E(X)\} = 1$,则有 $P\{X^2 = [E(X)]^2\} = 1$,因此

$$D(X) = E(X^2) - [E(X)]^2 = 0.$$

必要性的证明写在切比雪夫不等式证明的后面.

例 4.8 设随机变量 X 具有数学期望 $E(X) = \mu$,方差 $D(X) = \sigma^2 \neq 0$. 记 $X^* = \dfrac{X - \mu}{\sigma}$,则

$$E(X^*) = \frac{1}{\sigma} E(X - \mu) = \frac{1}{\sigma}[E(X) - \mu] = 0;$$

$$D(X^*) = E(X^{*2}) - [E(X^*)]^2 = E\left[\left(\frac{X - \mu}{\sigma}\right)^2\right] = \frac{1}{\sigma^2} E[(X - \mu)^2] = \frac{\sigma^2}{\sigma^2} = 1.$$

即 $X^* = \dfrac{X - \mu}{\sigma}$ 的数学期望为 0,方差为 1. X^* 称为 X 的**标准化变量**.

4.2.1 （0－1）分布

下面我们给出几种分布的期望和方差的计算.

例 4.9 设随机变量 $X \sim B(1,p)$ 分布,其概率分布为 $P\{X=0\}=1-p, P\{X=1\}=p$,则

$$E(X) = 0 \times (1-p) + 1 \times p = p,$$
$$E(X^2) = 0^2 \times (1-p) + 1^2 \times p = p,$$
$$D(X) = E(X^2) - [E(X)]^2 = p - p^2 = p(1-p).$$

4.2.2 泊松分布

例 4.10 设随机变量 X 服从参数为 λ 的泊松分布,其概率分布为

$$P\{X=k\} = \frac{\lambda^k}{k!}e^{-\lambda}, \quad k=0,1,2,\cdots,$$

则

$$E(X) = \sum_{k=0}^{\infty} k \frac{\lambda^k}{k!}e^{-\lambda} = \lambda e^{-\lambda} \sum_{k=1}^{\infty} \frac{\lambda^{k-1}}{(k-1)!} = \lambda e^{-\lambda}e^{\lambda} = \lambda,$$

$$E(X^2) = \sum_{k=0}^{\infty} k^2 \frac{\lambda^k}{k!}e^{-\lambda} = \sum_{k=0}^{\infty} k(k-1)\frac{\lambda^k}{k!}e^{-\lambda} + \sum_{k=0}^{\infty} k\frac{\lambda^k}{k!}e^{-\lambda}$$

$$= \lambda^2 e^{-\lambda} \sum_{k=2}^{\infty} \frac{\lambda^{k-2}}{(k-2)!} + \lambda = \lambda^2 e^{-\lambda} \cdot e^{\lambda} + \lambda = \lambda^2 + \lambda,$$

$$D(X) = E(X^2) - [E(X)]^2 = \lambda^2 + \lambda - \lambda^2 = \lambda.$$

4.2.3 二项分布

例 4.11 设 $X \sim B(n,p)$,则 X 可看作 n 个相互独立且都服从参数为 p 的两点分布的随机变量 $X_1, X_2, \cdots, X_n$ 之和,即 $X = X_1 + X_2 + \cdots + X_n$. 因 X_i 服从两点分布,

$$E(X_i) = p, \quad D(X_i) = p(1-p),$$

则

$$E(X) = E(X_1 + X_2 + \cdots + X_n) = E(X_1) + E(X_2) + \cdots + E(X_n) = n.$$

由于 $X_1, X_2, \cdots, X_n$ 相互独立,于是

$$D(X) = D(X_1 + X_2 + \cdots + X_n) = D(X_1) + D(X_2) + \cdots + D(X_n) = np(1-p).$$

4.2.4 均匀分布

例 4.12 若 $X \sim U(a,b)$,则其概率密度为

$$f(x) = \begin{cases} 1/(b-a) & \text{当 } a < x < b \\ 0 & \text{其他} \end{cases}.$$

则

$$E(X) = \int_{-\infty}^{\infty} xf(x)\mathrm{d}x = \int_a^b x\frac{1}{b-a}\mathrm{d}x = \frac{a+b}{2};$$

$$E(X^2) = \int_{-\infty}^{\infty} x^2 f(x)\mathrm{d}x = \int_a^b \frac{x^2}{b-a}\mathrm{d}x = \frac{a^2+ab+b^2}{3};$$

$$D(X) = E(X^2) - [E(X)]^2 = \frac{a^2+ab+b^2}{3} - \left(\frac{a+b}{2}\right)^2 = \frac{(b-a)^2}{12}.$$

4.2.5　指数分布

例 4.13　设随机变量 X 服从参数为 $\lambda(\lambda>0)$ 的指数分布,其概率密度为

$$f(x) = \begin{cases} \lambda e^{-\lambda x} & \text{当 } x>0 \\ 0 & \text{其他} \end{cases}.$$

则　$E(X) = \int_{-\infty}^{+\infty} x f(x) \mathrm{d}x = \int_0^{+\infty} x\lambda e^{-\lambda x} \mathrm{d}x = -xe^{-\lambda x}\Big|_0^{+\infty} + \int_0^{+\infty} e^{-\lambda x}\mathrm{d}x = -\frac{1}{\lambda}e^{-\lambda x}\Big|_0^{+\infty} = \frac{1}{\lambda}$;

$E(X^2) = \int_0^{+\infty} x^2 \cdot \lambda e^{-\lambda x}\mathrm{d}x = -\int_0^{+\infty} x^2 \mathrm{d}(e^{-\lambda x}) = -x^2 e^{-\lambda x}\Big|_0^{+\infty} + 2\int_0^{+\infty} x e^{-\lambda x}\mathrm{d}x = \frac{2}{\lambda^2}$;

$D(X) = E(X^2) - [E(X)]^2 = \frac{2}{\lambda^2} - \frac{1}{\lambda^2} = \frac{1}{\lambda^2}.$

4.2.6　正态分布

例 4.14　设随机变量 $X \sim N(\mu, \sigma^2)$,其概率密度为

$$f(x) = \frac{1}{\sqrt{2\pi}\,\sigma} e^{-\frac{(x-\mu)^2}{2\sigma^2}}, \quad -\infty < x < \infty.$$

则　$E(X) = \int_{-\infty}^{\infty} x \frac{1}{\sqrt{2\pi}\,\sigma} e^{-\frac{(x-\mu)^2}{2\sigma^2}}\mathrm{d}x = \frac{1}{\sqrt{2\pi}} \int_{-\infty}^{\infty} (\sigma t + \mu) e^{-\frac{t^2}{2}}\mathrm{d}t \quad \left(\frac{x-\mu}{\sigma} = t\right)$

$\qquad = \frac{\sigma}{\sqrt{2\pi}} \int_{-\infty}^{\infty} t e^{-\frac{t^2}{2}}\mathrm{d}t + \frac{\mu}{\sqrt{2\pi}} \int_{-\infty}^{\infty} e^{-\frac{t^2}{2}}\mathrm{d}t = \mu$;

$\quad D(X) = E(X-\mu)^2 = \int_{-\infty}^{\infty} (x-\mu)^2 \frac{1}{\sqrt{2\pi}\,\sigma} e^{-\frac{(x-\mu)^2}{2\sigma^2}}\mathrm{d}x \quad \left(\frac{x-\mu}{\sigma} = t\right)$

$\qquad = \int_{-\infty}^{\infty} \frac{\sigma^2 t^2}{\sqrt{2\pi}} e^{-\frac{t^2}{2}}\mathrm{d}t = \frac{\sigma^2}{\sqrt{2\pi}} \int_{-\infty}^{\infty} t^2 e^{-\frac{t^2}{2}}\mathrm{d}t = -\frac{\sigma^2}{\sqrt{2\pi}} \int_{-\infty}^{\infty} t\mathrm{d}e^{-\frac{t^2}{2}}$

$\qquad = -\frac{\sigma^2}{\sqrt{2\pi}} t e^{-\frac{t^2}{2}}\Big|_{-\infty}^{\infty} + \frac{\sigma^2}{\sqrt{2\pi}} \int_{-\infty}^{\infty} e^{-\frac{t^2}{2}}\mathrm{d}t = \sigma^2.$

注:服从正态分布的随机变量概率密度函数中的两个参数 μ 和 σ 分别是该随机变量的数学期望和均方差,因而服从正态分布的随机变量的分布完全可由其数学期望和方差所确定.

例 4.15　设活塞的直径(单位:cm)$X \sim N(22.40, 0.03^2)$,气缸的直径 $Y \sim N(22.50, 0.04^2)$,X,Y 相互独立,任取一只活塞,任取一只气缸,求活塞能装入气缸的概率.

解:按题意需求 $P\{X<Y\} = P\{X-Y<0\}$. 由于 $X-Y \sim N(-0.10, 0.002\,5)$,故有

$$P\{X<Y\} = P\{X-Y<0\} = P\left\{\frac{(X-Y)-(-0.10)}{\sqrt{0.002\,5}} < \frac{0-(-0.10)}{\sqrt{0.002\,5}}\right\}$$

$$= \Phi\left(\frac{0.10}{0.05}\right) = \Phi(2) = 0.977\,2.$$

下面介绍一个重要的不等式 —— 切比雪夫不等式.

定理 4.3　设随机变量 X 有期望 $E(X) = \mu$ 和方差 $D(X) = \sigma^2$,则对于任给 $\varepsilon>0$,有 $P\{|X-\mu|\geqslant\varepsilon\} \leqslant \frac{\sigma^2}{\varepsilon^2}$,称此不等式为**切比雪夫不等式**.

证明： 仅证明连续型情形，离散型完全类似．设 X 的概率密度函数为 $f(x)$，则

$$P\{|X-\mu|\geqslant\varepsilon\}=\int_{|x-\mu|\geqslant\varepsilon}f(x)\mathrm{d}x\leqslant\int_{|x-\mu|\geqslant\varepsilon}\frac{(x-\mu)^2}{\varepsilon^2}f(x)\mathrm{d}x$$

$$\leqslant\frac{1}{\varepsilon^2}\int_{-\infty}^{\infty}(x-\mu)^2f(x)\mathrm{d}x=\frac{1}{\varepsilon^2}D(X)=\frac{\sigma^2}{\varepsilon^2}.$$

注：

(1) 此结论等价于 $P\{|X-\mu|<\varepsilon\}\geqslant1-\dfrac{\sigma^2}{\varepsilon^2}$．

(2) 由切比雪夫不等式可以看出，σ^2 越小，事件 $\{|X-E(X)|<\varepsilon\}$ 的概率越大，即随机变量 X 集中在期望附近的可能性越大．由此可见，方差刻画了随机变量取值的离散程度．

(3) 当方差已知时，切比雪夫不等式给出了 X 与它期望的偏差不小于 ε 的概率的估计式．

对方差性质 4 必要性的证明：若 $DX=0$，证明 $P\{X=EX\}=1$．

证明： 假设 $P\{X=E(X)\}<1$，则对于某一个数 $\varepsilon>0$，有 $P\{|X=E(X)|\geqslant\varepsilon\}>0$，但由切比雪夫不等式，对于任意的 $\varepsilon>0$，有 $P\{|X-E(X)|\geqslant\varepsilon\}\leqslant\dfrac{D(X)}{\varepsilon^2}=0$，出现矛盾，故 $P\{X=E(X)\}=1$．

§4.3 协方差及相关系数

对于二维随机变量 (X,Y)，单个随机变量的数学期望和方差反映了各自的平均值与偏离程度，并没能反映出随机变量 X 与 Y 之间的关系．本节将要讨论的协方差是反映随机变量之间依赖关系的一个数字特征．

定义 4.4 设 (X,Y) 为二维随机向量，若 $E\{[X-E(X)][Y-E(Y)]\}$ 存在，则称其为随机变量 X 和 Y 的**协方差**，记为 $\mathrm{Cov}(X,Y)$，即 $\mathrm{Cov}(X,Y)=E\{[X-E(X)][Y-E(Y)]\}$．

按定义，若 (X,Y) 为离散型随机向量，其概率分布为

$$P\{X=x_i,Y=y_j\}=p_{ij},i,j=1,2,\cdots,$$

则

$$\mathrm{Cov}(X,Y)=\sum_{i,j}E\{[x_i-E(X)][y_j-E(Y)]\}.$$

若 (X,Y) 为连续型随机向量，其概率分布为 $f(x,y)$，则

$$\mathrm{Cov}(X,Y)=\int_{-\infty}^{+\infty}\int_{-\infty}^{+\infty}E\{[x-E(X)][(y-E(Y)]\}f(x,y)\mathrm{d}x\mathrm{d}y.$$

此外，利用数学期望的性质，易将协方差的计算化简．

$$\begin{aligned}\mathrm{Cov}(X,Y)&=E\{[X-E(X)][Y-E(Y)]\}\\&=E(XY)-E(X)E(Y)-E(Y)E(X)+E(X)E(Y)\\&=E(XY)-E(X)E(Y).\end{aligned}$$

特别地，当 X 与 Y 独立时，有 $\mathrm{Cov}(X,Y)=0$．

下面给出协方差的基本性质，这些性质的证明可由随机变量的数学期望性质及协方差的

定义得出,证明较容易,由读者自己证明.

(1) $\mathrm{Cov}(X,X) = D(X)$;

(2) $\mathrm{Cov}(X,Y) = \mathrm{Cov}(Y,X)$;

(3) $\mathrm{Cov}(aX,bY) = ab\mathrm{Cov}(X,Y)$,其中 a,b 是常数;

(4) $\mathrm{Cov}(C,X) = 0$,C 为任意常数;

(5) $\mathrm{Cov}(X_1 + X_2,Y) = \mathrm{Cov}(X_1,Y) + \mathrm{Cov}(X_2,Y)$;

(6) 若 X 与 Y 相互独立时,则 $\mathrm{Cov}(X,Y) = 0$;

(7) 随机变量和的方差与协方差的关系 $D(X+Y) = D(X) + D(Y) + 2\mathrm{Cov}(X,Y)$;

特别地,若 X 与 Y 相互独立时,则 $D(X+Y) = D(X) + D(Y)$.

下面给出相关系数的定义和性质.

定义 4.5　设 (X,Y) 为二维随机变量,$D(X) > 0$,$D(Y) > 0$,称 $\rho_{XY} = \dfrac{\mathrm{Cov}(X,Y)}{\sqrt{D(X)D(Y)}}$ 为

随机变量 X 和 Y 的**相关系数**. 有时也记 ρ_{XY} 为 ρ. 特别地,当 $\rho_{XY} = 0$ 时,称 X 与 Y **不相关**. 显然,当 X 和 Y 相互独立时,则 $\rho_{XY} = 0$.

下面给出相关系数的性质:

(1) $|\rho_{XY}| \leqslant 1$;

(2) 若 $D(X) > 0$,$D(Y) > 0$,则 $|\rho_{XY}| = 1$ 当且仅当存在常数 $a,b(a \neq 0)$,使 $P\{Y = a + bX\} = 1$.

证明: (1) 令 $e = E[Y - (a+bX)]^2 = E(Y^2) + b^2 E(X^2) + a^2 - 2aE(Y) - 2bE(XY) + 2abE(X)$,则

$$
\begin{cases}
\dfrac{\partial e}{\partial a} = 2a + 2bE(X) - 2E(Y) = 0 \\[2mm]
\dfrac{\partial e}{\partial b} = 2bE(X^2) - 2E(XY) + 2aE(X) = 0
\end{cases},
$$

解得

$$
a = E(Y) - bE(X); \quad b = \frac{E(XY) - E(X)E(Y)}{E(X^2) - [E(X)]^2},
$$

记为

$$
b_0 = \frac{\mathrm{Cov}(X,Y)}{D(X)};
$$

$$
a_0 = E(Y) - b_0 E(X) = E(Y) - E(X) \cdot \frac{\mathrm{Cov}(X,Y)}{D(X)}.
$$

因为

$$
\begin{cases}
\dfrac{\partial^2 e}{\partial a^2} = 2 > 0 \\[2mm]
\dfrac{\partial^2 e}{\partial b^2} = 2E(X^2) \geqslant 0
\end{cases},
$$

故 e 在 a_0,b_0 处取得最小值.

$$\min_{a,b} E[Y-(a+bX)]^2 = E[Y-(a_0+b_0X)]^2$$

$$= E\left[Y-E(Y)+E(X)\cdot\frac{\text{Cov}(X,Y)}{D(X)}-X\cdot\frac{\text{Cov}(X,Y)}{D(X)}\right]^2$$

$$= E\left\{[Y-E(Y)]-[X-E(X)]\cdot\frac{\text{Cov}(X,Y)}{D(X)}\right\}^2$$

$$= D(Y)+D(X)\cdot\frac{\text{Cov}^2(X,Y)}{[D(X)]^2}-2\text{Cov}(X,Y)\cdot\frac{\text{Cov}(X,Y)}{D(X)}$$

$$= D(Y)+\frac{\text{Cov}^2(X,Y)}{D(X)}-2\frac{\text{Cov}^2(X,Y)}{D(X)}$$

$$= D(Y)-\frac{\rho_{XY}^2\cdot D(X)\cdot D(Y)}{D(X)}=(1-\rho_{XY}^2)D(Y).$$

因为 $\min\limits_{a,b} E[Y-(a+bX)]^2=(1-\rho_{XY}^2)D(Y)\geqslant 0$，所以 $|\rho_{XY}|\leqslant 1$.

（2）先证必要性.

由于 $E[Y-(a_0+b_0X)]^2=0$，故

$$D[Y-(a_0+b_0X)]+\{E[Y-(a_0+b_0X)]\}^2=E[Y-(a_0+b_0X)]^2=0,$$

所以

$$D[Y-(a_0+b_0X)]=0,\quad E[Y-(a_0+b_0X)]=0;$$

由于 $\qquad\qquad DX=0\Leftrightarrow P\{X=c\}=1,c=E(X),$

所以 $P\{Y-a_0-b_0X=0\}=1$，即 $P\{Y=a_0+b_0X\}=1$.

再证充分性.

设存在 a^*,b^*，使得 $P\{Y=a^*+b^*X\}=1$，即 $P\{Y-(a^*+b^*X)=0\}=1$，所以

$$E[Y-(a^*+b^*X)]^2=0,$$

$$0=E[Y-(a^*+b^*X)]^2\geqslant\min_{a,b}E[Y-(a+bX)]^2\geqslant 0,$$

故 $(1-\rho_{XY}^2)D(Y)=0$，可得 $1-\rho_{XY}^2=0$，所以存在 a^*,b^*，使得 $P\{Y=a^*+b^*X\}=1$ 时，$|\rho_{XY}|=1$.

注：相关系数 ρ_{XY} 刻画了随机变量 Y 与 X 之间的"线性相关"程度. $|\rho_{XY}|$ 的值越接近 1，Y 与 X 的线性相关程度越高；$|\rho_{XY}|$ 的值越近于 0，Y 与 X 的线性相关程度越弱. 当 $|\rho_{XY}|=1$ 时，Y 的变化可完全由 X 的线性函数给出. 当 $\rho_{XY}=0$ 时，Y 与 X 之间不是线性关系.

设 $e=E[Y-(a+bX)]^2$，称为用 $a+bX$ 来近似 Y 的**均方误差**，则有下列结论.

设 $D(X)>0,D(Y)>0$，则 $a_0=E(Y)-E(X)\cdot\dfrac{\text{Cov}(X,Y)}{D(X)},b_0=\dfrac{\text{Cov}(X,Y)}{D(X)}$ 使均方误差达到最小. 可用均方误差 e 来衡量以 $a+bX$ 近似表示 Y 的好坏程度，e 值越小表示 $a+bX$ 与 Y 的近似程度越好，且知最佳的线性近似为 a_0+b_0X. 而其余均方误差 $e=D(Y)(1-\rho_{XY}^2)$. 从这个侧面也能说明，$|\rho_{XY}|$ 越接近 1，e 越小；$|\rho_{XY}|$ 越近于 0，e 越大，Y 与 X 的线性相关性越小.

例 4.16 设随机变量 X 和 Y 相互独立，都服从参数为 λ 的泊松分布，求随机变量 $U=$

$X + 2Y$ 和 $V = X - 2Y$ 的相关系数.

解:因 $E(X) = D(X) = \lambda, E(Y) = D(Y) = \lambda$,故

$$E(U) = E(X + 2Y) = E(X) + 2E(Y) = 3\lambda,$$
$$E(V) = E(X - 2Y) = E(X) - 2E(Y) = -\lambda,$$
$$E(X^2) = D(X) + [E(X)]^2 = \lambda + \lambda^2,$$
$$E(Y^2) = D(Y) + [E(Y)]^2 = \lambda + \lambda^2.$$

所以

$$E(UV) = E(X^2 - 4Y^2) = E(X^2) - 4E(Y^2) = -3\lambda - 3\lambda^2.$$

因此

$$\mathrm{Cov}(U,V) = E(UV) - E(U)E(V) = -3\lambda.$$

又

$$D(U) = D(X + 2Y) = D(X) + 4D(Y) = 5\lambda,$$
$$D(V) = D(X - 2Y) = D(X) + 4D(Y) = 5\lambda,$$

所以

$$\rho = \frac{\mathrm{Cov}(U,V)}{\sqrt{D(U)D(V)}} = -\frac{3}{5}.$$

例 4.17　设随机变量 X 和 Y 的方差都为 1,其相关系数为 0.25,求 $U = X + 2Y$ 与 $V = X - 2Y$ 的协方差.

解:因 $D(X) = D(Y) = 1, \rho_{XY} = 0.25$,故

$$\mathrm{Cov}(U,V) = \mathrm{Cov}(X + Y, X - 2Y)$$
$$= \mathrm{Cov}(X,X) - 2\mathrm{Cov}(X,Y) + \mathrm{Cov}(Y,X) - 2\mathrm{Cov}(Y,Y)$$
$$= D(X) - 2D(Y) - \mathrm{Cov}(X,Y)$$
$$= D(X) - 2D(Y) - \rho_{XY}\sqrt{D(X)} \cdot \sqrt{D(Y)}$$
$$= 1 - 2 - 0.25 = -1.25.$$

例 4.18　设连续型随机变量 (X,Y) 的密度函数为

$$f(x,y) = \begin{cases} 8xy & \text{当 } 0 \leqslant x \leqslant y \leqslant 1, \\ 0 & \text{其他} \end{cases},$$

求 $\mathrm{Cov}(X,Y)$ 和 $D(X+Y)$.

解:由 (X,Y) 的密度函数可求得其边缘密度函数分别为

$$f_X(x) = \begin{cases} 4x(1 - x^2) & \text{当 } 0 \leqslant x \leqslant 1 \\ 0 & \text{其他} \end{cases}, \quad f_Y(y) = \begin{cases} 4y^3 & \text{当 } 0 \leqslant y \leqslant 1 \\ 0 & \text{其他} \end{cases}.$$

于是

$$E(X) = \int_{-\infty}^{+\infty} x f_X(x)\,\mathrm{d}x = \int_0^1 x \cdot 4x(1 - x^2)\,\mathrm{d}x = 8/15;$$

$$E(Y) = \int_{-\infty}^{+\infty} y f_Y(y)\,\mathrm{d}y = \int_0^1 y \cdot 4y^3\,\mathrm{d}y = 4/5;$$

$$E(XY) = \int_{-\infty}^{+\infty}\int_{-\infty}^{+\infty} xy f(x,y)\,\mathrm{d}x\mathrm{d}y = \int_0^1 \mathrm{d}x \int_x^1 xy \cdot 8xy \cdot \mathrm{d}y = 4/9.$$

从而

$$\text{Cov}(X,Y) = E(XY) - E(X)E(Y) = 4/225.$$

又

$$E(X^2) = \int_{-\infty}^{+\infty} x^2 f_X(x)\mathrm{d}x = \int_0^1 x^2 \cdot 4x(1-x^2)\mathrm{d}x = 1/3;$$

$$E(Y^2) = \int_{-\infty}^{+\infty} y^2 f_Y(y)\mathrm{d}y = \int_0^1 y^2 \cdot 4y^3 \mathrm{d}y = 2/3,$$

所以

$$D(X) = E(X^2) - [E(X)]^2 = 11/225, \quad D(Y) = E(Y^2) - [E(Y)]^2 = 2/75.$$

故

$$D(X+Y) = D(X) + D(Y) + 2\text{Cov}(X,Y) = 1/9.$$

例 4.19 设二维随机变量(X,Y)在由x轴、y轴及直线$x+y-2=0$所围成的区域G上服从均匀分布,求X和Y的相关系数ρ_{XY}.

解:(X,Y)的概率密度为

$$f(x,y) = \begin{cases} 1/2 & \text{当}(x,y) \in G \\ 0 & \text{当}(x,y) \notin G \end{cases};$$

$$E(X) = \int_{-\infty}^{\infty}\int_{-\infty}^{\infty} xf(x,y)\mathrm{d}x\mathrm{d}y = \iint_G \frac{1}{2}x\mathrm{d}x\mathrm{d}y = \frac{1}{2}\int_0^2 \mathrm{d}x\int_0^{2-x}x\mathrm{d}y = \frac{2}{3};$$

$$E(X^2) = \int_{-\infty}^{\infty}\int_{-\infty}^{\infty} x^2 f(x,y)\mathrm{d}x\mathrm{d}y = \iint_G \frac{1}{2}x^2 \mathrm{d}x\mathrm{d}y = \frac{1}{2}\int_0^2 x^2\mathrm{d}x\int_0^{2-x}\mathrm{d}y = \frac{2}{3};$$

$$D(X) = E(X^2) - [E(X)]^2 = \frac{2}{3} - \left(\frac{2}{3}\right)^2 = \frac{2}{9}.$$

同理,

$$E(Y) = \frac{2}{3}, \quad E(Y^2) = \frac{2}{3}, \quad D(Y) = \frac{2}{9},$$

$$E(XY) = \int_{-\infty}^{\infty}\int_{-\infty}^{\infty} xyf(x,y)\mathrm{d}x\mathrm{d}y = \iint_G \frac{1}{2}xy\mathrm{d}x\mathrm{d}y = \frac{1}{2}\int_0^2 x\mathrm{d}x\int_0^{2-x}y\mathrm{d}y = \frac{1}{3}.$$

故

$$\text{Cov}(X,Y) = E(XY) - E(X)E(Y) = \frac{1}{3} - \frac{2}{3} \cdot \frac{2}{3} = -\frac{1}{9}.$$

从而

$$\rho_{XY} = \frac{\text{Cov}(X,Y)}{\sqrt{D(X)}\,\sqrt{D(Y)}} = -\frac{1}{2}.$$

例 4.20 已知$X \sim N(1,3^2)$,$Y \sim N(0,4^2)$,且X与Y的相关系数$\rho_{XY} = -\frac{1}{2}$.设$Z = \frac{X}{3} - \frac{Y}{2}$,求$D(Z)$及$\rho_{XZ}$.

解：因 $D(X) = 3^2, D(Y) = 4^2$，且

$$\text{Cov}(X,Y) = \sqrt{DX} \cdot \sqrt{DY} \cdot \rho_{XY} = 3 \times 4 \times \left(-\frac{1}{2}\right) = -6,$$

所以

$$D(Z) = D\left(\frac{X}{3} - \frac{Y}{2}\right) = \frac{1}{9}D(X) + \frac{1}{4}D(Y) - 2\text{Cov}\left(\frac{X}{3}, \frac{Y}{2}\right)$$

$$= \frac{1}{9}D(X) + \frac{1}{4}D(Y) - 2 \times \frac{1}{3} \times \frac{1}{2}\text{Cov}(X,Y) = 7.$$

又因为

$$\text{Cov}(X,Z) = \text{Cov}\left(X, \frac{X}{3} - \frac{Y}{2}\right) = \text{Cov}\left(X, \frac{X}{3}\right) - \text{Cov}\left(X, \frac{Y}{2}\right)$$

$$= \frac{1}{3}\text{Cov}(X,Y) - \frac{1}{2}\text{Cov}(X,Y)$$

$$= \frac{1}{3}D(X) - \frac{1}{2}\text{Cov}(X,Y) = 6,$$

故

$$\rho_{XZ} = \frac{\text{Cov}(X,Z)}{\sqrt{D(X)}\,\sqrt{D(Z)}} = \frac{6}{3 \times \sqrt{7}} = \frac{2\sqrt{7}}{7}.$$

例 4.21　若 $(X,Y) \sim N(\mu_1, \mu_2, \sigma_1^2, \sigma_1^2, \rho)$，证明 $\rho_{XY} = \rho$.

证明：由于 $(X,Y) \sim N(\mu_1, \mu_2, \sigma_1^2, \sigma_1^2, \rho)$，所以 (X,Y) 的联合密度函数为

$$f(x,y) = \frac{1}{2\pi\sigma_1\sigma_2\sqrt{1-\rho^2}} \cdot$$

$$\exp\left\{-\frac{1}{2(1-\rho^2)}\left[\frac{(x-\mu_1)^2}{\sigma_1^2} - \frac{2\rho(x-\mu_1)(y-\mu_2)}{\sigma_1\sigma_2} + \frac{(y-\mu_2)^2}{\sigma_2^2}\right]\right\}.$$

由随机变量边缘密度和联合密度函数的关系可知：

$$f_X(x) = \frac{1}{\sqrt{2\pi}\sigma_1}\exp\left[-\frac{(x-\mu_1)^2}{2\sigma_1^2}\right];$$

$$f_Y(y) = \frac{1}{\sqrt{2\pi}\sigma_2}\exp\left[-\frac{(y-\mu_2)^2}{2\sigma_2^2}\right].$$

且

$$E(X) = \mu_1, \quad D(X) = \sigma_1^2, \quad E(Y) = \mu_2, \quad D(Y) = \sigma_2^2.$$

$$\text{Cov}(X,Y) = E[X - E(X)][Y - E(Y)] = \int_{-\infty}^{\infty}\int_{-\infty}^{\infty}(x-\mu_1)(y-\mu_2)f(x,y)\mathrm{d}x\mathrm{d}y.$$

令 $u = \dfrac{x-\mu_1}{\sigma^1}, t = \dfrac{1}{\sqrt{1-\rho^2}}\left(\dfrac{y-\mu_2}{\sigma^2} - \rho\dfrac{x-\mu_1}{\sigma^1}\right)$，则

$$x - \mu_1 = \sigma_1 u, \quad y - \mu_2 = (t\sqrt{1-\rho^2} + \rho u)\sigma_2,$$

雅可比行列式为

$$J = \begin{vmatrix} \dfrac{\partial t}{\partial x} & \dfrac{\partial t}{\partial y} \\ \dfrac{\partial u}{\partial x} & \dfrac{\partial u}{\partial y} \end{vmatrix}^{-1} = \begin{vmatrix} -\dfrac{1}{\sqrt{1-\rho^2}} \cdot \dfrac{\rho}{\sigma_1} & \dfrac{1}{\sqrt{1-\rho^2}} \cdot \dfrac{1}{\sigma_2} \\ \dfrac{1}{\sigma_1} & 0 \end{vmatrix}^{-1}$$

$$= \left(-\frac{1}{\sigma_1\sigma_2\sqrt{1-\rho^2}} \right)^{-1} = -\sigma_1\sigma_2\sqrt{1-\rho^2}.$$

$$\mathrm{Cov}(X,Y) = E[X-E(X)][Y-E(Y)] = \int_{-\infty}^{\infty}\int_{-\infty}^{\infty}(x-\mu_1)(y-\mu_2)f(x,y)\mathrm{d}x\mathrm{d}y$$

$$= \frac{1}{2\pi\sigma_1\sigma_2\sqrt{1-\rho^2}}\int_{-\infty}^{\infty}\int_{-\infty}^{\infty}(x-\mu_1)(y-\mu_2)\exp\left[-\frac{(x-\mu_1)^2}{2\sigma_1^2}\right] \cdot$$

$$\exp\left[-\frac{1}{2(1-\rho^2)}\left(\frac{y-\mu_2}{\sigma^2}-\rho\frac{x-\mu_1}{\sigma^1}\right)^2\right]\mathrm{d}y\mathrm{d}x$$

$$= \frac{1}{2\pi\sigma_1\sigma_2\sqrt{1-\rho^2}}\int_{-\infty}^{\infty}\int_{-\infty}^{\infty}\sigma_1\sigma_2 u(t\sqrt{1-\rho^2}+\rho u)\mathrm{e}^{-\frac{u^2}{2}-\frac{t^2}{2}}|-\sigma_1\sigma_2\sqrt{1-\rho^2}|\,\mathrm{d}t\mathrm{d}u$$

$$= \frac{\sigma_1\sigma_2\sqrt{1-\rho^2}}{2\pi}\int_{-\infty}^{\infty}u\mathrm{e}^{-\frac{u^2}{2}}\mathrm{d}u\int_{-\infty}^{\infty}t\mathrm{e}^{-\frac{t^2}{2}}\mathrm{d}t + \frac{\rho\sigma_1\sigma_2}{2\pi}\int_{-\infty}^{\infty}u^2\mathrm{e}^{-\frac{u^2}{2}}\mathrm{d}u\int_{-\infty}^{\infty}\mathrm{e}^{-\frac{t^2}{2}}\mathrm{d}t$$

$$= 0 + \rho\sigma_1\sigma_2 = \rho\sigma_1\sigma_2 = \rho.$$

注:

(1) 若 X 与 Y 相互独立,则 X 与 Y 不相关;但由 X 与 Y 不相关,不一定能推出 X 与 Y 相互独立.

(2) 在上一章中我们已经得到:若 (X,Y) 服从二维正态分布,那么 X 和 Y 相互独立的充要条件为 $\rho = 0$. 现在知道 ρ 即为 X 与 Y 的相关系数,故有下列结论:若 (X,Y) 服从二维正态分布,则"X 与 Y 相互独立"与"X 与 Y 不相关"等价.

§4.4 矩、协方差矩阵

本节给出随机变量矩、协方差矩阵的定义:

设 X 和 Y 为随机变量,k,l 为正整数,称 $E(X^k)$ 为随机变量 X 的 k 阶**原点矩**(简称 k 阶**矩阵**);$E[X-E(X)]^k$ 为随机变量 X 的 k 阶**中心矩**;$E(|X|^k)$ 为随机变量 X 的 k 阶**绝对原点矩**;$E[|X-E(X)|^k]$ 为随机变量 X 的 k 阶**绝对中心矩**;$E(X^kY^l)$ 为 X 和 Y 的 $k+l$ 阶**混合矩**;$E\{[X-E(X)]^k[Y-E(Y)]^l\}$ 为随机变量 X 和 Y 的 $k+l$ 阶**混合中心矩**.

注:由定义可得以下结论.

(1) X 的数学期望 $E(X)$ 是 X 的一阶原点矩;

(2) X 的方差 $D(X)$ 是 X 的二阶中心矩;

(3) 协方差 $\mathrm{Cov}(X,Y)$ 是 X 和 Y 的二阶混合中心矩.

将二维随机变量 (X_1,X_2) 的 4 个二阶中心矩排成矩阵的形式 $\begin{bmatrix} c_{11} & c_{12} \\ c_{21} & c_{22} \end{bmatrix}$,称此矩阵为 $(X_1,$ $X_2)$ 的**协方差矩阵**. 其中

$$c_{11} = E\{[X_1 - E(X_1)]^2\},$$
$$c_{22} = E\{[X_2 - E(X_2)]^2\},$$
$$c_{12} = E\{[X_1 - E(X_1)][X_2 - E(X_2)]\},$$
$$c_{21} = E\{[X_2 - E(X_2)][X_1 - E(X_1)]\}.$$

类似定义 n 维随机变量 $(X_1, X_2, \cdots, X_n)$ 的协方差矩阵:

若 $c_{ij} = \mathrm{Cov}(X_i, X_j) = E\{[X_i - E(X_i)][X_j - E(X_j)]\}(i, j = 1, 2, \cdots, n)$ 都存在,则称矩阵

$$\boldsymbol{C} = \begin{bmatrix} c_{11} & c_{12} & \cdots & c_{1n} \\ c_{21} & c_{22} & \cdots & c_{2n} \\ \vdots & \vdots & & \vdots \\ c_{n1} & c_{n2} & \cdots & c_{nn} \end{bmatrix}$$

为 $(X_1, X_2, \cdots, X_n)$ 的**协方差矩阵**.

下面我们将二维正态随机变量的联合概率密度函数用协方差阵改写成另一种形式.

例 4.22　设二维随机变量 $(X, Y) \sim N(\mu_1, \mu_2, \sigma_1, \sigma_2, \rho)$,写出 (X, Y) 的协方差矩阵.

解:由于 $X \sim N(\mu_1, \sigma_1^2), Y \sim N(\mu_2, \sigma_2^2)$,因此 $E(X) = \mu_1, E(Y) = \mu_2$.

$$D(X) = \sigma_1^2, \quad D(Y) = \sigma_2^2, \quad \mathrm{Cov}(X, Y) = \mathrm{Cov}(Y, X) = \rho\sigma_1\sigma_2,$$
$$c_{11} = \sigma_1^2 \quad c_{12} = \rho\sigma_1\sigma_2, \quad c_{21} = \rho\sigma_1\sigma_2 \quad c_{22} = \sigma_2^2.$$

所以 (X, Y) 的协方差矩阵为

$$\boldsymbol{C} = \begin{bmatrix} \sigma_1^2 & \rho\sigma_1\sigma_2 \\ \rho\sigma_1\sigma_2 & \sigma_2^2 \end{bmatrix}.$$

二维正态随机变量的联合密度函数为

$$f(x_1, x_2) = \frac{1}{2\pi\sigma_1\sigma_2\sqrt{1-\rho^2}} \exp\left\{ \frac{-1}{2(1-\rho^2)}\left[\frac{(x_1-\mu_1)^2}{\sigma_1^2} - 2\rho\frac{(x_1-\mu_1)(x_2-\mu_2)}{\sigma_1\sigma_2} + \frac{(x_2-\mu_2)^2}{\sigma_2^2} \right] \right\}.$$

引入下面的列向量和矩阵:

$$\boldsymbol{x} = \begin{bmatrix} x_1 \\ x_2 \end{bmatrix}, \quad \boldsymbol{\mu} = \begin{bmatrix} \mu_1 \\ \mu_2 \end{bmatrix}, \quad \boldsymbol{C} = \begin{bmatrix} c_{11} & c_{12} \\ c_{21} & c_{22} \end{bmatrix} = \begin{bmatrix} \sigma_1^2 & \rho\sigma_1\sigma_2 \\ \rho\sigma_1\sigma_2 & \sigma_2^2 \end{bmatrix},$$

其中 $c_{11} = \mathrm{Cov}(X_1, X_1), c_{12} = c_{21} = \mathrm{Cov}(X_1, X_2), c_{22} = \mathrm{Cov}(X_2, X_2)$.

$$|\boldsymbol{C}| = \sigma_1^2\sigma_2^2(1-\rho^2), \quad \boldsymbol{C}^{-1} = \frac{1}{\sigma_1^2\sigma_2^2(1-\rho^2)} \begin{bmatrix} \sigma_2^2 & -\rho\sigma_1\sigma_2 \\ -\rho\sigma_1\sigma_2 & \sigma_1^2 \end{bmatrix},$$

经计算得

$$(\boldsymbol{x} - \boldsymbol{\mu})^{\mathrm{T}}\boldsymbol{C}^{-1}(\boldsymbol{x} - \boldsymbol{\mu}) = \frac{1}{(1-\rho^2)}\left[\frac{(x_1-\mu_1)^2}{\sigma_1^2} - 2\rho\frac{(x_1-\mu_1)(x_2-\mu_2)}{\sigma_1\sigma_2} + \frac{(x_2-\mu_2)^2}{\sigma_2^2} \right],$$

得到二维正态随机变量 (X_1, X_2) 的联合概率密度函数为

$$f(x_1, x_2) = (2\pi)^{-\frac{2}{2}} |\boldsymbol{C}|^{-\frac{1}{2}} \exp\left[-\frac{1}{2}(\boldsymbol{x} - \boldsymbol{\mu})^{\mathrm{T}}\boldsymbol{C}^{-1}(\boldsymbol{x} - \boldsymbol{\mu}) \right].$$

推广到 n 维正态随机变量亦有类似表达式. n 维正态随机变量 $(X_1, X_2, \cdots, X_n)$ 的联合概率密度函数为

$$f(x_1,x_2) = (2\pi)^{-\frac{n}{2}} \mid \boldsymbol{C} \mid^{-\frac{1}{2}} \exp\left[-\frac{1}{2}(\boldsymbol{x}-\boldsymbol{\mu})^{\mathrm{T}}\boldsymbol{C}^{-1}(\boldsymbol{x}-\boldsymbol{\mu})\right]$$

其中 $\boldsymbol{x} = \begin{bmatrix} x_1 \\ x_2 \\ \vdots \\ x_2 \end{bmatrix}, \boldsymbol{\mu} = \begin{bmatrix} \mu_1 \\ \mu_2 \\ \vdots \\ \mu_2 \end{bmatrix}, \boldsymbol{C} = \begin{bmatrix} c_{11} & c_{12} & \cdots & c_{1n} \\ c_{21} & c_{22} & \cdots & c_{2n} \\ \vdots & \vdots & & \vdots \\ c_{n1} & c_{22} & \cdots & c_{2n} \end{bmatrix}.$

下面不加证明地给出 n 维正态随机变量的重要性质：

(1) n 维正态随机变量 $(X_1,X_2,\cdots,X_n)$ 的每一个分量 $X_i, i = 1,2,\cdots,n$ 都是正态随机变量；反之，若 $X_1,X_2,\cdots,X_n$ 都是正态随机变量且相互独立，则 $(X_1,X_2,\cdots,X_n)$ 是 n 维正态随机变量.

(2) n 维随机变量 $(X_1,X_2,\cdots,X_n)$ 服从 n 维正态分布的充要条件是 $X_1,X_2,\cdots,X_n$ 的任意线性组合 $l_1X_1 + l_2X_2 + \cdots + l_nX_n$ 服从一维正态分布（其中 $l_1,l_2,\cdots,l_n$ 不全为 0）.

(3) 若 $(X_1,X_2,\cdots,X_n)$ 服从 n 维正态分布，$Y_1,Y_2,\cdots,Y_k$ 是 $X_j(j = 1,2,\cdots,n)$ 的线性函数，则 $(Y_1,Y_2,\cdots,Y_k)$ 也服从多维正态分布.

(4) 设 n 维随机变量 $(X_1,X_2,\cdots,X_n)$ 服从 n 维正态分布，则 $X_1,X_2,\cdots,X_n$ 相互独立与 $X_1,X_2,\cdots,X_n$ 两两不相关等价.

n 维正态分布会在多元统计中进一步学习.

习　　题

1. 一袋中有 5 只乒乓球，编号为 $1,2,3,4,5$，在其中同时任取 3 只，记 X 为取出的 3 只球的最大编号，求 $E(X),D(X)$.

2. 设随机变量 X 的概率分布律为

X	-1	0	$1/2$	1	2
p_i	$1/3$	$1/6$	$1/6$	$1/12$	$1/4$

试求 $Y = -X + 1$ 及 $Z = X^2$ 的期望与方差.

3. 设随机变量 X 在 $[0,\pi]$ 上服从均匀分布，求 $E(\sin X), E(X^2)$ 及 $E[X - E(X)]^2$.

4. 设随机变量 (X,Y) 的概率密度为

$$f(x,y) = \begin{cases} \dfrac{3}{2x^3y^2} & \text{当} \dfrac{1}{x} < y < x, x > 1 \\ 0 & \text{其他} \end{cases}.$$

求数学期望 $E(Y), E\left(\dfrac{1}{XY}\right)$.

5. 设随机变量 X 的概率分布密度为 $f(x) = \dfrac{1}{2}\mathrm{e}^{-|x|}, x \in \mathbf{R}$.

(1) 求 X 的数学期望 $E(X)$ 和方差 $D(X)$；

(2) 求 X 与 $|X|$ 的协方差，并判断 X 与 $|X|$ 是否相关.

6. 设随机变量 X 的密度函数为 $f(x) = \begin{cases} x & \text{当} 0 \leqslant x < 1 \\ 2 - x & \text{当} 1 \leqslant x \leqslant 2，求 E(X). \\ 0 & \text{其他} \end{cases}$

7. 设随机变量 X,Y 相互独立的,其概率密度分别为

$$f_X(x) = \begin{cases} 2\mathrm{e}^{-2x} & \text{当 } x > 0 \\ 0 & \text{当 } x \leqslant 0 \end{cases},$$

$$f_Y(y) = \begin{cases} 4\mathrm{e}^{-4y} & \text{当 } y > 0 \\ 0 & \text{当 } y \leqslant 0 \end{cases}.$$

求 $D(X+Y)$.

8. 已知随机变量 X 的分布函数 $F(x) = \begin{cases} 0 & \text{当 } x \leqslant 0 \\ x/4 & \text{当 } 0 < x \leqslant 4 \\ 1 & \text{当 } x > 4 \end{cases}$,求 $E(X)$.

9. 某商店对某种家用电器的销售采用先使用后付款的方式.记使用寿命为 X(单位:年),规定:

当 $X \leqslant 1$ 时,一台付款 1 500 元;

当 $1 < X \leqslant 2$ 时,一台付款 2 000 元;

当 $2 < X \leqslant 3$ 时,一台付款 2 500 元;

当 $X > 3$ 时,一台付款 3 000 元.

设寿命 X 服从指数分布,概率密度为

$$f(x) = \begin{cases} \dfrac{1}{10}\mathrm{e}^{-x/10} & \text{当 } x > 0 \\ 0 & \text{当 } x \leqslant 0 \end{cases}.$$

试求该商店一台电器收费 Y 的数学期望.

10. 设连续型随机变量 (X,Y) 的密度函数为

$$f(x,y) = \begin{cases} 8xy & \text{当 } 0 \leqslant x \leqslant y \leqslant 1 \\ 0 & \text{其他} \end{cases}.$$

求 $\mathrm{Cov}(X,Y)$ 和 $D(X+Y)$.

11. 已知 $X \sim N(1,3^2)$,$Y \sim N(0,4^2)$,且 X 与 Y 的相关系数 $\rho_{XY} = -\dfrac{1}{2}$. 设 $Z = \dfrac{X}{3} - \dfrac{Y}{2}$,求 $D(Z)$ 及 ρ_{XZ}.

12. 已知正常男性成人血液中,每 1 mL 白细胞数平均是 7 300,均方差是 700.利用切比雪夫不等式估计每毫升白细胞数在 5 200 ~ 9 400 之间的概率.

13. 在每次试验中,事件 A 发生的概率为 0.75,利用切比雪夫不等式证明事件 A 出现的频率在 0.74 ~ 0.76 之间的概率至少为 0.90.

14. 设随机变量 (X,Y) 的概率分布列为

X \ Y	0	1	2
0	0.1	0	0.2
1	0	0.1	0.2
2	0.2	0	0.2

设 $M = X - Y, N = X + Y$,求 M 和 N 的协方差.

15. 随机变量 X, Y 的数学期望分别是 2 和 -2,方差分别是 1 和 4, $\rho_{XY} = -0.5$,根据切比雪夫不等式计算 $P\{|X+Y| \geqslant 6\}$ 的最大值.

16. 设连续型随机变量 X 的概率密度 $f(x)$ 在区间 $[a,b]$ 内取值,区间外其值为 0,证明:

(1) $a \leqslant E(X) \leqslant b$;

(2) $D(X) \leqslant \left(\dfrac{b-a}{2}\right)^2$.

17. 设二维连续型随机向量 (X, Y) 的联合概率密度为

$$f(x, y) = \frac{1}{2\pi} e^{-\frac{x^2+y^2}{2}}, \quad -\infty < x < +\infty, -\infty < y < +\infty,$$

求随机变量 $Z = \sqrt{X^2 + Y^2}$ 的期望与方差.

18. 某机场大巴载有 20 位旅客,自机场开出,旅客有 10 个车站可以下车.如到达一个车站没有旅客下车就不停车.以 X 表示停车的次数,求 $E(X)$(设每位旅客在各个车站下车是等可能的,并设各旅客是否下车相互独立).

19. 设随机变量 X 的概率密度为

$$f(x) = \begin{cases} ax & \text{当 } 0 < x < 2 \\ cx + b & \text{当 } 2 \leqslant x \leqslant 4. \\ 0 & \text{其他} \end{cases}$$

已知 $E(X) = 2, P\{1 < X < 3\} = \dfrac{3}{4}$,求:

(1) a, b, c 的值;

(2) $Y = e^X$ 的期望.

20. 设 $X \sim N(\mu, \sigma^2)$,求 $E|X - \mu|, E(X - \mu)^4$.

21. 设 θ 服从 $[-\pi, \pi]$ 上的均匀分布, $X = \sin\theta, Y = \cos\theta$ 判断 X 与 Y 是否不相关,是否独立.

22. 设随机向量 (X, Y) 服从二维正态分布,其概率密度为 $f(x, y) = \dfrac{1}{2\pi} e^{-\frac{x^2+y^2}{2}}$,求: $E(\max|X, Y|)$.

23. 设随机向量 (X, Y) 的概率密度为

$$f(x, y) = \begin{cases} \dfrac{2}{7}(x + 2y) & \text{当 } 0 < x < 1, 1 < y < 2 \\ 0 & \text{其他} \end{cases}.$$

令 $Z = \dfrac{X}{Y^3} + X^2 Y$,求 $E(Z)$.

24. 对某目标连续射击,直到击中 r 次为止,每次射击的命中率为 p,求子弹消耗量的期望与方差.

25. 对于两个随机变量 V 和 W,若 $E(V^2), E(W^2)$ 存在,证明 $E(VW)^2 \leqslant E(V^2)E(W^2)$.

第5章　大数定律与中心极限定理

概率论与数理统计是研究随机现象统计规律性的学科．随机现象的规律性在相同的条件下进行大量重复试验时会呈现某种稳定性．也就是说，要从随机现象中去寻求必然的法则，应该研究大量随机现象．例如，大量掷硬币的随机试验中正面出现的频率；工厂大量生产某种产品过程中产品的废品率等．一般地，要从随机现象中去寻求事件内在的必然规律，就要研究大量随机现象的问题．研究大量的随机现象常常采用极限形式，因此就需要对极限定理进行研究．

在生产实践中，人们认识到大量试验数据、测量数据的算术平均值也具有稳定性．这种稳定性就是我们将要讨论的大数定律的客观背景．在这一章中，我们将介绍有关随机变量序列的最基本的两类极限定理 —— 大数定律和中心极限定理．

§5.1　大　数　定　律

与微积分学中收敛性的概念类似，在概率论中，我们要考虑随机变量序列的收敛性．一个数列 a_n 收敛到 a，记作 $\lim\limits_{n \to \infty} a_n = a$，它是指对任意的 $\varepsilon > 0$，总存在正整数 N，当 $n > N$ 时，总有 $|a_n - a| < \varepsilon$．在概率论中，我们研究的对象是随机变量，所以我们要考虑随机变量序列的收敛性．下面我们给出以概率收敛的概念．

定义 5.1　设 $X_1, X_2, \cdots, X_n, \cdots$ 是一个随机变量序列，X 是一个随机变量，若对于任意给定的正数 ε，有 $\lim\limits_{n \to \infty} P\{|X_n - X| < \varepsilon\} = 1$，则称序列 $X_1, X_2, \cdots, X_n, \cdots$ **依概率收敛**于 X，记为 $X_n \xrightarrow{P} X (n \to \infty)$.

定理 5.1(切比雪夫大数定律)　设 $X_1, X_2, \cdots, X_n, \cdots$ 是一列两两不相关的随机变量序列，它们的数学期望和方差均存在，且方差有共同的上界，即存在常数 M，使得 $D(X_i) \leqslant M (i = 1, 2, \cdots)$，则对任意 $\varepsilon > 0$，有 $\lim\limits_{n \to \infty} P\left\{\left|\dfrac{1}{n}\sum\limits_{i=1}^{n} X_i - \dfrac{1}{n}\sum\limits_{i=1}^{n} E(X_i)\right| < \varepsilon\right\} = 1$.

证明： 由切比雪夫不等式，有

$$P\left\{\left|\frac{1}{n}\sum_{i=1}^{n} X_i - \frac{1}{n}\sum_{i=1}^{n} E(X_i)\right| \geqslant \varepsilon\right\} \leqslant \frac{D\left(\dfrac{1}{n}\sum\limits_{i=1}^{n} X_i\right)}{\varepsilon^2}$$

$$= \frac{D\left(\sum\limits_{i=1}^{n} X_i\right)}{n^2\varepsilon^2} = \frac{\sum\limits_{i=1}^{n} D(X_i)}{n^2\varepsilon^2} \leqslant \frac{n \cdot C}{n^2\varepsilon^2} = \frac{C}{n\varepsilon^2} \xrightarrow{n \to \infty} 0,$$

从而
$$\lim_{n\to\infty}P\left\{\left|\frac{1}{n}\sum_{i=1}^{n}X_i-\frac{1}{n}\sum_{i=1}^{n}E(X_i)\right|<\varepsilon\right\}=1.$$

推论 设 $X_1,X_2,\cdots,X_n,\cdots$ 是一列独立同分布的随机变量序列,它们的数学期望和方差均存在,记 $E(X_i)=\mu(i=1,2,\cdots)$,则对任意 $\varepsilon>0$,有 $\lim_{n\to\infty}P\left\{\left|\frac{1}{n}\sum_{i=1}^{n}X_i-\mu\right|<\varepsilon\right\}=1.$

注:

定理 5.1 表明,当 n 很大时,随机变量序列 $\{X_n\}$ 的算术平均值 $\frac{1}{n}\sum_{i=1}^{n}X_i$ 依概率收敛于其数学期望 $\frac{1}{n}\sum_{i=1}^{n}E(X_i)$. 推论表明,独立同分布的随机变量序列 $\{X_n\}$ 的算术平均值 $\frac{1}{n}\sum_{i=1}^{n}X_i$ 依概率收敛于其数学期望 $E(X_i)=\mu$.

定理 5.2(伯努利大数定律) 设 n_A 是 n 重伯努利试验中事件 A 发生的次数,p 是事件 A 在每次试验中发生的概率,则对任意的 $\varepsilon>0$,有
$$\lim_{n\to\infty}P\left\{\left|\frac{n_A}{n}-p\right|<\varepsilon\right\}=1 \quad \text{或} \quad \lim_{n\to\infty}P\left\{\left|\frac{n_A}{n}-p\right|\geqslant\varepsilon\right\}=0.$$

证明:令
$$X_i=\begin{cases}1 & \text{当第 }i\text{ 次试验中 }A\text{ 发生}\\0 & \text{当第 }i\text{ 次试验中 }A\text{ 不发生}\end{cases},i=1,2,\cdots,n,$$
则 $n_A=\sum_{i=1}^{n}X_i,X_1,X_2,\cdots,X_n,\cdots$ 相互独立且同服从于两点分布,
$$E(X_i)=p, \quad D(X_i)=p(1-p).$$
由推论,可得 $\lim_{n\to\infty}P\left\{\left|\frac{1}{n}\sum_{i=1}^{n}X_i-p\right|<\varepsilon\right\}=1$,即
$$\lim_{n\to\infty}P\left\{\left|\frac{n_A}{n}-p\right|<\varepsilon\right\}=1 \quad \text{或} \quad \lim_{n\to\infty}P\left\{\left|\frac{n_A}{n}-p\right|\geqslant\varepsilon\right\}=0.$$

注:

(1)伯努利大数定律是定理 5.1 推论的一种特例,它表明:当重复试验次数 n 充分大时,事件 A 发生的频率 $\frac{n_A}{n}$ 依概率收敛于事件 A 发生的概率 p. 定理以严格的数学形式表达了频率的稳定性. 在实际应用中,如果试验次数很大,便可以用事件发生的频率来近似代替事件的概率.

(2)如果事件 A 的概率很小,则由伯努利大数定律知事件 A 发生的频率也是很小的,或者说事件 A 很少发生. 即"概率很小的随机事件在个别试验中几乎不会发生",这一原理称为**小概率原理**.

定理 5.3(辛钦大数定律) 设随机变量 $X_1,X_2,\cdots,X_n,\cdots$ 相互独立,服从同一分布,且具有数学期望 $E(X_i)=\mu,i=1,2,\cdots$,则对任意 $\varepsilon>0$,有 $\lim_{n\to\infty}P\left\{\left|\frac{1}{n}\sum_{i=1}^{n}X_i-\mu\right|<\varepsilon\right\}=1.$

注:

(1)定理 5.3 不要求随机变量的方差存在;

（2）伯努利大数定律是辛钦大数定律的特殊情况．

§5.2　中心极限定理

在客观世界中,许多随机现象是由大量相互独立的随机因素综合影响所形成的,其中每一个因素在总的影响中所起的作用是微小的．中心极限定理回答了大量独立随机变量和的近似分布问题,其结论表明:当一个量受许多随机因素的共同影响而随机取值时,它的分布近似服从正态分布.

定理 5.4(林德伯格 - 勒维定理)　设 $X_1, X_2, \cdots, X_n, \cdots$ 是独立同分布的随机变量序列,且 $E(X_i) = \mu, D(X_i) = \sigma^2, i = 1, 2, \cdots, n, \cdots$ 则

$$\lim_{n \to \infty} P \left\{ \frac{\sum_{i=1}^{n} X_i - n\mu}{\sigma \sqrt{n}} \leqslant x \right\} = \int_{-\infty}^{x} \frac{1}{\sqrt{2\pi}} e^{-t^2/2} dt.$$

注：

定理 5.4 表明:当 n 充分大时,n 个具有期望和方差的独立同分布的随机变量之和近似服从正态分布．虽然在一般情况下,我们很难求出 $X_1 + X_2 + \cdots + X_n$ 的分布的确切形式,但当 n 很大时,可求出其近似分布．由定理结论有

$$\frac{\sum_{i=1}^{n} X_i - n\mu}{\sigma \sqrt{n}} \overset{\text{近似}}{\sim} N(0,1) \Rightarrow \frac{\frac{1}{n} \sum_{i=1}^{n} X_i - \mu}{\sigma / \sqrt{n}} \overset{\text{近似}}{\sim} N(0,1) \Rightarrow \overline{X} \sim N(\mu, \sigma^2/n), \overline{X} = \frac{1}{n} \sum_{i=1}^{n} X_i.$$

故定理 5.4 又可表述为:均值为 μ,方差为 $\sigma^2 > 0$ 的独立同分布的随机变量 $X_1, X_2, \cdots, X_n, \cdots$ 的算术平均值 $\overline{X}$,当 n 充分大时近似地服从均值为 μ、方差为 σ^2/n 的正态分布．这一结果是数理统计中大样本统计推断的理论基础.

下面给出棣莫佛 - 拉普拉斯定理,并利用上述中心极限定理证明之.

定理 5.5(棣莫佛 - 拉普拉斯定理)　设随机变量 Y_n 服从参数 $n, p(0 < p < 1)$ 的二项分布,则对任意 x,有 $\lim_{n \to \infty} P \left\{ \dfrac{Y_n - np}{\sqrt{np(1-p)}} \leqslant x \right\} = \int_{-\infty}^{x} \dfrac{1}{\sqrt{2\pi}} e^{-\frac{t^2}{2}} dt = \Phi(x).$

注：

易见,棣莫佛 - 拉普拉斯定理是林德伯格 - 勒维定理的一个特殊情况.

下面我们给出用频率估计概率误差的表示式：

设 μ_n 为 n 重伯努利试验中事件 A 发生的频率,p 为每次试验中事件 A 发生的概率,$q = 1 - p$,由棣莫佛 - 拉普拉斯定理,有

$$P \left\{ \left| \frac{\mu_n}{n} - p \right| < \varepsilon \right\} = P \left\{ -\varepsilon \sqrt{\frac{n}{pq}} < \frac{\mu_n - np}{\sqrt{npq}} < \varepsilon \sqrt{\frac{n}{pq}} \right\}$$

$$\approx \Phi \left(\varepsilon \sqrt{\frac{n}{pq}} \right) - \Phi \left(-\varepsilon \sqrt{\frac{n}{pq}} \right) = 2\Phi \left(\varepsilon \sqrt{\frac{n}{pq}} \right) - 1.$$

此关系式可以解决用频率估计概率的计算问题.

定理 5.6(李雅普诺夫定理)　设随机变量 $X_1, X_2, \cdots, X_n, \cdots$ 相互独立,它们具有数学期望和方差：$E(X_k) = \mu_k, D(X_k) = \sigma_k^2 > 0, i = 1, 2, \cdots$. 记 $B_n^2 = \sum_{k=1}^{n} \sigma_k^2$. 若存在正数 δ,使得当

$n \to \infty$ 时，$\dfrac{1}{B_n^{2+\delta}} \sum\limits_{k=1}^{n} E(\mid X_k - \mu_k \mid^{2+\delta}) \to 0$，则随机变量之和 $\sum\limits_{k=1}^{n} X_k$ 的标准化变量

$$Z_n = \frac{\sum\limits_{k=1}^{n} X_k - E\left[\sum\limits_{k=1}^{n} X_k\right]}{\sqrt{D\left[\sum\limits_{k=1}^{n} X_k\right]}} = \frac{\sum\limits_{k=1}^{n} X_k - \sum\limits_{k=1}^{n} \mu_k}{B_n}$$

的分布函数 $F_n(x)$ 对于任意 x，满足

$$\lim_{n\to\infty} F_n(x) = \lim_{n\to\infty} P\left\{ \frac{\sum\limits_{k=1}^{n} X_k - \sum\limits_{k=1}^{n} \mu_k}{B_n} \leqslant x \right\} = \int_{-\infty}^{x} \frac{1}{\sqrt{2\pi}} e^{-t^2/2} dt = \Phi(x).$$

注：定理 5.6 表明，在定理的条件下，随机变量 $Z_n = \dfrac{\sum\limits_{k=1}^{n} X_k - \sum\limits_{k=1}^{n} \mu_k}{B_n}$ 在 n 很大时，近似地服从

正态分布 $N(0,1)$. 由此，当 n 很大时，$\sum\limits_{k=1}^{n} X_k = B_n Z_n + \sum\limits_{k=1}^{n} \mu_k$ 近似地服从正态分布 $N\left(\sum\limits_{k=1}^{n} \mu_k, B_n^2\right)$. 这就是说，无论各个随机变量 $X_k (k=1,2,\cdots)$ 服从什么分布，只要满足定理的条件，那么当 n 很大时它们的和 $\sum\limits_{k=1}^{n} X_k$ 就近似地服从正态分布. 这就是正态随机变量在概率论中占有重要地位的一个基本原因. 在很多问题中，所考虑的随机变量可以表示成很多个独立的随机变量之和. 例如，在任一指定时刻，一个城市的耗电量是大量用户耗电量的总和；一个物理实验的测量误差是由许多观察不到的、可加的微小误差所合成的，它们往往近似地服从正态分布.

例 5.1　设随机变量 $X_1, X_2, \cdots, X_{100}$ 相互独立，且都服从参数为 $\lambda = 1$ 的泊松分布，记 $X = \sum\limits_{i=1}^{100} X_i$，求 $P\{X > 120\}$ 的近似值.

解：由题意易知　$E(X_i) = 1$，$D(X_i) = 1$，$i = 1,2,\cdots,100$.
由定理 5.4，随机变量

$$Y = \frac{\sum\limits_{i=1}^{100} X_i - 100 \times 1}{\sqrt{100 \times 1}} = \frac{X - 100}{10} \overset{近似}{\sim} N(0,1),$$

于是　　　$P\{X > 120\} = P\left\{ \dfrac{X-100}{10} > \dfrac{120-100}{10} \right\} = P\left\{ \dfrac{X-100}{10} > 2 \right\}$

$$= 1 - P\left\{ \dfrac{X-100}{10} \leqslant 2 \right\} \approx 1 - \Phi(2) = 0.022\,8.$$

例 5.2　据统计，某年龄段投保者中，一年内每个人死亡的概率为 0.005，现在有 10 000 个该年龄段的人参加人寿保险，求未来一年内在这些投保者中死亡人数不超过 70 的概率.

解：设 X 表示 10 000 个投保者在一年内的死亡人数，由题意知，$X \sim B(10\,000, 0.005)$. 由棣莫佛 - 拉普拉斯定理近似计算得

$$P\{X \leqslant 70\} = P\left\{ \frac{X-50}{\sqrt{49.75}} \leqslant \frac{70-50}{\sqrt{49.75}} \right\} \approx \Phi\left(\frac{70-50}{\sqrt{49.75}} \right) = \Phi(2.84) = 0.997\,7.$$

例 5.3 某车间有 200 台车床,在生产期间因各种原因,常需车床停工. 设开工率为 0.6(即平均 60% 的时间工作),每台车床的工作是独立的,且在开工时所需功率为 1 kW,问应供应多大功率的电能就能以 99.9% 的概率保证该车间不会因供电不足而影响生产.

解: 对每台车床的观察作为一次试验,每次试验观察该台车床在某时刻是否工作,工作的概率为 0.6,共进行 200 次试验. 用 X 表示在某时刻工作着的车床数,则 $X \sim B(200, 0.6)$. 现在的问题是:求满足 $P\{X \leqslant N\} \geqslant 0.999$ 的最小的 N.

$\dfrac{X - np}{\sqrt{np(1-p)}}$ 近似服从 $N(0,1)$.

$$np = 200 \times 0.6 = 120; \quad np(1-p) = 200 \times 0.6 \times (1-0.6) = 48.$$

于是 $P\{X \leqslant N\} = P\left\{\dfrac{X - 124}{\sqrt{48}} \leqslant \dfrac{N - 120}{\sqrt{48}}\right\} \approx \Phi\left(\dfrac{N - 120}{\sqrt{48}}\right).$

由 $\Phi\left(\dfrac{N - 120}{\sqrt{48}}\right) \geqslant 0.99$,且查标准正态分布表得

$$\Phi(3.1) = 0.999,$$

故 $\dfrac{N - 120}{\sqrt{48}} \geqslant 3.1$,解得 $N \geqslant 141.5$.

即所求 $N = 142$,供应 142 kW 电能就能以 99.9% 的概率保证该车间不会因供电不足而影响生产.

注: 用中心极限定理估计要比用切比雪夫不等式估计准. 事实上,切比雪夫不等式的估计只给出了这个概率的下限. 另外,正态分布和泊松分布都是二项分布的极限分布. 一般说来,对于 n 很大,p 很小(通常 $p \leqslant 0.1$)的二项分布,用泊松分布近似比用正态分布计算精确,用正态分布近似只以 $n \to \infty$ 为条件.

习　　题

1. 设 $\{X_k\}$ 为相互独立的随机变量序列,且

$$\begin{array}{c|ccc} X_k & -2^k & 0 & 2^k \\ \hline p & \dfrac{1}{2^{2k+1}} & 1 - \dfrac{1}{2^{2k}} & \dfrac{1}{2^{2k+1}} \end{array}, \quad k = 1, 2, \cdots.$$

试证 $\{X_k\}$ 服从大数定律.

2. 设 $\{X_k\}$ 为相互独立且同分布的随机变量序列,并且 X_k 的概率分布为

$$P\{X_k = 2^{i-2\ln i}\} = 2^{-i}, \quad i = 1, 2, \cdots,$$

试证 $\{X_k\}$ 服从大数定律.

3. 一船舶在某海区航行,已知每遭受一次波浪的冲击,纵摇角大于 $3°$ 的概率为 $p = 1/3$,若船舶遭受了 90 000 次波浪冲击,问其中有 29 500 ~ 30 500 次纵摇角度大于 $3°$ 的概率是多少.

4. 对于一个学校而言,来参加家长会的家长人数是一个随机变量. 设一名学生无家长、1 名家长、2 名家长来参加会议的概率分别 0.05,0.8,0.15. 若学校共有 400 名学生,各学生参加会议的家长数相互独立,且服从同一分布.

(1) 求参加会议的家长数 X 超过 450 的概率;

（2）求有 1 名家长来参加会议的学生数不多于 340 的概率.

5. 在一个罐子中，装有 10 个编号为 $0 \sim 9$ 的同样的球，从罐中放回地抽取若干次，每次抽一个，并记下号码. 设：

$$X_k = \begin{cases} 1 & \text{当第 } k \text{ 次取到号码 0} \\ 0 & \text{其他} \end{cases}, \quad k = 1, 2, \cdots, n.$$

问对序列 $\{X_k\}$ 能否应用大数定律.

6. 设一大批产品中一级品率为 10%，现从中任取 500 件.

（1）分别用切比雪夫不等式估计和中心极限定理计算这 500 件产品中一级品的比例与 10% 之差的绝对值小于 2% 的概率；

（2）至少应取多少件产品才能使一级品的比例与 10% 之差的绝对值小于 2% 的把握大于 95%？

7. 现从某厂生产的一批同型号电子元件中抽取 395 件，由于次品率未知，需要通过次品的相对频率来估计，这时估计的可靠性大于 95%.

（1）求绝对误差 ε；

（2）如果样品中有 $1/10$ 是次品，应对 p 怎样估计？

8. 某地有甲、乙两个电影院竞争 1 000 名观众，观众选择电影院是独立的和随机的. 问每个电影院至少应设有多少个座位，才能保证观众因缺少座位而离去的概率小于 1%.

9. 一盒同型号螺钉共有 100 个，已知该型号的螺钉的质量是一个随机变量，期望值是 100 g，标准差是 10 g，求该盒螺钉的质量超过 10.2 kg 的概率.

10. 在天平上重复称量一质量为 a 的物品，假设各次称量结果相互独立，称量的期望值为 a，方差为 0.2^2，若以 $\overline{X}$ 表示 n 次称量结果的算术平均值，为使 $P\{|\overline{X} - a| < 0.1\} \geqslant 0.95$，那么至少要称量多少次？

11. 一复杂系统由 100 个相互独立起作用的部件组成，在整个运行期间部件损坏的概率为 0.1，为了使整个系统起作用，至少需要 85 个部件正常工作. 求整个系统起作用的概率. $\left(\Phi\left(\dfrac{5}{3}\right) = 0.952\,5 \right)$

12. 一生产线生产的产品成箱包装，每箱的质量是随机的. 假设每箱平均质量为 50 kg，标准差为 5 kg. 若用最大载质量为 5 t 的汽车承运，利用中心极限定理计算每辆车最多可以装多少箱，才能保障不超载的概率大于 0.977. $(\Phi(2) = 0.977)$

13. 设 $P(A) = 0.8$，记 $X_i = \begin{cases} 1 & \text{当事件 } A \text{ 发生} \\ 0 & \text{当事件 } A \text{ 不发生} \end{cases}$，$i = 1, 2, \cdots, 100$，且 $X_1, X_2, \cdots, X_{100}$ 相互独立. 令 $Y = \sum_{i=1}^{100} X_i$，利用中心极限定理，用标准正态分布函数表示 Y 的分布函数 $F(y)$.（其中 $\Phi(x)$ 为标准正态分布函数）

第6章　数理统计的基本概念

本书前5章讨论的是概率论的基本概念和方法,主线是研究随机变量及其概率分布和数字特征,进而全面地刻画了某些随机现象所服从的统计规律性. 概率论中某随机问题的概率分布一般是已知的(或假设已知的),以此概率分布为基础进行后续的计算和推理. 而在应用概率论解决诸多实际随机问题的过程中,可能会伴随着随机现象所服从的概型未知或根据某些判断知道其服从的概型而其分布函数中的某些参数未知等诸多现实问题. 我们能够获得的通常是随机现象的有限个观测或试验数据,然后利用该数据和概率论知识推断所研究的随机现象的统计规律性. 但是,由少数已发生的事件对随机现象的整体进行推断,这种推断一般会带有一定的不确定性,这种不确定性利用概率进行度量是恰当的,从而明确了这种推断的可靠性程度,这一归纳过程一般称为**统计推断**. 数理统计学就是解决这类推断问题的数学分支,重在研究所应用的统计方法的数理基础,以得到随机现象的数量规律性为主要目标,这与通常所说的统计学是不同的.

从本章开始,将进入数理统计知识的讨论.

§6.1　总体与样本

根据特定的研究目的,研究对象的全体构成的一个集合称为**总体(母体)**,总体中的每个基本单元称为**个体**. 对于总体这个概念,要结合实际的研究范围来考虑. 例如,研究对象是1990—2019年的某省学龄前儿童的身高特征,那么该时段内该省学龄前儿童的全体就是总体,而如果研究的是本时段内某省山区学龄前儿童的身高特征,那么该时段内该省山区的学龄前儿童的全体就构成另一个总体;个体都是学龄前儿童.

在实际问题中我们一般关心的是总体的各种数值指标,比如上例中的身高指标 X,它是一个随机变量. 如果研究对象就是某个特定的指标 X 且为随机变量,假设 X 的分布函数为 $F(x)$,那么就可以把 X 的可能取值的全体看作总体,进而称该总体 X 为具有分布函数 $F(x)$ 的总体. 因此,在数理统计研究中,总体是和随机变量密切联系的——**总体就是随机变量的概率分布**,因而就有了正态总体、指数总体等简单提法. 如果两个总体的分布函数相同,在数理统计中我们就认为它们是同类总体,个体的属性类型是什么已经不重要了. 如果研究的是两个指标 X 和 Y,它们都是随机变量,我们就可以把二维随机向量 (X,Y) 可能取值的全体看成一个二维总体,如果 (X,Y) 的联合分布函数为 $F(x,y)$,当然可以称该二维总体为具有分布函数 $F(x,y)$ 的总体. 依此类推,可以推广到更高维的情形.

按机会均等的原则从总体中选取某些个体进行观测或测试的过程称为**随机抽样**,从总体中随机抽取 n 个个体 $X_1,X_2,\cdots,X_n$ 构成**样本(子样)**,n 称为**样本容量**. 把观测到的 $(X_1,X_2,\cdots,X_n)$ 的一组确定的值 $(x_1,x_2,\cdots,x_n)$ 称为容量为 n 的**样本观测值**,简称**样本值**,向量 $(x_1,x_2,\cdots,$

x_n)当然是一次随机试验的结果,$(X_1, X_2, \cdots, X_n)$ 的一切可能结果的全体构成一个 **样本空间**,$(x_1, x_2, \cdots, x_n)$ 是该样本空间中的一个点.

抽样的目的是用样本对总体进行可靠的统计推断. 抽样的方法有多种,例如简单随机抽样、分群抽样、分层抽样等.抽样方法的选择还会受到使用条件的限制. 本书只介绍简单随机抽样,所获得的样本称为 **简单样本**. 简单随机抽样需满足以下两点:

(1)代表性:$X_1, X_2, \cdots, X_n$ 与 X 的总体具有相同的分布;

(2)独立性:$X_1, X_2, \cdots, X_n$ 是相互独立的随机变量.

代表性是指总体的每一个个体被抽取的机会均等,独立性是指获得 $X_i (i = 1, 2, \cdots, n)$ 的观测结果在过程中互不影响. 从上述要求可以看出:简单样本是有放回抽样获得的. 在实际工作中我们可能做的不是有放回抽样,但如果总体中个体数量非常多,不放回抽样对抽样结果以及对推断结果可能影响很小,仍可近似看成简单抽样,$X_1, X_2, \cdots, X_n$ 之间仍可看成独立同分布的. 下面以一个例子说明当总体中个体数目很多时不放回抽样可以看成简单抽样.

例6.1 某厂生产一批产品共 N 件,需要进行抽样分析以掌握该批产品的不合格率 p,设样本容量为 n. 以随机变量 X 表示一件产品的质量指标,$X = 1$ 表示这件产品是不合格产品,$X = 0$ 表示这件产品是合格产品. 若按照简单抽样的做法,取一个产品进行检验后,需要放回搅匀,再抽取第二件产品进行检验,依次进行下去. 但是,实际工作中一般并不是这样操作的,而是不放回抽样,这时第二次抽到不合格品 $X_2 = 1$ 的概率当然依赖第一次 $X_1 = 1$ 或 0 的抽取结果.

若 $X_1 = 1$,则 $X_2 = 1$ 的概率为

$$P\{X_2 = 1 \mid X_1 = 1\} = \frac{N \times p - 1}{N - 1};$$

若 $X_1 = 0$,则 $X_2 = 1$ 的概率为

$$P\{X_2 = 1 \mid X_1 = 0\} = \frac{N \times p}{N - 1}.$$

故采用不放回抽样得到的样本显然不是简单样本,但是当 N 很大时,以上两个概率都近似等于 p,所以在 N 很大、n 不大(经验法则是 $n/N \leqslant 0.1$)时可以把不放回抽样看成简单抽样.

如不做特殊声明,本书所指的样本是简单样本.

设总体 X 的分布函数为 $F(x)$,$X_1, X_2, \cdots, X_n$ 为取自该总体的样本,则随机向量$(X_1, X_2, \cdots, X_n)$ 的联合分布函数为

$$\overline{F}(x_1, x_2, \cdots, x_n) = \prod_{i=1}^{n} F(x_i).$$

抽样的目的是对总体进行统计推断,换句话说就是用样本的统计规律代替总体的统计规律.通常我们会认为样本容量 n 越大越好. 但这并不是简单的直观感觉,而是有着严格的数理基础作保证的,也就是下面给出的格列汶科定理.

设 $X_1, X_2, \cdots, X_n$ 是取自总体 $F(x)$ 的样本,样本值为$(x_1, x_2, \cdots, x_n)$,样本值由小到大的排序为 $x_{(1)} \leqslant x_{(2)} \leqslant \cdots \leqslant x_{(n)}$,则函数

$$F_n(x) = \begin{cases} 0 & \text{当 } x < x_{(1)} \\ \dfrac{k}{n} & \text{当 } x_{(k)} \leqslant x < x_{(k+1)}, k = 1, 2, \cdots, n-1 \\ 1 & \text{当 } x \geqslant x_{(n)} \end{cases} \tag{6.1}$$

表示观测值 $x_1,x_2,\cdots,x_n$ 中不超过 x 的值出现的频率,是非减右连续的函数,且 $F_n(-\infty)=0\leqslant F_n(x)\leqslant 1=F_n(+\infty)$,因而 $F_n(x)$ 满足分布函数的基本性质,$F_n(x)$ 是一个分布函数,称做**经验分布函数(样本分布函数)**.它是一个以等概率仅取 n 个值 $x_1,x_2,\cdots,x_n$ 的离散型随机变量的分布函数,其图像如图 6.1 所示.

对于任给的固定值 x,经验分布函数 $F_n(x)$ 是事件 $X\leqslant x$ 发生的频率,当 n 固定时,它是一个随机变量,而总体分布函数 $F(x)$ 是事件 $X\leqslant x$ 发生的概率.根据伯努利大数定律,对于任意给定的 $\varepsilon>0$,有

$$\lim_{n\to\infty}P\{|F_n(x)-F(x)|<\varepsilon\}=1.$$

格列汶科(Glivenko)进一步证明了:当 $n\to\infty$ 时,$F_n(x)$ 以概率 1 关于 x 一致收敛于 $F(x)$,即

$$P\{\lim_{n\to\infty}\sup_{-\infty<x<+\infty}|F_n(x)-F(x)|=0\}=1. \tag{6.2}$$

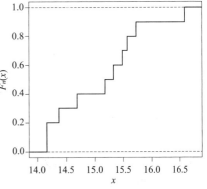

图 6.1　经验分布函数示意图

这就是著名的**格列汶科定理**.

根据格列汶科定理,当样本容量 n 足够大时,对所有的 x,$|F_n(x)-F(x)|$ 都很小,这件事发生的概率为 1.因此,经验分布函数 $F_n(x)$ 是 $F(x)$ 的一个良好的近似.这就是数理统计中可以利用样本对总体进行统计推断的基本数学理论依据.

§6.2　统　计　量

尽管格列汶科定理给出了数理统计中利用样本对总体进行推断的基本理论依据,但是经验分布函数随着样本值的不同而改变,不同的样本值对应着不同的经验分布函数.而且现实的情况是,样本容量 n 可能比较小,也就是小样本情形,这时只采用经验分布函数来反映总体的特征就是不全面的,我们需要从其他角度或途径对样本信息进行数学上的变换处理,构造出新的数学概念以分析和获取有效信息来更全面地刻画总体的统计规律,也可以有效分析样本的特征.统计量这个数学概念就是为这个任务服务的.

定义 6.1　**统计量**是样本 $X_1,X_2,\cdots,X_n$ 的一个函数,且这个函数是不依赖任何未知参数的随机变量,它是完全由样本决定的量,即 n 个随机变量的函数.统计量的分布称为**抽样分布**.

显然,上一节中的经验分布函数 $F_n(x)$ 就是一个统计量.需要明确的是,尽管统计量不依赖任何未知参数,但是它的分布函数可能是依赖未知参数的.

一般而言,统计量都是针对想要获取的某种统计信息而构造的.几个常用的统计量的定义如下:

(1) 样本均值:$\overline{X}=\dfrac{1}{n}\sum_{i=1}^{n}X_i$.

(2) 样本方差:$S^2=\dfrac{1}{n-1}\sum_{i=1}^{n}(X_i-\overline{X})^2=\dfrac{1}{n-1}\left[\sum_{i=1}^{n}X_i^2-n\overline{X}^2\right]$.

它反映了总体方差的信息.分母取为 $n-1$,在进行参数估计时较为方便.也有教材将分

母取为 n.

（3）样本标准差: $S = \sqrt{\dfrac{1}{n-1} \sum\limits_{i=1}^{n} (X_i - \overline{X})^2}$.

（4）样本 k 阶原点矩: $A_k = \dfrac{1}{n} \sum\limits_{i=1}^{n} X_i^k, k = 1, 2, \cdots$.

（5）样本 k 阶中心矩: $B_k = \dfrac{1}{n} \sum\limits_{i=1}^{n} (X_i - \overline{X})^k, k = 1, 2, \cdots$.

（6）样本相关系数: $r = \dfrac{\sum\limits_{i=1}^{n} (X_i - \overline{X})(Y_i - \overline{Y})}{\sqrt{\sum\limits_{i=1}^{n} (X_i - \overline{X})^2 \sum\limits_{i=1}^{n} (Y_i - \overline{Y})^2}}$,

其中 $Y_1, Y_2, \cdots, Y_n$ 是取自另一总体 Y 的样本.

鉴于样本均值 $\overline{X}$ 与样本方差 S^2 这两个统计量在数理统计学中的重要性,首先给出它们的性质,即以下定理:

定理 6.1 设总体 X 的分布函数 $F(x)$ 存在二阶矩,即 $E(X) = \mu < \infty, D(X) = \sigma^2 < \infty$. 若 $X_1, X_2, \cdots, X_n$ 是该总体的一个样本,则

$$\sum_{i=1}^{n} (X_i - \overline{X}) = 0, \tag{6.3}$$

$$E(\overline{X}) = \mu, \tag{6.4}$$

$$D(\overline{X}) = \frac{\sigma^2}{n}, \tag{6.5}$$

$$E(S^2) = D(X), \tag{6.6}$$

$$E(B_2) = \frac{n-1}{n} D(X). \tag{6.7}$$

证明: $\sum\limits_{i=1}^{n} (X_i - \overline{X}) = \sum\limits_{i=1}^{n} X_i - n\overline{X} = n \dfrac{\sum\limits_{i=1}^{n} X_i}{n} - n\overline{X} = n\overline{X} - n\overline{X} = 0.$

$E(\overline{X}) = E\left[\dfrac{1}{n} \sum\limits_{i=1}^{n} X_i \right] = \dfrac{1}{n} E\left[\sum\limits_{i=1}^{n} X_i \right] = \dfrac{1}{n} \sum\limits_{i=1}^{n} E(X) = \mu.$

$D(\overline{X}) = D\left[\dfrac{1}{n} \sum\limits_{i=1}^{n} X_i \right] = \dfrac{1}{n^2} \sum\limits_{i=1}^{n} D(X_i) = \dfrac{1}{n^2} \sum\limits_{i=1}^{n} D(X) = \dfrac{1}{n^2} n \sigma^2 = \dfrac{\sigma^2}{n}.$

$E(S^2) = E\left[\dfrac{1}{n-1} \left(\sum\limits_{i=1}^{n} X_i^2 - n\overline{X}^2 \right) \right] = \dfrac{1}{n-1} \left[E\sum\limits_{i=1}^{n} X_i^2 - nE(\overline{X}^2) \right]$

$= \dfrac{n}{n-1} \left[E(X^2) - E(\overline{X}^2) \right] = \dfrac{n}{n-1} \left\{ D(X) + [E(X)]^2 - D(\overline{X}) - (E(\overline{X})^2) \right\}$

$= \dfrac{n}{n-1} \left\{ D(X) + [E(X)]^2 - \dfrac{D(X)}{n} - [E(X)]^2 \right\} = D(X).$

因为 $\qquad\qquad B_2 = \dfrac{1}{n} \sum\limits_{i=1}^{n} (X_i - \overline{X})^2 = \dfrac{n-1}{n} S^2,$

所以
$$EB_2 = E\left(\frac{n-1}{n}S^2\right) = \frac{n-1}{n}E(S^2) = \frac{n-1}{n}D(X).$$

要计算 S^2 的方差,需要总体的 4 阶原点矩和 4 阶中心矩都存在,本书不做讨论.

§6.3　常用抽样分布

由于各个统计量定义的复杂程度不同,所以其抽样分布一般不易求出,即便求出可能也难以应用.因为在实际应用中经常假定样本取自正态总体,所以这里给出与正态总体相关的 3 个重要的抽样分布,分别是 χ^2 分布(χ^2 读作"卡方")、t 分布和 F 分布.

6.3.1　χ^2 分布

χ^2 分布由赫默特(Hermert,1875)和皮尔逊(Person,1900)分别导出.

定义 6.2　设 $X_1,X_2,\cdots,X_n$ 是取自正态总体 $N(0,1)$ 的样本,则称统计量
$$\chi^2 = X_1^2 + \cdots + X_n^2 \tag{6.8}$$
所服从的分布为自由度是 n 的 χ^2 **分布**,记作 $\chi^2 \sim \chi^2(n)$.

χ^2 分布的概率密度函数为
$$f(x;n) = \begin{cases} \dfrac{1}{2^{n/2}\,\Gamma(n/2)} x^{\frac{n}{2}-1} \mathrm{e}^{-\frac{x}{2}} & \text{当 } x \geqslant 0 \\ 0 & \text{当 } x < 0 \end{cases}.$$

其中伽马函数 $\Gamma(x) = \displaystyle\int_0^\infty \mathrm{e}^{-t} t^{x-1}\mathrm{d}t$,且当 $x > 0$ 时,
$$\Gamma(n/2) = \begin{cases} \left(\dfrac{n}{2}-1\right)\left(\dfrac{n}{2}-2\right)\cdots 3 \cdot 2 \cdot 1 & \text{当 } n \text{ 是偶数} \\ \left(\dfrac{n}{2}-1\right)\left(\dfrac{n}{2}-2\right)\cdots \dfrac{3}{2} \cdot \dfrac{1}{2} \cdot \sqrt{\pi} & \text{当 } n \text{ 是奇数} \end{cases}.$$

不同自由度的 χ^2 分布的概率密度函数曲线如图 6.2 所示.

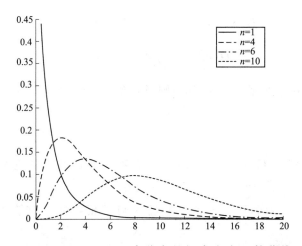

图 6.2　不同自由度的 χ^2 分布的概率密度函数曲线

下面简要讨论χ^2分布的几个常用性质.

(1)设随机变量 $X_1, X_2, \cdots, X_n$ 相互独立,且分别服从正态分布 $N(\mu_i, \sigma_i^2)$,则统计量

$$\chi^2 = \sum_{i=1}^{n} \frac{1}{\sigma_i^2} (X_i - \mu_i)^2 \sim \chi^2(n). \tag{6.9}$$

由χ^2分布的定义,该性质显然成立.

(2)设 $X_1 \sim \chi^2(n_1)$,$X_2 \sim \chi^2(n_2)$,且 X_1, X_2 相互独立,则

$$X_1 + X_2 \sim \chi^2(n_1 + n_2). \tag{6.10}$$

证明:根据χ^2分布的定义,X_1 是 n_1 个互相独立的服从总体为 $N(0,1)$ 的随机变量的平方和,X_2 是 n_2 个互相独立的服从总体为 $N(0,1)$ 的随机变量的平方和,又因为 X_1, X_2 相互独立,所以 $X_1 + X_2$ 是 $n_1 + n_2$ 个互相独立的服从总体为 $N(0,1)$ 的随机变量的平方和,故式(6.10)成立.这个性质称为χ^2分布的**可加性**.

(3)若 $X \sim \chi^2(n)$,则

$$E(X) = n, \quad D(X) = 2n. \tag{6.11}$$

证明:因为 $X \sim \chi^2(n)$,所以 X 可以表示为 $X = \sum_{i}^{n} X_i^2$,且 $X_i \sim N(0,1)(i = 1, 2, \cdots, n)$ 相互独立,即 $E(X_i) = 0, D(X_i) = 1$.

因为 $D(X_i) = E(X_i^2) - [E(X_i)]^2$,则 $E(X_i^2) = D(X_i) + [E(X_i)]^2 = 1$,所以

$$E(X) = E\left(\sum_{i=1}^{n} X_i^2\right) = \sum_{i=1}^{n} E(X_i^2) = n.$$

因为 $D(X_i^2) = E(X_i^4) - [E(X_i^2)]^2 = E(X_i^4) - 1 (i = 1, 2, \cdots, n)$,需要计算出 $E(X_i^4)$:

$$E(X_i^4) = \frac{1}{\sqrt{2\pi}} \int_{-\infty}^{+\infty} x^4 e^{-\frac{x^2}{2}} dx = -\frac{1}{\sqrt{2\pi}} \int_{-\infty}^{+\infty} x^3 (-xe^{-\frac{x^2}{2}}) dx = -\frac{1}{\sqrt{2\pi}} \int_{-\infty}^{+\infty} x^3 d(e^{-\frac{x^2}{2}})$$

$$= -\frac{1}{\sqrt{2\pi}} \left[x^3 e^{-\frac{x^2}{2}} \Big|_{-\infty}^{+\infty} - 3 \int_{-\infty}^{+\infty} x^2 e^{-\frac{x^2}{2}} dx \right] = 3 \int_{-\infty}^{+\infty} x^2 \frac{1}{\sqrt{2\pi}} e^{-\frac{x^2}{2}} dx = 3E(X_i^2)$$

$$= 3.$$

所以
$$D(X_i^2) = E(X_i^4) - [E(X_i^2)]^2 = 2.$$

因此
$$D(X) = \sum_{i}^{n} D(X_i^2) = 2n.$$

(4)根据中心极限定理,若 $X \sim \chi^2(n)$,则当 n 充分大时,$\dfrac{X-n}{\sqrt{2n}}$ 的分布近似于 $N(0,1)$.

6.3.2 t 分布

t 分布是格赛特(W. S. Gosset)于 1908 年以笔名 student 发表的论文中首次提出的,故该分布又称**学生氏分布**.

定义 6.3   设 $X \sim N(0,1)$,$Y \sim \chi^2(n)$,且 X 与 Y 相互独立,则统计量

$$T = \frac{X}{\sqrt{Y/n}} \tag{6.12}$$

所服从的分布称为自由度为 n 的 t **分布**,记作 $T \sim t(n)$.

t 分布的概率密度函数为

$$f(x;n) = \frac{\Gamma[(n+1)/2]}{\sqrt{n\pi}\,\Gamma(n/2)} \left[1 + \frac{x^2}{n}\right]^{-\frac{n+1}{2}}, -\infty < x < +\infty.$$

其中 $\Gamma(x)$ 的定义见 χ^2 分布.

不同自由度的 t 分布的概率密度函数曲线如图 6.3 所示.

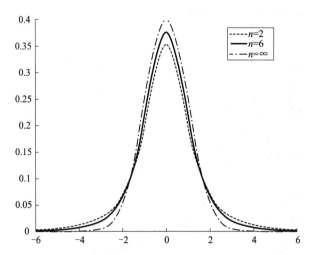

图 6.3　不同自由度的 t 分布的概率密度函数曲线

t 分布的基本性质如下:

(1) 当 $n = 1$ 时,t 分布的概率密度函数为

$$f(x) = \frac{1}{\pi}\frac{1}{1 + x^2}, \quad -\infty < x < +\infty.$$

此时该分布称为**柯西分布**.

(2) 当 $n > 1$ 时,$E(T) = 0$.

(3) 当 $n > 2$ 时,$D(T) = \dfrac{n}{n-2}$.(计算略)

(4) $\lim\limits_{n \to +\infty} f(x;n) = \dfrac{1}{\sqrt{2\pi}} \mathrm{e}^{-\frac{x^2}{2}}$,即当 n 充分大时,其分布与 $N(0,1)$ 近似.

6.3.3　F 分布

F 分布以著名统计学家费歇尔(R. A. Fisher) 的姓氏首字母命名.

定义 6.4　设 $X \sim \chi^2(n_1)$,$Y \sim \chi^2(n_2)$,且 X 与 Y 相互独立,则统计量

$$F = \frac{X/n_1}{Y/n_2} \tag{6.13}$$

所服从的分布称为自由度为 n_1 及 n_2 的 F **分布**,n_1 称为**第一自由度**,n_2 称为**第二自由度**,记作 $F \sim F(n_1, n_2)$.

根据式(6.13),显然 $\quad \dfrac{1}{F} = \dfrac{Y/n_2}{X/n_1} \sim F(n_2, n_1)$.

F 分布的概率密度函数为

$$f(x;n_1,n_2) = \begin{cases} \dfrac{\Gamma[(n_1+n_2)/2]}{\Gamma(n_1/2)\Gamma(n_2/2)}\left(\dfrac{n_1}{n_2}\right)\left(\dfrac{n_1}{n_2}x\right)^{\frac{n_1}{2}-1}\left(1+\dfrac{n_1}{n_2}x\right)^{-\frac{n_1+n_2}{2}} & \text{当 } x \geqslant 0, \\ 0 & \text{当 } x < 0 \end{cases}$$

其中 $\Gamma(x)$ 的定义见 χ^2 分布.

不同自由度的 F 分布的概率密度函数曲线如图 6.4 所示.

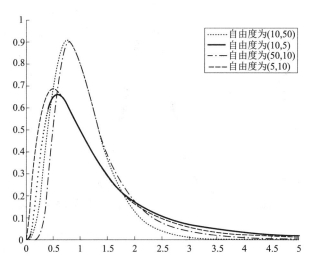

图 6.4　不同自由度的 F 分布的概率密度函数曲线

F 分布的基本性质如下:

(1) $E(F) = \dfrac{n_2}{n_2-2}(n_2 > 2)$,即它的数学期望并不依赖于第一自由度 n_1.（计算略）

(2) $D(F) = \dfrac{2n_2^2(n_1+n_2-2)}{n_1(n_2-2)^2(n_2-4)}(n_2 > 4)$.（计算略）

(3) 若 $T \sim t(n)$,则 $T^2 \sim F(1,n)$.（证明略）

6.3.4　概率分布的上分位数

分位数(分位点)是统计学中经常用到的一个数值指标.例如,我们可能会对某公司的持续盈利能力进行评价,可以采取盈利水平大于(或小于)某一个值的概率来进行判断.分位点的概念就可以用于进行类似问题的分析.

定义 6.5　设 $\alpha \in (0,1)$,对于给定的概率 α,对于随机变量 X,称满足

$$P\{X > x_\alpha\} = \alpha \tag{6.14}$$

的实数指标 x_α 为 X 的概率分布的**上分位数**.

上分位数的几何含义如图 6.5 所示.

若将式(6.14)修改为 $P\{X \leqslant x_\alpha\} = \alpha$,则 x_α 称为**下分位数**.本书使用上分位数的概念.

从定义 6.5 可以看出,分位数的概念实际上就是按照给定的概率,计算出随机变量的界限值的问题.对于本书常用的某些分布的分位数,我们一般是按照已经编制的分位数表进行查找.

对于 χ^2 分布,一般的分位数表只提供自由度 $n \leqslant 45$ 时的结果,对于 $n > 45$(可以认为是充分大)时,分位数 $\chi_\alpha^2(n)$ 使用下式进行近似计算:

$$\chi_\alpha^2(n) \approx \frac{1}{2}(z_\alpha + \sqrt{2n-1})^2,$$

其中 z_α 是标准正态分布的上分位数.

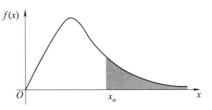

图 6.5 上分位数的几何含义

对于 t 分布,一般的分位数表也只提供 $n \leqslant 45$ 时的结果,对于 $n > 45$(可以认为是充分大)时,分位数 $t_\alpha(n) \approx z_\alpha$,$z_\alpha$ 的含义同 χ^2 分布. $t_{1-\alpha}(n) = -t_\alpha(n)$ 也是一个常用的性质.

对于 F 分布,分位数 F_α 有如下的性质:

$$F_{1-\alpha}(n_1, n_2) = 1/F_\alpha(n_2, n_1). \tag{6.15}$$

证明:若 $F \sim F(n_1, n_2)$,则

$$1 - \alpha = P\{F > F_{1-\alpha}(n_1, n_2)\} = P\left\{\frac{1}{F} < \frac{1}{F_{1-\alpha}(n_1, n_2)}\right\} = 1 - P\left\{\frac{1}{F} \geqslant \frac{1}{F_{1-\alpha}(n_1, n_2)}\right\},$$

所以

$$P\left\{\frac{1}{F} > \frac{1}{F_{1-\alpha}(n_1, n_2)}\right\} = \alpha,$$

又因为 $1/F \sim F(n_2, n_1)$,所以

$$F_\alpha(n_2, n_1) = \frac{1}{F_{1-\alpha}(n_1, n_2)}.$$

根据式(6.15),可以计算 F 分布不在分位数表中的分位数值.

§6.4 正态总体的样本均值与样本方差的分布

上一节定义了由正态总体派生的三大抽样分布,本节给出取自正态总体的样本均值、样本方差等统计量的分布特征.

定理 6.2 设 $X_1, X_2, \cdots, X_n$ 是取自正态总体 $N(\mu, \sigma^2)$ 的样本,则样本均值 $\overline{X}$ 满足

$$\overline{X} \sim N\left(\mu, \frac{\sigma^2}{n}\right), \tag{6.16}$$

$$\frac{\overline{X} - \mu}{\sigma/\sqrt{n}} \sim N(0, 1). \tag{6.17}$$

显然,由定理 6.1 可以直接推出此结论,习惯上把 $\dfrac{\sigma}{\sqrt{n}}$ 称作**样本均值的标准差**.

定理 6.3 设 $X_1, X_2, \cdots, X_n$ 是取自正态总体 $N(\mu, \sigma^2)$ 的样本,则样本均值 $\overline{X}$ 与样本方差 S^2 相互独立,且

$$\frac{(n-1)S^2}{\sigma^2} \sim \chi^2(n-1), \tag{6.18}$$

$$\frac{(\overline{X} - \mu)}{S/\sqrt{n}} \sim t(n-1). \tag{6.19}$$

证明: $\overline{X}$ 与 S^2 的独立性证明超出本书范围,故略去. 只证明 $\dfrac{(n-1)S^2}{\sigma^2}\sim\chi^2(n-1)$.

令 $Z_i=\dfrac{X_i-\mu}{\sigma}$,显然 $Z_i\sim N(0,1)$.

因为

$$\frac{(n-1)S^2}{\sigma^2}=\frac{(n-1)}{\sigma^2}\times\frac{1}{n-1}\sum_{i=1}^{n}(X_i-\overline{X})^2=\sum_{i=1}^{n}\left(\frac{X_i-\mu}{\sigma}-\frac{\overline{X}-\mu}{\sigma}\right)^2$$

$$=\sum_{i=1}^{n}(Z_i-\overline{Z})^2=\sum_{i=1}^{n}Z_i^2+n\overline{Z}^2-2\overline{Z}\sum_{i=1}^{n}Z_i$$

$$=\sum_{i=1}^{n}Z_i^2+n\overline{Z}^2-2\overline{Z}n\overline{Z}=\sum_{i=1}^{n}Z_i^2-n\overline{Z}^2,$$

且

$$\sqrt{n}\,\overline{Z}=\sqrt{n}\,\frac{1}{n}\sum_{i=1}^{n}Z_i=\sqrt{n}\,\frac{1}{n}\sum_{i=1}^{n}\frac{X_i-\mu}{\sigma}=\sqrt{n}\,\frac{\frac{1}{n}\sum_{i=1}^{n}X_i-\mu}{\sigma}=\frac{\overline{X}-\mu}{\sigma/\sqrt{n}}\sim N(0,1),$$

所以

$$\frac{(n-1)S^2}{\sigma^2}+n\,\overline{Z}^2=\sum_{i=1}^{n}Z_i^2\sim\chi^2(n).$$

因为 $n\,\overline{Z}^2=\left(\dfrac{\overline{X}-\mu}{\sigma/\sqrt{n}}\right)^2\sim\chi^2(1)$,根据 χ^2 分布的可加性,得

$$\frac{(n-1)S^2}{\sigma^2}\sim\chi^2(n-1).$$

再根据 t 分布的定义,得

$$\frac{(\overline{X}-\mu)}{S/\sqrt{n}}=\frac{(\overline{X}-\mu)}{\sigma/\sqrt{n}}\cdot\frac{1}{\sqrt{\dfrac{(n-1)S^2}{\sigma^2(n-1)}}}\sim t(n-1).$$

注: 若样本方差定义为 $S^2=\dfrac{1}{n}\sum_{i=1}^{n}(X_i-\overline{X})^2$,则结论需修改为 $\dfrac{nS^2}{\sigma^2}\sim\chi^2(n-1)$,自由度保持不变.

定理 6.4 已知 $X_1,X_2,\cdots,X_{n_1}$ 是取自正态总体 $X\sim N(\mu_1,\sigma^2)$ 的样本,其样本均值为 $\overline{X}$,样本方差为 S_X^2;$Y_1,Y_2,\cdots,Y_{n_2}$ 是取自正态总体 $Y\sim N(\mu_2,\sigma^2)$ 的样本,其样本均值为 $\overline{Y}$,样本方差为 S_Y^2. X 与 Y 相互独立. 则

$$\frac{\overline{X}-\overline{Y}-(\mu_1-\mu_2)}{\sqrt{\dfrac{(n_1-1)S_X^2+(n_2-1)S_Y^2}{n_1+n_2-2}}\sqrt{\dfrac{1}{n_1}+\dfrac{1}{n_2}}}\sim t(n_1+n_2-2) \tag{6.20}$$

证明: 根据定理 6.2,有

$$\overline{X}\sim N\left(\mu_1,\frac{\sigma^2}{n_1}\right),\overline{Y}\sim N\left(\mu_2,\frac{\sigma^2}{n_2}\right).$$

所以 $\overline{X}-\overline{Y}\sim N\left(\mu_1-\mu_2,\dfrac{\sigma^2}{n_1}+\dfrac{\sigma^2}{n_2}\right)$,进而

$$\frac{(\overline{X}-\overline{Y})-(\mu_1-\mu_2)}{\sigma\sqrt{1/n_1+1/n_2}}\sim N(0,1).$$

根据定理 6.3,有

$$\frac{(n_1-1)S_X^2}{\sigma^2}\sim\chi^2(n_1-1),\quad\frac{(n_2-1)S_Y^2}{\sigma^2}\sim\chi^2(n_2-1),$$

且它们相互独立. 再根据 χ^2 分布的可加性,得

$$\frac{(n_1-1)S_X^2}{\sigma^2}+\frac{(n_2-1)S_Y^2}{\sigma^2}\sim\chi^2(n_1+n_2-2).$$

根据 t 分布的定义,得

$$\frac{(\overline{X}-\overline{Y})-(\mu_1-\mu_2)}{\sigma\sqrt{1/n_1+1/n_2}}\bigg/\sqrt{\left[\frac{(n_1-1)S_X^2}{\sigma^2}+\frac{(n_2-1)S_Y^2}{\sigma^2}\right]/(n_1+n_2-2)}\sim t(n_1+n_2-2).$$

即式(6.20)成立.

定理 6.4 的两个正态总体的方差相同,得出样本均值差的分布规律. 若这两个总体的方差不同,则有如下的样本方差之比的分布规律:

定理 6.5 已知 $X_1,X_2,\cdots,X_{n_1}$ 是取自正态总体 $X\sim N(\mu_1,\sigma_1^2)$ 的样本,其样本均值为 $\overline{X}$,样本方差为 S_X^2；$Y_1,Y_2,\cdots,Y_{n_2}$ 是取自正态总体 $Y\sim N(\mu_2,\sigma_2^2)$ 的样本,其样本均值为 $\overline{Y}$,样本方差为 S_Y^2. X 与 Y 相互独立. 则

$$\frac{S_X^2/\sigma_1^2}{S_Y^2/\sigma_2^2}\sim F(n_1-1,n_2-1). \tag{6.21}$$

证明:根据定理 6.3,有 $\dfrac{(n_1-1)S_X^2}{\sigma_1^2}\sim\chi^2(n_1-1)$ 和 $\dfrac{(n_2-1)S_Y^2}{\sigma_2^2}\sim\chi^2(n_2-1)$ 成立,且它们相互独立. 由 F 分布的定义,得

$$\frac{(n_1-1)S_X^2}{\sigma_1^2(n_1-1)}\bigg/\frac{(n_2-1)S_Y^2}{\sigma_2^2(n_2-1)}=\frac{S_X^2/\sigma_1^2}{S_Y^2/\sigma_2^2}\sim F(n_1-1,n_2-1).$$

习　题

1. 设总体 $X\sim B(1,p)$,即 $P\{X=1\}=p$,$P\{X=0\}=1-p$,其中 p 是未知参数,X_1,$X_2,\cdots,X_n$ 是取自 X 的样本.

(1) 求$(X_1,X_2,\cdots,X_n)$ 的联合概率分布；

(2) $\sum\limits_{i=1}^{n}X_i,\max\limits_{1\leqslant i\leqslant n}X_i,X_n+p,\prod\limits_{i=1}^{n}X_i$ 中哪些量是统计量?

2. 设总体 $X\sim$ 泊松分布 $p(\lambda)$,$X_1,X_2,\cdots,X_n$ 是取自 X 的样本.

(1) 计算 $E\overline{X}$,$D\overline{X}$ 和 $E(S_n^2)$.

(2) 设取自该总体的样本容量为 10 的一组样本值为$(1,2,4,3,3,4,5,6,4,8)$,计算该样本的样本均值、样本方差和经验分布函数.

3. 设 X 的分布函数为 $F(x)$,经验分布函数为 $F_n(x)$,证明:

(1)$E[F_n(x)]=F(x)$；　　　　　　　　(2)$D[F_n(x)]=\dfrac{1}{n}F(x)[1-F(x)]$.

4. 设 $X_1, X_2, \cdots, X_n, X_{n+1}$ 是取自总体 X 的样本,记 $S_n^2 = \dfrac{1}{n} \sum\limits_{i=1}^{n} (X_i - \overline{X})^2$,证明:

(1) $\overline{X}_{n+1} = \overline{X}_n + \dfrac{1}{n+1} (X_{n+1} - \overline{X}_n)$;

(2) $S_{n+1}^2 = \dfrac{n}{n+1} \Big[S_n^2 + \dfrac{1}{n+1} (X_{n+1} - \overline{X}_n)^2 \Big]$.

5. 设 $X_1, X_2, \cdots, X_n, X_{n+1}, \cdots, X_{n+m}$ 是取自正态总体 $N(0, \sigma^2)$ 的样本,求下列统计量的概率分布:

(1) $Y = \dfrac{1}{\sigma^2} \sum\limits_{i=1}^{n+m} X_i$;   (2) $Z = \dfrac{\sqrt{m} \sum\limits_{i=1}^{n} X_i}{\sqrt{n} \sum\limits_{i=n+1}^{n+m} X_i^2}$;   (3) $F = \dfrac{m \sum\limits_{i=1}^{n} X_i^2}{n \sum\limits_{i=n+1}^{n+m} X_i^2}$.

6. 设 $X_1, X_2, \cdots, X_n$ 是取自正态总体 $N(\mu, \sigma^2)$ 的样本,$\overline{X}_n$ 和 S_n^2 分别是样本均值和样本方差. $X_{n+1} \sim N(\mu, \sigma^2)$,且 X_{n+1} 与 $X_1, X_2, \cdots, X_n$ 独立,求统计量

$$T = \frac{X_{n+1} - \overline{X}_n}{S_n} \sqrt{\frac{n-1}{n+1}}$$

的概率分布.

7. 设总体 X 的分布函数为 $F(x)$,概率密度函数为 $f(x)$. $X_1, X_2, \cdots, X_n$ 是取自 X 的一个样本,记 $X_{(1)} = \min\limits_{1 \leqslant i \leqslant n} X_i, X_{(n)} = \max\limits_{1 \leqslant i \leqslant n} X_i$. 求 $X_{(1)}$ 和 $X_{(n)}$ 各自的分布函数和概率密度函数.

8. 设总体 $X \sim N(80, 20^2)$,从 X 中取一个样本容量为 100 的样本. 问样本均值与总体均值之差的绝对值大于 3 的概率是多少.

9. 设 $X_1, X_2, \cdots, X_n$ 是取自正态总体 $N(0, \sigma^2)$ 的一个样本. 求如下统计量的概率密度函数:

(1) $Y_1 = \sum\limits_{i=1}^{n} X_i^2$;   (2) $Y_2 = \Big(\sum\limits_{i=1}^{n} X_i \Big)^2$.

10. 设 $\overline{X}_1, \overline{X}_2$ 是分别取自正态总体 $N(\mu, \sigma^2)$ 的样本容量为 n 的两个样本 $X_{11}, X_{12}, \cdots, X_{1n}$ 与 $X_{21}, X_{22}, \cdots, X_{2n}$ 的样本均值,试确定 n 使得 $P\Big\{ |\overline{X}_1 - \overline{X}_2| \geqslant \sigma \Big\} \approx 0.01$.

11. 从正态总体 $N(3.4, 6^2)$ 中取样本容量为 n 的一个样本,如果要求其样本均值位于区间 $(1.4, 1.5)$ 内的概率不小于 0.95,则样本容量 n 至少是多少?

12. 设总体 $X \sim B(1, p), X_1, X_2, \cdots, X_n$ 是取自 X 的样本,$\overline{X}$ 是样本均值. 若 $p = 0.2$,样本容量 n 取多大,才能使得:

(1) $P\Big\{ |\overline{X} - p| \leqslant 0.1 \Big\} \geqslant 0.75$;   (2) $E(|\overline{X} - p|^2) \leqslant 0.01$;

(3) 若 p 为未知参数,则对每个 p,样本容量 n 取多大才能保证 $E(|\overline{X} - p|^2) \leqslant 0.01$.

13. 设 $X_1, X_2, \cdots, X_n$ 是取自总体 X 的一个样本,μ 是常数,$\overline{X} = \dfrac{1}{n} \sum\limits_{i=1}^{n} X_i$. 证明:

(1) $\sum\limits_{i=1}^{n} (X_i - \mu)^2 = \sum\limits_{i=1}^{n} (X_i - \overline{X})^2 + n (\overline{X} - \mu)^2$;

(2) $\sum\limits_{i=1}^{n} (X_i - \overline{X})^2 = \sum\limits_{i=1}^{n} X_i^2 - n\overline{X}^2$.

14. 设总体 X 的 k 阶原点矩和中心矩分别为 $\nu_k = E(X^k)$，$\mu_k = E[X - E(X)]^k$，$k = 1, 2$，$3, 4$. 再设 $\overline{X^k}$ 和 m_k 分别是样本容量为 n 的样本 k 阶原点矩和中心矩，求证：

(1) $E(\overline{X} - \nu_1)^3 = \dfrac{\mu_3}{n^2}$；　　　　(2) $E(\overline{X} - \nu_1)^4 = \dfrac{3\mu_2}{n^2} + \dfrac{\mu_4 - 3\mu_2^2}{n^3}$.

15. 设 $Y = (X_1 + X_2 + X_3)^2 + (X_4 + X_5 + X_6)^2$，其中 $X_1, X_2, \cdots, X_6$ 是取自正态总体 $N(0,1)$ 的样本. 试求常数 C，使得 CY 服从 χ^2 分布.

16. 设 $X_1, X_2, \cdots, X_{10}$ 是取自正态总体 $N(0, 0.3^2)$ 的一个样本，求概率 $P\left\{\sum\limits_{i=1}^{10} X_i > 1.44\right\}$.

17. 设 $X_1, X_2, \cdots, X_m$ 和 $Y_1, Y_2, \cdots, Y_n$ 是分别取自两个独立的正态总体 $N(\mu_1, \sigma^2)$ 和 $N(\mu_2, \sigma^2)$ 的样本，α 和 β 是两个实数，求

$$Z = \frac{\alpha(\overline{X} - \mu_1) + \beta(\overline{Y} - \mu_2)}{\sqrt{\dfrac{mS_{1m}^2 + nS_{2n}^2}{m + n - 2}} \sqrt{\dfrac{\alpha^2}{m} + \dfrac{\beta^2}{n}}}$$

的概率分布，其中 $\overline{X}$、S_{1m}^2 和 $\overline{Y}$、S_{2n}^2 分别是两个样本的样本均值和样本方差.

18. 设总体 X 服从指数分布，其概率密度函数为

$$f(x) = \begin{cases} \lambda e^{-\lambda x} & \text{当 } x > 0 \\ 0 & \text{当 } x \leq 0 \end{cases}.$$

其中 $\lambda > 0$ 为常数. 求取自该总体的样本容量为 n 的样本均值 $\overline{X}$ 的分布.

19. 已知 $X \sim N(2, 0.5^2)$，现有取自 X 的一个样本容量为 9 的样本，样本均值为 $\overline{X}$. 求：

(1) $P\{1.5 \leq X \leq 3.5\}$；　　　　(2) $P\{1.5 \leq \overline{X} \leq 3.5\}$.

并简略说明本题中 X 的分布与 $\overline{X}$ 的分布之间的关系.

20. 设随机变量 $\xi = X^2 \sim \chi^2(n)$，求：

(1) X 的概率密度函数；　　　　(2) $Y = \dfrac{X}{\sqrt{n}}$ 的概率密度函数；

(3) 计算 $E(X)$ 和 $D(X)$.

21. 设 X_i 为相互独立的连续型随机变量，X_i 的概率分布函数为 $F_i(x_i)$，$i = 1, 2, \cdots, n$. 求证：$Y = -2 \sum\limits_{i=1}^{n} \ln F_i(x_i)$ 服从 $\chi^2(2n)$ 分布.

22. 已知某种材料的强度服从正态分布，且 $\mu = 1.56\,\text{kg}$，$\sigma = 0.22\,\text{kg}$. 从中抽取样本容量 $n = 50$ 的样本，求 $\overline{X}$ 小于 $1.45\,\text{kg}$ 的概率.

23. 某厂生产一种器件的使用寿命 $X \sim N(2\,250\text{h}, 250^2)$. 现进行质量检测，方法如下：任意挑选若干器件，如果这些器件的平均寿命超过 $2\,200\,\text{h}$，就认为产品合格，若要使检测通过的概率超过 0.997，问至少需检测多少个器件.

第7章 参数估计

在平面解析几何中,可以通过两个互异的点$(x_i,y_i)(i=1,2)$确定一条直线,设直线的斜率不等于∞,若直线的方程采用$y=kx+b$的形式刻画,那么这个方程(模型)中就存在两个未知参数k和b,通过待定系数法就可以将它们确定下来. 在数理统计学中,也有确定模型参数的问题. 例如,已知总体$X\sim N(\mu,\sigma^2)$,但其概率密度函数中参数μ,σ^2未知,一个自然的想法就是根据样本提供的信息对μ,σ^2作出合理的推断(估计);再如,若想采用泊松分布对某类随机现象进行建模,只要很好地估计出泊松分布的数学期望λ的值,其分布就确定下来了.

如上所述,确定直线方程的参数k和b,只要有两个互异的$x_i(i=1,2)$,那么这两个参数就被唯一确定. 而在数理统计学中,问题就变得复杂了,因为需要通过样本来计算总体服从的概率分布的模型参数,但是样本只是提供了总体的部分信息,不能唯一确定概率分布的模型参数.

因此,我们的提法是:若总体的分布模型$f(x;\theta)$已知,但模型参数$\theta(\theta$可以是标量或向量)未知. 对于连续型随机变量,$f(x;\theta)$为概率密度函数;对于离散型随机变量,$f(x;\theta)$为概率,称θ的可能取值范围Θ为**参数空间**. 我们只能通过样本来估计或推断出总体分布的模型参数θ,并评价在统计意义下这个估计结果与真实值的偏差的大小.

因为是通过样本对θ进行推断,所以不同的样本推断出的θ一般是不同的,也就是说,由样本推断出的θ是不确定的. 这就需要通过样本$(X_1,X_2,\cdots,X_n)$构造一个适当的统计量$\hat{\theta}(X_1,X_2,\cdots,X_n)$作为参数$\theta$的估计,称统计量$\hat{\theta}$为参数$\theta$的**估计量**;若$(x_1,x_2,\cdots,x_n)$为样本$(X_1,X_2,\cdots,X_n)$的观测值,则把$\hat{\theta}(x_1,x_2,\cdots,x_n)$称为$\theta$的一个**点估计值**(简称**估计值**). 因θ相当于数轴上的一个点,用$\hat{\theta}$作为θ的估计,相当于用一个点去估计另外一个点,所以这种估计方法称为**点估计方法**. 本章还会介绍参数的区间估计方法. 如果参数$\boldsymbol{\theta}=(\theta_1,\theta_2,\cdots,\theta_m)^{\mathrm{T}}$是一个向量,则需要构造$m$个统计量$\hat{\theta}_i(X_1,X_2,\cdots,X_n)(i=1,2,\cdots,m)$分别作为$\theta_i(i=1,2,\cdots,m)$的估计量.

§7.1 点 估 计

点估计的方法有多种,例如矩估计法、极大似然估计法和最小二乘法等. 本章只介绍矩估计法和极大似然估计法.

7.1.1 矩估计法

根据辛钦大数定律,样本矩依概率收敛于总体矩,而且在诸多概率分布中,分布模型中的参数又与分布的矩的计算结果密切相关,正态分布$N(\mu,\sigma^2)$的一阶原点矩和二阶中心矩与参数μ,σ^2之间的关系就是一个范例. 所以,用样本矩代替总体矩,进而得到总体分布模型中的参数估计量是一种很直观的估计方法,称这种方法为**矩估计法**,简称**矩法**,其本质是采用替换原则.

设总体的分布类型 $f(x;\theta_1,\theta_2,\cdots,\theta_m)$ 已知,$X_1,X_2,\cdots,X_n$ 是取自该总体的一个样本,若总体的 m 阶原点矩 $\nu_m = E(X^m)$ 存在,则当 $j < m$ 时,$\nu_j = E(X^j)$ 都存在,且这些矩是参数 $\theta_1,\theta_2,\cdots,\theta_m$ 的函数,即 $\nu_j = \nu_j(\theta_1,\theta_2,\cdots,\theta_m)(j=1,2,\cdots,m)$.

依次计算出样本$(X_1,X_2,\cdots,X_n)$的 j 阶原点矩为

$$\overline{X^j} = \frac{1}{n}\sum_{i=1}^{n}X_i^j, \quad j=1,2,\cdots,m.$$

基于替换原则,令

$$\begin{cases} \nu_1(\theta_1,\theta_2,\cdots,\theta_m) = \overline{X^1} \\ \nu_2(\theta_1,\theta_2,\cdots\cdots,\theta_m) = \overline{X^2} \\ \cdots\cdots \\ \nu_j(\theta_1,\theta_2,\cdots,\theta_m) = \overline{X^j} \\ \cdots\cdots \\ \nu_m(\theta_1,\theta_2,\cdots,\theta_m) = \overline{X^m} \end{cases}. \tag{7.1}$$

如果这个方程组有解,则得到参数 $\theta_1,\theta_2,\cdots,\theta_m$ 的估计量

$$\hat{\theta}_j = \hat{\theta}_j(X_1,X_2,\cdots,X_n), \quad j=1,2,\cdots,m. \tag{7.2}$$

式(7.2)中 $\hat{\theta}_j$ 就是参数分量 θ_j 的矩估计量,它们都是统计量.当然,也可以采用其他简单的记号来代替 $\hat{\theta}_j$,式(7.2)的表示方法仅仅是为了直观.

式(7.1)的替换方法是采用样本的各阶原点矩代替总体的各阶原点矩,也可以利用样本的各阶中心矩替换总体的各阶中心矩构建关于参数的方程组,即

$$E\left[X-E(X)\right]^j = \frac{1}{n}\sum_{i=1}^{n}(X_i-\overline{X})^j, \quad j=1,2,\cdots,m. \tag{7.3}$$

当然,也可以从式(7.1)和式(7.3)中选择某些方程,组合成混合型的方程组进行参数估计,这正是矩估计方法的灵活性.

例 7.1 设 $X_1,X_2,\cdots,X_n$ 是取自某总体 X 的样本,若其总体均值与总体方差存在,求总体均值与方差的矩估计量.

解:总体均值和总体方差分别 $E(X)$ 和 $D(X)$,而 $D(X) = E(X)^2 - [E(X)]^2$.

根据替换原则,得到如下方程组:

$$\begin{cases} \nu_1 = E(X) = \overline{X} \\ \nu_2 = E(X^2) = D(X) + [E(X)^2] = \overline{X^2} \end{cases}. \tag{7.4}$$

记 $E(X)$ 和 $D(X)$ 的估计量分别为 $\hat{E}(X)$ 和 $\hat{D}(X)$,把式(7.4)中的 $E(X)$ 和 $D(X)$ 分别用 $\hat{E}(X)$ 和 $\hat{D}(X)$ 进行替换,得

$$\overline{X} = \frac{1}{n}\sum_{i=1}^{n}X_i \overset{\triangle}{=} \hat{E}(X),$$

$$\overline{X^2} - (\overline{X})^2 = \frac{1}{n}\sum_{i=1}^{n}(X_i-\overline{X})^2 = B_2 \overset{\triangle}{=} \hat{D}(X).$$

若 $X_1,X_2,\cdots,X_n$ 的一组观测值为 $x_1,x_2,\cdots,x_n$,将这些观测值代入以上两式即可得到

$E(X)$ 和 $D(X)$ 的矩估计值.

从以上结果看出,实际上 $D(X)$ 可以直接使用样本的二阶中心矩进行替换,从而省略解方程组的过程.

注意: 本书第 6 章定义的样本方差 $S^2 = \dfrac{1}{n-1} \sum_{i=1}^{n} (X_i - \overline{X})^2$ 与样本的二阶中心矩是不同的.故本例中不能使用"利用样本方差替换总体方差"的表述.

根据例 7.1 的结果,可以得到正态总体 $N(\mu, \sigma^2)$ 的参数 μ, σ^2 的矩估计量,即

$$\hat{\mu} = \frac{1}{n} \sum_{i=1}^{n} X_i, \quad \hat{\sigma}^2 = \frac{1}{n} \sum_{i=1}^{n} (X_i - \overline{X})^2.$$

同理,泊松分布的参数 λ 的矩估计量为 $\hat{\lambda} = \dfrac{1}{n} \sum_{i=1}^{n} X_i$.但是,因为泊松分布的方差也为 λ,所以参数 λ 的矩估计量也可以为 $\hat{\lambda} = \dfrac{1}{n} \sum_{i=1}^{n} (X_i - \overline{X})^2$.

因此,我们自然可以得出总体参数的矩估计量不具有唯一性的结论.根据所选择的样本矩的不同,同一参数的矩估计量可能存在差异.矩估计法具有灵活性的同时,也使得计算结果存在一定程度的随意性.

例 7.2 设例 7.1 中的总体为 $[a, b]$ 上的均匀分布,但 a, b 未知.根据取自该总体的样本 $X_1, X_2, \cdots, X_n$,利用矩估计法计算 a, b 的点估计.

解: 因 $[a, b]$ 上的均匀分布的数学期望和方差分别为 $E(X) = \dfrac{a+b}{2}, D(X) = \dfrac{(b-a)^2}{12}$,则根据例 7.1 的结果,建立如下的方程组:

$$\begin{cases} \overline{X} = \dfrac{a+b}{2} \\ \dfrac{1}{n} \sum_{i=1}^{n} (X_i - \overline{X})^2 = \dfrac{(b-a)^2}{12} \end{cases},$$

解得 a, b 的矩估计量分别为

$$\hat{a} = \overline{X} - \sqrt{\frac{3}{n} \sum_{i=1}^{n} (X_i - \overline{X})^2}, \quad \hat{b} = \overline{X} + \sqrt{\frac{3}{n} \sum_{i=1}^{n} (X_i - \overline{X})^2}.$$

例 7.3 设 $X_1, X_2, \cdots, X_n$ 是取自总体 X 的一个样本,且总体的概率密度函数为

$$f(x) = \begin{cases} (\alpha+1)x^{\alpha} & \text{当 } 0 < x < 1 \\ 0 & \text{其他} \end{cases}$$

其中 $\alpha(\alpha > -1)$ 是该分布的未知参数,计算参数 α 的矩估计量.

解: 先计算总体的数学期望

$$E(X) = \int_0^1 x(\alpha+1)x^{\alpha} \, \mathrm{d}x = (\alpha+1) \int_0^1 x^{\alpha+1} \, \mathrm{d}x = \frac{\alpha+1}{\alpha+2},$$

由矩估计方法,令

$$\overline{X} = \frac{\alpha+1}{\alpha+2},$$

解得 $\hat{\alpha} = \dfrac{2\overline{X}-1}{1-\overline{X}}$ 为 α 的矩估计量.

7.1.2　极大似然估计法

极大(最大)似然估计法是在总体分布已知的条件下所使用的一种参数估计方法. 1821 年德国数学家高斯提出了该方法, 1912 年英国统计学家费歇尔重新发现了这个方法, 并对该方法进行了深入研究, 因此极大似然估计法一般归功于费歇尔.

极大似然(Maximum Likelihood)从字面上理解就是"看起来最像". 下面我们举一个例子简单说明极大似然的基本思想.

设有外形完全相同的两个箱子, 甲箱里有 99 个白球和 1 个黑球, 乙箱里有 1 个白球和 99 个黑球. 今随机地抽取一箱, 然后再从该箱中任取一球, 结果发现是白球. 问这个箱子是甲箱还是乙箱.

分析: 如果该箱是甲箱, 则取得白球的概率是 0.99; 如果该箱是乙箱, 则取得白球的概率 0.01. 经过一次试验就取出了白球, 那么我们有理由推断出该箱子是甲箱.

通过这个试验我们不难看出极大似然估计的直观思想: 试验条件对试验结果的出现有利时, 一次试验就出现的事件就具有较大的概率.

利用极大似然估计法进行参数估计, 就是根据来自总体的一个样本推断出总体分布的参数, 使得试验结果的发生具有最大的概率.

需要注意的是, 我们这里做的是统计推断, 而不是逻辑推断, 统计推断伴随着一定的推断错误(犯错)的概率.

例 7.4　设 $X \sim B(1,p)$, 参数 p 未知. $X_1,\cdots,X_n$ 是取自该总体的一个样本, 样本值为 $x_1, x_2,\cdots,x_n$. 试根据该样本确定参数 p, 使得 $(x_1,x_2,\cdots,x_n)$ 出现的概率最大.

解: 因 $X \sim B(1,p)$, 即 X 的分布律为
$$P\{X = x\} = p^x (1-p)^{1-x}, \quad x = 0,1.$$
样本 $X_1,X_2,\cdots,X_n$ 取得观测值 $x_1,x_2,\cdots,x_n$ 的概率为
$$P\{X_1 = x_1, X_2 = x_2,\cdots,X_n = x_n\} = \prod_{i=1}^{n} p^{x_i} (1-p)^{1-x_i} = p^{\sum_{i=1}^{n} x_i} (1-p)^{n-\sum_{i=1}^{n} x_i} \triangleq L(p),$$
因为 $L(p)$ 与 $\ln L(p)$ 具有相同的极大值点 p, 则
$$\ln L(p) = \left[\sum_{i=1}^{n} x_i\right] \ln p + \left[n - \sum_{i=1}^{n} x_i\right] \ln(1-p),$$
由极值的必要条件, 令
$$\frac{\mathrm{d}}{\mathrm{d}p}\ln L(p) = \frac{\sum_{i=1}^{n} x_i}{p} - \frac{n-\sum_{i=1}^{n} x_i}{1-p} = 0,$$
解得
$$(1-p) \sum_{i=1}^{n} x_i = p\left[n - \sum_{i=1}^{n} x_i\right],$$
从而得到参数 p 的估计值 $\hat{p} = \frac{1}{n}\sum_{i=1}^{n} x_i$. 容易验证, $\hat{p}$ 是 $L(p)$ 的极大值点. 不难发现, $\hat{p}$ 与参数 p 的矩估计值相同.

从这个例子可以看出, 通过样本推断出分布 $B(1,p)$ 的参数, 使得某事件发生的概率达到

极大.因此,称上例的参数估计方法为**极大似然估计法**.

若总体 X 的样本的联合概率密度函数(离散型或连续型)$f(x;\theta \in \Theta)$ 已知,参数 θ 未知. X_1, $X_2,\cdots,X_n$ 是取自 X 的一个样本,样本值为 $x_1,x_2,\cdots,x_n$. 极大似然估计法计算分布参数的步骤如下:

1. 离散总体

计算联合概率函数 $f(x_1,x_2,\cdots,x_n;\theta)=\prod\limits_{i=1}^{n}f(x_i;\theta)\stackrel{\triangle}{=}L(\theta)$,称 $L(\theta)$ 为样本的**似然函数**. 固定 $x_1,x_2,\cdots,x_n$,让 θ 变化,可能存在 $\hat{\theta}=\hat{\theta}(x_1,x_2,\cdots,x_n)$ 使 $L(\theta)$ 达到极大.计算出参数的极大似然估计值 $\hat{\theta},\hat{\theta}=\hat{\theta}(X_1,X_2,\cdots,X_n)$ 即为参数 θ 的极大似然估计量.

2. 连续总体

对于连续型总体,需要计算样本 $(X_1,X_2,\cdots,X_n)$ 落入点 $(x_1,x_2,\cdots,x_n)$ 的邻域内的概率,其值近似为 $\prod\limits_{i=1}^{n}f(x_i;\theta)\Delta x_i$,因 $(x_1,x_2,\cdots,x_n)$ 在一次抽样中出现,就可以认为样本 $(X_1,X_2,\cdots,X_n)$ 落入 $(x_1,x_2,\cdots,x_n)$ 的邻域内的概率达到最大.因此,计算出使 $\prod\limits_{i=1}^{n}f(x_i;\theta)\Delta x_i$ 达到最大的 $\hat{\theta}=\hat{\theta}(x_1,x_2,\cdots,x_n)$ 即可.又因为 Δx_i 与参数 θ 无关,最后仍然是计算使

$$f(x_1,x_2,\cdots,x_n;\theta)=\prod_{i=1}^{n}f(x_i;\theta)\stackrel{\triangle}{=}L(\theta)$$

取极大值的参数 $\hat{\theta}=\hat{\theta}(x_1,x_2,\cdots,x_n)$. 与离散型情形一样,称 $L(\theta)$ 为样本的**似然函数**,$\hat{\theta}=\hat{\theta}(x_1,x_2,\cdots,x_n)$ 为参数 θ 的**极大似然估计值**,称 $\hat{\theta}=\hat{\theta}(X_1,X_2,\cdots,X_n)$ 为参数 θ 的**极大似然估计量**.

综上,极大似然估计的计算步骤就是先构造出似然函数

$$L(\theta)=L(x_1,x_2,\cdots,x_n;\theta)=\prod_{i=1}^{n}f(x_i;\theta), \tag{7.5}$$

计算出极大似然估计值 $\hat{\theta}=\hat{\theta}(x_1,x_2,\cdots,x_n)$,使得

$$L(\hat{\theta})=\max_{\theta \in \Theta}L(x_1,x_2,\cdots,x_n;\theta) \tag{7.6}$$

成立.

计算似然函数 $L(\theta)$ 的极值,可以应用微积分中计算极值的相关知识,直接对似然函数 $L(\theta)$ 进行求导计算.如果 $L(\theta)$ 的形式比较复杂,因 $\ln x$ 是 x 的单调增函数,对数似然函数 $\ln L(\theta)$ 与 $L(\theta)$ 的极值点相同,且计算 $\ln L(\theta)$ 的极大值点通常比较方便,故可建立如下的似然方程:

$$\frac{\mathrm{d}\ln L(\theta)}{\mathrm{d}\theta}=0, \tag{7.7}$$

求解得到参数 θ 的极大似然估计值 $\hat{\theta}=\hat{\theta}(x_1,x_2,\cdots,x_n)$.

如果 θ 是向量,则需要计算似然函数或对数似然函数的梯度,使其满足极值的必要条件,即求解似然方程组.

有时采用求导的方法计算极大似然估计值可能行不通,那么就需要用极大似然原则进行计算了.

例 7.5 设 $X \sim N(\mu,\sigma^2)$,μ,σ^2 是未知参数. $X_1,X_2,\cdots,X_n$ 是取自 X 的一个样本,样本值为 $x_1,x_2,\cdots,x_n$. 求 μ,σ^2 的极大似然估计.

解: X 的概率密度为

$$f(x;\mu,\sigma^2)=\frac{1}{\sqrt{2\pi}\sigma}\exp\Big[-\frac{1}{2\sigma^2}(x-\mu)^2\Big];$$

似然函数为

$$L(\mu,\sigma^2)=\prod_{i=1}^{n}\frac{1}{\sqrt{2\pi}\sigma}\exp\Big[-\frac{1}{2\sigma^2}(x_i-\mu)^2\Big].$$

两边取对数得

$$\ln L=-\frac{n}{2}\ln(2\pi)-\frac{n}{2}\ln\sigma^2-\frac{1}{2\sigma^2}\sum_{i=1}^{n}(x_i-\mu)^2.$$

分别求关于 μ,σ^2 的偏导数,得到似然方程组

$$\begin{cases}\dfrac{\partial\ln L}{\partial\mu}=0\\[2mm]\dfrac{\partial\ln L}{\partial\sigma^2}=0\end{cases}\Rightarrow\begin{cases}\dfrac{1}{\sigma^2}\Big(\displaystyle\sum_{i=1}^{n}x_i-n\mu\Big)=0\\[3mm]-\dfrac{n}{2\sigma^2}+\dfrac{1}{2\sigma^4}\displaystyle\sum_{i=1}^{n}(x_i-\mu)^2=0\end{cases}.$$

解得 μ,σ^2 的极大似然估计值

$$\hat{\mu}=\frac{1}{n}\sum_{i=1}^{n}x_i=\bar{x};$$

$$\hat{\sigma}^2=\frac{1}{n}\sum_{i=1}^{n}(x_i-\bar{x})^2.$$

相应地,得到极大似然估计量

$$\hat{\mu}=\frac{1}{n}\sum_{i=1}^{n}X_i=\overline{X};\quad\hat{\sigma}^2=\frac{1}{n}\sum_{i=1}^{n}(X_i-\overline{X})^2.$$

按照例 7.5 的计算过程,可以计算出泊松分布 $P(X=k)=\dfrac{\lambda^k\mathrm{e}^{-\lambda}}{k!}(k=0,1,2,\cdots)$ 的参数 λ 的极大似然估计值 $\hat{\lambda}=\bar{x}$ 及极大似然估计量 $\hat{\lambda}=\dfrac{1}{n}\displaystyle\sum_{i=1}^{n}X_i=\overline{X}$.

例 7.6　设 $X_1,X_2,\cdots,X_n$ 是取自总体

$$X\sim f(x)=\begin{cases}\dfrac{1}{\theta}\mathrm{e}^{-(x-\mu)/\theta}&当\ x\geqslant\mu\\[2mm]0&其他\end{cases}$$

的一个样本,样本值为 $x_1,\cdots,x_n.\ \theta,\mu$ 为未知参数且 $\theta>0$. 求 θ,μ 的极大似然估计.

解: 似然函数为

$$L(\theta,\mu)=\begin{cases}\displaystyle\prod_{i=1}^{n}\frac{1}{\theta}\mathrm{e}^{-(x_i-\mu)/\theta}&当\ x_i\geqslant\mu(i=1,2,\cdots,n)\\[2mm]0&其他\end{cases}$$

$$=\begin{cases}\dfrac{1}{\theta^n}\mathrm{e}^{-\frac{1}{\theta}\sum\limits_{i=1}^{n}(x_i-\mu)}&当\ \min x_i\geqslant\mu(i=1,2,\cdots,n)\\[2mm]0&其他\end{cases};$$

对数似然函数为

$$\ln L(\theta,\mu)=-n\ln\theta-\frac{1}{\theta}\sum_{i=1}^{n}(x_i-\mu).$$

对 θ,μ 分别求偏导,建立似然方程组. 首先,

$$\frac{\partial \ln L(\theta,\mu)}{\partial \theta} = -\frac{n}{\theta} + \frac{1}{\theta^2}\sum_{i=1}^{n}(x_i - \mu) = 0,$$

得

$$\theta = \frac{1}{n}\sum_{i=1}^{n}(x_i - \mu).$$

而

$$\frac{\partial \ln L(\theta,\mu)}{\partial \mu} = \frac{n}{\theta} = 0$$

是无意义的,所以本例仅通过求偏导计算 μ 的极大似然估计值是行不通的.

我们重新分析一下似然函数的特征. 当 $\mu \leqslant \min x_i (i = 1,2,\cdots,n)$ 时,$L(\theta,\mu) > 0$ 并且是 μ 的增函数. μ 取其他值时,$L(\theta,\mu) = 0$. 所以,使 $L(\theta,\mu)$ 达到最大的 μ 应该等于 $\min_{1\leqslant i \leqslant n}\{x_i\}$,即 μ 的极大似然估计值

$$\hat{\mu} = \min_{1\leqslant i \leqslant n}\{x_i\},$$

从而 θ 的极大似然估计值

$$\hat{\theta} = \frac{1}{n}\sum_{i=1}^{n}(x_i - \hat{\mu}).$$

极大似然估计具有一个称为"不变性"的性质(证明略). 设 $\hat{\theta}$ 是 $f(x;\theta \in \Theta)$ 的极大似然估计,θ 的函数 $g(\theta)$ 是参数空间 Θ 上的实值函数,且 $g(\theta)$ 具有单值反函数,则 $g(\hat{\theta})$ 是 $g(\theta)$ 的极大似然估计.

例 7.5 中 σ^2 的极大似然估计量是 $\hat{\sigma}^2 = \frac{1}{n}\sum_{i=1}^{n}(X_i - \overline{X})^2$,由上述性质可得 $\hat{\sigma} = \sqrt{\frac{1}{n}\sum_{i=1}^{n}(X_i - \overline{X})^2}$ 是标准差 σ 的极大似然估计.

例 7.7 设 $X \sim U[a,b]$,a,b 是未知参数,$X_1,X_2,\cdots,X_n$ 是取自总体 X 的一个样本,对应的样本值为 $x_1,x_2,\cdots,x_n$,求 a,b 的极大似然估计量.

解:设 $x_{(1)} = \min_{1\leqslant i \leqslant n} x_i$,$x_{(n)} = \max_{1\leqslant i \leqslant n} x_i$. 已知 X 的概率密度为

$$f(x;a,b) = \begin{cases} \dfrac{1}{b-a} & \text{当 } a \leqslant x \leqslant b \\ 0 & \text{其他} \end{cases}.$$

因为 $a \leqslant x_1,x_2,\cdots,x_n \leqslant b$ 等价于 $a \leqslant x_{(1)},x_{(n)} \leqslant b$,似然函数

$$L(a,b) = \begin{cases} \dfrac{1}{(b-a)^n} & \text{当 } a \leqslant x_{(1)},b \geqslant x_{(n)} \\ 0 & \text{其他} \end{cases}.$$

对于满足 $a \leqslant x_{(1)},b \geqslant x_{(n)}$ 的任意 a,b,有

$$L(a,b) = \frac{1}{(b-a)^n} \leqslant \frac{1}{(x_{(n)} - x_{(1)})^n},$$

即 $L(a,b)$ 在 $a = x_{(1)},b = x_{(n)}$ 时,取最大值 $\dfrac{1}{(x_{(n)} - x_{(1)})^n}$.

所以 a,b 的极大似然估计值为 $\hat{a} = x_{(1)} = \min_{1\leqslant i \leqslant n}\{x_i\}$,$\hat{b} = x_{(n)} = \max_{1\leqslant i \leqslant n}\{x_i\}$,极大似然估计量

为 $\hat{a} = \min X_i, \hat{b} = \max X_i$.

§7.2 估计量的评选标准

因点估计方法的结果不具有唯一性,即对于总体 X 分布的同一未知参数进行估计,采用不同的参数估计方法,可能会得到多个不同的估计量. 要判断哪个估计量更好,就需要建立评价标准来评判估计量的优劣. 本节介绍 3 个常用的评价准则:无偏性、有效性和一致性.

7.2.1 无偏性

$\hat{\theta}(X_1, X_2, \cdots, X_n)$ 作为参数 $\theta \in \Theta$ 的估计量,我们当然希望二者越接近越好. 但问题在于 $\hat{\theta}$ 是一个随机变量,其估计值依样本观测值而变.

我们重新分析一下例 7.1 的矩估计结果. $E(X)$ 的矩估计结果为 $\overline{X} \triangleq \hat{E}(X)$. 利用定理 6.1,可得

$$E[\hat{E}(X)] = E(\overline{X}) = E(X),$$

$$D[\hat{E}(X)] = D(\overline{X}) = \frac{D(X)}{n}.$$

从上述两个结果可以看出,用样本均值 $\overline{X}$ 作为总体均值 $E(X)$ 的估计,$\overline{X}$ 与 $E(X)$ 之间的偏差只能是随机产生的,且 $\overline{X}$ 应该在 $E(X)$ 两侧随机摆动. 因 $D(\overline{X}) = \frac{D(X)}{n}$,$n$ 越大,样本均值 $\overline{X}$ 方差越小,说明大数次重复采样会避免系统性(全局性)的过高或过低的偏差,把 $\overline{X}$ 取平均后就集中在 $E(X)$,也就是 $E(\overline{X}) = E(X)$ 所表达的含义,就是说从全局平均上来看,$\overline{X}$ 作为 $E(X)$ 的估计量是合适的,性态良好,不存在系统性偏差.

定理 6.1 还有另外一个结果

$$E(B_2) = E\left[\frac{1}{n} \sum_{i=1}^{n} (X_i - \overline{X})^2\right] = \frac{n-1}{n} D(X).$$

这说明利用样本二阶中心矩 $B_2 \triangleq \hat{D}(X)$ 作为总体方差 $D(X)$ 的估计时,仍然从全局平均上看,$E(B_2)$ 不等于 $D(X)$,比 $D(X)$ 略小,就不具有利用样本均值 $\overline{X}$ 作为总体均值 $E(X)$ 的估计时的良好性质. 因为 $E(B_2) \neq D(X)$,说明同样进行重复采样,B_2 看似在 $D(X)$ 两侧随机摆动,实际上 B_2 更多的是落在 $D(X)$ 左侧 $[E(B_2) < D(X)]$,这是一种系统性偏差. 这就是说,从全局平均上看,B_2 作为 $D(X)$ 的估计,除了含有随机误差以外,还存在一种系统性偏差.

在进行参数估计时,我们当然不希望存在这种系统性的偏差. 在统计学上,把没有系统性偏差的性质称为**无偏性**.

定义 7.1 设 $\hat{\theta}(X_1, X_2, \cdots, X_n)$ 为未知参数 $\theta \in \Theta$ 的估计量,若对 $\forall \theta \in \Theta, E(\hat{\theta}) = \theta$ 成立,则称 $\hat{\theta}(X_1, X_2, \cdots, X_n)$ 是 θ 的**无偏估计量**,否则是有偏的.

因此,例 7.1 中的样本均值 $\overline{X}$ 是总体均值 $E(X)$ 的无偏估计,而 B_2 不是 $D(X)$ 的无偏估计. 再次回顾定理 6.1,可以得到本书定义的样本方差 $S^2 = \frac{1}{n-1} \sum_{i=1}^{n} (X_i - \overline{X})^2$ 是 $D(X)$ 的无偏估计.

因

$$E\left(\frac{1}{n}\sum_{i=1}^{n}X_i^k\right)=\frac{1}{n}E\left(\sum_{i=1}^{n}X_i^k\right)=\frac{1}{n}\sum_{i=1}^{n}E(X_i^k)=\frac{1}{n}\sum_{i=1}^{n}E(X^k)=E(X^k),$$

所以样本的 k 阶原点矩是 $E(X^k)$ 的无偏估计量.

例 7.8 设总体 X 服从 $[0,\theta]$ 上的均匀分布,其密度函数为

$$f(x;\theta)=\begin{cases}\dfrac{1}{\theta} & \text当 0<x\leqslant\theta,0<\theta<\infty,\\ 0 & \text其他\end{cases}$$

求 θ 的无偏估计.

解: 因

$$E(X)=\int_0^\theta x\,\frac{1}{\theta}\mathrm{d}x=\frac{1}{\theta}\cdot\frac{x^2}{2}\Big|_0^\theta=\frac{\theta}{2},$$

利用矩估计法得 $\dfrac{\theta}{2}=\overline{X}$,即 $\hat{\theta}=2\overline{X}$. 因为 $E(\hat{\theta})=2E(\overline{X})=2E(X)=2\cdot\dfrac{\theta}{2}=\theta$. 所以 $\hat{\theta}=2\overline{X}$ 是 θ 的无偏估计量.

从 S^2 是 $D(X)$ 的无偏估计,又 $B_2=\dfrac{n-1}{n}S^2$,而 B_2 不是 DX 的无偏估计,可以得出一个一般性的结论:若 $\hat{\theta}$ 是 θ 的无偏估计,则函数 $\varphi(\hat{\theta})$ 并不一定是 $\varphi(\theta)$ 的无偏估计.

根据 B_2 与 S^2 之间的关系,一般地,把有偏估计修正成为无偏估计,可以采用如下的变换来进行:

设 $\hat{\theta}$ 是 θ 的有偏估计,且 $\hat{\theta}=a+b\theta$,a 和 b 都是常数,于是我们能够构造出参数 θ 的一个无偏估计量 $\tilde{\theta}=\dfrac{\hat{\theta}-a}{b}$.

从以上的分析过程来看,无偏性是对估计量优劣评价的一个常见且重要的标准,它在统计实践上的要求就是要保证评估结果不存在系统性的偏差.

7.2.2 有效性

同一参数 θ 具有多个无偏估计量是很正常的,那么如何在它们之中找到一个更好的估计量呢?这就涉及参数估计有效性的概念.

在统计量均值存在的条件下,定义 7.1 等价于 $E(\hat{\theta}-\theta)=0$,通常把 $\hat{\theta}-\theta$ 称为**随机误差**. 满足无偏性是说不存在系统误差,也就是从平均意义上看,正负误差相互抵消,但这不能说明随机误差就自然很小,相反随机误差可能很大. 当随机误差很大时,即便估计量是无偏的,此时的估计量也不应该投入应用环节.此时引入随机误差的方差就可以评价哪个无偏估计量效果更优.

设 $\hat{\theta}_1$ 和 $\hat{\theta}_2$ 都是参数 θ 的无偏估计量,由于 $D(\hat{\theta}_1)=E(\hat{\theta}_1-\theta)^2$、$D(\hat{\theta}_2)=E(\hat{\theta}_2-\theta)^2$,自然地,无偏估计量以方差较小者为优胜者,说明优胜者的取值在数学期望附近的波动范围较小.

定义 7.2 设 $\hat{\theta}_1(X_1,\cdots,X_n)$ 和 $\hat{\theta}_2=\hat{\theta}_2(X_1,\cdots,X_n)$ 都是参数 θ 的无偏估计量,若有
$$D(\hat{\theta}_1)<D(\hat{\theta}_2),$$
则称 $\hat{\theta}_1$ 较 $\hat{\theta}_2$ **有效**.

例 7.9　设总体 X 服从参数为 λ 的泊松分布，$X_1,\cdots,X_n$ 是取自该总体的一个样本，且 $n\geqslant 2$.
求证：

(1) $\hat{\lambda}_1=\overline{X}$ 和 $\hat{\lambda}_2=\dfrac{1}{2}(X_1+X_2)$ 都是 λ 的无偏估计量；

(2) $\hat{\lambda}_1$ 比 $\hat{\lambda}_2$ 更有效.

证明：(1) 因为 $E(X)=\lambda,D(X)=\lambda$，所以

$$E(\hat{\lambda}_1)=E(\overline{X})=E\left[\frac{1}{n}\sum_{i=1}^{n}X_i\right]=\frac{1}{n}\sum_{i=1}^{n}E(X)=\frac{1}{n}\cdot n\lambda=\lambda.$$

同理，

$$E(\hat{\lambda}_2)=E\left[\frac{X_1+X_2}{2}\right]=\lambda.$$

所以，$\hat{\lambda}_1=\overline{X}$ 和 $\hat{\lambda}_2=\dfrac{1}{2}(X_1+X_2)$ 都是 λ 的无偏估计量.

(2) $D(\hat{\lambda}_1)=D(\overline{X})=\dfrac{D(X)}{n}=\dfrac{\lambda}{n}$,

$$D(\hat{\lambda}_2)=D\left[\frac{X_1+X_2}{2}\right]=\frac{D(X)}{2}=\frac{\lambda}{2}.$$

因 $n\geqslant 2,D(\hat{\lambda}_1)\leqslant D(\hat{\lambda}_2)$，所以 $\hat{\lambda}_1$ 比 $\hat{\lambda}_2$ 更有效.

进一步就可以得到数理统计中常用的最小方差无偏估计的定义.

定义 7.3　设 $\hat{\theta}=\hat{\theta}(X_1,\cdots,X_n)$ 是未知参数 θ 的估计量，若 $\hat{\theta}$ 满足：
(1) $E(\hat{\theta})=\theta$,
(2) $D(\tilde{\theta})=\min\limits_{\hat{\theta}\in\Theta}D(\hat{\theta})$,

则称 $\tilde{\theta}$ 是 θ 的**最小方差无偏估计量**，或**最佳无偏估计量**.

7.2.3　一致性

设 $X_1,\cdots,X_n$ 是取自总体 X 的一个样本，利用矩估计法自然得到 $\overline{X}$ 是 $E(X)$ 的估计. 再根据辛钦大数定律，对任意 $\varepsilon>0$，有

$$\lim_{n\to\infty}P\{|\overline{X}-E(X)|\geqslant\varepsilon\}=0$$

成立. 且对于任意 k，只要 $E(X^k)$ 存在，同样有

$$\lim_{n\to\infty}P\{|\overline{X^i}-E(X^i)|\geqslant\varepsilon\}=0,\quad i=1,2,\cdots,k$$

成立.

这说明，采用矩估计法所得到的总体均值 $E(X)$ 和各阶原点矩 $E(X^i)(i\leqslant k)$ 的矩估计量 $\overline{X}$ 和 $\overline{X^i}$，当 n 很大时，它们分别与各自真值的差小于 ε 的概率趋近于 1，也就是说这里的矩估计量与真值接近的可能性很大. 因采用的参数估计方法不同，对同一参数可以构造出多个估计量，这些估计量并非都具有与各自真值的差小于 ε 的概率趋近于 1 的性质. 但我们恰恰希望估计量具有这一性质，即随着样本容量的增大，一个估计量稳定于待估参数的真值，这就是参数估计的一致性（相合性）准则.

定义 7.4　若 $\hat{\theta}_n=\hat{\theta}_n(X_1,\cdots,X_n)$ 为参数 θ 的估计量，n 为样本容量. 若对任意 $\varepsilon>0$，有

$$\lim_{n \to \infty} P\{|\hat{\theta}_n - \theta| > \varepsilon\} = 0,$$

则称 $\hat{\theta}_n(X_1, X_2, \cdots, X_n)$ 为参数 θ 的**一致估计**.

估计的一致性是样本足够大时所具有性质,针对样本容量 $n \to \infty$ 而言,对于一个固定的样本容量,讨论一致性是无意义的,即对小样本情形,估计的一致性不存在. 也就是说,只要样本容量足够大,就可以使一致估计量与参数真值的差大于 ε 的概率足够小,从而能够把参数真值估计到任意的精度. 而估计的无偏性和有效性都是针对固定样本而言,不需要样本容量趋于无穷大或必须足够大,这种性质称为"**小样本性质**".

§7.3 区 间 估 计

作为一种统计推断方法,参数的点估计是根据样本且一般在样本容量有限的情况下去估计总体分布的未知参数,即便具备了常用的无偏性、有效性,看似效果不错,实际上估计量只是一个可能的结果,没有提供关于估计精度的任何信息,真正使用估计结果时,并没有十足的把握. 但如果能衡量出估计量与真值的误差范围,估计结果就更加可信或更有说服力一些. 本节的区间估计可以提供估计精度方面的信息,即根据样本计算出未知参数存在的范围,并保证参数的真值以较大的概率属于这个范围.

7.3.1 区间估计的基本概念

例如,2019 年上半年我国生猪价格很高,在生猪出栏时,未来生猪的出栏价格 X 以八成左右的把握包含在养殖成本价 a 与盈利点 $a+b$ 之间时,养殖户就有扩大养殖规模的冲动. 用概率的语言表示就是当 $P\{a \leqslant X \leqslant a+b\} = 80\%$ 时,扩大养殖规模.

本节参数的区间估计法的目标与上例的基本思想类似.

定义 7.5 设总体 X 含有一个待估计参数 $\theta, \theta \in \Theta, X_1, X_2, \cdots, X_n$ 为取自该总体的一个样本,若给定常数 $\alpha(0 < \alpha < 1)$,找出统计量 $\theta_i = \theta_i(x_1, \cdots, x_n)(i = 1, 2), \theta_1 < \theta_2$,使得

$$P\{\theta_1 \leqslant \theta \leqslant \theta_2\} = 1 - \alpha, \quad 0 < \alpha < 1, \tag{7.8}$$

成立,则称 $[\theta_1, \theta_2]$ 为参数 θ 的置信度为 $1 - \alpha$ 的**置信区间**.

显然,区间 $[\theta_1, \theta_2]$ 是一个随机区间,$1 - \alpha$ 限定了该区间包含(覆盖)真值 θ 的可靠程度,通常也把 $1 - \alpha$ 称为**置信概率**,α 表示该区间不包含真值 θ 的可能性,通常称为**置信水平**(**显著性水平**). 置信水平的大小一般根据实际需要选定,通常取 $\alpha = 0.01$ 或 0.05,甚至 $\alpha = 0.1$,表示估计出错的概率.

以下给出区间估计在表述上应该注意的几个问题:

(1) 由于参数 θ 不是随机变量,所以不能说参数 θ 以 $1 - \alpha$ 的概率落入随机区间 $[\theta_1, \theta_2]$,而只能说 $[\theta_1, \theta_2]$ 以 $1 - \alpha$ 的概率包含 θ.

(2) 对于一次具体的抽样所确定的区间 $[\theta_1(x_1, x_2, \cdots, x_n), \theta_2(x_1, x_2, \cdots, x_n)]$,它要么包含了参数 θ,要么没有包含 θ,不能说区间 $[\theta_1(x_1, x_2, \cdots, x_n), \theta_2(x_1, x_2, \cdots, x_n)]$ 以概率 $1 - \alpha$ 包含未知参数 θ.

(3) 在进行重复取样时,将得到多个不同的区间 $[\theta_1(x_1, x_2, \cdots, x_n), \theta_2(x_1, x_2, \cdots, x_n)]$,这些区间中大约有 $100 \times (1 - \alpha)\%$ 的区间包含未知参数 θ.

根据定义 7.5,评价一个置信区间的好坏有两个要素:

1. 精度要素

式(7.8)可以改写为

$$P\{|\hat{\theta}-\theta|\leqslant\delta\}=1-\alpha,\tag{7.9}$$

称 δ 为估计量 $\hat{\theta}$ 与参数真值 θ 之间的**误差限**. 不等式 $\hat{\theta}-\delta\leqslant\theta\leqslant\hat{\theta}+\delta$ 就是所谓的置信区间, 显然, 置信区间的长度 δ 越小, 估计的精度越高.

2. 置信度 $1-\alpha$ 要素

在样本容量 n 固定的情况下, 当置信度 $1-\alpha$ 增大时, 置信区间的长度 δ 一般会变大. 也就是说提高置信度, 会损失估计精度, 参数的估计结果泛化; 反之, 要想提高估计精度, 可能需要降低置信度, 使参数的估计结果细化. 一般而言, 对于给定的置信水平 α, 增加样本容量 n, 可能使得置信区间的长度 δ 达到预先给定的较小的值.

7.3.2　单正态总体的均值与方差的区间估计

首先通过一个最简情形说明进行区间估计或计算置信区间的步骤.

例 7.10　(方差 σ^2 已知时, 正态总体均值 μ 的区间估计) 设 $X\sim N(\mu,\sigma^2)$, 方差 σ^2 已知, 但均值 μ 未知. $X_1,X_2,\cdots,X_n$ 为取自该总体的一个样本, 求参数 μ 的置信概率为 $1-\alpha$ 的置信区间.

解: 因为置信区间是一个随机区间, 这个随机区间有可能包含了未知参数 μ, 所以需要先构造出随机区间包含的一个与参数 μ 相关的随机变量. 这里先采用矩估计法计算出样本均值 $\overline{X}$, 它是参数 μ 的无偏估计量. 因总体 X 服从正态分布, 则与参数 μ 相关的随机变量

$$U=\frac{\overline{X}-\mu}{\sigma/\sqrt{n}}\sim N(0,1),\tag{7.10}$$

U 的密度函数显然不依赖于任何未知参数.

再根据分布的上分位数的定义, 对于给定的置信度 $1-\alpha$, 查标准正态分布表得分位点 $z_{\alpha/2}$, 从而

$$P\left\{\left|\frac{\overline{X}-\mu}{\sigma/\sqrt{n}}\right|\leqslant z_{\alpha/2}\right\}=1-\alpha,$$

即

$$P\left\{\overline{X}-\frac{\sigma}{\sqrt{n}}z_{\alpha/2}\leqslant\mu\leqslant\overline{X}+\frac{\sigma}{\sqrt{n}}z_{\alpha/2}\right\}=1-\alpha,$$

这样, 就得到了置信度为 $1-\alpha$ 的参数 μ 的置信区间

$$\left[\overline{X}-\frac{\sigma}{\sqrt{n}}z_{\alpha/2},\overline{X}+\frac{\sigma}{\sqrt{n}}z_{\alpha/2}\right]\tag{7.11}$$

置信区间的长度 $\delta=\frac{\sigma}{\sqrt{n}}z_{\alpha/2}$.

从式(7.9)可以看出, 题目中之所以要设分布的方差 σ^2 已知, 就是为了很容易得到一个确切的置信区间长度 $\delta=\frac{\sigma}{\sqrt{n}}z_{\alpha/2}$, 它刻画了置信度为 $1-\alpha$ 的参数 μ 的区间估计的精度.

根据例 7.10, 可以总结出区间估计或计算置信区间的主要步骤:

(1)把含有待估参数的分布转换成已知的分布. 由样本先采用点估计方法获得参数 θ 的估

计量(无偏的或有效的),然后构造出一个含有未知参数 θ 且不含其他未知参数的随机变量(又称**样本函数、轴枢量**)$U = U(X_1, X_2, \cdots, X_n; \theta)$,且 U 的分布已知.

(2)对给定的置信度 $1 - \alpha$,根据 $U = U(X_1, X_2, \cdots, X_n; \theta)$ 的分布确定分位点 a, b,使得
$$P\{a \leqslant U(X_1, X_2, \cdots, X_n; \theta) \leqslant b\} = 1 - \alpha.$$

(3)从不等式 $a \leqslant U(X_1, X_2, \cdots, X_n; \theta) \leqslant b$ 中解出参数 θ,得出其等价形式
$$\hat{\theta}_1(X_1, X_2, \cdots, X_n) \leqslant \theta \leqslant \hat{\theta}_2(X_1, X_2, \cdots, X_n),$$
此时必有
$$P\{\hat{\theta}_1(X_1, X_2, \cdots, X_n) \leqslant \theta \leqslant \hat{\theta}_2(X_1, X_2, \cdots, X_n)\} = 1 - \alpha$$
成立. 于是置信区间 $[\theta_1, \theta_2]$ 以 $1 - \alpha$ 的概率包含未知参数 θ,完成区间估计,这种构造置信区间的方法也称**轴枢量法**.

例 7.11 (方差 σ^2 未知时,正态总体均值 μ 的区间估计)除方差 σ^2 未知以外,其他要求同例 7.10,求参数 μ 的置信区间.

解:因方差 σ^2 未知,当然不能按照构造式(7.10)的方法执行计算. 需要构造新的样本函数才可以. 为此,首先计算出样本方差 $S^2 = \dfrac{1}{n-1} \sum\limits_{i=1}^{n} (X_i - \overline{X})^2$ 作为 σ^2 的点估计,由定理 6.3 可知,轴枢量

$$T = \frac{(\overline{X} - \mu)}{S/\sqrt{n}} \sim t(n-1). \tag{7.12}$$

对给定的置信度 $1 - \alpha$,由 t 分布查表得到分位数 $t_{\alpha/2}(n-1)$,使得
$$P\left\{\left|\frac{\overline{X} - \mu}{S/\sqrt{n}}\right| \leqslant t_{\alpha/2}(n-1)\right\} = 1 - \alpha$$
成立. 将其变形为
$$P\left\{\overline{X} - \frac{S}{\sqrt{n}}t_{\alpha/2}(n-1) \leqslant \mu \leqslant \overline{X} + \frac{S}{\sqrt{n}}t_{\alpha/2}(n-1)\right\} = 1 - \alpha,$$
从而得到置信度为 $1 - \alpha$ 的参数 μ 的置信区间为
$$\left[\overline{X} - \frac{S}{\sqrt{n}}t_{\alpha/2}(n-1), \overline{X} + \frac{S}{\sqrt{n}}t_{\alpha/2}(n-1)\right] \tag{7.13}$$
置信区间的长度 $\delta = \dfrac{S}{\sqrt{n}}t_{\alpha/2}(n-1)$.

例 7.12 (均值 $\mu = \mu_0$ 已知时,正态总体的方差 σ^2 的区间估计)样本同例 7.10,置信度为 $1 - \alpha$,求方差 σ^2 的区间估计.

解:取 σ^2 的点估计为 $\dfrac{1}{n} \sum\limits_{i=1}^{n} (X_i - \mu_0)^2$,构造枢变量

$$\chi^2 = \frac{\sum\limits_{i=1}^{n} (X_i - \mu_0)^2}{\sigma^2} \sim \chi^2(n). \tag{7.14}$$

对于给定的置信度 $1 - \alpha$,查 χ^2 分布表得到两个分位数 $\chi^2_{1-\alpha/2}(n)$ 和 $\chi^2_{\alpha/2}(n)$,使得
$$P\{\chi^2_{1-\alpha/2}(n) \leqslant \chi^2 \leqslant \chi^2_{\alpha/2}(n)\} = 1 - \alpha,$$
变形为

$$P\left\{\frac{\sum\limits_{i=1}^{n}(X-\mu_0)^2}{\chi^2_{\alpha/2}(n)} \leqslant \sigma^2 \leqslant \frac{\sum\limits_{i=1}^{n}(X-\mu_0)^2}{\chi^2_{1-\alpha/2}(n)}\right\} = 1-\alpha,$$

得到 σ^2 的置信度为 $1-\alpha$ 的置信区间为

$$\left[\frac{\sum\limits_{i=1}^{n}(X-\mu_0)^2}{\chi^2_{\alpha/2}(n)}, \frac{\sum\limits_{i=1}^{n}(X-\mu_0)^2}{\chi^2_{1-\alpha/2}(n)}\right] \tag{7.15}$$

例 7.13　（均值 μ 未知时，正态总体的方差 σ^2 的区间估计）样本同例 7.10，置信度为 $1-\alpha$，求方差 σ^2 的区间估计.

解：σ^2 的点估计取为样本方差 $S^2 = \dfrac{1}{n-1}\sum\limits_{i=1}^{n}(X_i-\overline{X})^2$，则轴枢量

$$\frac{(n-1)S^2}{\sigma^2} \sim \chi^2(n-1). \tag{7.16}$$

对给定的置信度 $1-\alpha$，查 χ^2 分布表得到两个分位数 $\chi^2_{1-\alpha/2}(n-1)$ 和 $\chi^2_{\alpha/2}(n-1)$，使得

$$P\left\{\chi^2_{1-\alpha/2}(n-1) \leqslant \frac{(n-1)S^2}{\sigma^2} \leqslant \chi^2_{\alpha/2}(n-1)\right\} = 1-\alpha,$$

变形为

$$P\left\{\frac{(n-1)S^2}{\chi^2_{\alpha/2}(n-1)} \leqslant \sigma^2 \leqslant \frac{(n-1)S^2}{\chi^2_{1-\alpha/2}(n-1)}\right\} = 1-\alpha,$$

得到 σ^2 的置信度为 $1-\alpha$ 的置信区间为

$$\left[\frac{(n-1)S^2}{\chi^2_{\alpha/2}(n-1)}, \frac{(n-1)S^2}{\chi^2_{1-\alpha/2}(n-1)}\right] \tag{7.17}$$

例 7.11 和例 7.13 的条件组合到一起，就是均值 μ 和方差 σ^2 均未知时所要执行的区间估计过程.

7.3.3　双正态总体均值差的区间估计

在实际工作中，我们有时需要根据样本分析两个不同正态总体之间的差异，例如要分析两个班级的某门课程的学习成绩、两个不同厂家生产的同类产品的寿命等，这就涉及双正态总体均值差的区间估计.

设两个正态总体分别是 $X \sim N(\mu_1, \sigma_1{}^2)$，$Y \sim N(\mu_2, \sigma_2^2)$，$X_1, X_2, \cdots, X_{n_1}$ 和 $Y_1, Y_2, \cdots, Y_{n_2}$ 是分别取自 X 和 Y 的两个独立样本，其样本均值和样本方差分别为

$$\overline{X} = \frac{1}{n_1}\sum_{i=1}^{n_1}X_i, \quad \overline{Y} = \frac{1}{n_2}\sum_{j=1}^{n_2}Y_j,$$

$$S_1^2 = \frac{1}{n_1-1}\sum_{i=1}^{n_1}(X_i-\overline{X})^2, \quad S_2^2 = \frac{1}{n_2-1}\sum_{j=1}^{n_2}(Y_j-\overline{Y})^2. \tag{7.18}$$

例 7.14　（σ_1^2 与 σ_2^2 均未知，但 $\sigma_1^2 = \sigma_2^2 = \sigma^2$）样本信息如上，对给定的置信度 $1-\alpha$，计算均值的差 $\mu_1-\mu_2$ 的区间估计.

解：构造样本函数

$$T = \frac{\overline{X} - \overline{Y} - (\mu_1 - \mu_2)}{S_w \sqrt{\dfrac{1}{n_1} + \dfrac{1}{n_2}}} \sim t(n_1 + n_2 - 2) , \qquad (7.19)$$

其中 $S_w^2 = \dfrac{(n_1-1)S_1^2 + (n_2-1)S_2^2}{n_1 + n_2 - 2}$.

对于给定的置信度 $1-\alpha$,有

$$P\{ \mid T \mid \leqslant t_{\alpha/2}(n_1 + n_2 - 2)\} = 1 - \alpha ,$$

即

$$P\left\{ \left| \frac{\overline{X} - \overline{Y} - (\mu_1 - \mu_2)}{S_w \sqrt{\dfrac{1}{n_1} + \dfrac{1}{n_2}}} \right| \leqslant t_{\alpha/2}(n_1 + n_2 - 2) \right\} = 1 - \alpha ,$$

解得 $\mu_1 - \mu_2$ 置信度为 $1-\alpha$ 的置信区间为

$$\left[(\overline{X} - \overline{Y}) - t_{\alpha/2}(n_1 + n_2 - 2)S_w \sqrt{\frac{1}{n_1} + \frac{1}{n_2}} , (\overline{X} - \overline{Y}) + t_{\alpha/2}(n_1 + n_2 - 2)S_w \sqrt{\frac{1}{n_1} + \frac{1}{n_2}} \right].$$
$$(7.20)$$

例 7.15 (σ_1^2 与 σ_2^2 均已知)样本信息同上,对给定的置信度 $1-\alpha$,计算均值的差 $\mu_1 - \mu_2$ 的区间估计.

解:构造样本函数

$$U = \frac{(\overline{X} - \overline{Y}) - (\mu_1 - \mu_2)}{\sqrt{\dfrac{\sigma_1^2}{n_1} + \dfrac{\sigma_2^2}{n_2}}} \sim N(0,1) , \qquad (7.21)$$

对于给定的置信度 $1-\alpha$,有

$$P\{ \mid U \mid \leqslant u_{\alpha/2}\} = 1 - \alpha ,$$

解得 $\mu_1 - \mu_2$ 置信度为 $1-\alpha$ 的置信区间为

$$\left[(\overline{X} - \overline{Y}) - u_{\alpha/2} \sqrt{\frac{\sigma_1^2}{n_1} + \frac{\sigma_2^2}{n_2}} , \quad (\overline{X} - \overline{Y}) + u_{\alpha/2} \sqrt{\frac{\sigma_1^2}{n_1} + \frac{\sigma_2^2}{n_2}} \right]. \qquad (7.22)$$

7.3.4 双正态总体方差之比的区间估计

设两正态总体的 $\mu_1, \mu_2, \sigma_1^2, \sigma_2^2$ 都未知,样本均值和样本方差同式(7.18).此时构造样本函数

$$F = \frac{S_1^2/\sigma_1^2}{S_1^2/\sigma_2^2} \sim F(n_1 - 1, n_2 - 1) , \qquad (7.23)$$

对给定的置信度 $1-\alpha$,有

$$P\{ F_{1-\alpha/2}(n_1 - 1, n_2 - 1) \leqslant F \leqslant F_{\alpha/2}(n_1 - 1, n_2 - 1)\} = 1 - \alpha ,$$

解得 $\dfrac{\sigma_1^2}{\sigma_2^2}$ 的置信区间为

$$\left[\frac{S_1^2/S_2^2}{F_{\alpha/2}(n_1 - 1, n_2 - 1)} , \frac{S_1^2/S_2^2}{F_{1-\alpha/2}(n_1 - 1, n_2 - 1)} \right]. \qquad (7.24)$$

7.3.5 (0-1)分布参数的区间估计

设 $X \sim B(1, p)$,$X_1, X_2, \cdots, X_n$ 是取自该总体的一个样本.对给定的置信度 $1-\alpha$,计算参

数 p 的区间估计.

由中心极限定理得 $\dfrac{\sum\limits_{i=1}^{n} X_i - np}{\sqrt{np(1-p)}}$ 近似服从 $N(0,1)$,所以

$$P\left\{-z_{\alpha/2} \leqslant \dfrac{\sum\limits_{i=1}^{n} X_i - np}{\sqrt{np(1-p)}} \leqslant z_{\alpha/2}\right\} \approx 1-\alpha,$$

推出

$$(n+z_{\alpha/2}^2)p^2 - (2n\overline{X} + z_{\alpha/2}^2)p + n\overline{X}^2 \leqslant 0,$$

故参数 p 的置信度为 $1-\alpha$ 的置信区间为

$$\left[\dfrac{-b-\sqrt{b^2-4ac}}{2a}, \dfrac{-b+\sqrt{b^2-4ac}}{2a}\right],$$

其中 $a = (n+z_{\alpha/2}^2), b = -(2n\overline{X} + z_{\alpha/2}^2), c = n\overline{X}^2$.

7.3.6 单侧置信区间的估计

前面的内容给出的实际是双侧置信区间的估计问题,也就是估计了两个统计量 θ_1, θ_2. 但在一些实际问题中,例如在讨论与生命周期相关的问题中,我们关心的是平均寿命的下限,而在讨论与误差相关或污染等方面的问题时,我们常常关心分布的平均值的上限,这就要求进行单侧置信区间的估计.

定义 7.6 对于给定的置信水平 α,若样本 $X_1, X_2, \cdots, X_n$ 确定的统计量 $\theta_L = \theta_L(X_1, X_2, \cdots, X_n)$,对于任意参数 $\theta \in \Theta$,满足

$$P\{\theta \geqslant \theta_L\} \geqslant 1-\alpha,$$

则称区间 $[\theta_L, +\infty)$ 为 θ 的置信度为 $1-\alpha$ **单侧置信区间**,称 θ_L 为**单侧置信下限**.

反之,若样本 $X_1, X_2, \cdots, X_n$ 确定的统计量 $\theta_U = \theta_U(X_1, X_2, \cdots, X_n)$,对于任意参数 $\theta \in \Theta$,满足

$$P\{\theta \leqslant \theta_U\} \geqslant 1-\alpha,$$

则称区间 $(-\infty, \theta_U]$ 为 θ 的置信度为 $1-\alpha$ **单侧置信区间**,称 θ_U 为**单侧置信上限**.

在实际计算中,计算流程与前面的计算流程完全类似,只需要把概率函数的绝对值去掉即可.

习 题

1. 设总体 X 的分布律为 $P(X=x) = p(1-p)^{x-1}, x = 1, 2, \cdots$. $X_1, X_2, \cdots, X_n$ 是取自 X 的一个样本. 求:

(1) 参数 p 的矩估计量;

(2) 参数 p 的极大似然估计量.

2. 若总体 X 的概率密度函数为

$$f(x;\alpha) = \begin{cases} \dfrac{1}{a^2}(a-x) & \text{当 } 0 < x < a, \\ 0 & \text{其他} \end{cases},$$

利用取自该总体的样本 $X_1, X_2, \cdots, X_n$ 求参数 a 的矩估计量.

3. 已知 Γ 分布的概率密度函数为

$$f(x; \alpha, \beta) = \frac{x^\alpha}{\beta^{\alpha+1}} e^{-x/\beta} \frac{1}{\Gamma(\alpha+1)}.$$

其中 $(\alpha > -1, \beta > 0, x \geqslant 0)$，$\Gamma(x) = \int_0^{+\infty} t^{x-1} e^{-t} dt$. $X_1, X_2, \cdots, X_n$ 是取自该总体的一个样本，求 α, β 的矩估计量.

4. 设总体 X 的概率密度函数为

$$f(x) = \frac{1}{2\sigma} e^{-\frac{|x|}{\sigma}}, -\infty < x < +\infty, \sigma > 0.$$

利用取自该总体的样本 $X_1, X_2, \cdots, X_n$ 求参数 σ 的极大似然估计量.

5. 若总体 X 具有如下的超几何分布

$$P(X = k) = p(1-p)^{k-1}, \quad k = 1, 2, \cdots.$$

利用取自该总体的样本 $X_1, X_2, \cdots, X_n$ 求未知参数 p 的极大似然估计量.

6. 设总体 X 的概率密度函数为

$$f(x; \alpha) = \begin{cases} (\alpha+1)x^\alpha & \text{当 } 0 < x < 1 \\ 0 & \text{其他} \end{cases}.$$

其中 $\alpha(\alpha > -1)$ 是未知参数，$X_1, X_2, \cdots, X_n$ 是取自 X 的一个样本，求参数 α 的极大似然估计量.

7. 设总体 X 服从对数正态分布，即 $\ln X \sim N(\mu, \sigma^2)$，其概率密度函数为

$$f(x; \mu, \sigma^2) = \frac{1}{\sqrt{2\pi\sigma^2}} \frac{1}{x} \exp\left\{-\frac{1}{2\sigma^2} (\ln x - \mu)^2\right\} (x > 0),$$

其中 $-\infty < \mu < +\infty, \sigma^2 > 0$ 是未知参数. $X_1, X_2, \cdots, X_n$ 是取自 X 的一个样本，试求 μ, σ^2 的极大似然估计量.

8. 一个罐子里混装规格相同的黑球和白球. 有放回地抽取一个样本容量为 n 的样本 $X_1, X_2, \cdots, X_n$，其中有 k 个白球. 求罐子中黑球和白球之差 R 的极大似然估计.

9. 设总体 X 的分布律为

X	0	1	2	3
P	θ^2	$2\theta(1-\theta)$	θ^2	$1-2\theta$

其中 $\theta\left(0 < \theta < \dfrac{1}{2}\right)$ 是未知参数，利用该总体的样本值 $3, 1, 3, 0, 3, 1, 2, 3$ 求参数 θ 的矩估计值和极大似然估计值.

10. 设总体 X 的概率密度函数为

$$f(x; \theta) = \begin{cases} \dfrac{1}{\theta} e^{-x/\theta} & \text{当 } x \geqslant 0, \theta > 0 \\ 0 & \text{其他} \end{cases}.$$

求：(1) θ 的极大似然估计量 $\hat{\theta}$；

(2) $\hat{\theta}$ 是否为无偏估计量；

(3) $\hat{\theta}$ 是否为达到方差下界的无偏估计量.

11. 设总体 X 的概率密度函数为

$$f(x;\theta) = \begin{cases} \dfrac{2\theta^2}{(\theta^2-1)x^3} & \text{当 } x \in (1,\theta) \\ 0 & \text{其他} \end{cases}.$$

求:(1) $E(X)$;

(2) 设 $X_1,X_2,\cdots,X_n$ 是取自 X 的一个样本,$\overline{X}$ 为样本均值且为 $E(X)$ 的估计量,计算 θ 的估计量 $\hat{\theta}$.

12. 设 $X_1,X_2,\cdots,X_n$ 是取自总体 X 的一个样本,$\alpha_i > 0 (i=1,2,\cdots,n)$,且 $\sum\limits_{i=1}^{n} \alpha_i = 1$. 求证:

(1) $\sum\limits_{i=1}^{n} \alpha_i X_i$ 是 $E(X)$ 的无偏估计.

(2) 在所有的对 $E(X)$ 的形如 $\sum\limits_{i=1}^{n} \alpha_i X_i$ 的无偏估计量中,以样本均值 $\overline{X}$ 最为有效.

13. 设总体 $X \sim N(\mu,\sigma^2)$,对于样本容量为 n 的样本,求使得

$$\int_{A}^{+\infty} f(x;\mu,\sigma^2)\mathrm{d}x = 0.05$$

的点 A 的极大似然估计.

14. 证明:样本均值的平方 $\overline{X}^2$ 不是总体均值的平方 μ^2 的无偏估计.[一般地,若 $\hat{\theta}$ 是 θ 的无偏估计,不能推出 $f(\hat{\theta})$ 是 $f(\theta)$ 的无偏估计]

15. 设 X_1,X_2 是取自总体 X 的一个样本,且 $E(X)$ 与 $D(X)$ 均存在,证明:统计量 $\dfrac{1}{4}X_1 + \dfrac{3}{4}X_2, \dfrac{1}{3}X_1 + \dfrac{2}{3}X_2$ 都是 $E(X)$ 的无偏估计量,并说明哪一个更有效.(本题是题 7 的具体化)

16. 设总体 X 服从 $[0,\theta]$ 上的均匀分布,θ 未知 $(\theta > 0)$,X_1,X_2,X_3 是取自 X 的一个样本,证明:

(1) $\hat{\theta}_1 = \dfrac{4}{3} \max\limits_{1 \leqslant i \leqslant 3} X_i, \hat{\theta}_2 = 4 \min\limits_{1 \leqslant i \leqslant 3} X_i$ 都是 θ 的无偏估计量.

(2) 说明(1)中哪个估计量更有效.

17. 设总体 $X \sim N(0,\sigma^2)$,σ^2 为未知参数,$X_1,X_2,\cdots,X_n$ 是取自总体 X 的一个样本. 证明:$\dfrac{1}{n} \sum\limits_{i=1}^{n} X_i^2$ 是 σ^2 的有效估计量、一致估计量.

18. 设总体 $X \sim N(\mu,\sigma^2)$,$X_1,X_2,\cdots,X_n$ 是取自总体 X 的一个样本. 计算:

(1) 求 k 使得 $\hat{\sigma^2} = k \sum\limits_{i=1}^{n-1} (X_{i+1} - X_i)^2$ 为 σ^2 的无偏估计量;

(2) 求 k 使得 $\hat{\sigma} = k \sum\limits_{i=1}^{n} |X_i - \overline{X}|$ 为 σ 的无偏估计量.

19. 当 X 是正态随机变量且 $D(X)$ 已知时,为什么说有 95% 的把握保证

$$|\overline{X} - E(X)| \leqslant 1.96 \sqrt{\dfrac{D(X)}{n}}$$

成立?请给出 $E(X)$ 的置信度为 0.95 的置信区间.

20. 设铁的熔点服从正态分布. 现对铁的熔点做了 4 次试验,其结果为 1 550 ℃,

1 540 ℃,1 530 ℃,1 560 ℃,在置信水平 $\alpha = 0.05$ 时求总体均值 μ 的置信区间.

21. 某商店为了解居民对某种商品的需求(设需求量服从正态分布),调查了 100 家住户,得出每户每月平均需求量为 10 kg,方差为 9. 如果这种商品供应 1 万户,试对该商品的平均需求量进行区间估计(置信水平 $\alpha = 0.01$),至少准备多少商品才可以满足需求?

22. 为了估计湖中鱼的数量,从湖中捕出 1 000 条鱼,标上记号后又放回湖中,然后再捕出 150 条鱼,发现其中有 10 条鱼带有记号,请估计出湖中鱼的数量.

23. 设钢的屈服点服从正态分布,一批钢的 20 个样品的屈服点(t/cm^2)为 4.98,5.11,5.20,5.20,5.11,5.00,5.35,5.61,4.88,5.27,5.38,5.46,5.27,5.23,4.96,5.15,4.77,5.35,5.38,5.54. 求屈服点总体标准差 σ 的置信度为 0.95 的置信区间.

24. 某玩具厂生产某种玩具,规定其废品率不能高于 5%. 从 10 000 只玩具产品中随机抽取 50 个,查出 4 个废品,求这批玩具废品率 p 的单侧置信上限(置信度为 0.95).

第 8 章 假 设 检 验

在本章中,我们将讨论不同于参数估计的一类重要统计推断问题——假设检验问题. 这里的"假设"是针对总体的分布或相关参数的论断,可以是经验判断,也可以是待证实的猜想;而"检验"则是从总体中随机抽取一些样本,用于对"假设"进行分析判断. 因此,所谓假设检验,即是根据样本信息检验关于总体的某个假设是否正确的决策过程.

假设检验分为参数检验和非参数检验. 若总体分布已知,则检验关于未知参数的假设,称为**参数检验**;其他检验称为**非参数检验**.

§8.1 假设检验的思想

8.1.1 假设检验的基本原理

假设检验的结果是对假设作出接受或拒绝的判断. 利用样本信息,对一个具体的假设进行检验的方法,基本思想是人们在实际问题中经常采用的"小概率原理":一个小概率事件,在一次试验中几乎是不可能发生的.

下面,我们结合实例来说明假设检验的基本思想.

例 8.1 (生产线的零件合格检验)假设一个工厂,其流水线上生产的零件标准尺寸是 50 mm,在 49~51 mm 之间均属合格. 由于流水线上零件的加工十分迅速,若要对一批正在生产的产品进行合格检验,显然不可能逐一测量,通常的方法是进行抽样检验. 如每隔一定时间,抽查 10 个零件,其尺寸记作 $X_1, X_2, \cdots, X_{10}$,根据这些数值是否异常来判断生产是否正常. 若发现数据异常,即考虑停产,排查故障;如没有问题,就继续间隔抽样,监控生产质量. 假设现在随机抽查的 10 个零件尺寸(单位:mm)为

| 50.1 | 48.7 | 52.4 | 51.2 | 47.9 | 49.3 | 48.7 | 50.4 | 52.6 | 48.5 |

问生产是否正常?

显然,10 个零件相对于整个生产线来说数量非常小,因此不能由 10 个数值的微小异常轻易判断生产不正常,从而造成停产损失;但也不能在 10 个数值明显异常的情况下依旧认为生产正常,从而忽略可能存在的问题.

如何处理上述矛盾,即如何量化这 10 个抽样数据"异常"的判断标准,是我们在假设检验中要解决的问题.

首先对零件尺寸的分布进行分析:假设生产线受到各种随机因素的影响,并且这些因素都处于平等地位,那么依据中心极限定理,每批零件尺寸都应服从某个正态分布 $N(\mu, \sigma^2)$. 从而 $X_1, X_2, \cdots, X_{10}$ 可看作取自正态总体 $N(\mu, \sigma^2)$ 的样本. 实际生产中,生产线比较稳定时,σ^2 是一个常数,可以从历史数据中计算得到. μ 代表该批零件的平均尺寸. 现在的问题是,对于某

批产品,已知抽查的 10 个样本数据,如何判断其均值是否等于 50?

现在要检验的假设是 $H_0:\mu = \mu_0 (\mu_0 = 50)$,它的对立假设是 $H_1:\mu \neq \mu_0$. 称 H_0 为**原假设**(或**零假设**);称 H_1 为**备择假设**(或**对立假设**). 记作 $H_0:\mu = \mu_0 (\mu_0 = 50) \leftrightarrow H_1:\mu \neq \mu_0$. 这里将 H_0 而不是 H_1 作为原假设的原因,大家可以通过下面的过程理解. 一般在实际工作中,常常把不轻易否定的命题作为原假设. 例如,一般情况下生产是正常的,一旦异常则需停产检修,花费较高成本,这种情况(否定原假设 H_0)需要数据的说服力很强.

下面来判断 H_0 是否成立.

由于 μ 是正态分布的期望值,即总体的均值,它的一个无偏估计量是样本均值 $\overline{X}$,因此考虑根据 $\overline{X}$ 与 μ_0 的差异 $|\overline{X} - \mu_0|$ 来判断 H_0 是否成立. 当 $|\overline{X} - \mu_0|$ 较小时,可以认为 H_0 是成立的;当 $|\overline{X} - \mu_0|$ 过大时,我们有理由怀疑 H_0 的正确性而拒绝之.

但是,"较小""过大"都是相对的概念,如何用严谨的数学语言来界定呢?问题归结为对"差异"作出定量分析. 导致差异的原因可能有两种:一种是由抽样的随机性引起的,称为"抽样误差"或"随机误差";但是随机误差的波动是有一定限度的,超过这个限度,就不仅仅是随机产生的波动,而是由于本质问题(生产不正常)而产生了"系统误差".

判断差异是"抽样误差"还是"系统误差",我们需要用到"小概率原理"以及概率反证法:如果小概率事件在一次试验中居然发生,我们就以很大的把握否定作为小概率事件的前提假设. 在假设检验中,我们称这个小概率为**显著性水平**,用 α 表示. α 的选择要根据实际情况而定,常取 $\alpha = 0.1, 0.05$ 或 0.01.

现在回到例题. 我们需要验证的假设为 $H_0:\mu = \mu_0 \leftrightarrow H_1:\mu \neq \mu_0$,$\sigma^2$ 是常数. 由上章内容知,H_0 成立时统计量 $U = \dfrac{\overline{X} - \mu_0}{\sigma/\sqrt{n}} \sim N(0,1)$,且衡量 $|\overline{X} - \mu_0|$ 的大小等价于衡量 $\dfrac{|\overline{X} - \mu_0|}{\sigma/\sqrt{n}}$ 的大小. 我们称 U 为**检验统计量**. 对于给定的显著性水平 α,可以查表得分位数 $u_{\alpha/2}$ 使 $P\{|U| \geqslant u_{\alpha/2}\} = \alpha$,也就是说,$|U| \geqslant u_{\alpha/2}$ 是一个小概率事件. 因此,根据小概率原理,通过样本数据得 $\overline{X}$ 的观测值 $\overline{x}$,代入检验统计量得 U 的观测值 u,可以作出如下判断:若 $|u| \geqslant u_{\alpha/2}$,则拒绝 H_0;否则,不能拒绝 H_0. 因此,我们将区域 $W:|u| \geqslant u_{\alpha/2}$ 称为**拒绝域**. (见图 8.1)

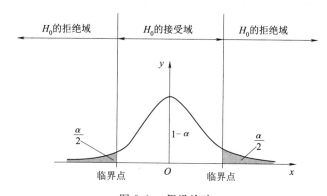

图 8.1 假设检验

这里所依据的逻辑是:如果 H_0 是对的,那么统计量 U 落入拒绝域 W 是个小概率事件. 如果代入数据计算,U 的观测值 u 确实落入 W,也就是说,H_0 成立下的小概率事件发生了,那么就认为 H_0 不可信而否定它. 否则我们就不能否定 H_0(不得不接受这一假定). 但是,不否定

H_0并不是肯定 H_0 一定对,而只是说差异还不够显著,还没有达到足以否定 H_0 的程度．因此,假设检验又称"显著性检验".

8.1.2　假设检验的相关概念

现在,我们总结上例中涉及的假设检验的基本概念.

1. 原假设与备择假设

假设检验问题通常叙述为:在给定的显著性水平 α 下,检验假设 $H_0 : \mu = \mu_0 \leftrightarrow H_1 : \mu \neq \mu_0$,其中 H_0 称为原假设(或零假设),H_1 称为备择假设(或对立假设).原假设与备择假设的确定,一般遵循以下三个原则:

(1) 原假设一般表示长时间存在的客观实在,备择假设则反映变化以后的状态;

(2) 样本观测值显示所支持的结论应作为备择假设;

(3) 应尽量选择使后果严重的事件作为小概率事件.

例如,某厂产品规定出厂的次品率 $p \leqslant 0.05$. 为检验某一批产品的次品率是否达到要求,来考虑作出假设:

(1) 如果站在厂家的立场上,产品不能出厂的损失较为严重,从而应选 $H_0 : p \leqslant 0.05 \leftrightarrow H_1 : p > 0.05$.

(2) 如果站在消费者的立场上,买到次品的损失较为严重,从而应选 $H_0 : p \geqslant 0.05 \leftrightarrow H_1 : p < 0.05$.

2. 拒绝域与临界点

用来检验假设的统计量称为检验统计量．当检验统计量取某个区域 W 中的值时,我们拒绝原假设 H_0,则称检验统计量的范围 W 为**拒绝域**,拒绝域的边界点称为**临界点**.

如例 8.1 中,拒绝域为 $|u| \geqslant u_{\alpha/2}$,临界点为 $u_{\alpha/2}$ 和 $-u_{\alpha/2}$.

3. 两类错误及记号

假设检验是根据样本信息并依据小概率原理,作出接受还是拒绝 H_0 的判断．由于样本具有随机性,小概率事件依然有发生的可能性,因而假设检验所作出的结论有可能是错误的．这种错误有两类:

(1) 当原假设 H_0 为真,观测值却落入拒绝域,而作出了拒绝 H_0 的判断,称作**第一类错误**,又叫**弃真错误**．犯第一类错误的概率是 $P\{|U| \geqslant u_{\alpha/2} | H_0 \text{ 为真}\}$,由显著性水平定义知其为 α.

(2) 当原假设 H_0 不真,观测值却落入接受域,而作出了接受 H_0 的判断,称作**第二类错误**,又叫**取伪错误**．犯第二类错误的概率记为 β,则

$$\beta = P\{\text{接受 } H_0 | H_0 \text{ 不真}\} \quad \text{或} \quad P_{\mu \in H_1}\{\text{接受 } H_0\}.$$

当样本容量 n 一定时,一般来说,若减少犯第一类错误的概率,则犯第二类错误的概率往往增大．反之亦然．若要使犯两类错误的概率都减小,除非增加样本容量,然而这样又会增加检验成本.

4. 显著性检验与显著性水平

一般来说,我们总是首先控制犯第一类错误的概率,这样的假设检验称为**显著性检验**．给定一个很小的数 $\alpha(0 < \alpha < 1)$,显著性检验就是使:$P(\text{犯第一类错误}) = P\{\text{拒绝 } H_0 | H_0 \text{ 为真}\} \leqslant \alpha$,称 α 为显著性检验的**显著性水平**.

8.1.3 双边假设检验与单边假设检验

对于形如 $H_0:\mu=\mu_0 \leftrightarrow H_1:\mu\neq\mu_0$ 形式的检验,由于这里提出的原假设是 μ 等于某一数值,所以只要 $\mu>\mu_0$ 或者 $\mu<\mu_0$ 二者之中有一个成立,就可以否定原假设 H_0,这种假设检验称为**双边假设检验**.

有时我们仅关心总体均值是否增大或减小,这时候就需要**单边检验**:形如 $H_0:\mu\geqslant\mu_0 \leftrightarrow H_1:\mu<\mu_0$ 的假设检验,称为**左边检验**;形如 $H_0:\mu\leqslant\mu_0 \leftrightarrow H_1:\mu>\mu_0$ 的假设检验,称为**右边检验**.

8.1.4 假设检验的一般步骤

下面通过例题演示假设检验的具体过程.

例 8.2 某工厂生产的一种螺钉,要求标准长度是 32.5 mm. 实际生产的产品,其长度 X 假定服从正态分布 $N(\mu,\sigma^2)$, σ^2 未知,现从该厂生产的一批产品中抽取 6 件,得尺寸数据如下:32.56,29.66,31.64,30.00,31.87,31.03,问这批产品是否合格.(取显著性水平 $\alpha=0.01$)

解:提出原假设和备择假设

$$H_0:\mu=32.5 \leftrightarrow H_1:\mu\neq32.5.$$

取一个能衡量差异大小且分布已知的检验统计量(此步是核心环节,类似上章区间估计中枢轴量的选取,可对比学习),在 H_0 成立下求出它的分布

$$t=\frac{\overline{X}-32.5}{S/\sqrt{6}}\sim t(5).$$

对给定的显著性水平 $\alpha=0.01$,查表确定 $t_{\frac{\alpha}{2}}(5)=t_{0.005}(5)=4.032\,2$,使得

$$P\{|t|\geqslant t_{\alpha/2}(5)\}=\alpha,$$

得出拒绝域 W:$|t|>4.032\,2$.

将样本值代入算出统计量 t 的观测值,$|t|=2.997<4.032\,2$,没有落入拒绝域,故不能拒绝 H_0. 这并不意味着 H_0 一定对,只是差异还不够显著,不足以否定 H_0.

根据上例,我们可以提炼出一般的假设检验步骤如下:

(1)根据实际问题的要求,提出原假设 H_0 及备择假设 H_1.

(2)选择适当的检验统计量,在 H_0 成立的条件下确定其概率分布.

(3)对于给定的显著性水平 α,确定拒绝域 W.

(4)根据样本观测值计算统计量的值.

(5)根据统计量的值是否落入拒绝域 W,作出拒绝或接受 H_0 的判断.

需要说明的是,假设检验中给定的显著性水平 α 是犯第一类错误的概率,即假设检验首先控制的是原假设为真但是被错误拒绝的概率.因此,在实际问题中,往往将需要维护的断言或者主观上不愿轻易否定的断言作为原假设.例如,将较为保守的、历史经验的或一旦否定需要付出较大经济成本的命题作为原假设.这就像法庭上的"无罪推定":若无显著(充分)证据,则不能判定被告有罪.

此外,假设检验中的"显著"是统计上的显著,并非事实上的显著性,这与样本多少有关.例如,样本过小,则随机性较大,事实上的巨大差异可能在统计上并不显著;而样本过大,统计上的显著差异,事实上可能是可以忽略不计的.因此,检验结论还要结合实际问题具体分析.

§8.2　正态总体均值的假设检验

8.2.1　单个正态总体均值的检验

1. σ^2 已知, 关于 μ 的检验 (U 检验)

在上节中, 讨论过正态总体 $N(\mu, \sigma^2)$ 当 σ^2 为已知时, 关于 $\mu = \mu_0$ 的检验问题: 假设检验 $H_0: \mu = \mu_0 \leftrightarrow H_1: \mu \neq \mu_0$, 选择统计量 $U = \dfrac{\overline{X} - \mu_0}{\sigma/\sqrt{n}}$, 当 H_0 成立时, $U \sim N(0,1)$. 对于给定的检验水平 $\alpha (0 < \alpha < 1)$, 由分位数 $u_{\alpha/2}$ 的定义知 $P\{|U| \geqslant u_{\alpha/2}\} = \alpha$, 因此检验的拒绝域为 $W: |u| \geqslant u_{\alpha/2}$, 其中 u 为 U 的观测值. 这种利用 U 统计量来检验的方法称为 **U 检验法** (有时检验统计量 $\dfrac{\overline{X} - \mu_0}{\sigma/\sqrt{n}}$ 也用 Z 表示, 因此这种方法也称 Z 检验法).

例 8.3　某切割机在正常工作时, 切割每段金属棒的平均长度为 $10.5\,\mathrm{cm}$, 标准差是 $0.15\,\mathrm{cm}$, 今从一批产品中随机的抽取 15 段进行测量, 其结果如下:

$$10.4 \quad 10.6 \quad 10.1 \quad 10.4 \quad 10.5 \quad 10.3 \quad 10.3 \quad 10.2$$
$$10.9 \quad 10.6 \quad 10.8 \quad 10.5 \quad 10.7 \quad 10.2 \quad 10.7$$

假定切割的长度 X 服从正态分布, 且标准差没有变化, 试问该机工作是否正常. ($\alpha = 0.1$)

解: 依据题意, $X \sim N(\mu, \sigma^2)$, $\sigma = 0.15$, 需要检验假设

$$H_0: \mu = \mu_0 = 10.5 \leftrightarrow H_1: \mu \neq 10.5.$$

应用 U 检验. 由题意得 $n = 15, \overline{x} = 10.48, \alpha = 0.1$, 查表得 $u_{0.05} = 1.645$, 故拒绝域为

$$|u| = \left| \frac{\overline{x} - \mu_0}{\sigma/\sqrt{n}} \right| \geqslant u_{0.05} = 1.645.$$

代入数值计算得

$$\left| \frac{\overline{x} - \mu_0}{\sigma/\sqrt{n}} \right| \left| \frac{10.48 - 10.5}{0.15/\sqrt{15}} \right| = 0.516 < 1.645,$$

未落入拒绝域, 故接受 H_0, 认为该机工作正常.

右边检验: 当 σ^2 已知, 假设检验 $H_0: \mu \leqslant \mu_0 \leftrightarrow H_1: \mu > \mu_0$, 选择统计量 $U = \dfrac{\overline{X} - \mu_0}{\sigma/\sqrt{n}}$, 可以证明, 对于给定的检验水平 $\alpha (0 < \alpha < 1)$, $P\{U \geqslant u_\alpha\} = \alpha$, 检验的拒绝域为 $W: u \geqslant u_\alpha$, 其中 $u = \dfrac{\overline{x} - \mu_0}{\sigma/\sqrt{n}}$ 为 U 的观测值 (见图 8.2). 类似可得左边检验问题: $H_0: \mu \geqslant \mu_0 \leftrightarrow H_1: \mu < \mu_0$ 的拒绝域为 $W: -u \leqslant u_\alpha$.

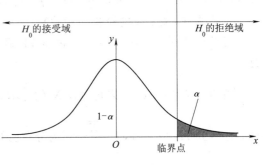

图 8.2　右边检验

事实上, 对于上述右边检验, 因 H_0 中的全部 μ 都比 H_1 中的 μ 要小, 当拒绝 H_0 时, 观测值 $\overline{x}$ 应偏大, 所以拒绝域应形如 $\overline{x} \geqslant k$ (k 为某一常数). 下面确定 k 值, 方法与例 8.1 类似.

$$P\{拒绝\ H_0\} = P_{\mu \in H_0}\{\overline{X} \geqslant k\}$$

$$= P_{\mu \leqslant \mu_0}\left\{\frac{\overline{X} - \mu_0}{\sigma/\sqrt{n}} \geqslant \frac{k - \mu_0}{\sigma/\sqrt{n}}\right\}$$

$$\leqslant P_{\mu \leqslant \mu_0}\left\{\frac{\overline{X} - \mu}{\sigma/\sqrt{n}} \geqslant \frac{k - \mu_0}{\sigma/\sqrt{n}}\right\}.$$

上述不等号成立，是因为 $\mu \leqslant \mu_0$ 时，$\dfrac{\overline{X} - \mu}{\sigma/\sqrt{n}} \geqslant \dfrac{\overline{X} - \mu_0}{\sigma/\sqrt{n}}$，事件 $\left\{\dfrac{\overline{X} - \mu_0}{\sigma/\sqrt{n}} \geqslant \dfrac{k - \mu_0}{\sigma/\sqrt{n}}\right\} \subset$

$\left\{\dfrac{\overline{X} - \mu}{\sigma/\sqrt{n}} \geqslant \dfrac{k - \mu_0}{\sigma/\sqrt{n}}\right\}$. 要满足 $P\{拒绝\ H_0\} \leqslant \alpha$，只需令 $P_{\mu \leqslant \mu_0}\left\{\dfrac{\overline{X} - \mu}{\sigma/\sqrt{n}} \geqslant \dfrac{k - \mu_0}{\sigma/\sqrt{n}}\right\} = \alpha$.

由于 $\dfrac{\overline{X} - \mu}{\sigma/\sqrt{n}} \sim N(0,1)$，由分位数定义知 $\dfrac{k - \mu_0}{\sigma/\sqrt{n}} = u_\alpha$，$k = \mu_0 + \dfrac{\sigma u_\alpha}{\sqrt{n}}$. 从而检验问题的拒绝域

$\overline{x} \geqslant k$ 为 $\overline{x} \geqslant \mu_0 + \dfrac{\sigma u_\alpha}{\sqrt{n}}$，也即 $u = \dfrac{\overline{x} - \mu_0}{\sigma/\sqrt{n}} \geqslant u_\alpha$.

例 8.4 某织物强力指标 X 的均值 $\mu_0 = 21\,\mathrm{kg}$. 改进工艺后生产一批织物，今从中取 30 件，测得 $\overline{x} = 21.55\,\mathrm{kg}$. 假设强力指标服从正态分布 $N(\mu, \sigma^2)$，且 $\sigma = 1.2\,\mathrm{kg}$，问在显著性水平 $\alpha = 0.01$ 下，新生产织物比过去的织物强力是否有提高？

解： 依据题意，$X \sim N(\mu, \sigma^2)$，$\sigma = 1.2$，需要检验假设

$$H_0 : \mu \leqslant \mu_0 = 21 \leftrightarrow H_1 : \mu > 21.$$

应用 U 检验. 由题意得 $n = 30, \overline{x} = 21.55, \alpha = 0.01$，查表得 $u_{0.01} = 2.33$，故拒绝域为

$$u = \frac{\overline{x} - \mu_0}{\sigma/\sqrt{n}} \geqslant u_{0.01} = 2.33.$$

代入数值计算得

$$\frac{\overline{x} - \mu_0}{\sigma/\sqrt{n}} = \frac{21.55 - 21}{1.2/\sqrt{30}} = 2.51 > 2.33,$$

落入拒绝域，故拒绝 H_0，认为新生产织物比过去的织物强力有提高.

此外，还可以证明：形如 $H_0 : \mu = \mu_0 \leftrightarrow H_1 : \mu < \mu_0$（或 $\mu > \mu_0$）的单边检验问题，与 $H_0 : \mu \geqslant \mu_0 \leftrightarrow H_1 : \mu < \mu_0$（或 $H_0 : \mu \leqslant \mu_0 \leftrightarrow H_1 : \mu > \mu_0$）问题有相同的拒绝域，从而检验方法一致.

2. σ^2 未知，关于 μ 的检验（t 检验）

设总体 $X \sim N(\mu, \sigma^2)$，其中 μ, σ^2 未知，显著性水平为 $\alpha(0 < \alpha < 1)$. 检验假设 $H_0 : \mu = \mu_0 \leftrightarrow H_1 : \mu \neq \mu_0$.

设 $X_1, X_2, \cdots, X_n$ 为来自总体 X 的样本. 由于 σ^2 未知，所以不能再用 $\dfrac{\overline{X} - \mu_0}{\sigma/\sqrt{n}}$ 来确定拒绝域. 注意到 H_0 成立时，$T = \dfrac{\overline{X} - \mu_0}{s/\sqrt{n}}$ 为分布已知的统计量，$T \sim t(n-1)$. 由问题的形式知，我们应该在观测值 $|\overline{x} - \mu_0|$ 过大时拒绝原假设，因此拒绝域形式仍为 $t = \dfrac{|\overline{x} - \mu_0|}{s/\sqrt{n}} \geqslant k$. 由 t 分布分位数定义知，$P\{|T| \geqslant t_{\alpha/2}(n-1)\} = \alpha$，因此检验的拒绝域为 $W : |t| \geqslant t_{\alpha/2}(n-1)$，其中 t 为 T 的观测值. 这种利用 t 统计量来检验的方法称为 t **检验法**. 在实际中，正态总体的方差常未知，所以常用 t 检验法来检验关于正态总体均值的检验问题.

例 8.5　如果在例 8.3 中只假定切割的长度服从正态分布,问该机切割的金属棒的平均长度有无显著变化.($\alpha=0.05$)

解:依据题意,$X \sim N(\mu, \sigma^2)$,μ,σ^2 均为未知,需要检验假设

$$H_0 : \mu = \mu_0 = 10.5 \leftrightarrow H_1 : \mu \neq 10.5.$$

应用 t 检验.由题意得 $n=15$,$\bar{x}=10.48$,$\alpha=0.05$,$s=0.237$,查表得 $t_{\alpha/2}(n-1)=t_{0.025}(14)=2.144\,8$,故拒绝域为

$$|t| = \left| \frac{\bar{x} - \mu_0}{s/\sqrt{n}} \right| \geqslant t_{0.025}(14) = 2.144\,8.$$

代入数值计算得

$$\left| \frac{\bar{x} - \mu_0}{s/\sqrt{n}} \right| \left| \frac{10.48 - 10.5}{0.237/\sqrt{15}} \right| = 0.327 < 2.144\,8,$$

未落入拒绝域,故接受 H_0,认为金属棒的平均长度无显著变化.

例 8.6　用热敏电阻测温仪间接测量地热勘探井底温度,重复测量 7 次,测得温度(单位:℃)为 112.0,113.4,111.2,112.0,114.5,112.9,113.6.而用某种精确办法测得温度为 112.6(可看作真值),试问用热敏电阻测温仪间接测温有无系统偏差.(设温度测量值 X 服从正态分布.取 $\alpha=0.05$)

解:依据题意,$X \sim N(\mu, \sigma^2)$,μ,σ^2 均为未知,需要检验假设

$$H_0 : \mu = \mu_0 = 112.6 \leftrightarrow H_1 : \mu \neq 112.6.$$

应用 t 检验.由题意得 $n=7$,$\bar{x}=112.8$,$\alpha=0.05$,$s=1.135$,查表得 $t_{\alpha/2}(n-1)=t_{0.025}(6)=2.446\,9$,故拒绝域为

$$|t| = \left| \frac{\bar{x} - \mu_0}{s/\sqrt{n}} \right| \geqslant t_{0.025}(6) = 2.446\,9.$$

代入数值计算得

$$\left| \frac{\bar{x} - \mu_0}{s/\sqrt{n}} \right| = \left| \frac{112.8 - 112.6}{1.135/\sqrt{7}} \right| = 0.466 < 2.446\,9,$$

未落入拒绝域,故接受 H_0,认为用热敏电阻测温仪间接测温无系统偏差.

对于单边检验的情况,我们不加证明地在表 8.1 中给出拒绝域.此外,与 U 检验一样,可以证明:形如 $H_0 : \mu = \mu_0 \leftrightarrow H_1 : \mu < \mu_0$(或 $\mu > \mu_0$)的单边检验问题,与 $H_0 : \mu \geqslant \mu_0 \leftrightarrow H_1 : \mu < \mu_0$(或 $H_0 : \mu \leqslant \mu_0 \leftrightarrow H_1 : \mu > \mu_0$)问题有相同的拒绝域,从而检验方法一致.

表 8.1　单个正态总体均值的假设检验法

假设		拒绝域	
H_0	H_1	方差已知	方差未知
检验统计量及其分布		$U = \dfrac{\bar{X} - \mu_0}{\sigma/\sqrt{n}} \sim N(0,1)$	$T = \dfrac{\bar{X} - \mu_0}{s/\sqrt{n}} \sim t(n-1)$
$\mu = \mu_0$	$\mu \neq \mu_0$	$|u| \geqslant u_{\frac{\alpha}{2}}$	$|t| \geqslant t_{\frac{\alpha}{2}}(n-1)$
$\mu \leqslant \mu_0$	$\mu > \mu_0$	$u \geqslant u_\alpha$	$t \geqslant t_\alpha(n-1)$
$\mu \geqslant \mu_0$	$\mu < \mu_0$	$u \leqslant -u_\alpha$	$t \leqslant -t_\alpha(n-1)$

例 8.7 某厂生产镍合金线,其抗拉强度的均值为 10 620 kg/mm². 今改进工艺后生产一批镍合金线,抽取 10 根,测得抗拉强度(单位:kg/mm²)为:10 512,10 623,10 668,10 554,10 776,10 707,10 557,10 581,10 666,10 670. 认为抗拉强度服从正态分布,取 $\alpha=0.05$,问新生产的镍合金线的抗拉强度是否比过去生产的镍合金线抗拉强度要高.

解:依据题意,$X \sim N(\mu, \sigma^2)$,μ,σ^2 均为未知,需要检验假设

$$H_0 : \mu = \mu_0 = 10\ 620 \leftrightarrow H_1 : \mu > 10\ 620.$$

应用 t 检验. 由题意得 $n=10, \bar{x}=10\ 631.4, \alpha=0.05, s=81$,查表得 $t_\alpha(n-1) = t_{0.05}(9) = 1.833\ 1$,故拒绝域为

$$t = \frac{\bar{x} - \mu_0}{s/\sqrt{n}} \geqslant t_{0.05}(9) = 1.833\ 1.$$

代入数值计算得

$$t = \frac{10\ 631.4 - 10\ 620}{81/\sqrt{10}} = 0.45 < 1.833\ 1,$$

未落入拒绝域,故接受 H_0,认为新生产的镍合金线的抗拉强度不比过去生产的镍合金线抗拉强度高.

8.2.2 双正态总体均值差的假设检验

t 检验也适用于具有相同方差的双正态总体均值差的假设检验. 设样本 $X_1, \cdots, X_{n_1}$ 来自正态总体 $N(\mu_1, \sigma^2)$,样本 $Y_1, \cdots, Y_{n_2}$ 来自正态总体 $N(\mu_2, \sigma^2)$,且两组样本独立,其均值与方差分别记作 $\bar{X}, \bar{Y}, S_1^2, S_2^2$. 设 μ_1, μ_2, σ^2 未知. 注意到,两总体方差相等. 此时来检验假设:

$$H_0 : \mu_1 - \mu_2 = \delta \leftrightarrow H_1 : \mu_1 - \mu_2 \neq \delta,$$

这里 δ 为已知常数,显著性水平为 α.

取检验统计量为 $T = \dfrac{\bar{X} - \bar{Y} - \delta}{S_w \sqrt{1/n_1 + 1/n_2}}$,这里 $S_w^2 = \dfrac{(n_1 - 1)S_1^2 + (n_2 - 1)S_2^2}{n_1 + n_2 - 2}$,$S_w = \sqrt{S_w^2}$. 当 H_0 为真时,由第 6 章知 $T \sim t(n_1 + n_2 - 2)$. 与单总体的 t 检验法类似,可得其拒绝域为

$$|t| \geqslant t_{\alpha/2}(n_1 + n_2 - 2).$$

而对应的右边检验问题

$$H_0 : \mu_1 - \mu_2 = \delta \leftrightarrow H_1 : \mu_1 - \mu_2 > \delta \quad \text{或} \quad H_0 : \mu_1 - \mu_2 \leqslant \delta \leftrightarrow H_1 : \mu_1 - \mu_2 > \delta,$$

拒绝域为 $T \geqslant t_\alpha(n_1 + n_2 - 2)$;

左边检验问题

$$H_0 : \mu_1 - \mu_2 = \delta \leftrightarrow H_1 : \mu_1 - \mu_2 < \delta \quad \text{或} \quad H_0 : \mu_1 - \mu_2 \geqslant \delta \leftrightarrow H_1 : \mu_1 - \mu_2 < \delta,$$

拒绝域为 $T \leqslant -t_\alpha(n_1 + n_2 - 2)$.

当两个正态总体的方差均为已知(未必相等)时,可以用 U 检验法来检验两个正态总体均值差的假设问题,如表 8.2 所示.

表 8.2　双正态总体均值差的假设检验法

假设		拒绝域	
H_0	H_1	方差 σ_1^2,σ_2^2 已知	方差 σ_1^2,σ_2^2 未知但相等
检验统计量及其分布		$U=\dfrac{\overline{X}-\overline{Y}-\delta}{\sqrt{\dfrac{\sigma_1^2}{n_1}+\dfrac{\sigma_2^2}{n_2}}}\sim N(0,1)$	$t=\dfrac{\overline{X}-\overline{Y}-\delta}{S_w\sqrt{\dfrac{1}{n_1}+\dfrac{1}{n_2}}}\sim t(n_1+n_2-2)$
$\mu_1-\mu_2=\delta$	$\mu_1-\mu_2\neq\delta$	$\lvert u\rvert\geqslant u_{\frac{\alpha}{2}}$	$\lvert t\rvert\geqslant t_{\frac{\alpha}{2}}(n_1+n_2-2)$
$\mu_1-\mu_2\leqslant\delta$	$\mu_1-\mu_2>\delta$	$u\geqslant u_\alpha$	$t\geqslant t_\alpha(n_1+n_2-2)$
$\mu_1-\mu_2\geqslant\delta$	$\mu_1-\mu_2<\delta$	$u\leqslant-u_\alpha$	$t\leqslant-t_\alpha(n_1+n_2-2)$

　　例 8.8　比较甲、乙两种安眠药的疗效. 将 20 名患者分成两组, 每组 10 人. 其中 10 人服用甲药后延长睡眠的时数分别为 1.9, 0.8, 1.1, 0.1, -0.1, 4.4, 5.5, 1.6, 4.6, 3.4; 另 10 人服用乙药后延长睡眠的时数分别为 0.7, -1.6, -0.2, -1.2, -0.1, 3.4, 3.7, 0.8, 0.0, 2.0. 若服用两种安眠药后增加的睡眠时数服从方差相同的正态分布. 问两种安眠药的疗效有无显著性差异?（取 $\alpha=0.1$）

　　解：依据题意, 可设样本 $X_1,\cdots,X_{10}$ 来自正态总体 $N(\mu_1,\sigma^2)$, 样本 $Y_1,\cdots,Y_{10}$ 来自正态总体 $N(\mu_2,\sigma^2)$, 且两组样本独立, 其均值与方差分别记作 $\overline{X},\overline{Y},S_1^2,S_2^2$. 且 μ_1,μ_2,σ^2 未知. 现在需要检验假设

$$H_0:\mu_1=\mu_2\leftrightarrow H_1:\mu_1\neq\mu_2.$$

应用 t 检验. 由题意及计算得 $n_1=n_2=10,\overline{x}=2.33,s_1=2.002,\overline{y}=0.75,s_2=1.789,s_w=\sqrt{\dfrac{9s_1^2+9s_2^2}{18}}=1.898$, 查表得 $t_{\alpha/2}(n_1+n_2-2)=t_{0.05}(18)=1.734\,1$, 故拒绝域为

$$\lvert t\rvert=\left\lvert\frac{\overline{x}-\overline{y}}{s_w\sqrt{1/n_1+1/n_2}}\right\rvert\geqslant t_{0.05}(18)=1.734\,1.$$

代入数值计算得

$$\lvert t\rvert=\left\lvert\frac{\lvert 2.33-0.75\rvert}{1.898\sqrt{1/10+1/10}}\right\rvert=1.86>1.734\,1,$$

落入拒绝域, 故拒绝 H_0, 认为两种安眠药的疗效有显著性差异.

　　说明：若上题中, 欲检验是否甲安眠药比乙安眠药疗效显著, 则需检验

$$H_0:\mu_1\leqslant\mu_2\leftrightarrow H_1:\mu_1>\mu_2.$$

由 t 检验, 拒绝域为

$$t=\frac{\overline{x}-\overline{y}}{s_w\sqrt{1/n_1+1/n_2}}\geqslant t_{0.1}(18)=1.330\,4.$$

代入数值计算得

$$t=1.86>1.330\,4,$$

落入拒绝域, 故拒绝 H_0, 认为甲安眠药比乙安眠药疗效显著.

8.2.3　基于成对数据的检验（t 检验）

　　有时候, 为了比较两类事物的差异, 我们常在相同的条件下做对比试验, 得到一批成对的

观测值,然后分析观察数据,作出推断.这种方法常称为**逐对比较法**.

例 8.9 某厂有两台光谱仪,用来测量材料中某种金属的含量.为鉴定它们的测量结果有无显著差异,工作人员制备了 9 件试块(它们的成分、金属含量、均匀性等各不相同),现在分别用这两台机器对每个试块测量一次,得到 9 对观测值如下:

$x(\%)$	0.20	0.30	0.40	0.50	0.60	0.70	0.80	0.90	1.00
$y(\%)$	0.10	0.21	0.52	0.32	0.78	0.59	0.68	0.77	0.89
$d=x-y(\%)$	0.10	0.09	-0.12	0.18	-0.18	0.11	0.12	0.13	0.11

问能否认为这两台仪器的测量结果有显著的差异.(取 $\alpha=0.01$)

分析:本题中的数据是对同一试块测出一对数据,这对数据中的两个数值是有关联的、与每个试块特点有关,因此表中第 1 行、第 2 行数据不是相互独立的样本,不能用双正态总体检验的方法.而同一对中两个数据的差异,则可看成仅仅由两台仪器性能差异所引起的.因此,这两台仪器的测量结果是否有显著的差异,只需研究各对数据的差 $d_i=x_i-y_i$(表中第 3 行表示).因为试块是随机选取的,所以可以假设 $d_1,d_2,\cdots,d_9 \sim N(\mu_d,\sigma^2)$,这里 μ_d,σ^2 未知,若两台机器的性能一样,则 $d_1,d_2,\cdots,d_9$ 为随机误差,服从均值为 0 的正态分布,即 $\mu_d=0$.因此判断两台仪器的测量结果是否有显著差异,即是检验假设:

$$H_0:\mu_d=0 \leftrightarrow H_1:\mu_d \neq 0.$$

解:检验假设 $H_0:\mu_d=0 \leftrightarrow H_1:\mu_d \neq 0$.设 $d_1,d_2,\cdots,d_9$ 的样本均值和方差为 $\bar{d},s^2$,按单总体正态分布均值的 t 检验,知拒绝域为 $|t|=\left|\dfrac{\bar{d}-0}{s/\sqrt{n}}\right| \geqslant t_{\alpha/2}(n-1)$,由 $n=9,\bar{d}=0.06,t_{\alpha/2}(n-1)=t_{0.005}(8)=3.355\,4,s=0.122\,7$,计算得 $|t|=1.467<3.355\,4$,没有落入拒绝域,故接受原假设,认为这两台仪器的测量结果无显著差异.

§8.3 正态总体方差的假设检验

8.3.1 单个总体方差的检验

设样本 $X_1,\cdots,X_n$ 来自正态总体 $N(\mu,\sigma^2)$,其中 μ,σ^2 未知.此时来检验假设:

$$H_0:\sigma^2=\sigma_0^2 \leftrightarrow H_1:\sigma^2 \neq \sigma_0^2,$$

这里 σ_0 为已知常数,显著性水平为 α,如图 8.3 所示.

由于 S^2 是 σ^2 的无偏估计,当 H_0 为真时,观测值 $\dfrac{s^2}{\sigma_0^2}$ 应近似为 1,不应过大或过小.又根据第 6 章知

$$\frac{(n-1)S^2}{\sigma_0^2} \sim \chi^2(n-1),$$

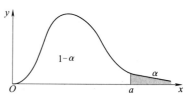

图 8.3 单个总体方差的检验

故可将

$$\chi^2=\frac{(n-1)S^2}{\sigma_0^2}$$

作为检验统计量,可得其拒绝域为

$$\chi^2=\frac{(n-1)s^2}{\sigma_0^{\;2}}\leqslant\chi_{1-\alpha/2}^2(n-1)\quad\text{或}\quad\chi^2=\frac{(n-1)s^2}{\sigma_0^{\;2}}\geqslant\chi_{\alpha/2}^2(n-1).$$

对于右边假设检验问题,

$$H_0:\sigma^2\leqslant\sigma_0^2\leftrightarrow H_1:\sigma^2>\sigma_0^{\;2}(\mu\text{ 未知}),$$

当 H_0 为真时,$\sigma^2\leqslant\sigma_0^2$,且 S^2 是 σ^2 的无偏估计,故统计量 $\frac{(n-1)S^2}{\sigma_0^{\;2}}$ 的取值应近似或不超过 $\chi_\alpha^2(n-1)$,不应大于 $\chi_\alpha^2(n-1)$ 太多. 故可将

$$\chi^2=\frac{(n-1)S^2}{\sigma_0^2}$$

作为检验统计量,可得其拒绝域为

$$\chi^2=\frac{(n-1)s^2}{\sigma_0^{\;2}}\geqslant\chi_\alpha^2(n-1).$$

类似地,可得左边检验问题

$$H_0:\sigma^2\geqslant\sigma_0^2\leftrightarrow H_1:\sigma^2<\sigma_0^2(\mu\text{ 未知})$$

的拒绝域为

$$\chi^2=\frac{(n-1)s^2}{\sigma_0^{\;2}}\leqslant\chi_{1-\alpha}^2(n-1).$$

以上检验方法称为 χ^2 检验法.

单正态总体的方差检验法如表 8.3 所示。

表 8.3　单正态总体的方差检验法

假设		拒绝域
H_0	H_1	均值未知
检验统计量及其分布		$\chi^2=\frac{(n-1)S^2}{\sigma_0^2}\sim\chi^2(n-1)$
$\sigma^2=\sigma_0^2$	$\sigma^2\neq\sigma_0^2$	$\chi^2\leqslant\chi_{1-\frac{\alpha}{2}}^2(n-1)$ 或 $\chi^2\geqslant\chi_{\frac{\alpha}{2}}^2(n-1)$
$\sigma^2\leqslant\sigma_0^2$	$\sigma^2>\sigma_0^2$	$\chi^2\geqslant\chi_\alpha^2(n-1)$
$\sigma^2\geqslant\sigma_0^2$	$\sigma^2<\sigma_0^2$	$\chi^2\leqslant\chi_{1-\alpha}^2(n-1)$

例 8.10　某厂生产的某种型号的电池,其寿命长期以来服从方差 $\sigma^2=5\,000$(单位:h^2)的正态分布,现有一批这种电池,从它生产情况来看,寿命的波动性可能有所变化. 现随机取 26 只电池,测出其寿命的样本方差 $s^2=9\,200$(h^2). 问根据这一数据能否推断这批电池寿命的波动性较以往有显著变化.(取 $\alpha=0.02$)

解: 题目需要检验假设

$$H_0:\sigma^2=5\,000\leftrightarrow H_1:\sigma^2\neq5\,000.$$

由题知 $n=26,\alpha=0.02,\sigma_0^2=5\,000$,查表得

$$\chi_{\alpha/2}^2(n-1)=\chi_{0.01}^2(25)=44.314,\quad\chi_{1-\alpha/2}^2(n-1)=\chi_{0.99}^2(25)=11.524,$$

拒绝域为

$$\frac{(n-1)s^2}{\sigma_0^{\;2}}\leqslant11.524\quad\text{或}\quad\frac{(n-1)s^2}{\sigma_0^{\;2}}\geqslant44.314.$$

代入观测值得

$$\frac{(n-1)s^2}{\sigma_0^{\;2}}=\frac{25\times9\,200}{5\,000}=46>44.314,$$

故拒绝原假设,认为这批电池寿命的波动性较以往有显著的变化.

8.3.2 双总体方差的检验

设 $X_1,\cdots,X_{n_1}$ 为来自正态总体 $N(\mu_1,\sigma_1^2)$ 的样本,$Y_1,\cdots,Y_{n_2}$ 是来自正态总体 $N(\mu_2,\sigma_2^2)$ 的样本,两组样本独立,其样本方差分别为 S_1^2,S_2^2. 设 $\mu_1,\mu_2,\sigma_1^2,\sigma_2^2$ 均未知. 此时来检验假设:

(1)$H_0:\sigma_1^2\leqslant\sigma_2^2\leftrightarrow H_1:\sigma_1^2>\sigma_2^2$;

(2)$H_0:\sigma_1^2\geqslant\sigma_2^2\leftrightarrow H_1:\sigma_1^2<\sigma_2^2$;

(3)$H_0:\sigma_1^2=\sigma_2^2,H_1:\sigma_1^2\neq\sigma_2^2$.

先来检验(2). 当 H_0 为真时,$E(S_1^2)=\sigma_1^2\geqslant\sigma_2^2=E(S_2^2)$,观测值 $\dfrac{S_1^2}{S_2^2}$ 有偏大的趋势;当 H_0 为假时,$E(S_1^2)=\sigma_1^2<\sigma_2^2=E(S_2^2)$,观测值 $\dfrac{S_1^2}{S_2^2}$ 有偏小的趋势. 故采用 $F=\dfrac{S_1^2}{S_2^2}$ 作为检验统计量,拒绝域具有形式

$$\frac{s_1^2}{s_2^2}\leqslant k,$$

其中常数 k 按如下方式确定:

$$P\{拒绝\ H_0\,|\,H_0 为真\}=P_{\sigma_1^2\geqslant\sigma_2^2}\left\{\frac{S_1^2}{S_2^2}\leqslant k\right\}$$

$$\leqslant P_{\sigma_1^2\geqslant\sigma_2^2}\left\{\frac{S_1^2/S_2^2}{\sigma_1^2/\sigma_2^2}\leqslant k\right\}, \quad（因为\ \sigma_1^2/\sigma_2^2\geqslant 1）$$

欲令 $P\{拒绝\ H_0\,|\,H_0 为真\}\leqslant\alpha$,只需令

$$P_{\sigma_1^2\geqslant\sigma_2^2}\left\{\frac{S_1^2/S_2^2}{\sigma_1^2/\sigma_2^2}\leqslant k\right\}=\alpha.$$

根据抽样分布知

$$\frac{S_1^2/S_2^2}{\sigma_1^2/\sigma_2^2}\sim F(n_1-1,n_2-1),$$

即

$$k=F_{1-\alpha}(n_1-1,n_2-1).$$

故检验问题的拒绝域为

$$F=\frac{s_1^2}{s_2^2}\leqslant F_{1-\alpha}(n_1-1,n_2-1).$$

上述检验法称为 F 检验法. 两总体方差相等也称两总体具有方差齐性. 关于 σ_1^2,σ_2^2 的另外两个检验问题的拒绝域见表 8.4.

表 8.4　双正态总体的方差检验法

假设		拒绝域
H_0	H_1	均值 μ_1,μ_2 未知
检验统计量及其分布		$F=\dfrac{S_1^2}{S_2^2}\sim F(n_1-1,n_2-1)$
$\sigma_1^2=\sigma_2^2$	$\sigma_1^2\neq\sigma_2^2$	$F\leqslant F_{1-\frac{\alpha}{2}}(n_1-1,n_2-1)$ 或 $F\geqslant F_{\frac{\alpha}{2}}(n_1-1,n_2-1)$
$\sigma_1^2\leqslant\sigma_2^2$	$\sigma_1^2>\sigma_2^2$	$F\geqslant F_\alpha(n_1-1,n_2-1)$
$\sigma_1^2\geqslant\sigma_2^2$	$\sigma_1^2<\sigma_2^2$	$F\leqslant F_{1-\alpha}(n_1-1,n_2-1)$

例 8.11　某工厂的两台车床加工同一零件,设两台车床独立工作,且零件直径分别服从正态分布 $N(\mu_1,\sigma1^2)$ 和 $N(\mu_2,\sigma_2^2)$. 分别从两台车床的生产线上取 6 件和 9 件零件,测量其直径得: $s_1^2=0.345,s_2^2=0.357$. 那么能否据此断定 $\sigma_1^2=\sigma_2^2$?（取 $\alpha=0.05$）

解: 本题为方差齐性检验,需要检验假设
$$H_0:\sigma_1^2=\sigma_2^2 \leftrightarrow H_1:\sigma_1^2\neq\sigma_2^2.$$

由 F 检验法知,拒绝域为
$$F=\frac{s_1^2}{s_2^2}<F_{1-\frac{\alpha}{2}}(n_1-1,n_2-1)\quad 或 \quad F>F_{\frac{\alpha}{2}}(n_1-1,n_2-1).$$

由题知 $n_1=6,n_2=9,\alpha=0.05$,查表得 $F_{0.025}(5,8)=4.82,F_{0.975}(5,8)=0.148$,故拒绝域为
$$F=\frac{s_1^2}{s_2^2}\geqslant 4.82\quad 或\quad F=\frac{s_1^2}{s_2^2}\leqslant 0.148.$$

代入观测值得
$$0.148<F=\frac{s_1^2}{s_2^2}=\frac{0.345}{0.357}=0.964\,4<4.82,$$

未落入拒绝域,故接受原假设,认为 $\sigma_x^2=\sigma_y^2$.

例 8.12　某档案馆有两个计算机检索系统,假定检索时间分别服从正态分布 $N(\mu_x,\sigma_x^2)$ 和 $N(\mu_y,\sigma_y^2)$. 现分别用两个系统检索 10 个资料,计算得到平均检索时间及方差(单位:s)如下: $\overline{x}=3.097,\overline{y}=3.179,s_x^2=2.67,s_y^2=1.21$. 试问这两个系统检索资料的时间有无明显差别.（取 $\alpha=0.05$）

解: 根据题目要求,首先进行方差齐性检验,需要检验假设
$$H_0:\sigma_x^2=\sigma_y^2 \leftrightarrow H_1:\sigma_x^2\neq\sigma_y^2.$$

由题知 $n_1=10,n_2=10,\alpha=0.05$,根据 F 检验法,查表得 $F_{0.025}(9,9)=4.03,F_{0.975}(9,9)=0.248$,拒绝域为
$$F=\frac{s_x^2}{s_y^2}\geqslant 4.03\quad 或\quad F=\frac{s_x^2}{s_y^2}\leqslant 0.248.$$

代入观测值得
$$0.248<F=\frac{s_x^2}{s_y^2}=\frac{2.67}{1.21}=2.21<4.03,$$

故接受原假设,认为 $\sigma_x^2=\sigma_y^2$.

接下来验证假设
$$H_0:\mu_x=\mu_y \leftrightarrow H_1:\mu_x\neq\mu_y.$$

根据 t 检验法,查表得 $t_{0.025}(18)=2.101$,拒绝域为
$$|t|=\left|\frac{\overline{X}-\overline{Y}}{S_w\sqrt{\frac{1}{n_1}+\frac{1}{n_2}}}\right|\geqslant t_{0.025}(18)=2.101,$$

其中 $S_w^2=\dfrac{(n_1-1)S_x^2+(n_2-1)S_y^2}{n_1+n_2-2}$. 代入观测值得
$$|t|=\left|\frac{3.097-3.179}{\sqrt{\frac{9(2.67+1.21)}{18}}\cdot\sqrt{\frac{2}{10}}}\right|=0.131\,6<2.101,$$

未落入拒绝域,故接受原假设,认为 $\mu_x = \mu_y$.

综上,两系统检索资料时间的平均值与方差均无明显差别,故可以认为两系统检索资料的时间无明显差别.

例 8.13 某工厂有甲乙两种机床,加工同样的产品,其中甲机床是更新后的.现在从这两台机床加工的产品中随机地抽取若干产品,测得产品直径为(单位:mm):

甲: 20.5, 19.8, 19.7, 20.4, 20.1, 20.9, 19.6, 19.9;

乙: 19.7, 20.8, 20.5, 19.8, 19.4, 20.6, 19.2.

假定甲、乙两台机床的产品直径分别服从正态分布 $N(\mu_1, \sigma_1^2)$ 和 $N(\mu_2, \sigma_2^2)$,计算可得 $s_1^2 = 1.43, s_2^2 = 2.38$,试问可否认为甲机床加工的精度(方差)与乙机床有显著差异.(取 $\alpha = 0.05$)

解: 本题为方差齐性检验,需要检验假设

$$H_0 : \sigma_1^2 = \sigma_2^2 \leftrightarrow H_1 : \sigma_1^2 \neq \sigma_2^2.$$

由 F 检验法知,拒绝域为

$$F = \frac{s_1^2}{s_2^2} < F_{1-\frac{\alpha}{2}}(n_1 - 1, n_2 - 1) \quad \text{或} \quad F > F_{\frac{\alpha}{2}}(n_1 - 1, n_2 - 1).$$

由题知 $n_1 = 8, n_2 = 7, \alpha = 0.05$,查表得 $F_{0.025}(7, 6) = 0.175, F_{0.975}(7, 6) = 5.70$,故拒绝域为

$$F = \frac{s_1^2}{s_2^2} \geqslant 5.70 \quad \text{或} \quad \frac{s_1^2}{s_2^2} \leqslant 0.175.$$

代入观测值得

$$0.175 < F = \frac{s_1^2}{s_2^2} = \frac{1.43}{2.38} = 0.601 < 5.70,$$

未落入拒绝域,故接受原假设,认为 $\sigma_1^2 = \sigma_2^2$.

§8.4 置信区间与假设检验的关系

置信区间和假设检验有着密切联系. 设总体 X 含有一个待估计参数 θ $(\theta \in \Theta)$,$X_1, X_2, \cdots, X_n$ 为来自总体的样本,$x_1, x_2, \cdots, x_n$ 为相应的样本值.

若 $[\theta_1(X_1, X_2, \cdots, X_n), \theta_2(X_1, X_2, \cdots, X_n)]$ 为参数 θ 的置信度为 $1 - \alpha$ 的置信区间,则

$$P\{\theta_1(X_1, X_2, \cdots, X_n) \leqslant \theta \leqslant \theta_2(X_1, X_2, \cdots, X_n)\} = 1 - \alpha. \tag{8.1}$$

对于任意 $\theta_0 \in \Theta$,先考虑显著性水平为 α 的双边检验问题:

$$H_0 : \theta = \theta_0 \leftrightarrow H_1 : \theta \neq \theta_0.$$

由式(8.1)知,拒绝原假设等价于

$$\theta_0 < \theta_1(x_1, x_2, \cdots, x_n) \quad \text{或} \quad \theta_0 > \theta_2(x_1, x_2, \cdots, x_n),$$

接受原假设等价于

$$\theta_1(x_1, x_2, \cdots, x_n) \leqslant \theta_0 \leqslant \theta_2(x_1, x_2, \cdots, x_n).$$

反之,对于任意 $\theta_0 \in \Theta$,若显著性水平为 α 的双边检验:

$$H_0 : \theta = \theta_0 \leftrightarrow H_1 : \theta \neq \theta_0$$

接受原假设等价于 $\theta_1(x_1, x_2, \cdots, x_n) \leqslant \theta_0 \leqslant \theta_2(x_1, x_2, \cdots, x_n)$,则由 θ_0 的任意性知,

$$P\{\theta_1(X_1, X_2, \cdots, X_n) \leqslant \theta \leqslant \theta_2(X_1, X_2, \cdots, X_n)\} = 1 - \alpha.$$

从而$[\theta_1(X_1,X_2,\cdots,X_n),\theta_2(X_1,X_2,\cdots,X_n)]$为参数 θ 的置信度为 $1-\alpha$ 的置信区间.

　　类似可得单边检验与单侧置信区间关系:若$(-\infty,\theta(X_1,X_2,\cdots,X_n)]$为参数 θ 置信度为 $1-\alpha$ 的单侧置信区间,则对于显著性水平为 α 的左边检验问题 $H_0:\theta\geqslant\theta_0\leftrightarrow H_1:\theta<\theta_0$,接受原假设等价于 $\theta_0\leqslant\theta(x_1,x_2,\cdots,x_n)$,拒绝原假设等价于 $\theta_0>\theta(x_1,x_2,\cdots,x_n)$. 若 $[\theta(X_1,X_2,\cdots,X_n),+\infty)$ 为参数 θ 置信度为 $1-\alpha$ 的单侧置信区间,则对于显著性水平为 α 的右边检验问题 $H_0:\theta\leqslant\theta_0\leftrightarrow H_1:\theta>\theta_0$,接受原假设等价于 $\theta_0\geqslant\theta(x_1,x_2,\cdots,x_n)$,拒绝原假设等价于 $\theta_0<\theta(x_1,x_2,\cdots,x_n)$. 反之亦然.

　　例 8.14　设 $X\sim N(\mu,4)$,其中 μ 未知,$\alpha=0.05$,$n=64$,某样本数据 $\bar{x}=4.10$. 因此可以得到参数 μ 的一个置信度为 0.95 的置信区间

$$\left[\bar{x}-\frac{\sigma}{\sqrt{n}}u_{\frac{\alpha}{2}},\bar{x}+\frac{\sigma}{\sqrt{n}}u_{\frac{\alpha}{2}}\right]=\left[\bar{x}-\frac{2}{\sqrt{64}}u_{0.025},\bar{x}+\frac{2}{\sqrt{64}}u_{0.025}\right]$$
$$=[3.61,4.59].$$

现在考虑检验问题 $H_0:\mu=4.7\leftrightarrow H_1:\mu\neq4.7$. 由前所述,接受原假设等价于 $3.61\leqslant4.7\leqslant4.59$. 此式显然不成立,故拒绝 H_0.

§8.5　分布拟合检验

　　以上讨论的均是总体分布已知的未知参数检验问题,称为参数假设检验问题. 在实际问题中,我们往往遇到非参数检验问题,比如总体分布未知,需要从样本值推断总体是否服从某个分布. 本节中,我们主要介绍英国统计学家皮尔逊引入的 χ^2 检验法.

　　设 $X_1,X_2,\cdots,X_n$ 为来自总体的样本,$x_1,x_2,\cdots,x_n$ 为一组样本值. 现在要根据样本值判断总体的分布函数是否为某个已知函数 $F(x)$,此处原假设和备择假设为

　　H_0:总体 X 的分布函数是 $F(x)\leftrightarrow H_1$:总体 X 的分布函数不是 $F(x)$.

　　为简化起见,我们设 $F(x)$ 中不含未知参数. 当 $F(x)$ 中含未知参数时,可以用极大似然估计等方法先求出这些未知参数的估计值,再进行假设检验.

　　将总体 X 的可能取值分为 k 个适当的两两不交的小区间 $A_1,A_2,\cdots,A_k$. 再把落入 A_i 的样本值个数记作 n_i,计算其频率 $\frac{n_i}{n}(i=1,2,\cdots,k)$. 当 H_0 成立时,可由 $F(x)$ 计算出 $p_i(i=1,2,\cdots,k)$,根据大数定律,n 较大时,$\left|\frac{n_i}{n}-p_i\right|(i=1,2,\cdots k)$ 应该比较小. 从而

$$\chi^2=\sum_{i=1}^{k}\left(\frac{n_i}{n}-p_i\right)^2\frac{n}{p_i}=\sum_{i=1}^{k}\frac{(n_i-np_i)^2}{np_i}$$

也不应该很大. 事实上,皮尔逊证明了下述定理:

　　定理 8.1　当 n 充分大时(实际计算时一般要求 $n\geqslant50$),在 H_0 成立的条件下,统计量 $\chi^2=\sum_{i=1}^{k}\frac{(n_i-np_i)^2}{np_i}$ 近似服从 $\chi^2(k-1)$.

　　该定理是 $F(x)$ 不含未知参数时的结论. 如果 $F(x)$ 中有 r 个未知参数需要用相应的估计值来代替,则结论变为 χ^2 近似服从 $\chi^2(k-r-1)$.

　　有了检验统计量 χ^2 的近似分布,我们就可以进行假设检验了. 对于给定的显著性水平 α,

拒绝域为 $\chi^2 \geqslant \chi^2_a$.

例 8.15 根据孟德尔遗传学说,将两种豌豆杂交,4 种类型的种子 A, B, C, D 应以 $9:3:3:1$ 的比例出现. 在实验中,分别得到 4 类种子 102,30,42,15 粒. 试问:这个结果与孟德尔的遗传学说是否一致?

解:设 H_0:种子的 4 种类型服从孟德尔遗传学说. 则在 H_0 成立时,A, B, C, D 这 4 类种子出现的概率分别为

$$p_1 = \frac{9}{16}, \quad p_2 = \frac{3}{16}, \quad p_3 = \frac{3}{16}, \quad p_4 = \frac{1}{16},$$

根据样本值得样本数量 $n = 102 + 30 + 42 + 15 = 189$,4 类种子出现次数分别为 $n_1 = 102, n_2 = 30, n_3 = 42, n_4 = 15$. 代入计算得

$$\chi^2 = \sum_{i=1}^{4} \frac{(n_i - np_i)^2}{np_i} = 3.097.$$

取显著性水平 $\alpha = 0.05$,查表得 $\chi^2_{0.05}(4-1) = 7.815 > 3.097 = \chi^2$,故接受 H_0,认为实验结果与孟德尔遗传学说一致.

从上面介绍的拟合检验过程可知,检验结果依赖于区间的划分. 此外,还需要样本量充分大. 在实际应用中,计算量一般较大,需要借助统计软件实现.

§8.6 假设检验问题的 p 值法

以上介绍的假设检验方法称为**临界值法**. 下面介绍另一种检验方法——p 值法.

假设在给定的显著性水平 α 下,检验某个假设,那么对于检验统计量,不同的样本会计算出不同的值,即便作出相同的论断(拒绝或接受原假设),理由的充分程度也是不同的. 为了反映这种差异,我们引进 p 值. 其定义如下:

假设对于某个原假设 H_0,T 是检验统计量,拒绝域 W 为 $|T| \geqslant C$. 若对一组样本值 $x_1, x_2, \cdots, x_n$,算出统计量 T 的值为 t_0,则称这组样本的

$$p \text{ 值} = P\{ |T| \geqslant |t_0| \mid H_0 \text{ 为真}\}.$$

如果拒绝域为 $T \geqslant C$,则

$$p \text{ 值} = P\{T \geqslant t_0 \mid H_0 \text{ 为真}\}.$$

如果拒绝域为 $T \leqslant C$,则

$$p \text{ 值} = P\{T \leqslant t_0 \mid H_0 \text{ 为真}\}.$$

可见 p 值是一个概率值,它是当原假设 H_0 为真时检验统计量 T 取其观测值,以及(沿备选假设方向)比观测值更极端值的概率.

若 p 值非常小,则意味着在原假设 H_0 成立的情况下小概率事件发生了,于是我们有理由拒绝 H_0. 且 p 值越小,拒绝 H_0 的理由越充分.

因此,p 值反映了支持原假设的证据的强度. 一般来说,若 p 值 $\leqslant 0.01$,称推断拒绝 H_0 的依据很强,或检验是高度显著的;若 $0.01 < p$ 值 $\leqslant 0.05$,称推断拒绝 H_0 的依据是强的,或检验是显著的;若 $0.05 < p$ 值 $\leqslant 0.1$,称推断拒绝 H_0 的依据是弱的,或检验是不显著的;若 p 值 > 0.1,一般来说没有理由拒绝 H_0.

在实际问题中,人们往往并不事先给定显著性水平 α,而是很方便地利用 p 值:对于任意

大于 p 值的显著性水平, 人们可以拒绝原假设; 对于任意小于 p 值的显著性水平, 接受原假设. 从而 p 值是根据样本观测值得出的可以拒绝原假设的最小显著性水平.

这种利用 p 值来确定是否拒绝原假设的方法称为 **p 值法**. 具体做法是, 若已求得 p 值, 检验问题的显著性水平为 α, 则: 若 $p \leqslant \alpha$, 则拒绝 H_0; 若 $p > \alpha$, 则接受 H_0. 在用临界值法来确定拒绝域时, 可能出现这种情况: 显著性水平 $\alpha = 0.05$ 下拒绝原假设, 显著性水平 $\alpha = 0.01$ 下仍然拒绝原假设, 但是不知道将 α 再降低一些是否也要拒绝原假设. 而 p 值法比临界值法给出了有关拒绝域的更多信息.

现代计算机软件一般都会给出检验问题的 p 值. 对于常见检验问题的 p 值, 可以根据检验统计量的样本观测值以及检验统计量在 H_0 下一个特定的参数值 (一般是 H_0 和 H_1 所确定的参数值分界点) 对应的分布求出.

例 8.16 已知天然牛奶的冰点温度近似服从正态分布, 均值 $\mu_0 = -0.545\ ℃$, 标准差 $\sigma = 0.008\ ℃$. 牛奶掺水可使冰点温度升高. 假设某生产商生产的牛奶冰点温度服从 $N(\mu, 0.008^2)$, 从中抽取 5 批牛奶, 测得其冰点温度均值 $\overline{x} = -0.535\ ℃$. 问在显著性水平 $\alpha = 0.05$ 下, 是否可以认为该生产商在牛奶中兑水?

解: 依据题意, 需要检验假设
$$H_0: \mu \leqslant \mu_0 = -0.545 \leftrightarrow H_1: \mu > \mu_0.$$

由 U 检验法, 检验统计量 $U = \dfrac{\overline{X} - \mu_0}{\sigma / \sqrt{n}}$ 的观测值为

$$u = \frac{\overline{x} - \mu_0}{\sigma / \sqrt{n}} = \frac{-0.535 - (-0.545)}{0.008 / \sqrt{5}} = 2.795\ 1.$$

$\mu = \mu_0$ 时 $Z \sim N(0, 1)$, 故
$$p\ \text{值} = P(Z \geqslant 2.795\ 1) = 1 - \Phi(2.795\ 1) = 0.002\ 6,$$
p 值 $< \alpha = 0.05$, 故拒绝 H_0, 认为该生产商没有在牛奶中兑水.

例 8.17 某种元件的寿命 (单位: h) 服从正态分布 $N(\mu, \sigma^2)$, 其中 μ, σ 均未知. 现在测得 16 个元件寿命均值 $\overline{x} = 241.5, s = 98.725\ 9$, 问在显著性水平 $\alpha = 0.05$ 下, 是否可以认为该元件平均寿命大于 225 h?

解: 依据题意, 需要检验假设
$$H_0: \mu \leqslant \mu_0 = 225 \leftrightarrow H_1: \mu > \mu_0.$$

由 t 检验法, 检验统计量 $t = \dfrac{\overline{X} - \mu_0}{S / \sqrt{n}}$ 的观测值为

$$\frac{\overline{x} - \mu_0}{s / \sqrt{n}} = \frac{241.5 - 225}{98.725\ 9 / \sqrt{16}} = 0.668\ 5.$$

$\mu = \mu_0$ 时 $t \sim t(15)$, 由计算机算得
$$p\ \text{值} = P\{t \geqslant 0.668\ 5\} = 0.257\ 0,$$
p 值 $> \alpha = 0.05$, 故接受 H_0, 认为该元件平均寿命大于 225 h.

习 题

1. 已知某谷物的高度 (单位: cm) 服从正态分布 $N(32, 1.1^2)$, 现从种植该谷物的某农田随

机抽取 6 株谷物,测得平均高度 $\bar{x} = 31.08$,试问:在 $\alpha = 0.05$ 下能否认为这个农田的谷物平均高度为 32 cm?

2. 从正态总体 $N(\mu,1)$ 中抽取 200 个样品,计算得 $\bar{x} = 4.2$,试问:在 $\alpha = 0.01$ 下能否接受假设 $\mu = 4$?

3. 现有 6 个人独立地测量同一物体的长度,测量结果分别为 (单位:cm):2.78,2.80, 2.81,2.75,2.84,2.76. 设测量值 X 服从正态分布 $N(\mu,\sigma^2)$,试问:根据这些数据,在 $\alpha = 0.05$ 下能否认为该物体的实际长度为 2.8 cm?

4. 某城市气象站对每日的 PM2.5 浓度记录了 40 个数据,并由此算得 $\bar{x} = 40.25, s = 8.50$. 假设该城市的每日 PM2.5 浓度服从 $N(\mu,\sigma^2)$. 试问:在 $\alpha = 0.05$ 下能否接受假设 $\mu = 42$?

5. 某车间用一台机器包装产品,由经验可知,该机器称得产品的质量服从正态分布 $N(0.5,0.014^2)$,现从某天所包装的产品中随机抽取 8 袋,其平均质量为 0.508 kg. 试问:在 $\alpha = 0.05$ 下该机器是否工作正常?

6. 已知某种电子元件的寿命服从正态分布,要求该电子元件的寿命不低于 1 000 h,现从这批电子元件中随机抽取 30 件,计算得样本的平均寿命 $\bar{x} = 985$ h,标准差 $s = 64$ h. 试问:在 $\alpha = 0.01$ 下,能否确定这批电子元件是合格的?

7. 假定某校考生成绩服从正态分布,在某次考试中,随机抽取 36 位考生,算得平均成绩为 68.5 分,标准差为 18 分. 试问:在 $\alpha = 0.05$ 下,能否认为这次考试全体考生的平均成绩为 70 分?

8. 某工厂采用新方法处理废水,对处理后的水测量所含某种有毒物质的浓度,得到 10 个数据 (单位:mg/L):21,16,15,17,20,14,15,20,19,18. 用以往方法处理废水后,该种有毒物质的平均浓度为 19 mg/L,有毒物质浓度 $X \sim N(\mu,\sigma^2)$. 试问:在 $\alpha = 0.05$ 下,新方法是否比旧方法效果好?

9. 下面给出两种型号的计算器充电以后所能使用时间(单位:h)的观测值:

甲:2.5 2.8 2.4 2.7 2.9 2.2

乙:2.9 2.3 3.0 2.7 2.1 2.6

假定这两种计算器使用时间服从正态分布且具有相同的方差. 试问:在 $\alpha = 0.05$ 下,这两种型号的计算器使用时间是否有显著差异?

10. 某项试验欲比较两种不同塑胶材料的耐磨程度,并对各块的磨损深度进行观察. 假设两个总体是方差相同的正态总体. 取材料1,样本大小 $n_1 = 14$,平均磨损深度 $\bar{x}_1 = 86$ 个单位,标准差 $s_1 = 4$;取材料2,样本大小 $n_2 = 12$,平均磨损深度 $\bar{x}_2 = 82$ 个单位,标准差 $s_2 = 5$. 试问:在 $\alpha = 0.05$ 下,能否推出材料1比材料2的磨损值超过2个单位?

11. 某工厂两个化验室每天同时从工厂的冷却水取样,测量水中的含气量 ($\times 10^{-6}$) 一次,下面是 6 天的记录:

室甲:1.15 1.86 0.75 1.14 1.65 1.90

室乙:1.00 1.87 0.90 1.20 1.70 1.95

设每对数据的差 $d_i = x_i - y_i (i=1,2,\cdots,6)$ 来自正态总体. 试问:在 $\alpha = 0.01$ 下两个化验室测定结果之间有无显著差异?

12. 从一批熔丝中抽取 10 根测试其熔化时间,并计算得 $\bar{x} = 62.90, s = 10.67$. 若熔化时间服从正态分布.试问:在 $\alpha=0.05$ 下,能否接受熔化时间的标准差为 9?

13. 已知某金属的熔化点服从 $N(\mu,\sigma^2)$. 现对此金属的熔化点 (单位:℃) 做 4 次试验,并计算得样本标准差为 $s=3.65$. 试问:在 $\alpha=0.05$ 下能否接受测定值的方差等于 29 ℃?

14. 某种导线要求其电阻的标准差不得超过 0.006 Ω,今在一批导线中随机抽取 12 根,测得样本标准差为 $s=0.008$ Ω. 已知总体服从正态分布.试问:在 $\alpha=0.05$ 下,能否认为这批导线的标准差显著偏大?

15. 对两批同类电子元件的电阻测试,测得结果为 (单位:Ω):

第一批:0.143 0.139 0.140 0.142 0.144 0.136

第二批:0.136 0.141 0.142 0.135 0.138 0.140

已知元件的电阻值分别服从 $N(\mu_1,\sigma_1^2)$,$N(\mu_2,\sigma_2^2)$ 且两样本相互独立. 试检验两个总体的方差是否相等(取 $\alpha=0.05$).

16. 两台机器生产同一种滚珠,滚珠直径服从正态分布. 从中分别抽取 7 个和 9 个产品测其直径,甲机器样本均值 $\overline{x}_1=14.97$,标准差 $s_1=0.39$,乙机器样本均值 $\overline{x}_2=15.00$,标准差 $s_2=0.21$. 试问:在 $\alpha=0.05$ 下两台机器生产的滚珠直径方差是否有显著差异?

17. 设 $X\sim N(\mu,\sigma^2)$,其中 μ,σ^2 均未知,某容量为 36 的样本数据 $\overline{x}=3.24,s=1.10$. 在 $\alpha=0.05$ 下,试用置信区间的方法检验假设 $H_0:\mu=4\leftrightarrow H_1:\mu\neq4$.

18. 设某园林 20 年前按 $1:4:3:2$ 的比例栽种了 A,B,C,D 共 4 种植物,现从该园林某区域中查得 4 种植物数量为 18,82,61,39. 试问:在 $\alpha=0.05$ 下 4 种植物比例较 20 年前是否有显著改变?

19. 设总体服从 $X\sim N(\mu,25)$,其中 μ 未知. 现有样本:$n=100,\overline{x}=11.25$. 对于假设 $H_0:\mu\leqslant10\leftrightarrow H_1:\mu>10$,试求 H_0 可被拒绝的最小显著性水平.

20. 用 p 值检验法检验例 8.7 中的检验问题.

21. 用 p 值检验法检验第 18 题中的检验问题.

第9章 方差分析与回归分析

方差分析与回归分析在统计中有着非常广泛的应用,它们都是处理试验结果时常用的统计方法.

方差分析由英国学者费歇尔于 19 世纪 20 年代提出,当时他将方差分析应用到农业试验中. 后来,人们逐渐将方差分析应用到其他领域.事实上,方差分析的应用范围十分广泛. 在第 8 章 §8.2 节中讨论的两个正态总体的均值是否相等的假设检验实际上就是一种方差分析,我们称之为单因素试验二水平方差分析,当时所用到的检验方法是 t 检验法. 实际上,方差分析是通过对样本或试验结果的方差以及重复试验的误差进行分析,进而判断多个总体的数学期望是否相等. 因此,方差分析本质上是一种显著性检验,用来鉴别某一因素影响是否显著. 即,方差分析用来回答如下问题:生产一种产品有若干种生产方法或工艺,不同生产方法或工艺生产的产品质量是否一样. 例如,灯泡厂用 4 种不同材料生产灯丝,根据试验结果判断灯丝材料这一因素对灯泡寿命影响是否显著. 又如,4 个工人操作 3 台机器各 1 天,根据日产量表来判断机器或工人之间是否存在差异.

回归一词是英国学者高尔顿于 1886 年研究子女身高与父母身高的关系时提出来的. 回归分析研究一个随机变量同一个或多个非随机变量的关系. 例如,小麦的亩产量是一个随机变量,它与播种量和施肥量有关,其中播种量和施肥量是非随机变量,可以人为控制. 有时自变量也是一个随机变量,比如人的体重与身高之间的关系. 如果我们是从人群中随机抽取一个人,那么体重与身高都是随机变量. 但在处理这类问题时,我们往往将自变量当成非随机变量处理,这是因为我们可以给定人的体重,研究不同体重的人的身高分布,或者说当体重给定为不同值时,研究身高与体重的关系. 于是,此类问题也可以用回归分析来处理.

非随机变量(或非随机变量组)x 的每一个值,对应着一个随机变量 $y(x)$. 如果我们能知道每一个 $y(x)$ 的分布,则这一对应关系是明确的. 然而,很多时候 $y(x)$ 的分布非常复杂或者难以求出,且大多数时候我们对 $y(x)$ 分布并不感兴趣,而只是关心 $y(x)$ 的期望. 在上例中,对于给定的播种量和施肥量,我们更关心的是小麦亩产量的数学期望 $E(y)$,而不是 y 的分布.换句话说,回归分析就是找出随机变量的数学期望同自变量之间的函数关系式 $E(y) = u(x) + \varepsilon$.并将 $E(y)$ 视为非随机变量,将 ε 视为随机误差且 $E(\varepsilon) = 0$. 大部分时候我们将 $E(y)$ 仍记为 y,这就是许多书上提到的拟合方程 $y = u(x) + \varepsilon$. 一旦找到这一函数关系(有时也称经验公式),就可以对变量 y 进行预测或估计. 回归分析不仅能找到经验公式,还可以利用概率统计知识判断经验公式的有效性,这在实际生活和工作中非常有用.

§9.1 单因素试验的方差分析

我们知道,方差分析是通过对样本或试验结果的方差以及重复试验的误差进行分析,进而判断多个总体的数学期望是否相等．在试验中，我们要考察的指标称为**试验指标**，影响试验指标的试验条件称为**因素**．由于受到试验条件的影响，有些因素是可以人为控制的，比如播种量、施肥量、反应温度等，有些因素是不可控的，比如观测误差、野外试验时的风向、风速、空气中污染物的浓度等．本章所涉及的因素都是指可控因素，即人们可以人为地控制试验条件．若一个试验中只有一个因素在改变，则称该试验为**单因素试验**；若有两个或两个以上因素在改变，则称该试验为**多因素试验**．一般试验时，因素所处的状态是不同的，这些状态称为该因素的**水平**．前面提到的单因素试验二水平方差分析，是指这个试验只有一个因素在改变，且这个因素只取两个不同的状态(值)．

9.1.1　单因素方差试验及其数学模型

例 9.1　某灯泡厂用 4 种不同的材料制成灯丝．为考察灯泡寿命是否因灯丝材料的不同而有显著差异，对每种材料做成的灯泡随机各取若干并检测其寿命(单位：h)，检测结果如表 9.1 所示．

表 9.1　不同灯丝材料的灯泡寿命　　　　　　　　　　　　　单位：h

灯丝材料	灯泡							
	1	2	3	4	5	6	7	8
甲	1 600	1 610	1 650	1 680	1 700	1 720	1 800	
乙	1 580	1 640	1 640	1 700	1 750			
丙	1 460	1 550	1 600	1 620	1 640	1 660	1 740	1 820
丁	1 510	1 520	1 530	1 570	1 600	1 680		

此例中，试验指标为灯泡寿命，因素为灯丝材料，因素的水平有 4 个，分别为甲、乙、丙、丁 4 种材料．除灯丝材料这一因素外，其他条件都相同．因此这是一个单因素四水平试验．试验的目的是考察灯丝材料对灯泡寿命的影响是否显著，即表中各数据的差异是主要来自于灯丝材料的差异，还是主要来自于重复试验的误差．如果这 4 种材料制成的灯泡寿命没有显著差异，则工厂可选择最经济的材料；反之，则要在灯泡寿命和材料的经济性上进行取舍，应用某种方法寻找最优方案．此例中，不同水平的试验次数是不同的，称为**不等重复试验**．

例 9.2　某工厂使用 3 台机器生产规格相同的铝合金薄板．为考察 3 台机器生产的薄板厚度是否一样，从每台机器生产的薄板中各随机选取 5 块，测量其厚度(精度为 0.01 mm)．测量结果如表 9.2 所示．

表 9.2　不同机器生产的铝合金薄板厚度　　　　　　　　　　单位：mm

机器	铝合金薄板厚度				
机器 1	2.36	2.38	2.48	2.45	2.43
机器 2	2.57	2.53	2.55	2.54	2.61
机器 3	2.58	2.64	2.59	2.67	2.62

此例中，试验指标为薄板的厚度，因素为机器，该因素有 3 个水平，分别为不同的 3 台机器．仍然假设除机器这一因素外，其他条件都相同．本例也是单因素试验．试验的目的是考察机器这一因素对铝合金薄板的厚度有无显著影响．此试验各水平试验次数相同，称为**等重复试验**．

从以上两例,我们可以抽象出单因素试验方差分析的数学模型. 设影响试验指标的因素 A 有 r 个水平 $A_1, A_2, \cdots, A_r$. 在每一水平 A_i 下,进行 $n_i(n_i \geqslant 2)$ 次独立重复试验 $(i=1,2,\cdots,r)$,得表 9.3. 各 n_i 可以相等也可以不等.

表 9.3　方差试验结果

水平因素	试验次数						行和	行平均
	1	2	$\cdots$	j	$\cdots$	n_i		
A_1	X_{11}	X_{12}	$\cdots$	X_{1j}	$\cdots$	X_{1n_1}	$T_1.$	$\overline{X}_1.$
A_2	X_{21}	X_{22}	$\cdots$	X_{2j}	$\cdots$	X_{2n_2}	$T_2.$	$\overline{X}_2.$
$\vdots$	$\vdots$	$\vdots$		$\vdots$		$\vdots$	$\vdots$	$\vdots$
A_i	X_{i1}	X_{i2}	$\cdots$	X_{ij}	$\cdots$	X_{in_i}	$T_i.$	$\overline{X}_i.$
$\vdots$	$\vdots$	$\vdots$		$\vdots$		$\vdots$	$\vdots$	$\vdots$
A_r	X_{r1}	X_{r2}	$\cdots$	X_{rj}	$\cdots$	X_{rn_r}	$T_r.$	$\overline{X}_r.$

X_{ij} 表示因素 A 的第 i 个水平 A_i 进行第 j 次试验所得结果. 设 n 为试验总的次数,即

$$n = \sum_{i=1}^{r} n_i, \quad \overline{X}_i. = \frac{1}{n_i} \sum_{j=1}^{n_i} X_{ij}, \quad T_i. = \sum_{j=1}^{n_i} X_{ij} = n_i \overline{X}_i., \quad i=1,2,\cdots,r),$$

$$\overline{X} = \frac{1}{n} \sum_{i=1}^{r} \sum_{j=1}^{n_i} X_{ij}, \quad T = \sum_{i=1}^{r} \sum_{j=1}^{n_i} X_{ij} = n\overline{X}.$$

其中 $\overline{X}_i.$ 称为**组内均值**,$T_i.$ 称为**组内和**,$\overline{X}$ 称为**总均值**,T 称为**总和**.

为了进一步分析,我们假设:

(1)因素 A 的某个水平 A_i 的试验结果 $X_{i1}, X_{i2}, \cdots, X_{in_i}$ 是来自正态总体 $N(\mu_i, \sigma^2)$ 的一个容量为 n_i 的样本 $(i=1,2,\cdots,r)$.

(2)各个水平 A_i 下的正态总体 $N(\mu_i, \sigma^2)$ 的方差相同,均为 $\sigma^2(i=1,2,\cdots,r)$.

(3)各次试验的结果 X_{ij} 是相互独立的 $(j=1,2,\cdots,n_i; i=1,2,\cdots,r)$.

如果待检因素各水平对试验指标的影响并不显著,则试验的所有结果 X_{ij} 应来自于同一正态总体 $N(\mu, \sigma^2)$,即所有 μ_i 均相同. 因此,提出如下待检假设:

$H_0: \mu_1 = \mu_2 = \cdots = \mu_r = \mu$;

$H_1: \mu_1, \mu_2, \cdots, \mu_r$ 不全相等.

9.1.2　检验方法

方差分析是从总变差 $S_T = \sum_{i=1}^{r} \sum_{j=1}^{n_i} (X_{ij} - \overline{X})^2$ 的分解开始的.

$$S_T = \sum_{i=1}^{r} \sum_{j=1}^{n_i} (X_{ij} - \overline{X}_i. + \overline{X}_i. - \overline{X})^2$$

$$= \sum_{i=1}^{r} \sum_{j=1}^{n_i} (X_{ij} - \overline{X}_i.)^2 + \sum_{i=1}^{r} \sum_{j=1}^{n_i} (\overline{X}_i. - \overline{X})^2 + 2 \sum_{i=1}^{r} \sum_{j=1}^{n_i} (X_{ij} - \overline{X}_i.)(\overline{X}_i. - \overline{X}),$$

而交叉项

$$\sum_{i=1}^{r}\sum_{j=1}^{n_i}(X_{ij}-\overline{X}_{i.})(\overline{X}_{i.}-\overline{X})$$

$$=\sum_{i=1}^{r}(\overline{X}_{i.}-\overline{X})\sum_{j=1}^{n_i}(X_{ij}-\overline{X}_{i.})$$

$$=\sum_{i=1}^{r}(\overline{X}_{i.}-\overline{X})\left(\sum_{j=1}^{n_i}X_{ij}-n_i\overline{X}_{i.}\right)$$

$$=0,$$

所以

$$S_T=\sum_{i=1}^{r}\sum_{j=1}^{n_i}(X_{ij}-\overline{X}_{i.})^2+\sum_{i=1}^{r}n_i(\overline{X}_{i.}-\overline{X})^2,$$

$$=S_E+S_A,\qquad\qquad\qquad(9.1)$$

其中 $S_E=\sum_{i=1}^{r}\sum_{j=1}^{n_i}(X_{ij}-\overline{X}_{i.})^2,S_A=\sum_{i=1}^{r}n_i(\overline{X}_{i.}-\overline{X})^2.$

　　总变差 S_T 反映的是全部试验数据之间的差异. 它被分解成了两部分,其中 S_E 的各项 $(X_{ij}-\overline{X}_{i.})^2$ 表示在水平 A_i 下样本观察值 X_{ij} 与样本均值 $\overline{X}_{i.}$ 的差异. 该差异与因素 A 的水平无关,是由随机误差引起的. 它反映了从总体 $\xi_i\sim N(\mu_i,\sigma^2)$ 中抽取容量为 n_i 的样本进行试验时所产生的误差平方和,是样本内部的误差平方和,因此, S_E 叫做**组内平方和**或**剩余平方和**. S_A 的各项 $(\overline{X}_{i.}-\overline{X})^2$ 表示水平 A_i 下的样本平均值 $\overline{X}_{i.}$ 与总平均值 $\overline{X}$ 的差异,它的大小反应了因素 A 各水平对试验指标的显著性,可看作水平 A_i 的效应. S_A 是这些差异的加权和. 是由因素 A 的不同水平差异和随机误差共同引起的,因此 S_A 叫做因素 A 的**组间平方和**或**效应平方和**.

　　通过上面的讨论,如果 H_0 成立, $X_{ij}\sim N(\mu,\sigma^2)$ 是一个样本容量为 n 的抽样. 各 X_{ij} 之间的差异仅来源于随机因素,而与因素 A 的各个水平无关. 此时 S_A 应较小, S_E 应较大. 如果备择假设 H_1 成立, X_{ij} 之间的差异除了随机因素外,还与因素 A 的水平有关. 此时 S_A 应较大, S_E 应较小. 这说明因素 A 的各水平之间的差异大小显著地大于随机因素引起的差异. 如果 S_A 较小, S_E 较大,则 H_0 可能成立;如果 S_A 较大, S_E 较小,则 H_0 可能不成立. 上述通过比较两个方差大小来判断原假设 H_0 是否成立的方法称为**方差分析法**. 这就是"方差分析"这一名称的由来.

　　那么, S_A 与 S_E 相比小到什么程度时接受原假设 H_0? 下面根据 S_E,S_A 的统计特性建立统计量检验 H_0.

　　因为 X_{ij} 是总体 $N(\mu_i,\sigma^2)$ 的简单随机样本 $(j=1,2,\cdots,n_i)$,

$$\sum_{j=1}^{n_i}(X_{ij}-\overline{X}_{i.})^2/\sigma^2\sim\chi^2(n_i-1),\quad i=1,2,\cdots,r.$$

由 X_{ij} 的独立性和 χ^2 分布的可加性,

$$S_E/\sigma^2=\sum_{i=1}^{r}\sum_{j=1}^{n_i}(X_{ij}-\overline{X}_{i.})^2/\sigma^2\sim\chi^2(n-r),$$

即 S_E/σ^2 服从自由度为 $n-r$ 的 χ^2 分布,且

$$E(S_E)=(n-r)\sigma^2.$$

$$\overline{X} = \frac{1}{n} \sum_{i=1}^{r} \sum_{j=1}^{n_i} X_{ij} = \frac{1}{n} \sum_{i=1}^{r} n_i \overline{X}_{i.}$$ 为 $\overline{X}_{i.}$ 以 n_i 为权重的加权平均值,且 $\overline{X}_{i.}$ 相互独立. 因此,如果 H_0 成立,则 $S_A/\sigma^2 = \sum_{i=1}^{r} n_i (\overline{X}_{i.} - \overline{X})^2/\sigma^2 \sim \chi^2(r-1), S_T/\sigma^2 \sim \chi^2(n-1).$ 由于 S_E 与 S_A 相互独立,故可选取 F 统计量

$$F = \frac{S_A/(r-1)}{S_E/(n-r)} = \frac{(n-r) \sum_{i=1}^{r} n_i (\overline{X}_{i.} - \overline{X})^2}{(r-1) \sum_{i=1}^{r} \sum_{j=1}^{n_i} (X_{ij} - \overline{X}_{i.})^2}. \tag{9.2}$$

如果 H_0 成立,统计量 F 服从第一自由度为 $r-1$、第二自由度为 $n-r$ 的 F 分布. 对于给定的检验水平 α,可查表或由计算机得临界值 F_α. 如果计算出的 F 值比 F_α 小,则接受 H_0,否则拒绝 H_0.

9.1.3 方差分析表

将试验结果按照上述分析计算,得出的结果列成表,如表 9.4 所示,称为**方差分析表**.

表 9.4 方差分析表

方差来源	平方和	自由度	均方差	F 值	临界值 F_α
因素 $A(S_A)$	$\sum_{i=1}^{r} n_i (\overline{X}_{i.} - \overline{X})^2$	$r-1$	$S_A/(r-1)$	$F = \frac{S_A/(r-1)}{S_E/(n-r)}$	$F_\alpha(r-1, n-r)$
误差 (S_E)	$\sum_{i=1}^{r} \sum_{j=1}^{n_i} (X_{ij} - \overline{X}_{i.})^2$	$n-r$	$S_E/(n-r)$		
总和 (S_T)	$\sum_{i=1}^{r} \sum_{j=1}^{n_i} (X_{ij} - \overline{X})^2$	$n-1$			

在进行方差分析时,通常计算量很大. 如果有计算机辅助计算,则只需按照表 9.4 中的公式计算即可. 如果手动计算,可将表 9.3 中的试验结果 X_{ij} 都加上或者减去 X_{ij} 的众数或接近总均值 $\overline{X}$ 的常数,有时还要乘以一个常数. 这样做使得变换后的数据便于计算,不至于因计算错误导致误判,且原则上不会影响方差分析的结果. 计算时可采用如下公式:

$$S_T = \sum_{i=1}^{r} \sum_{j=1}^{n_i} X_{ij}^2 - T^2/n, \tag{9.3}$$

$$S_A = \sum_{i=1}^{r} T_{i.}^2/n_i - T^2/n, \tag{9.4}$$

$$S_E = S_T - S_A. \tag{9.5}$$

9.1.4 单因素方差分析举例

例 9.3 设在例 9.1 中灯泡寿命服从正态分布,且不同灯丝材料制成的灯泡寿命的方差相同,则该题目满足方差分析的要求. 若给定检验水平 $\alpha = 0.05$,试判断灯泡寿命是否因灯丝材料的不同而有显著差异.

解: 将表 9.1 中的值减去 1 640 再除以 10 记为 x_{ij},并将 x_{ij}^2 写在 x_{ij} 后的括号内得到表 9.5.

表 9.5　计算结果

灯丝材料	灯泡								$T_{i.}$	$T_{i.}^2/n_i$
	1	2	3	4	5	6	7	8		
甲	−4(16)	−3(9)	1(1)	4(16)	6(36)	8(64)	16(256)		28	112
乙	−6(36)	0(0)	0(0)	6(36)	11(121)				11	24.2
丙	−18(324)	−9(81)	−4(16)	−2(4)	0(0)	2(4)	10(100)	18(324)	−3	1.125
丁	−13(169)	−12(144)	−11(121)	−7(49)	−4(16)	4(16)			−43	308.167

由表 9.5 可得:　$n=26$,　$r=4$,　$T=-7$,　$T^2=49$,

$$\sum_{i=1}^{r}\sum_{j=1}^{n_i} x_{ij}^2 = 1\,959,$$

$$\sum_{i=1}^{r} T_{i.}^2/n_i = 445.492,$$

$$S_T = \sum_{i=1}^{r}\sum_{j=1}^{n_i} X_{ij}^2 - T^2/n = 1\,957.115,$$

$$S_A = \sum_{i=1}^{r} T_{i.}^2/n_i - T^2/n = 443.607,$$

$$S_E = S_T - S_A = 1\,513.508.$$

据此,可得方差分析表 9.6.

表 9.6　方差分析表

方差来源	平方和	自由度	均方差	F 值	临界值 F_α
因素 $A(S_A)$	443.607	3	147.869	2.15	$F_{0.05}(3,22)=3.05$
误差 (S_E)	1 513.508	22	68.796		
总和 (S_T)	1 957.115	25			

实际值 F 小于临界值 F_α,可认为原假设 H_0 成立,即灯泡寿命不因灯丝材料的不同而有显著差异.

细心的读者可能从表 9.1 中发现灯丝甲的每一个数据都"好"于灯丝丙的对应的数据,因此,灯丝甲应该"明显好于"灯丝丙;灯丝乙和灯丝丁也有类似结论. 这似乎与我们方差分析的结果矛盾. 请读者结合上一章假设检验的内容解释这一"矛盾".

例 9.4　设在例 9.2 中数据满足方差分析的要求. 试判断 3 台机器生产的铝合金薄板厚度是否有显著差异 $(\alpha=0.05)$.

解: $n_i=5, r=3, n=15, T=38, T^2=1\,444$,

$$\sum_{i=1}^{r}\sum_{j=1}^{n_i} X_{ij}^2 = 96.391,$$

$$\sum_{i=1}^{r} T_{i.}^2/n_i = 96.372,$$

$$S_T = \sum_{i=1}^{r} \sum_{j=1}^{n_i} X_{ij}^2 - T^2/n = 0.124,$$

$$S_A = \sum_{i=1}^{r} T_{i.}^2/n_i - T^2/n = 0.105,$$

$$S_E = S_T - S_A = 0.019.$$

据此,可得方差分析表 9.7.

表 9.7　方差分析表

方差来源	平方和	自由度	均方差	F 值	临界值 F_α
因素 $A(S_A)$	0.105	2	0.052 5	33.23	$F_{0.05}(2,12) = 3.89$
误差 (S_E)	0.019	12	0.001 58		
总和 (S_T)	0.124	14			

实际值 F 较临界值 F_α 大很多,故拒绝原假设 H_0,认为 3 台机器生产的铝合金薄板厚度有显著差异.

§9.2　多因素试验的方差分析

多因素试验的方差分析较为复杂,本节仅介绍双因素无重复试验和双因素等重复试验方差分析.

9.2.1　双因素无重复方差分析

双因素方差分析即试验中有两个因素在变化,其目的是检验这两个因素对试验指标的影响是否显著.双因素试验可分为无重复试验、等重复试验和不等重复试验.本小节先介绍无重复试验,再介绍等重复试验.设因素 A 有 r 个水平,因素 B 有 s 个水平,对这两个因素水平的每一对组合 (A_i, B_j) 只进行一次试验,其结果记为 $X_{ij}(i=1,2,\cdots,r;j=1,2,\cdots,s)$. 将这 rs 个结果列成表 9.8.

表 9.8　双因素无重复试验结果

因素 A	因素 B						行和	行平均
	B_1	B_2	$\cdots$	B_j	$\cdots$	B_s		
A_1	X_{11}	X_{12}	$\cdots$	X_{1j}	$\cdots$	X_{1s}	$T_{1.}$	$\overline{X}_1.$
A_2	X_{21}	X_{22}	$\cdots$	X_{2j}	$\cdots$	X_{2s}	$T_{2.}$	$\overline{X}_2.$
$\vdots$	$\vdots$	$\vdots$		$\vdots$		$\vdots$	$\vdots$	$\vdots$
A_i	X_{i1}	X_{i2}	$\cdots$	X_{ij}	$\cdots$	X_{is}	$T_{i.}$	$\overline{X}_i.$
$\vdots$	$\vdots$	$\vdots$		$\vdots$		$\vdots$	$\vdots$	$\vdots$
A_r	X_{r1}	X_{r2}	$\cdots$	X_{rj}	$\cdots$	X_{rs}	$T_{r.}$	$\overline{X}_r.$
列和	$T_{.1}$	$T_{.2}$	$\cdots$	$T_{.j}$	$\cdots$	$T_{.s}$	总和 T	
列平均	$\overline{X}_{.1}$	$\overline{X}_{.2}$	$\cdots$	$\overline{X}_{.j}$	$\cdots$	$\overline{X}_{.s}$		总平均 $\overline{X}$

X_{ij} 表示在因素 A 的第 i 个水平 A_i 与因素 B 的第 j 个水平 B_j 下进一次试验所得结果. 总的试验次数 $n=rs$.

$$\overline{X}_{i\cdot} = \frac{1}{s}\sum_{j=1}^{s}X_{ij}, \quad T_{i\cdot} = \sum_{j=1}^{s}X_{ij} = s\overline{X}_i, \quad i=1,2,\cdots,r;$$

$$\overline{X}_{\cdot j} = \frac{1}{r}\sum_{i=1}^{r}X_{ij}, \quad T_{\cdot j} = \sum_{i=1}^{r}X_{ij} = r\overline{X}_{\cdot j}, j=1,2,\cdots,s;$$

$$\overline{X} = \frac{1}{n}\sum_{i=1}^{r}\sum_{j=1}^{s}X_{ij}; \quad T = \sum_{i=1}^{r}\sum_{j=1}^{s}X_{ij} = n\overline{X}.$$

与单因素方差分析类似,我们仍需假设:

(1)因素组合(A_i,B_j)的试验结果 X_{ij} 是来自正态总体 $N(\mu_{ij},\sigma^2)$ 的一个样本$(i=1,2,\cdots,r;j=1,2,\cdots,s)$.

(2)各个正态总体 $N(\mu_{ij},\sigma^2)$ 的方差相同,均为 $\sigma^2(i=1,2,\cdots,r;j=1,2,\cdots,s)$.

(3)各次试验的结果 X_{ij} 是相互独立的$(i=1,2,\cdots,r;j=1,2,\cdots,s)$.

我们首先考虑因素 A 的影响是否显著. 如果因素 A 各水平对试验指标的影响并不显著,则对每一个 $j(j=1,2,\cdots,s)$,试验结果 $X_{1j},X_{2j},\cdots,X_{rj}$ 应来自同一正态总体 $N(\mu_{\cdot j},\sigma^2)$,即所有 μ_{ij} 均相同$(i=1,2,\cdots,r)$. 因此,提出如下待检假设:

$$H_{0A}:\mu_{1j}=\mu_{2j}=\cdots=\mu_{rj}=\mu_{\cdot j}, j=1,2,\cdots,s.$$

因素 A 的影响不显著,当且仅当待检假设 H_{0A} 成立.

对因素 B,有类似结果,其待检假设为:

$$H_{0B}:\mu_{i1}=\mu_{i2}=\cdots=\mu_{is}=\mu_{i\cdot}, i=1,2,\cdots,r.$$

如果 H_{0A} 和 H_{0B} 都成立,X_{ij} 可看作来自同一总体 $N(\mu,\sigma^2)$ 容量为 n 的样本. 各 X_{ij} 之间的差异仅来源于随机因素,而与因素 A 和因素 B 的各个水平无关.

与单因素方差分析一样,将总变差 $S_T = \sum_{i=1}^{r}\sum_{j=1}^{s}(X_{ij}-\overline{X})^2$ 分解为因素 A 引起的变差、因素 B 引起的变差和随机波动引起的变差.

$$
\begin{aligned}
S_T &= \sum_{i=1}^{r}\sum_{j=1}^{s}(X_{ij}-\overline{X})^2 \\
&= \sum_{i=1}^{r}\sum_{j=1}^{s}\left[(X_{ij}-\overline{X}_{i\cdot}-\overline{X}_{\cdot j}+\overline{X})+(\overline{X}_{i\cdot}-\overline{X})+(\overline{X}_{\cdot j}-\overline{X})\right]^2 \\
&= \sum_{i=1}^{r}\sum_{j=1}^{s}(X_{ij}-\overline{X}_{i\cdot}-\overline{X}_{\cdot j}+\overline{X})^2 + s\sum_{i=1}^{r}(\overline{X}_{i\cdot}-\overline{X})^2 + r\sum_{j=1}^{s}(\overline{X}_{\cdot j}-\overline{X})^2 + \\
&\quad 2\sum_{i=1}^{r}\sum_{j=1}^{s}(X_{ij}-\overline{X}_{i\cdot}-\overline{X}_{\cdot j}+\overline{X})(\overline{X}_{i\cdot}-\overline{X}) + \\
&\quad 2\sum_{i=1}^{r}\sum_{j=1}^{s}(X_{ij}-\overline{X}_{i\cdot}-\overline{X}_{\cdot j}+\overline{X})(\overline{X}_{\cdot j}-\overline{X}) + \\
&\quad 2\sum_{i=1}^{r}\sum_{j=1}^{s}(\overline{X}_{i\cdot}-\overline{X})(\overline{X}_{\cdot j}-\overline{X})
\end{aligned}
$$

而最后一个等号右边的 3 个交叉项求和后均为 0,所以令

$$S_E = \sum_{i=1}^r \sum_{j=1}^s (X_{ij} - \overline{X}_{i\cdot} - \overline{X}_{\cdot j} + \overline{X})^2,$$

$$S_A = s \sum_{i=1}^r (\overline{X}_{i\cdot} - \overline{X})^2,$$

$$S_B = r \sum_{j=1}^s (\overline{X}_{\cdot j} - \overline{X})^2,$$

则有

$$S_T = S_E + S_A + S_B. \tag{9.6}$$

总变差 S_T 反映的仍然是全部试验数据之间的差异. 它被分解成了 3 部分,其中 S_E 是随机误差引起的差异. 该差异与因素 A 和因素 B 的水平无关,是样本内部的误差平方和. S_A 的大小反映了因素 A 各水平对试验指标影响的显著性. S_B 的大小反映了因素 B 各水平对试验指标影响的显著性. 我们仍有

$$S_T/\sigma^2 \sim \chi^2(n-1), \quad S_E/\sigma^2 \sim \chi^2(n-r-s+1).$$

如果 H_{0A} 成立,则 $S_A/\sigma^2 \sim \chi^2(r-1)$,且 S_E/σ^2 与 S_A/σ^2 相互独立. 同理,如果 H_{0B} 成立,则 $S_B/\sigma^2 \sim \chi^2(s-1)$,且 S_E/σ^2 与 S_B/σ^2 相互独立. 故可选取统计量

$$F_A = \frac{S_A/(r-1)}{S_E/(n-r-s+1)} = \frac{(s-1)S_A}{S_E}, \tag{9.7}$$

$$F_B = \frac{S_B/(s-1)}{S_E/(n-r-s+1)} = \frac{(r-1)S_B}{S_E}, \tag{9.8}$$

其中 $n-r-s+1=(r-1)(s-1)$.

综上所述,如果 H_{0A} 成立,那么统计量 F_A 服从第一自由度为 $r-1$、第二自由度为 $n-r-s+1$ 的 F 分布;如果 H_{0B} 成立,那么统计量 F_B 服从第一自由度为 $s-1$、第二自由度为 $n-r-s+1$ 的 F 分布. 对于给定的检验水平 α,可查表或由计算机得到临界值 $F_{A\alpha}$ 和 $F_{B\alpha}$,并与式(9.7)和式(9.8)计算出的 F_A 和 F_B 比较,从而确定是接受原假设还是拒绝原假设. 类似于表 9.4,可列出双因素无重复试验的方差分析表(见表 9.9).

表 9.9　双因素无重复试验方差分析表

方差来源	平方和	自由度	F 值	临界值 F_α
因素 $A(S_A)$	$s\sum_{i=1}^r (\overline{X}_{i\cdot} - \overline{X})^2$	$r-1$	$F_A = \dfrac{(s-1)S_A}{S_E}$	$F_{A\alpha}(r-1, n-r-s+1)$
因素 $B(S_B)$	$r\sum_{j=1}^s (\overline{X}_{\cdot j} - \overline{X})^2$	$s-1$	$F_B = \dfrac{(r-1)S_B}{S_E}$	$F_{B\alpha}(s-1, n-r-s+1)$
误差 (S_E)	$\sum_{i=1}^r \sum_{j=1}^s (X_{ij} - \overline{X}_{i\cdot} - \overline{X}_{\cdot j} + \overline{X})^2$	$n-r-s+1$		
总和 (S_T)	$\sum_{i=1}^r \sum_{j=1}^s (X_{ij} - \overline{X})^2$	$n-1$		

计算时可采用如下公式:

$$S_T = \sum_{i=1}^r \sum_{j=1}^s X_{ij}^2 - T^2/n, \tag{9.9}$$

$$S_A = \sum_{i=1}^{r} T_{i\cdot}^2/s - T^2/n, \qquad (9.10)$$

$$S_B = \sum_{j=1}^{s} T_{\cdot j}^2/r - T^2/n, \qquad (9.11)$$

$$S_E = S_T - S_A - S_B. \qquad (9.12)$$

下面通过两个例子说明如何应用双因素无重复方差分析来解决实际问题.

例 9.5　为了了解不同饲料和仔猪品种对仔猪生长的影响差异是否显著,今选取饲料和仔猪品种各 3 种. 每个品种的仔猪各选 3 头喂养不同种类饲料,并测得 3 个月间每头猪的体重增加值(单位:kg),如表 9.10 所示. 假设本题满足双因素无重复方差分析的假设条件(1)～(3). 那么不同饲料、不同品种仔猪的生长差异是否显著?

表 9.10　仔猪体重增加表　　　　　　　　　　　　　　　　　　单位:kg

饲料	品种		
	B_1	B_2	B_3
A_1	51	56	45
A_2	53	57	49
A_3	52	58	47

解:将表中数据减去 52,记为 x_{ij},括号内为 x_{ij}^2,列出表 9.11.

表 9.11　计算结果

饲料	品种			$T_{i\cdot}$	$T_{i\cdot}^2$
	B_1	B_2	B_3		
A_1	$-1(1)$	$4(16)$	$-7(49)$	-4	16
A_2	$1(1)$	$5(25)$	$-3(9)$	3	9
A_3	$0(0)$	$6(36)$	$-5(25)$	1	1
$T_{\cdot j}$	0	15	-15	0	26
$T_{\cdot j}^2$	0	225	225	450	

$$\sum_{i=1}^{3}\sum_{j=1}^{3} x_{ij}^2 = 162, \quad T^2/9 = 0,$$
$$S_T = 162 - 0 = 162, \quad S_A = 26/3 - 0 = 26/3,$$
$$S_B = 450/3 - 0 = 150, \quad S_E = S_T - S_A - S_B = 10/3.$$

于是得到方差分析表如表 9.12 所示.

表 9.12　方差分析表

方差来源	平方和	自由度	F 值	临界值 F_α
因素 $A(S_A)$	$26/3$	2	5.2	$F_{A0.05}(2,4)=$
因素 $B(S_B)$	150	2	90	$F_{B0.05}(2,4)=$
误差(S_E)	$10/3$	4		6.94
总和(S_T)	162	8		

由于 $F_A=5.2<F_{A0.05}(2,4)=6.94$,故接受 H_{0A},认为不同饲料对仔猪体重的影响不显著;而 $F_B=90>F_{B0.05}(2,4)=6.94$,故拒绝 H_{0B},认为仔猪品种的差异对仔猪体重的影响显著.

例 9.6 一火箭做射程试验,共使用 4 种燃料、3 种推进器.对每种组合做一次试验,共得到 12 个射程(单位:海里),如表 9.13 所示.假设本题满足双因素无重复方差分析的假设条件(1)~(3).那么不同燃料、不同推进器对火箭的射程影响是否显著?

表 9.13　射程　　　　　　　　　　　　　　　　　　　　　　　　　　　　　　单位:海里

燃料	推进器		
	B_1	B_2	B_3
A_1	58.2	56.2	65.3
A_2	49.1	54.1	51.6
A_3	60.1	70.9	39.2
A_4	75.8	58.2	48.7

解:将表中数据减去 56.2,记为 x_{ij},括号内为 x_{ij}^2,列出表 9.14.

表 9.14　计算结果

燃料	推进器				
	B_1	B_2	B_3	$T_{i.}$	$T_{i.}^2$
A_1	2(4)	0(0)	9.1(82.81)	11.1	123.21
A_2	−7.1(50.41)	−2.1(4.41)	−4.6(21.16)	−13.8	190.44
A_3	3.9(15.21)	14.7(216.09)	−17(289)	1.6	2.56
A_4	19.6(384.16)	2(4)	−7.5(56.25)	14.1	198.81
$T_{.j}$	18.4	14.6	−20	13	515.02
$T_{.j}^2$	338.56	213.16	400	951.72	

$$\sum_{i=1}^{4}\sum_{j=1}^{3}x_{ij}^2 = 1\,127.5,\quad T^2/12 = 14.083,$$
$$S_T = 1\,127.5 - 14.083 = 1\,113.417,$$
$$S_A = 515.02/4 - 14.083 = 114.672,$$
$$S_B = 951.72/3 - 14.083 = 303.157,$$
$$S_E = S_T - S_A - S_B = 695.588.$$

于是得到方差分析表,如表 9.15 所示.

表 9.15　方差分析表

方差来源	平方和	自由度	F 值	临界值 F_α
因素 $A(S_A)$	114.672	3	0.33	$F_{A0.05}(3,6)=4.76$
因素 $B(S_B)$	303.157	2	1.31	$F_{B0.05}(2,6)=5.14$
误差 (S_E)	695.588	6		
总和 (S_T)	1 113.417	11		

由于 $F_A=0.33<F_{A0.05}(3,6)=4.76$，故接受 H_{0A}，认为不同燃料对火箭射程的影响不显著；$F_B=1.31<F_{B0.05}(2,6)=5.14$，故接受 H_{0B}，认为不同推进器对火箭射程的影响不显著.

然而，从表 9.13 可以看出，射程最近的仅 39.2 海里，而最远的达 75.8 海里，似乎不同的方案对射程影响还是挺大的. 例如，燃料 A_4 与推进器 B_1 搭配以及燃料 A_3 与推进器 B_2 搭配，都使得射程很远；而燃料 A_3 与推进器 B_3 搭配射程则很近. 这说明，虽然单独看燃料和推进器都对射程影响不显著，但是它们并不是独立的，其交互作用显著. 但无重复试验并不能考察两个因素之间的交互作用，而是将交互作用归在了 S_E 内，因此只有在已知两个因素没有交互作用时才能用双因素无重复方差分析. 如果并不知道因素之间是否有交互作用，则必须对每个水平组合进行重复试验.

9.2.2　双因素重复方差分析

设因素 A 有 r 个水平，因素 B 有 s 个水平，对这两个因素水平的每一对组合 (A_i,B_j) 进行 $t(t>1)$ 次试验，其结果记为 $X_{ijk}(i=1,2,\cdots,r;j=1,2,\cdots,s;k=1,2,\cdots,t)$. 将这 rst 个结果列成表 9.16.

表 9.16　双因素重复试验结果

因素 A	因素 B			
	B_1	B_2	$\cdots$	B_s
A_1	$X_{111},\cdots,X_{11t}$	$X_{121},\cdots,X_{12t}$	$\cdots$	$X_{1s1},\cdots,X_{1st}$
A_2	$X_{211},\cdots,X_{21t}$	$X_{221},\cdots,X_{22t}$	$\cdots$	$X_{2s1},\cdots,X_{2st}$
$\vdots$	$\vdots$	$\vdots$		$\vdots$
A_r	$X_{r11},\cdots,X_{r1t}$	$X_{r21},\cdots,X_{r2t}$	$\cdots$	$X_{rs1},\cdots,X_{rst}$

X_{ijk} 表示在因素 A 的第 i 个水平 A_i 与因素 B 的第 j 个水平 B_j 下进行第 k 次试验所得结果. 记

$$\overline{X}_{ij\cdot}=\frac{1}{t}\sum_{k=1}^{t}X_{ijk},\quad T_{ij\cdot}=\sum_{k=1}^{t}X_{ijk}=t\overline{X}_{ij\cdot},\quad i=1,2,\cdots,r;j=1,2,\cdots,s,$$

$$\overline{X}_{i\cdot\cdot}=\frac{1}{s}\sum_{j=1}^{s}\overline{X}_{ij\cdot}=\frac{1}{st}\sum_{j=1}^{s}\sum_{k=1}^{t}X_{ijk},\quad T_{i\cdot\cdot}=\sum_{j=1}^{s}\sum_{k=1}^{t}X_{ijk}=st\sum_{j=1}^{s}\overline{X}_{i\cdot\cdot},\quad i=1,2,\cdots,r,$$

$$\overline{X}_{\cdot j\cdot}=\frac{1}{r}\sum_{i=1}^{r}\overline{X}_{ij\cdot}=\frac{1}{rt}\sum_{i=1}^{r}\sum_{k=1}^{t}X_{ijk},\quad T_{\cdot j\cdot}=\sum_{i=1}^{r}\sum_{k=1}^{t}X_{ijk}=rt\overline{X}_{\cdot j\cdot},\quad j=1,2,\cdots,s,$$

$$\overline{X}=\frac{1}{rst}\sum_{i=1}^{r}\sum_{j=1}^{s}\sum_{k=1}^{t}X_{ijk},\quad T=\sum_{i=1}^{r}\sum_{j=1}^{s}\sum_{k=1}^{t}X_{ijk}=rst\overline{X}.$$

在与双因素无重复方差分析相同的假设下：

(1) 因素组合 (A_i,B_j) 的试验结果 $X_{ij1},\cdots,X_{ijt}$ 是来自正态总体 $N(\mu_{ij},\sigma^2)$ 的一个容量为 t

的样本$(i=1,2,\cdots,r;j=1,2,\cdots,s)$.

（2）各个正态总体 $N(\mu_{ij},\sigma^2)$ 的方差相同，均为 $\sigma^2(i=1,2,\cdots,r;j=1,2,\cdots,s)$.

（3）各次试验的结果 X_{ijk} 是相互独立的$(i=1,2,\cdots,r;j=1,2,\cdots,s;k=1,2,\cdots,t)$.

检验因素 A 各水平对试验指标的影响是否显著就是检验如下假设是否成立：

$$H_{0A}:\mu_{1j}=\mu_{2j}=\cdots=\mu_{rj}=\mu_{\cdot j},\quad j=1,2,\cdots,s.$$

因素 A 的影响不显著，当且仅当待检假设 H_{0A} 成立.

对因素 B，有类似结果，其待检假设为

$$H_{0B}:\mu_{i1}=\mu_{i2}=\cdots=\mu_{is}=\mu_{i\cdot},\quad i=1,2,\cdots,r,$$

检验交互作用是否显著的假设 H_{0AB} 比较复杂，本书不予讨论. 但我们仍然能够通过分解总偏差 $S_T=\sum\limits_{i=1}^{r}\sum\limits_{j=1}^{s}\sum\limits_{k=1}^{t}(X_{ijk}-\overline{X})^2$ 来得到检验 H_{0A},H_{0B},H_{0AB} 的统计量. 经计算，S_T 分解为

$$
\begin{aligned}
S_T &= \sum_{i=1}^{r}\sum_{j=1}^{s}\sum_{k=1}^{t}(X_{ijk}-\overline{X})^2 \\
&= st\sum_{i=1}^{r}(\overline{X}_{i\cdot\cdot}-\overline{X})^2 + rt\sum_{j=1}^{s}(\overline{X}_{\cdot j\cdot}-\overline{X})^2 + \\
&\quad t\sum_{i=1}^{r}\sum_{j=1}^{s}(\overline{X}_{ij\cdot}-\overline{X}_{i\cdot\cdot}-\overline{X}_{\cdot j\cdot}+\overline{X})^2 + \sum_{i=1}^{r}\sum_{j=1}^{s}\sum_{k=1}^{t}(X_{ijk}-\overline{X}_{ij\cdot})^2.
\end{aligned}
$$

令

$$S_E=\sum_{i=1}^{r}\sum_{j=1}^{s}\sum_{k=1}^{t}(X_{ijk}-\overline{X}_{ij\cdot})^2,$$

$$S_A=st\sum_{i=1}^{r}(\overline{X}_{i\cdot\cdot}-\overline{X})^2,$$

$$S_B=rt\sum_{j=1}^{s}(\overline{X}_{\cdot j\cdot}-\overline{X})^2,$$

$$S_{AB}=t\sum_{i=1}^{r}\sum_{j=1}^{s}(\overline{X}_{ij\cdot}-\overline{X}_{i\cdot\cdot}-\overline{X}_{\cdot j\cdot}+\overline{X})^2,$$

则有

$$S_T=S_E+S_A+S_B+S_{AB}.\tag{9.13}$$

总变差 S_T 反映的依然是全部试验数据之间的差异. 它被分解成了 4 部分：其中 S_E 是随机误差引起的差异，S_A 反映了因素 A 各水平对试验指标影响的显著性，S_B 反映了因素 B 各水平对试验指标影响的显著性，S_{AB} 反映了因素 AB 的交互作用对试验指标影响的显著性. S_T,S_E,S_A,S_B,S_{AB} 的自由度分别为 $rst-1,rs(t-1),r-1,s-1,(r-1)(s-1)$. 检验 H_{0A},H_{0B},H_{0AB} 的统计量分别为

$$F_A=\frac{S_A/(r-1)}{S_E/[rs(t-1)]}\tag{9.14}$$

$$F_B=\frac{S_B/(s-1)}{S_E/[rs(t-1)]}\tag{9.15}$$

$$F_{AB}=\frac{S_{AB}/[(r-1)(s-1)]}{S_E/[rs(t-1)]}\tag{9.16}$$

如果 H_{0A} 成立,那么统计量 F_A 服从第一自由度为 $r-1$、第二自由度为 $rs(t-1)$ 的 F 分布; 如果 H_{0B} 成立,那么统计量 F_B 服从第一自由度为 $s-1$、第二自由度为 $rs(t-1)$ 的 F 分布;如果 H_{0AB} 成立,那么统计量 F_{AB} 服从第一自由度为 $(r-1)(s-1)$、第二自由度为 $rs(t-1)$ 的 F 分布. 对于给定的检验水平 α,可查表或由计算机得到临界值 $F_{A\alpha}$,$F_{B\alpha}$ 和 $F_{AB\alpha}$,并与式(9.14)～式(9.16)计算出的 F_A,F_B 和 F_{AB} 比较,从而确定是接受原假设还是拒绝原假设. 类似于表 9.4,可列出双因素重复试验的方差分析表(见表 9.17).

表 9.17　双因素重复试验方差分析表

方差来源	平方和	自由度	F 值	临界值 F_α
因素 $A(S_A)$	$st \sum\limits_{i=1}^{r} (\overline{X}_{i..} - \overline{X})^2$	$r-1$	$F_A = \dfrac{rs(t-1)S_A}{(r-1)S_E}$	$F_{A\alpha}(r-1, rs(t-1))$
因素 $B(S_B)$	$rt \sum\limits_{j=1}^{s} (\overline{X}_{.j.} - \overline{X})^2$	$s-1$	$F_B = \dfrac{rs(t-1)S_B}{(s-1)S_E}$	$F_{B\alpha}(s-1, rs(t-1))$
交互(S_{AB})	$t \sum\limits_{i=1}^{r} \sum\limits_{j=1}^{s} (X_{ij.} - \overline{X}_{i..} - \overline{X}_{.j.} + \overline{X})^2$	$(r-1)$ $(s-1)$	$F_{AB} = \dfrac{rs(t-1)S_{AB}}{(r-1)(s-1)S_E}$	$F_{AB\alpha}((r-1)(s-1),$ $rs(t-1))$
误差(S_E)	$\sum\limits_{i=1}^{r} \sum\limits_{j=1}^{s} \sum\limits_{k=1}^{t} (X_{ijk} - \overline{X}_{ij.})^2$	$rs(t-1)$		
总和(S_T)	$\sum\limits_{i=1}^{r} \sum\limits_{j=1}^{s} \sum\limits_{k=1}^{t} (X_{ijk} - \overline{X})^2$	$rst-1$		

计算时可采用如下公式:

$$S_T = \sum_{i=1}^{r} \sum_{j=1}^{s} \sum_{k=1}^{t} X_{ijk}^2 - \frac{T^2}{rst}, \tag{9.17}$$

$$S_A = \frac{1}{st} \sum_{i=1}^{r} T_{i..}^2 - \frac{T^2}{rst}, \tag{9.18}$$

$$S_B = \frac{1}{rt} \sum_{j=1}^{s} T_{.j.}^2 - \frac{T^2}{rst}, \tag{9.19}$$

$$S_{AB} = \frac{1}{t} \sum_{i=1}^{r} \sum_{j=1}^{s} T_{ij.}^2 - \frac{T^2}{rst} - S_A - S_B, \tag{9.20}$$

$$S_E = S_T - S_A - S_B. \tag{9.21}$$

例 9.7　在例 9.6 中,对每种组合做两次试验,结果如表 9.18 所示. 并再次做双因素方差分析.

表 9.18　射程试验结果

燃料	推进器		
	B_1	B_2	B_3
A_1	58.2,52.6	56.2,41.2	65.3,60.8
A_2	49.1,42.8	54.1,50.5	51.6,48.4
A_3	60.1,58.3	70.9,73.2	39.2,40.7
A_4	75.8,71.5	58.2,51.0	48.7,41.4

$r=4, s=3, t=2$, 经计算得:

$S_T=2\ 638.298, \quad S_A=261.675, \quad S_B=370.981, \quad S_{AB}=1\ 768.693, \quad S_E=236.950;$

$F_A=4.42, \quad F_B=9.93, \quad F_{AB}=14.9.$

查表得 $F_{0.05}(3,12)=3.49<F_A, F_{0.05}(2,12)=3.89<F_B, F_{0.05}(6,12)=3.00<F_{AB}$, 故拒绝 H_{0A}, H_{0B}, H_{0AB}, 认为燃料和推进器这两个因素的影响是显著的, 且它们的交互影响也是显著的. 例 9.6 之所以得出错误的判断, 是因为将交互作用 S_{AB} 归到随机误差 S_E 之中, 而 S_{AB} 相对其他 3 个要大很多, 导致例 9.6 中的 S_E 要比实际大很多.

§9.3　一元线性回归

我们知道, 回归分析就是通过自变量 $x_1, x_2, \cdots, x_n$ 和因变量 y 的若干组观测值来估计它们之间的函数关系式:

$$y=u(x_1, x_2, \cdots, x_n)+\varepsilon,$$

其中 ε 为随机误差, 满足 $E(\varepsilon)=0$. 称函数 $u(x_1, x_2, \cdots, x_n)$ 为 y 对 $x_1, x_2, \cdots, x_n$ 的**回归函数**; 方程 $y=u(x_1, x_2, \cdots, x_n)$ 为 y 关于 $x_1, x_2, \cdots, x_n$ 的**回归方程**. 通常需要先根据问题的背景和所涉及的专业知识来推断函数 u 的形式. 如果这些知识不能推断 u 的形式, 或者 u 的形式十分复杂以至于难以计算, 我们也可以通过将所得到的数据在坐标系中描出它们所对应的点——通常称为**散点图**, 从而"猜"出 u 的形式. 有时候也会根据问题的背景和所涉及的专业知识, 结合散点图来确定 u 的形式. 当 u 的形式确定后, 再根据数据来确定函数 u 中的参数. 如果 u 是线性函数, 即

$$u(x_1, x_2, \cdots, x_p)=b_0+b_1 x_1+b_2 x_2+\cdots+b_p x_p,$$

则称此回归为**线性回归**. 如果 $p=1$, 则称为**一元回归**; 如果 $p>1$, 则称为**多元回归**. 大多数问题可以用线性回归来处理, 这是因为根据微分的知识, 函数 $y=u(x_1, x_2, \cdots, x_p)$ 可以在某点附近用线性函数来代替. 而线性函数是最为简单的函数, 方便后面的计算和证明. 而且有一些非线性回归, 经过适当的变换处理, 可化为线性回归问题. 本书只考虑线性回归. 本节讨论一元线性回归, 而在下节讨论多元线性回归.

9.3.1　一元线性回归方程

一元线性回归的模型为

$$y=u(x)=b_0+b_1 x+\varepsilon, \tag{9.22}$$

其中 b_0, b_1 为未知参数, b_0 称为常数项, b_1 称为回归系数, ε 为随机误差且 $E\varepsilon=0$. 为了估计参数 b_0 和 b_1, 我们取一组不完全相同的值 $x_1, x_2, \cdots, x_n$, 并设 $y_1, y_2, \cdots, y_n$ 为对应于 $x_1, x_2, \cdots, x_n$ 的观察值, $\varepsilon_1, \varepsilon_2, \cdots, \varepsilon_n$ 为相应的误差且相互独立. 由此我们得到一个容量为 n 的样本:

$$(x_i, y_i), x_i \text{不全相等}, i=1, 2, \cdots, n,$$

代入回归模型 (9.22), 有

$$\begin{cases} y_i=b_0+b_1 x_i+\varepsilon_i, & i=1, 2, \cdots, n \\ E(\varepsilon_i)=0, & i=1, 2, \cdots, n \\ E(\varepsilon_i \varepsilon_j)=\delta_{ij}\sigma^2, & i, j=1, 2, \cdots, n \end{cases} \tag{9.23}$$

其中 $\delta_{ij} \begin{cases} 1 & \text{当 } i=j \\ 0 & \text{当 } i \neq j \end{cases}$.

9.3.2　b_0, b_1 的极大似然估计

假设 ε_i 的概率密度函数为 $f_i(t)$，由于 ε_i 相互独立，$\varepsilon_i = y_i - b_0 - b_1 x_i (i=1,2,\cdots,n)$ 的联合分布密度函数为

$$L = \prod_{i=1}^{n} f_i(t) = \prod_{i=1}^{n} f_i(y_i - b_0 - b_1 x_i). \tag{9.24}$$

将 L 看成 b_0, b_1 的函数，其中使得 L 取得极大值的 $\hat{b}_0$ 和 $\hat{b}_1$ 即为 b_0, b_1 的极大似然估计. 如果 $\varepsilon_i \sim N(0, \sigma^2)$，则

$$\begin{aligned} L &= \prod_{i=1}^{n} f_i(y_i - b_0 - b_1 x_i) \\ &= \prod_{i=1}^{n} \frac{1}{\sigma\sqrt{2\pi}} \exp\left[-\frac{1}{2\sigma^2}(y_i - b_0 - b_1 x_i)^2\right] \\ &= \left[\frac{1}{\sigma\sqrt{2\pi}}\right]^n \exp\left[-\frac{1}{2\sigma^2}\sum_{i=1}^{n}(y_i - b_0 - b_1 x_i)^2\right], \end{aligned}$$

因此 L 取得极大值当且仅当 $\sum_{i=1}^{n}(y_i - b_0 - b_1 x_i)^2$ 取得极小值. 令

$$Q(b_0, b_1) = \sum_{i=1}^{n}(y_i - b_0 - b_1 x_i)^2, \tag{9.25}$$

为求 Q 的极小值点，先求 Q 的驻点，即令 Q 的两个偏导数为 0，得

$$\begin{cases} \dfrac{\partial Q}{\partial b_0} = -2\sum_{i=1}^{n}(y_i - b_0 - b_1 x_i) = 0 \\ \dfrac{\partial Q}{\partial b_1} = -2\sum_{i=1}^{n}(y_i - b_0 - b_1 x_i)x_i = 0 \end{cases},$$

整理可得关于 b_0, b_1 的方程组：

$$\begin{cases} nb_0 + b_1 \sum_{i=1}^{n} x_i = \sum_{i=1}^{n} y_i \\ b_0 \sum_{i=1}^{n} x_i + b_1 \sum_{i=1}^{n} x_i^2 = \sum_{i=1}^{n} x_i y_i \end{cases}. \tag{9.26}$$

方程组 (9.26) 称为**正规方程组**. 由于 $x_1, x_2, \cdots, x_n$ 不完全相同，系数行列式

$$\begin{vmatrix} n & \sum_{i=1}^{n} x_i \\ \sum_{i=1}^{n} x_i & \sum_{i=1}^{n} x_i^2 \end{vmatrix} = n\sum_{i=1}^{n} x_i^2 - \left(\sum_{i=1}^{n} x_i\right)^2 = \sum_{i=1}^{n}(x_i - \overline{x})^2 \neq 0,$$

其中 $\overline{x} = \dfrac{1}{n}\sum_{i=1}^{n} x_i$. 于是，方程组 (9.26) 有唯一解：

$$\begin{cases} \hat{b}_1 = \dfrac{\displaystyle\sum_{i=1}^{n}(x_i - \overline{x})(y_i - \overline{y})}{\displaystyle\sum_{i=1}^{n}(x_i - \overline{x})^2}, \\ \hat{b}_0 = \overline{y} - \hat{b}_1 \overline{x} \end{cases} \tag{9.27}$$

其中 $\overline{y} = \dfrac{1}{n}\displaystyle\sum_{i=1}^{n} y_i$. 由于 Q 是二次半正定的,且 $(\hat{b}_0, \hat{b}_1)$ 是其唯一驻点,故 Q 在 $(\hat{b}_0, \hat{b}_1)$ 处达到最小,因此所求的回归方程(也称回归直线)为:

$$\hat{y} = \hat{b}_0 + \hat{b}_1 x. \tag{9.28}$$

由 $\hat{b}_0$ 的表达式可得,样本的几何中心 $(\overline{x}, \overline{y})$ 一定在回归直线上. 为了简化书写和计算,我们引入如下记号,并改写 $\hat{b}_0, \hat{b}_1$ 的表达式:

$$S_{xx} = \sum_{i=1}^{n}(x_i - \overline{x})^2 = \sum_{i=1}^{n} x_i^2 - n\overline{x}^2,$$

$$S_{yy} = \sum_{i=1}^{n}(y_i - \overline{y})^2 = \sum_{i=1}^{n} y_i^2 - n\overline{y}^2,$$

$$S_{xy} = \sum_{i=1}^{n}(x_i - \overline{x})(y_i - \overline{y}) = \sum_{i=1}^{n} x_i y_i - n\overline{x}\,\overline{y},$$

$$\hat{b}_1 = \frac{S_{xy}}{S_{xx}},$$

$$\hat{b}_0 = \overline{y} - \hat{b}_1 \overline{x}.$$

例 9.8 为了了解青少年身高和体重之间的关系,随机抽取 9 名 15 岁男生,测得其身高(单位:cm)和体重(单位:kg)值如表 9.19 所示.

表 9.19　身高和体重值

x(身高)	155	157	157	159	161	163	163	165	167
y(体重)	42	47	44	47	50	49	53	52	55

从表 9.19 可以看出,即使身高相同,体重也可能不同;同样,即使身高不同,体重仍可能相同. 因此,本题不是普通的求身高与体重的关系式,即我们不能找到一个函数 v 使得 $y = v(x)$. 尽管如此,随着身高的增加,体重整体上呈增长趋势. 为了确定身高 x 与体重 y 之间的关系式,将表 9.19 数据画在直角坐标系中得到散点图 9.1.

从图 9.1 中可以看出,样本点大致散布在一条直线的周围,即身高与体重大致成线性关系. 因此,可以用一元线性回归模型求解. 根据 S_{xx} 和 S_{yy} 的表达式,我们列出回归计算表如表 9.20 所示.

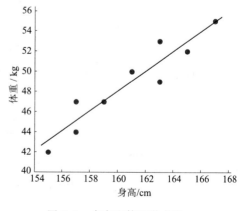

图 9.1　身高和体重散点图

表 9.20 回归计算表

身高 x_i	155	157	157	159	161	163	163	165	167	1 447
体重 y_i	42	47	44	47	50	49	53	52	55	439
$x_i y_i$	6 510	7 379	6 908	7 473	8 050	7 987	8 639	8 580	9 185	70 711
x_i^2	24 025	24 649	24 649	25 281	25 921	26 569	26 569	27 225	27 889	232 777
y_i^2	1 764	2 209	1 936	2 209	2 500	2 401	2 809	2 704	3 025	21 557

注:表中最后一列为前面各列之和.

由表 9.20 可得

$$S_{xx} = \sum_{i=1}^n x_i^2 - n\overline{x}^2 = 232\ 777 - 1\ 447^2/9 = 131.555\ 6,$$

$$S_{xy} = \sum_{i=1}^n x_i y_i - n\overline{x}\ \overline{y} = 70\ 711 - 1\ 447 \times 439/9 = 129.555\ 6,$$

于是

$$\hat{b}_1 = \frac{S_{xy}}{S_{xx}} = 0.984\ 8, \quad \hat{b}_0 = \overline{y} - \hat{b}_1 \overline{x} = -109.555\ 6,$$

综上所述,15 岁男生身高与体重的回归方程为

$$\hat{y} = -109.555\ 6 + 0.984\ 8x.$$

虽然我们没有假设误差服从正态分布,但是仍然可以使用误差服从正态分布时的公式,进而求出回归方程. 然而这样做是否正确? 下一小节所讲的最小二乘估计说明,不管误差服从什么分布,利用式(9.27)计算的回归方程都是有意义的,因为它正好是利用最小二乘法得到的回归方程. 因此,在应用式(9.27)求回归方程时,检验误差是否服从正态分布并不是那么重要.

9.3.3 b_0, b_1 的最小二乘估计

不论是从上面的分析还是从例 9.8 都可以看出,回归方程并不一定通过所有的数据点. 事实上,如散点图 9.1 所示,大多数点都不在回归方程上,即每个点到回归直线的距离不都是 0. 这启发我们可以从点到直线的距离来确定回归参数.

给定一条平面(散点图)上的直线:

$$l: y = b_0 + b_1 x,$$

作为回归直线,最理想的情况是该直线通过所有散点. 这相当于所有 $\varepsilon_i = 0$,然而这往往是无法实现的. 设每个点 (x_i, y_i) 到该直线的距离为 d_i,我们的回归直线应该综合考虑所有的 d_i,而不是着眼于某一个,因此我们定义

$$Q(b_0, b_1) = \sum_{i=1}^n d_i, \tag{9.29}$$

定量地描述这 n 个散点与直线 l 的总的接近程度. Q 的大小随直线 l 不同而不同,即 Q 是 b_0, b_1 的函数. 作为回归直线,应该是总体来看最接近这 n 个散点的直线,也就是要找出一条直线使得 Q 达到极小. 使 Q 达到极小的直线称为**回归直线**,此时的 $\hat{b}_0, \hat{b}_1$ 称为参数 b_0, b_1 的**最小距离估计**.

如果距离 d_i 用点 (x_i, y_i) 与它沿 y 轴方向到直线 l 的远近 $(y_i - \hat{y}_i)^2$ 来度量,则得到 b_0, b_1 的**最小二乘估计**. 此时

$$Q(b_0, b_1) = \sum_{i=1}^{n} (y_i - b_0 - b_1 x_i)^2.$$

其中 $\hat{b}_0, \hat{b}_1$ 的求法与误差服从正态分布时的极大似然估计一致,这里不再赘述. 对大多数试验来说,随机误差都服从正态分布,这就是最小二乘法应用如此广泛的原因之一. 有时,即使误差并不服从正态分布,人们仍然乐于使用最小二乘法. 此时虽然最小二乘法与极大似然法不一致,但最小二乘法求得的直线是所有距离和最小的直线,当然可以作为回归直线的估计. 另外,最小二乘法所得到的 Q 是 b_0, b_1 的二次半正定函数,其分析性质很好,且计算方便. 这是最小二乘法广泛应用的另外一个原因.

另外可以证明,如果误差 ε_i 的密度函数为 $f(t) = 0.5a e^{-a|t|}$,则极大似然估计与最小一乘估计即 $d_i = |y_i - b_0 - b_1 x_i|$ 一致.

9.3.4　回归方程的显著性检验

不论是求 b_0, b_1 的极大似然估计还是最小距离估计,对数据几乎是没有要求的. 唯一的要求 x_i 不全相等也是为了正规方程组(9.26)的解唯一存在. 因此,不管 y 与 x 本身的关系如何,甚至是没有关系,都可以利用极大似然法或者最小距离法计算出 $\hat{b}_0, \hat{b}_1$,从而得到回归方程(9.28),这也就是说 y 与 x 必为线性关系. 这显然是十分荒谬的. 只有 y 与 x 之间的确是线性关系时,线性回归方法才是有效的. 如何才能确定 y 与 x 之间是否是线性关系呢? 正如例9.8所示的那样,在回归之前,先利用散点图对 y 与 x 的关系做一个定性的判断,如果 y 与 x 的散点图呈细长条形,大体分布在某条直线的两侧,则可用线性回归方法求解 y 与 x 之间的关系 $u(x)$. 然而,即使这样,在回归后,仍需定量地检验 y 与 x 之间是否是线性关系. 如果 y 与 x 之间的确是线性关系,则 $|b_1|$ 较大,即 y 随 x 的变化而线性变化较明显;反之则 $|b_1|$ 较小. 甚至当 $|b_1| = 0$ 时,y 与 x 之间没有线性关系. 因此,我们提出如下假设:

$$H_0 : b_1 = 0.$$

为了检验此假设是否成立,我们需要如下几个定理.

定理 9.1　(1) $\hat{b}_0, \hat{b}_1$ 分别是 b_0, b_1 的无偏估计;

(2) $\mathrm{Cov}(\overline{y}, \hat{b}_1) = 0, \mathrm{Cov}(\hat{b}_0, \hat{b}_1) = -\overline{x}\sigma^2/S_{xx}$,

$$D(\hat{b}_0) = \sigma^2(1/n + \overline{x}^2/S_{xx}), D(\hat{b}_1) = \sigma^2/S_{xx}.$$

证明:(1)因为

$$S_{xx} = \sum_{i=1}^{n} (x_i - \overline{x})^2 = \sum_{i=1}^{n} (x_i - \overline{x}) x_i,$$

$$S_{xy} = \sum_{i=1}^{n} (x_i - \overline{x})(y_i - \overline{y}) = \sum_{i=1}^{n} (x_i - \overline{x}) y_i,$$

所以

$$E(\hat{b}_1) = E\left(\frac{S_{xy}}{S_{xx}}\right) = \frac{\sum_{i=1}^{n} (x_i - \overline{x}) E(y_i)}{S_{xx}} = \frac{\sum_{i=1}^{n} (x_i - \overline{x})(b_0 + b_1 x_i)}{S_{xx}}$$

$$= \frac{b_1 \sum_{i=1}^{n} (x_i - \overline{x}) x_i}{\sum_{i=1}^{n} (x_i - \overline{x}) x_i} = b_1,$$

$$E(\hat{b}_0) = E(\overline{y} - \hat{b}_1 \overline{x}) = E\Big(\frac{1}{n}\sum_{i=1}^{n} y_i\Big) - \overline{x} E(\hat{b}_1) = \frac{1}{n}\sum_{i=1}^{n} E(y_i) - \overline{x} b_1$$

$$= \frac{1}{n}\sum_{i=1}^{n}(b_0 + b_1 x_i) - \overline{x} b_1 = b_0,$$

所以 $\hat{b}_0, \hat{b}_1$ 分别是 b_0, b_1 的无偏估计.

$$(2)\ \text{Cov}(\overline{y}, \hat{b}_1) = \text{Cov}\left[\frac{1}{n}\sum_{j=1}^{n} y_j, \frac{\sum_{i=1}^{n}(x_i - \overline{x}) y_i}{S_{xx}}\right] = \sum_{j=1}^{n}\sum_{i=1}^{n} \frac{(x_i - \overline{x})}{n S_{xx}} \text{Cov}(y_i, y_j)$$

$$= \sum_{i=1}^{n} \frac{(x_i - \overline{x})}{n S_{xx}} \sigma^2 = \frac{\sigma^2}{n S_{xx}} \sum_{i=1}^{n}(x_i - \overline{x}) = 0,$$

$$D(\hat{b}_1) = D\left[\frac{\sum_{i=1}^{n}(x_i - \overline{x}) y_i}{S_{xx}}\right] = \frac{\sum_{i=1}^{n}(x_i - \overline{x})^2 D y_i}{S_{xx}^2} = \frac{\sum_{i=1}^{n}(x_i - \overline{x})^2 \sigma^2}{S_{xx}^2} = \frac{\sigma^2}{S_{xx}},$$

$$D(\hat{b}_0) = D(\overline{y} - \hat{b}_1 \overline{x}) = D(\overline{y}) + \overline{x}^2 D(\hat{b}_1) - 2\text{Cov}(\overline{y}, \hat{b}_1 \overline{x})$$

$$= \sigma^2/n + \overline{x}^2 \sigma^2/S_{xx} = \sigma^2(1/n + \overline{x}^2/S_{xx}),$$

$$\text{Cov}(\hat{b}_0, \hat{b}_1) = \text{Cov}(\overline{y} - \hat{b}_1 \overline{x}, \hat{b}_1) = \text{Cov}(\overline{y}, \hat{b}_1) - \overline{x}\text{Cov}(\hat{b}_1, \hat{b}_1)$$

$$= 0 - \overline{x} D(\hat{b}_1) = -\overline{x}\sigma^2/S_{xx}.$$

由定理 9.1 可知 $\hat{b}_0, \hat{b}_1$ 分别是 b_0, b_1 的无偏估计. 若要 $\hat{b}_0, \hat{b}_1$ 估计更为精确,就要 $\hat{b}_0, \hat{b}_1$ 的波动小,即它们的方差要小. 这当然可以通过减小 ε 的方差 σ^2 来实现. 然而,一般来说,在一定的试验条件下,这是难以改变的. 通过定理 9.1 的(2),我们还可以通过增加 S_{xx} 来减少 $\hat{b}_1$ 的方差,或者通过增加 S_{xx} 和 n 来减少 $\hat{b}_0$ 的方差. 这就要求在设计试验时 x_i 应尽量分散,且样本容量 n 应尽可能大.

定理 9.1 的结论中 σ^2 仍然是未知的,我们希望利用样本的统计量来估计 σ^2. 我们称 y 的观测值与估计值的差 $y_i - \hat{y}_i$ 为残差,称

$$Q_e = \sum_{i=1}^{n}(y_i - \hat{y}_i)^2 = \sum_{i=1}^{n}(y_i - \hat{b}_0 - \hat{b}_1 x_i)^2 \tag{9.30}$$

为残差平方和或剩余平方和. Q_e 的自由度＝试验次数－模型中参数的个数＝$n-2$.

下面的定理说明 $\hat{\sigma}^2 = \dfrac{Q_e}{n-2}$ 是 σ^2 的无偏估计量.

定理 9.2　$E(Q_e) = (n-2)\sigma^2.$

证明: $Q_e = \sum_{i=1}^{n}(y_i - \hat{b}_0 - \hat{b}_1 x_i)^2 = \sum_{i=1}^{n}(y_i - \overline{y} + \hat{b}_1 \overline{x} - \hat{b}_1 x_i)^2$

$$= \sum_{i=1}^{n}\big[(y_i - \overline{y}) - \hat{b}_1(x_i - \overline{x})\big]^2$$

$$= \sum_{i=1}^{n}(y_i-\overline{y})^2 - 2\hat{b}_1\sum_{i=1}^{n}(y_i-\overline{y})(x_i-\overline{x}) + \hat{b}_1^2\sum_{i=1}^{n}(x_i-\overline{x})^2$$

$$= S_{yy} - 2\hat{b}_1^2 S_{xx} + \hat{b}_1^2 S_{xx} = S_{yy} - \hat{b}_1^2 S_{xx},$$

所以 $E(Q_e)=E(S_{yy})-S_{xx}E(\hat{b}_1^2)$. 注意到,对于随机变量 ξ, $D(\xi)=E(\xi^2)-[E(\xi)]^2$,于是

$$E(S_{yy}) = E\Big(\sum_{i=1}^{n}y_i^2 - n\overline{y}^2\Big) = \sum_{i=1}^{n}E(y_i^2) - nE(\overline{y}^2)$$

$$= \sum_{i=1}^{n}\{D(y_i)+[E(y_i)]^2\} - n\{D(\overline{y})+[E(\overline{y})^2]\}$$

$$= \sum_{i=1}^{n}[\sigma^2+(b_0+b_1 x_i)^2] - n[\sigma^2/n+(b_0+b_1\overline{x})^2]$$

$$= (n-1)\sigma^2 + b_1^2\Big(\sum_{i=1}^{n}x_i^2 - n\overline{x}^2\Big)$$

$$= (n-1)\sigma^2 + b_1^2 S_{xx},$$

$$S_{xx}E(\hat{b}_1^2) = S_{xx}\{D(\hat{b}_1)+[E(\hat{b}_1)]^2\}$$

$$= S_{xx}(\sigma^2/S_{xx}+b_1^2)$$

$$= \sigma^2 + b_1^2 S_{xx},$$

故 $$E(Q_e)=(n-2)\sigma^2.$$

如果误差都服从正态分布 $N(0,\sigma^2)$ 且相互独立,则 $y_i\sim N(b_0+b_1 x_i,\sigma^2)$ 且相互独立,$i=1$,$2,\cdots,n$. 因为 $\hat{b}_0,\hat{b}_1$ 都是 y_i 的线性组合,$\hat{b}_0,\hat{b}_1$ 也服从正态分布. 从而由定理 9.1 可知:

定理 9.3 误差都服从正态分布 $N(0,\sigma^2)$ 且相互独立,则

(1) $\hat{b}_0\sim N(b_0,\sigma^2(1/n+\overline{x}^2/S_{xx}))$;

(2) $\hat{b}_1\sim N(b_1,\sigma^2/S_{xx})$.

下面的定理证明需要用到正交变换,过程复杂,本书从略.

定理 9.4 误差都服从正态分布 $N(0,\sigma^2)$ 且相互独立,则:

(1) $Q_e/\sigma^2\sim\chi^2(n-2)$;

(2) $\overline{y},Q_e,\hat{b}_1$ 相互独立.

令 $U=\hat{b}_1^2 S_{xx}$,由定理 9.2 证明中对残差平方和 Q_e 的分解可得

$$S_{yy}=Q_e+U.$$

对于一次固定的试验(或观察)来说,S_{yy} 和 S_{xx} 是固定的,它的大小说明了这组数据的分散程度. S_{yy} 可以分成两部分:一部分是 U,它与回归直线的斜率 $\hat{b}_1$ 的平方成正比,因此 U 是由 y 与 x 之间线性相关性产生的,线性相关性越大,U 越大,故称 U 为**回归平方和**;另一部分是 Q_e,这是由实际观察值没有落在回归直线上引起的,它包含了 U 之外的影响,也就是除了 y 与 x 之间线性相关性之外其他因素的影响.

综上所述,U 越大,Q_e 就越小,y 与 x 之间线性相关性就越显著;反之,U 越小,Q_e 就越大,y 与 x 之间线性相关性就越不显著. 于是可以用 U/Q_e 来判断回归方程是否显著. 当然要建立统计量还要看它们所服从的分布以及它们的自由度. 由定理 9.4,$Q_e/\sigma^2\sim\chi(n-2)$. 那么 U 服从什么分布呢?

定理 9.5 如果假设 $H_0 : b_1 = 0$ 成立,则 $U/\sigma^2 \sim \chi^2(1)$,且 U 与 Q_e 相互独立.

证明: 由定理 9.3, $\hat{b}_1 \sim N(b_1, \sigma^2/S_{xx})$,如果 $b_1 = 0$,则 $\hat{b}_1 \sim N(0, \sigma^2/S_{xx})$,所以

$$U/\sigma^2 = \frac{\hat{b}_1^2 S_{xx}}{\sigma^2} = \frac{\hat{b}_1^2}{\sigma^2/S_{xx}} \sim \chi^2(1),$$

由定理 9.4, $Q_e/\sigma^2 \sim \chi(n-2)$,且 $Q_e, \hat{b}_1$ 相互独立. 所以 U 与 Q_e 相互独立.

由定理 9.4 和定理 9.5,当 $H_0 : b_1 = 0$ 成立时,统计量

$$F = \frac{U/\sigma^2}{Q_e/\sigma^2/(n-2)} = \frac{U}{Q_e/(n-2)} \sim F(1, n-2) \tag{9.31}$$

可作为检验统计量. 当 $H_0 : b_1 = 0$ 成立时,F 值应较小,线性回归不显著;反之,则 F 值较大,线性回归显著. 故给定显著水平 α,查表得 $F_\alpha(1, n-2)$ 使之满足

$$P\{F > F_\alpha(1, n-2)\} = \alpha.$$

H_0 的拒绝域为

$$\{F > F_\alpha(1, n-2)\}. \tag{9.32}$$

在表 9.20 回归计算表的基础上,可以将计算检验统计量的过程在如表 9.21 所示的方差分析表中完成.

表 9.21 方差分析表

方差来源	平方和	自由度	F 值	临界值
回归平方和 U	$\hat{b}_1^2 S_{xx}$	1		
剩余平方和 Q_e	$S_{yy} - U$	$n-2$	$F = \dfrac{U(n-2)}{Q_e}$	$F_\alpha(1, n-2)$
总平方和 S_{yy}	$\displaystyle\sum_{i=1}^{n} y_i^2 - n\bar{y}^2$	$n-1$		

例 9.9 在例 9.8 中,假定 15 岁男孩体重服从正态分布,检验所得回归方程是否显著($\alpha = 0.05$).

解: 虽然在求解线性回归方程时,检验误差是否服从正态分布并不重要. 但在回归显著性检验时,必须要假设误差服从正态分布. 否则,统计量 F 可能不服从 F 分布.

根据表 9.20 计算表 9.21 中的各统计量,有:

$$S_{yy} = \sum_{i=1}^{n} y_i^2 - n\bar{y}^2 = 21\,557 - 439^2/9 = 143.555\,6,$$

$$U = \hat{b}_1^2 S_{xx} = 0.984\,8^2 \times 131.555\,6 = 127.586\,0.$$

得表 9.22 所示方差分析表.

表 9.22 方差分析表

方差来源	平方和	自由度	F 值	临界值
回归平方和	127.586 0	1	$\dfrac{127.586\,0 \times 7}{15.969\,6} =$	
剩余平方和	15.969 6	7		$F_{0.05}(1, 7) = 5.59$
总平方和	143.555 6	8	55.925 1	

由于 $F = 55.925\,1 > 5.59$，所以拒绝 H_0，认为回归方程显著.

9.3.5 预测与控制

一旦回归方程建立，并通过了显著性检验，就可以利用回归方程进行预测和控制——这是人们建立回归方程最主要的两个目的. 所谓预测，就是给定 x 的值，估计相应的 y 值 $u(x)$，这实际上是正着用回归方程. 最直接的想法就是将 x 代入回归方程，用计算所得的 $\hat{y}$ 来估计 y. 所谓控制则刚好相反，如果要求因变量 y 落在某点或某一区间范围内，应如何控制自变量 x 的取值范围呢？

1. 预测

假设一元线性回归的模型为

$$y = u(x) = b_0 + b_1 x + \varepsilon,$$

其中 ε 为随机误差且 $E(\varepsilon) = 0$，$D(\varepsilon) = \sigma^2$. 设 $y_1, y_2, \cdots, y_n$ 为对应于 $x_1, x_2, \cdots, x_n$ 的观察值且它们相互独立，依此数据求得回归方程

$$\hat{y} = \hat{b}_0 + \hat{b}_1 x,$$

且回归方程是显著的. 当自变量 x 取值为 x_0 时，因变量 $y_0 = u(x_0) = b_0 + b_1 x_0 + \varepsilon_0$. 如上所述，我们很自然地用 y_0 的回归值

$$\hat{y}_0 = \hat{b}_0 + \hat{b}_1 x_0 \tag{9.33}$$

作为 y_0 的预测值. 由于 $\hat{b}_0, \hat{b}_1$ 分别是 b_0, b_1 的无偏估计，$\hat{y}_0$ 是 $E(y_0)$ 的无偏估计. 事实上

$$E(\hat{y}_0) = E(\hat{b}_0 + \hat{b}_1 x_0) = b_0 + b_1 x_0 = E(y_0),$$

故可以认为 $\hat{y}_0$ 是平均意义下 y_0 的无偏估计.

若要进行区间预测，则要假设 ε 服从正态分布 $N(0, \sigma^2)$. 此时 $\hat{y}_0$ 也服从正态分布，且

$$\hat{y}_0 = \hat{b}_0 + \hat{b}_1 x_0 = \overline{y} + \hat{b}_1 (x_0 - \overline{x}),$$

$\overline{y}$ 与 $\hat{b}_1$ 相互独立，故

$$\begin{aligned}
D(\hat{y}_0) &= D[\overline{y} + \hat{b}_1 (x_0 - \overline{x})] \\
&= D(\overline{y}) + (x_0 - \overline{x})^2 D(\hat{b}_1) \\
&= \sigma^2/n + (x_0 - \overline{x})^2 \sigma^2 / S_{xx},
\end{aligned}$$

于是 $\hat{y}_0 \sim N(b_0 + b_1 x_0, \sigma^2/n + \sigma^2 (x_0 - \overline{x})^2 / S_{xx})$. 而 $y_0 \sim N(b_0 + b_1 x_0, \sigma^2)$，且 $\hat{y}_0$ 不依赖于 y_0，即 $\hat{y}_0$ 与 y_0 独立. 所以 $\hat{y}_0 - y_0$ 服从正态分布，均值为它们均值的差，方差为它们方差的和，即 $\hat{y}_0 - y_0 \sim N(0, \sigma^2 [1 + 1/n + (x_0 - \overline{x})^2 / S_{xx}])$. 将其标准化有

$$\frac{\hat{y}_0 - y_0}{\sigma \sqrt{1 + 1/n + (x_0 - \overline{x})^2 / S_{xx}}} \sim N(0, 1). \tag{9.34}$$

由定理 9.4(2) $\overline{y}$，Q_e，$\hat{b}_1$ 相互独立，$\hat{y}_0$ 与 Q_e 相互独立. y_0 与 Q_e 也相互独立，所以 $\hat{y}_0 - y_0$ 与 Q_e 也相互独立. 所以

$$T = \frac{\dfrac{\hat{y}_0 - y_0}{\sigma \sqrt{1 + 1/n + (x_0 - \overline{x})^2 / S_{xx}}}}{\sqrt{\dfrac{Q_e}{\sigma^2 (n-2)}}} = \frac{\hat{y}_0 - y_0}{\sqrt{1 + 1/n + (x_0 - \overline{x})^2 / S_{xx}} \sqrt{\dfrac{Q_e}{(n-2)}}} \sim t(n-2),$$

$$\tag{9.35}$$

对给定的置信水平 $1-\alpha$，可得 $t_{\frac{\alpha}{2}}(n-2)$ 满足
$$P\{\,|\,T\,|\leqslant t_{\frac{\alpha}{2}}(n-2)\,\}=1-\alpha,$$
即
$$P\{\,\hat{y}_0-\delta(x_0)\leqslant y_0\leqslant \hat{y}_0+\delta(x_0)\,\}=1-\alpha,$$
其中
$$\delta(x_0)=t_{\frac{\alpha}{2}}(n-2)\sqrt{1+1/n+(x_0-\overline{x})^2/S_{xx}}\sqrt{\frac{Q_e}{(n-2)}}, \qquad (9.36)$$
所以 y_0 的置信系数为 $1-\alpha$ 的预测区间为
$$[\hat{y}_0-\delta(x_0),\hat{y}_0+\delta(x_0)], \qquad (9.37)$$
由 $\delta(x_0)$ 的表达式可知，剩余标准差 $\sqrt{\dfrac{Q_e}{(n-2)}}$ 越小，预测区间越窄，预测结果越准确．x_0 越接近 x 的平均值 $\overline{x}$，预测结果越准确；x_i 的分散程度越大，即 S_{xx} 越大，预测结果越准确．

由 x_0 的任意性，可令
$$\hat{y}_L(x)=\hat{y}-\delta(x), \quad \hat{y}_U(x)=\hat{y}+\delta(x), \qquad (9.38)$$
其中 $\hat{y}$ 是 y 的估计，则曲线 $\hat{y}_L(x)$，$\hat{y}_U(x)$ 分别位于回归直线的下方和上方．这两条曲线之间的部分称为 $y=b_0+b_1x+\varepsilon$ 的置信系数为 $1-\alpha$ 的预测带，如图 9.2 所示．该预测带在 $\overline{x}$ 附近较窄，且随着 x 远离 $\overline{x}$ 而变宽．

当 n 很大且 x 在 $\overline{x}$ 附近时，
$$\sqrt{1+1/n+(x_0-\overline{x})^2/S_{xx}}\approx 1,$$
此时，$\delta(x)\approx\widetilde{\delta}=t_{\frac{\alpha}{2}}(n-2)\sqrt{\dfrac{Q_e}{(n-2)}}$，则 y 的预测区间近似为 $[\hat{y}-\widetilde{\delta},\hat{y}+\widetilde{\delta}]$．

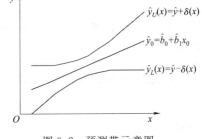

图 9.2　预测带示意图

注意到 $\widetilde{\delta}$ 并不含 x，是一个常数，于是 $\hat{y}_L(x)$ 和 $\hat{y}_U(x)$ 是两条直线．此时预测带的计算量大幅减少．

例 9.10　在例 9.8 中，假定 15 岁男孩体重服从正态分布，求身高为 160 cm 的 15 岁男生体重的预测值和预测区间，$\alpha=0.05$．

解：在例 9.8 中已求得回归方程为
$$\hat{y}=-109.5556+0.9848x.$$
将 $x_0=160$ 带入方程得
$$\hat{y}_0=-109.5556+0.9848\times160=48.0124.$$
y_0 的预测值为 48.012 4.

查表得 $t_{0.025}(7)=2.365$，前面已经计算过
$$Q_e=15.9696,\quad S_{xx}=131.5556.$$
所以
$$\delta(x_0)=2.365\sqrt{1+1/9+(160-160.7778)^2/131.5556}\sqrt{\frac{15.9696}{7}}=3.7754.$$
故 y_0 的预测区间为 $[44.2370,51.7878]$．

2. 控制

控制是要解决如下问题：如果想让因变量 y 以 $1-\alpha$ 的置信水平落在某一区间，比如 $[a,b]$

范围内,应如何控制自变量 x 的取值范围?我们知道曲线 $\hat{y}_L(x),\hat{y}_U(x)$ 所夹的部分恰是 y 的置信水平为 $1-\alpha$ 的预测带,因此,如果控制 x 的值满足下面两个不等式,则因变量 y 的预测值可以 $1-\alpha$ 的置信水平落在区间 $[a,b]$ 内:

$$\begin{cases} \hat{y}_L(x) \geqslant a \\ \hat{y}_U(x) \leqslant b \end{cases},$$

解这个不等式组,得到的解集就是 x 的控制域.然而,解这个不等式组是十分困难的.当 n 很大且 x 在 $\bar{x}$ 附近时,可以用 $\tilde{\delta}$ 代替 $\delta(x)$.注意到 $\tilde{\delta}$ 并不含 x,于是高次不等式组变成了线性不等式组,问题大大简化:

$$\begin{cases} \hat{y} - \tilde{\delta} \geqslant a \\ \hat{y} + \tilde{\delta} \leqslant b \end{cases}.$$

将 $\hat{y} = \hat{b}_0 + \hat{b}_1 x$ 代入

$$\begin{cases} \hat{b}_0 + \hat{b}_1 x - \tilde{\delta} \geqslant a \\ \hat{b}_0 + \hat{b}_1 x + \tilde{\delta} \leqslant b \end{cases}. \tag{9.39}$$

当 $\hat{b}_1 > 0$ 时,如果 $a + \tilde{\delta} \leqslant b - \tilde{\delta}$,解集为 $[(a+\tilde{\delta}-\hat{b}_0)/\hat{b}_1,(b-\tilde{\delta}-\hat{b}_0)/\hat{b}_1]$;如果 $a+\tilde{\delta} > b - \tilde{\delta}$,解集为空.

当 $\hat{b}_1 < 0$ 时,如果 $a + \tilde{\delta} \leqslant b - \tilde{\delta}$,解集为 $[(b-\tilde{\delta}-\hat{b}_0)/\hat{b}_1,(a+\tilde{\delta}-\hat{b}_0)/\hat{b}_1]$;如果 $a+\tilde{\delta} > b - \tilde{\delta}$,解集为空.

因此只有当区间长度 $b-a \geqslant 2\tilde{\delta}$ 时,问题才是可控的,其控制区间为

$$[(a+\tilde{\delta}-\hat{b}_0)/\hat{b}_1,(b-\tilde{\delta}-\hat{b}_0)/\hat{b}_1] \quad (\hat{b}_1 > 0) \tag{9.40a}$$

或者

$$[(b-\tilde{\delta}-\hat{b}_0)/\hat{b}_1,(a+\tilde{\delta}-\hat{b}_0)/\hat{b}_1] \quad (\hat{b}_1 < 0). \tag{9.40b}$$

当区间长度小于 $2\tilde{\delta}$ 时,无论如何控制,都不能将 y 的预测值以 $1-\alpha$ 的置信水平落在区间 $[a,b]$ 内.

9.3.6 非线性回归问题的线性化

本节我们讨论了一元线性回归问题,然而在实际问题中,还会碰到因变量 y 与自变量 x 之间呈现某种非线性相关关系.此时,散点图上的观测值所对应的点并不是长条形.当然这时不能直接应用线性回归方法解决问题.然而对于非线性回归,其理论和方法都过于复杂,并不在本书的讨论范围之内.我们希望将非线性关系通过某种变换转化为线性关系来处理,这种方法通常称为**非线性回归问题的线性化方法**.下面通过几个例子来阐述这一方法的基本思想.

例 9.11 在彩色显像中,根据以往经验,形成染料光学密度 y 与析出银的光学密度 x 之间有下面类型的关系式:

$$y = a\mathrm{e}^{-b/x}, \quad b > 0.$$

通过试验,我们得到 11 组数据,如表 9.23 所示.试求 a,b 的估计.

表 9.23 试验数据

x	0.05	0.06	0.07	0.10	0.14	0.20	0.25	0.31	0.38	0.43	0.47
y	0.10	0.14	0.23	0.37	0.59	0.79	1.00	1.12	1.19	1.25	1.29

解：对 $y=a\mathrm{e}^{-b/x}$ 两边取对数，得

$$\ln y = \ln a - b/x. \tag{9.41}$$

令 $Y=\ln y, X=1/x, A=\ln a, B=-b$，则有 $Y=A+BX$. 列出回归计算表如表 9.24 所示.

表 9.24 回归计算表

x	y	$X=1/x$	$Y=\ln y$	X^2	XY
0.05	0.1	20.000	-2.303	400.000	-46.060
0.06	0.14	16.667	-1.966	277.789	-32.767
0.07	0.23	14.286	-1.470	204.090	-21.000
0.1	0.37	10.000	-0.994	100.000	-9.940
0.14	0.59	7.143	-0.528	51.022	-3.772
0.2	0.79	5.000	-0.236	25.000	-1.180
0.25	1	4.000	0.000	16.000	0.000
0.31	1.12	3.226	0.113	10.407	0.365
0.38	1.19	2.632	0.174	6.927	0.458
0.43	1.25	2.326	0.223	5.410	0.519
0.47	1.29	2.128	0.255	4.528	0.543
求和		87.408	-6.732	1 101.173	-112.834

由表 9.24 可得：

$$S_{XX}=\sum_{i=1}^{11}X_i^2-11\overline{X}^2=1\,101.173-87.408^2/11=406.61,$$

$$S_{XY}=\sum_{i=1}^{11}X_iY_i-11\overline{X}\,\overline{Y}=-112.834+87.408\times6.732/11=-59.34,$$

于是

$$\hat{B}=\frac{S_{XY}}{S_{XX}}=-0.146,$$

$$\hat{A}=\overline{Y}-\hat{B}_1\overline{X}=0.548,$$

$$\hat{b}=-\hat{B}=0.146,$$

$$\hat{a}=\mathrm{e}^{\hat{A}}=1.730.$$

所以，所求的回归方程为

$$\hat{y}=1.730\mathrm{e}^{-0.146/x}.$$

例 9.12 由于钢水对耐火材料的侵蚀,盛钢水的钢包容积不断增大,根据表 9.25 中的数据找出使用次数 x 与容积 y 之间的关系.

表 9.25 试验数据

x	1	2	3	4	5	6	7	8	9	10	11	12	13	14	15
y	6.42	8.20	9.58	9.50	9.70	10.00	9.93	9.99	10.49	10.59	10.60	10.80	10.60	10.90	10.76

解:画出"散点图",这些点大约分布在如图 9.3 所示的双曲线附近. 于是选用模型

$$1/y = a + b/x. \tag{9.42}$$

令 $Y = 1/y, X = 1/x$,则有 $Y = a + bX$,化为一元线性回归. 经过与例 9.11 类似的计算可得

$$b = 0.066\ 3, \quad a = 0.088\ 5,$$

所以回归模型为

$$\hat{y} = \frac{x}{0.066\ 3 + 0.088\ 5x}.$$

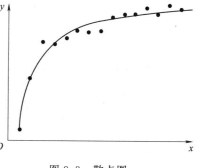

图 9.3 散点图

此题选用双曲线模型是一种主观判断.事实上,我们也可选用指数曲线 $y = a\mathrm{e}^{\frac{b}{x}}$,可得到经验回归方程 $\hat{y} = 11.678\ 9\mathrm{e}^{-\frac{1.110\ 9}{x}}$.

我们将常用的可化为线性回归的问题和所采用的变换列于表 9.26.

表 9.26 常用的可化为线性回归的问题和所采用的变换

函数 $y = f(x)$	线性化性质 $Y = AX + B$	变量与常数的变化
$y = \dfrac{A}{x} + B$	$y = A\dfrac{1}{x} + B$	$X = \dfrac{1}{x}, Y = y$
$y = \dfrac{D}{x+C}$	$y = -\dfrac{1}{C}(xy) + \dfrac{D}{C}$	$X = xy, Y = y, A = -\dfrac{1}{C}, B = \dfrac{D}{C}$
$y = \dfrac{1}{Ax+B}$	$\dfrac{1}{y} = Ax + B$	$X = x, Y = \dfrac{1}{y}$
$y = \dfrac{x}{Cx+D}$	$\dfrac{1}{y} = D\dfrac{1}{x} + C$	$X = \dfrac{1}{x}, Y = \dfrac{1}{y}, A = D, B = C$
$y = A\ln x + B$	$y = A\ln x + B$	$X = \ln x, Y = y$
$y = C\mathrm{e}^{Ax}$	$\ln y = Ax + \ln C$	$X = x, Y = \ln y, B = \ln C$
$y = Cx^A$	$\ln y = A\ln x + \ln C$	$X = \ln x, Y = \ln y, B = \ln C$
$y = (Ax+B)^{-2}$	$y^{-\frac{1}{2}} = Ax + B$	$X = x, Y = y^{-\frac{1}{2}}$
$y = Cx\mathrm{e}^{-Dx}$	$\ln\dfrac{y}{x} = -Dx + \ln C$	$X = x, Y = \ln\dfrac{y}{x}, B = \ln C, D = -A$
$y = \dfrac{L}{1+C\mathrm{e}^{Ax}}$	$\ln\left(\dfrac{L}{y} - 1\right) = Ax + \ln C$	$X = x, Y = \ln\left(\dfrac{L}{y} - 1\right), B = \ln C$ 且 L 给定

通过例 9.11 和例 9.12 以及表 9.26 可以总结出非线性回归问题线性化的步骤如下：

① 根据观察值 $(x_i,y_i),i=1,2,\cdots,n$，作出"散点图"，并根据散点图的形状选择适当的非线性模型.

② 选择一种变换将模型线性化. 注意并不是每一个非线性函数都可以找到线性化的变换，例如 $y=ce^{ax}+d\sin bx$. 理论上来说，如果能分别找到 y 和 x 的函数 $\phi(y)$ 和 $\varphi(x)$，使得 $\phi(y)$ 与 $\varphi(x)$ 之间是线性关系，则该问题可通过令 $Y=\phi(y)$ 和 $X=\varphi(x)$ 化为线性问题. 在实际操作中，有一个简单的判别方法：做出变换后的变量的散点图，若所得的点基本上成长条形，且均匀地分布在某条直线的两侧，则适合，否则不适合.

③ 利用一元线性回归方法求得回归系数的估计，并反解出原非线性模型的回归系数. 将结果代入非线性回归的表达式中，得到回归方程.

事实上，表 9.26 中的模型基本上涵盖了观察数据的各种可能性，只需按照散点图的形状选择其一，然后按照后面的变换实行线性化就可以. 当然，即使是同一组数据，也可以选择不同的模型，如例 9.12.

注：如果能够根据问题的背景、所涉及的专业知识等推断出 y 与 x 的函数的形式，如例 9.11，则可省略第一步. 对于多元回归问题，也可利用本方法将非线性问题线性化.

§9.4　多元线性回归

上一节我们讨论了因变量只受一个自变量影响的情况，然而还有许多问题，影响因变量的因素不止一个. 例如，小麦的亩产量与播种量和施肥量有关；某种化工产品的得率与反应温度、反应时间和反应物浓度有关；某种水泥在凝固时放出的热量与水泥中的 4 种化学成分有关. 此时就要用到多元回归，本节只讨论多元线性回归. 多元线性回归的基本原理和一元线性回归是一致的，只是在具体的方法上前者比后者更复杂一些，因此本节借助矩阵来描述. 有关矩阵的相关知识，读者可参阅高等代数或线性代数的相关内容；本节也会涉及一些矩阵求导方面的内容，读者可参阅矩阵论相关内容，本节不再赘述.

9.4.1　多元线性回归的数学模型及其参数估计

设因变量 y 受自变量 $x_1,x_2,\cdots,x_p$ 的影响，则多元线性回归的模型为
$$\begin{cases} y=b_0+b_1x_1+b_2x_2+\cdots+b_px_p+\varepsilon, \\ E(\varepsilon)=0,D(\varepsilon)=\sigma^2 \end{cases} \tag{9.43}$$
其中 $b_0,b_1,\cdots,b_p$ 都是未知参数，称它们为**回归参数**.

为了估计参数 $b_0,b_1,\cdots,b_p$，我们对自变量 $x_1,x_2,\cdots,x_p$ 取 $n(n>p+1)$ 组不完全相同的值 $(x_{i1},x_{i2},\cdots,x_{ip}),i=1,2,\cdots,n$，并观察（或做试验）得到因变量的值 $y_1,y_2,\cdots,y_n$，设 $\varepsilon_1,\varepsilon_2,\cdots,\varepsilon_n$ 为相应的误差且相互独立，由此我们得到一个容量为 n 的样本
$$(x_{i1},x_{i2},\cdots,x_{ip},y_i),\quad i=1,2,\cdots,n,$$
代入回归模型(9.43)，有
$$\begin{cases} y_i=b_0+b_1x_{i1}+b_2x_{i2}+\cdots+b_px_{ip}+\varepsilon_i,i=1,2,\cdots,n \\ E(\varepsilon_i)=0,\quad i=1,2,\cdots,n \\ E(\varepsilon_i\varepsilon_j)=\delta_{ij}\sigma^2,\quad i,j=1,2,\cdots,n \end{cases} \tag{9.44}$$

记

$$\boldsymbol{Y}=\begin{bmatrix} y_1 \\ y_2 \\ \vdots \\ y_n \end{bmatrix}_{n\times 1}, \quad \boldsymbol{\beta}=\begin{bmatrix} b_0 \\ b_1 \\ \vdots \\ b_p \end{bmatrix}_{(p+1)\times 1}, \quad \boldsymbol{u}=\begin{bmatrix} \varepsilon_1 \\ \varepsilon_2 \\ \vdots \\ \varepsilon_n \end{bmatrix}_{n\times 1}, \quad \boldsymbol{X}=\begin{bmatrix} 1 & x_{11} & \cdots & x_{1p} \\ 1 & x_{21} & \cdots & x_{2p} \\ \vdots & \vdots & \vdots & \vdots \\ 1 & x_{n1} & \cdots & x_{np} \end{bmatrix}_{n\times(p+1)},$$

于是得到模型(9.44)的矩阵形式

$$\begin{cases} \boldsymbol{Y}=\boldsymbol{X}\boldsymbol{\beta}+\boldsymbol{u} \\ E(\boldsymbol{u})=0, D(\boldsymbol{u})=\sigma^2 \boldsymbol{I}_n \end{cases}, \qquad (9.45)$$

其中 $\boldsymbol{I}_n$ 为 n 阶单位矩阵,$\boldsymbol{X}$ 和 $\boldsymbol{Y}$ 已知,$\boldsymbol{\beta}$ 和 σ^2 均未知. 称 $\boldsymbol{X}$ 为**回归设计矩阵**,$\boldsymbol{\beta}$ 为**回归参数向量**,$\boldsymbol{Y}$ 为**响应向量**,$\boldsymbol{u}$ 为**随机误差向量**.

与一元回归的论述一样,$\boldsymbol{\beta}$ 的最小二乘估计就是找到 $\boldsymbol{\beta}$ 的估计量 $\hat{\boldsymbol{\beta}}$,使得

$$Q(\hat{\boldsymbol{\beta}})=\min_{\boldsymbol{\beta}\in\mathbf{R}^{p+1}} Q(\boldsymbol{\beta})=\min_{\boldsymbol{\beta}\in\mathbf{R}^{p+1}} \boldsymbol{u}'\boldsymbol{u}=\min_{\boldsymbol{\beta}\in\mathbf{R}^{p+1}} (\boldsymbol{Y}-\boldsymbol{X}\boldsymbol{\beta})'(\boldsymbol{Y}-\boldsymbol{X}\boldsymbol{\beta}), \qquad (9.46)$$

称 $Q(\boldsymbol{\beta})$ 为**误差平方和**. $Q(\hat{\boldsymbol{\beta}})$ 越小,模型在最小二乘意义下也就越好. 为了求 $Q(\boldsymbol{\beta})$ 的极小值,先求它的驻点,即令 $Q(\boldsymbol{\beta})$ 关于 $\boldsymbol{\beta}$ 的偏导数均为 0:

$$\begin{aligned} \frac{\partial Q(\boldsymbol{\beta})}{\partial \boldsymbol{\beta}}&=\frac{\partial}{\partial \boldsymbol{\beta}}(\boldsymbol{Y}-\boldsymbol{X}\boldsymbol{\beta})'(\boldsymbol{Y}-\boldsymbol{X}\boldsymbol{\beta}) \\ &=\frac{\partial}{\partial \boldsymbol{\beta}}(\boldsymbol{Y}'\boldsymbol{Y}-\boldsymbol{\beta}'\boldsymbol{X}'\boldsymbol{Y}-\boldsymbol{Y}'\boldsymbol{X}\boldsymbol{\beta}+\boldsymbol{\beta}'\boldsymbol{X}'\boldsymbol{X}\boldsymbol{\beta}) \\ &=-\boldsymbol{X}'\boldsymbol{Y}-\boldsymbol{X}'\boldsymbol{Y}+2\boldsymbol{X}'\boldsymbol{X}\boldsymbol{\beta} \\ &=0, \end{aligned}$$

于是

$$\boldsymbol{X}'\boldsymbol{X}\boldsymbol{\beta}=\boldsymbol{X}'\boldsymbol{Y}, \qquad (9.47)$$

称(9.47)为**正规方程组**. 当 X 为列满秩时(一般在设计试验时可保证 $\boldsymbol{X}$ 为列满秩的),$\boldsymbol{X}'\boldsymbol{X}$ 满秩,于是正规方程组有唯一解. 正规方程组两边左乘 $(\boldsymbol{X}'\boldsymbol{X})^{-1}$ 得唯一驻点 $\hat{\boldsymbol{\beta}}$

$$\hat{\boldsymbol{\beta}}=(\boldsymbol{X}'\boldsymbol{X})^{-1}\boldsymbol{X}'\boldsymbol{Y}. \qquad (9.48)$$

因为 $Q(\boldsymbol{\beta})$ 是 $\boldsymbol{\beta}$ 的非负二次函数,所以最小值点存在且唯一. 而 $Q(\boldsymbol{\beta})$ 只有唯一驻点 $\hat{\boldsymbol{\beta}}$,所以 $\hat{\boldsymbol{\beta}}$ 就是 $Q(\boldsymbol{\beta})$ 的极小值点. 称

$$\hat{y}=\hat{b}_0+\hat{b}_1 x_1+\hat{b}_2 x_2+\cdots+\hat{b}_p x_p \qquad (9.49)$$

为**经验回归方程**.

如果向量 $\boldsymbol{u}$ 服从均值向量为 $\boldsymbol{0}$、协方差矩阵为 $\sigma^2 \boldsymbol{I}_n$ 的正态分布. 可以证明 $\boldsymbol{\beta}$ 的极大似然估计 $\hat{\boldsymbol{\beta}}$ 与最小二乘估计(9.48)一致.

例 9.13 某厂生产的圆钢,其屈服点 y 受含碳量 x_1 和含锰量 x_2 的影响,现做了 25 次观察,测得数据如表 9.27 所示.

表 9.27 试验数据

x_{i1}	16	18	19	17	20	16	16	15	19	18	18	17	17
x_{i2}	39	38	39	39	38	48	45	48	48	48	46	48	49
y_i	24	24.5	24.5	24	25	24.5	24	24	24.5	24.5	24.5	24.5	25

x_{i1}	17	18	18	20	21	16	18	19	19	21	19	21
x_{i2}	46	44	45	48	48	55	55	56	58	58	49	49
y_i	24.5	24.5	24.5	25	25	25	25	25.5	25.5	26.5	24.5	26

求 y 关于 x_1 和 x_2 的经验回归方程.

解：设 $y=b_0+b_1x_1+b_2x_2+\varepsilon$，$E(\varepsilon)=0$. 由表 9.27 可得以下矩阵形式：

$$\boldsymbol{X}=\begin{pmatrix} 1 & 16 & 39 \\ 1 & 18 & 38 \\ \vdots & \vdots & \vdots \\ 1 & 21 & 49 \end{pmatrix},\quad \boldsymbol{Y}=\begin{pmatrix} 24 \\ 24.5 \\ \vdots \\ 26 \end{pmatrix},$$

$$\boldsymbol{X}'\boldsymbol{X}=\begin{pmatrix} 25 & 453 & 1\ 184 \\ 453 & 8\ 277 & 21\ 499 \\ 1\ 184 & 21\ 499 & 56\ 914 \end{pmatrix},\quad \boldsymbol{X}'\boldsymbol{Y}=\begin{pmatrix} 619 \\ 11\ 234 \\ 29\ 372.5 \end{pmatrix},$$

$$(\boldsymbol{X}'\boldsymbol{X})^{-1}=\begin{pmatrix} 6.378\ 7 & -0.235\ 3 & -0.043\ 8 \\ -0.235\ 3 & 0.015\ 1 & -0.000\ 8 \\ -0.043\ 8 & -0.000\ 8 & 0.001\ 2 \end{pmatrix}.$$

所以

$$\hat{\boldsymbol{\beta}}=(\boldsymbol{X}'\boldsymbol{X})^{-1}\boldsymbol{X}'\boldsymbol{Y}=\begin{pmatrix} \hat{b}_0 \\ \hat{b}_1 \\ \hat{b}_2 \end{pmatrix}=\begin{pmatrix} 18.107\ 9 \\ 0.221\ 8 \\ 0.055\ 6 \end{pmatrix}.$$

故回归方程为 $\hat{y}=18.107\ 9+0.221\ 8x_1+0.055\ 6x_2$.

9.4.2　一元多项式回归

设因变量只受一个自变量影响，但其影响并不是线性的，而是可以用一个多项式来表述，即

$$\begin{cases} y=b_0+b_1x+b_2x^2+\cdots+b_px_p+\varepsilon, \\ E(\varepsilon)=0,D(\varepsilon)=\sigma^2 \end{cases},\tag{9.50}$$

与一元线性回归类似，我们对自变量取 $n(n>p+1)$ 组不完全相同的值 $x_1,x_2,\cdots,x_n$ 并观察（或做试验）得因变量的值 $y_1,y_2,\cdots,y_n$，设 $\varepsilon_1,\varepsilon_2,\cdots,\varepsilon_n$ 为相应的误差且相互独立. 由此我们得到一个容量为 n 的样本：

$$(x_i,y_i),\quad i=1,2,\cdots,n,$$

代入回归模型(9.50)，有

$$\begin{cases} y_i=b_0+b_1x_i+b_2x_i^2+\cdots+b_px_i^p+\varepsilon_i, & i=1,2,\cdots,n \\ E(\varepsilon_i)=0, & i=1,2,\cdots,n \\ E(\varepsilon_i\varepsilon_j)=\delta_{ij}\sigma^2, & i,j=1,2,\cdots,n \end{cases}.\tag{9.51}$$

仍然记

$$Y=\begin{pmatrix} y_1 \\ y_2 \\ \vdots \\ y_n \end{pmatrix}_{n\times 1}, \quad \boldsymbol{\beta}=\begin{pmatrix} b_0 \\ b_1 \\ \vdots \\ b_p \end{pmatrix}_{(p+1)\times 1}, \quad \boldsymbol{u}=\begin{pmatrix} \varepsilon_1 \\ \varepsilon_2 \\ \vdots \\ \varepsilon_n \end{pmatrix}_{n\times 1}, \quad \boldsymbol{X}=\begin{pmatrix} 1 & x_1 & \cdots & x_1^p \\ 1 & x_2 & \cdots & x_2^p \\ \vdots & \vdots & & \vdots \\ 1 & x_n & \cdots & x_n^p \end{pmatrix}_{n\times(p+1)},$$

于是得到模型(9.51)的矩阵形式

$$\begin{cases} Y=X\boldsymbol{\beta}+\boldsymbol{u} \\ E(\boldsymbol{u})=\boldsymbol{0}, D(\boldsymbol{u})=\sigma^2 \boldsymbol{I}_n \end{cases} \tag{9.52}$$

此模型与(9.45)一样,我们同样可以求得它的最小二乘估计 $\hat{\boldsymbol{\beta}}=(\boldsymbol{X'X})^{-1}\boldsymbol{X'Y}$ 和经验回归方程:

$$\hat{y}=\hat{b}_0+\hat{b}_1 x+\hat{b}_2 x^2+\cdots+\hat{b}_p x^p.$$

例 9.14 落叶松的平均高度 h 和树龄 x 相关,经测量得数据如表 9.28 所示.

表 9.28 试验数据

x_i	2	3	4	5	6	7	8	9	10	11
h_i	5.6	8	10.4	12.8	15.3	17.8	19.9	21.4	22.4	23.2

求 h 关于 x 的经验回归方程.

解:画出 h 关于 x 的散点图,如图 9.4 所示,可以看出,h 是 x 的二次函数,故可设回归方程为抛物线型 $h=b_0+b_1 x+b_2 x^2+\varepsilon, E(\varepsilon)=0$.

由表 9.28,得如下矩阵形式:

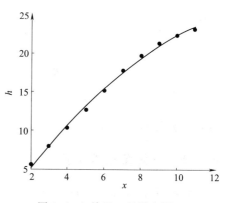

图 9.4 h 关于 x 的散点图

$$X=\begin{pmatrix} 1 & 2 & 4 \\ 1 & 3 & 9 \\ \vdots & \vdots & \vdots \\ 1 & 11 & 121 \end{pmatrix}, \quad H=\begin{pmatrix} 5.6 \\ 8 \\ \cdots \\ 23.2 \end{pmatrix},$$

$$X'X=\begin{pmatrix} 10 & 65 & 505 \\ 65 & 505 & 4\,355 \\ 505 & 4\,355 & 39\,973 \end{pmatrix}, \quad X'H=\begin{pmatrix} 156.8 \\ 1\,188.2 \\ 10\,058 \end{pmatrix},$$

$$(X'X)^{-1}=\begin{pmatrix} 2.801\,5 & -0.915\,9 & 0.064\,4 \\ -0.915\,9 & 0.332\,2 & -0.024\,6 \\ 0.064\,4 & -0.024\,6 & 0.001\,9 \end{pmatrix}.$$

所以

$$\hat{\boldsymbol{\beta}}=(X'X)^{-1}X'H=\begin{pmatrix} \hat{b}_0 \\ \hat{b}_1 \\ \hat{b}_2 \end{pmatrix}=\begin{pmatrix} -1.331\,4 \\ 3.461\,7 \\ -0.108\,7 \end{pmatrix}.$$

故回归方程为 $\hat{h}=-1.331\,4+3.461\,7x-0.108\,7x^2$.

9.4.3　回归模型检验

因变量与自变量之间的线性关系或者多项式关系多是依据散点图观察出来的,有很大的主观因素.因此,为了考察主观假设是否符合客观实际,还要进行假设检验,即检验因变量与自变量之间是否有这种线性联系.与一元线性回归类似,多元线性回归是检验自变量的系数 $b_1,b_2,\cdots,b_p$ 是否全为零.如果 p 个系数不全为零,则认为线性回归显著(这里只要因变量 y 与某些自变量构成线性关系即可,不必与所有的自变量都构成线性关系);否则,认为线性回归不显著.因此,多元线性回归模型的检验假设为

$$H_0: b_1 = 0, b_2 = 0, \cdots, b_p = 0, \quad 即\ H_0: \beta = 0.$$

接受 H_0,即认为线性回归不显著;拒绝 H_0,即认为线性回归显著.下面由观察值构造适当统计量来检验是接受 H_0 还是拒绝 H_0.

与一元回归模型类似,我们可以证明如下定理:

定理 9.6

(1) $E(\hat{\pmb{\beta}}) = \pmb{\beta}, D(\hat{\pmb{\beta}}) = \sigma^2 (\pmb{X}'\pmb{X})^{-1}$;

(2) $\bar{y} = \dfrac{1}{n}\sum_{i=1}^{n} y_i$ 与 $\hat{\pmb{\beta}}$ 独立.

我们同样用残差平方和(或剩余平方和)Q_e 来估计 σ^2.仍然令

$$Q_e = \sum_{i=1}^{n} (y_i - \hat{y}_i)^2 = (\pmb{Y} - \pmb{X}\hat{\pmb{\beta}})'(\pmb{Y} - \pmb{X}\hat{\pmb{\beta}}), \tag{9.53}$$

则 Q_e 的自由度 = 试验次数 − 模型中参数的个数 = $n - p - 1$,$\hat{\sigma}^2 = \dfrac{Q_e}{n-p-1}$ 是 σ^2 的无偏估

计量.令 $\bar{y} = \sum_{i=1}^{n} y_i / n = (1,1,\cdots,1)Y/n$,$S_{yy} = \sum_{i=1}^{n} (y_i - \bar{y})^2 = Y'Y - n\bar{y}^2$ 为总离差平方和,

$U = \sum_{i=1}^{n} (\hat{y}_i - \bar{y})^2 = \hat{\pmb{\beta}}'\pmb{X}'\pmb{X}\hat{\pmb{\beta}} - n\bar{y}^2$ 为回归平方和.仍然有如下分解

$$S_{yy} = Q_e + U. \tag{9.54}$$

注:为了计算方便,有的资料也令 $S_{yy} = \pmb{Y}'\pmb{Y}$,$U = \hat{\pmb{\beta}}'\pmb{X}'\pmb{X}\hat{\pmb{\beta}}$,$Q_e$同上.

对于一次固定的试验(或观察)来说,S_{yy} 是固定的.U 是由 y 与 $x_1, x_2, \cdots, x_p$ 之间线性相关性产生的.Q_e 是除了线性相关性之外其他因素的影响.所以,线性相关性越大,U 越大,Q_e 越小;反之,线性相关性越小,U 越小,Q_e 越大.

如果 u 服从正态分布,即 $u \sim N(0, \sigma^2 \pmb{I}_n)$,则 $\hat{\pmb{\beta}} \sim N(\pmb{\beta}, \sigma^2 (\pmb{X}'\pmb{X})^{-1})$.此时,如果 H_0 成立,

则
$$\frac{U}{\sigma^2} = \frac{(n-p-1)\hat{\sigma}^2}{\sigma^2} \sim \chi^2(p), \quad \frac{Q_e}{\sigma^2} \sim \chi^2(n-p-1),$$

且 U 和 Q_e 独立.因此

$$F = \frac{U/p}{Q_e/(n-p-1)} \sim F(p, n-p-1) \tag{9.55}$$

可作为检验统计量.当 H_0 成立时,F 值应较小,线性回归不显著;反之,则 F 值较大,线性回归显著.故给定显著性水平 α,查表得 $F_\alpha(p, n-p-1)$ 使之满足

$$P\{F > F_\alpha(p, n-p-1)\} = \alpha.$$

H_0 的拒绝域为

$$\{F>F_a(p,n-p-1)\}. \tag{9.56}$$

同样可构造如表 9.21 的方差分析表.

例 9.15 如果例 9.13 的误差服从正态分布,试检验例 9.13 所得线性模型是否显著 ($\alpha=0.05$).

解: 因为

$$\overline{y}=\frac{1}{25}\sum_{i=1}^{25}y_i=\frac{619}{25}=24.76,$$

$$S_{yy}=\sum_{i=1}^{25}(y_i-\overline{y})^2=9.06,$$

$$U=\sum_{i=1}^{25}(\hat{y}_i-\overline{y})^2=7.0807,$$

$$Q_e=S_{yy}-U=1.9793.$$

所以

$$F=\frac{U/p}{Q_e/(n-p-1)}=\frac{7.0807/2}{1.9793/22}=39.3511,$$

查表得 $F_a(p,n-p-1)=F_{0.05}(2,22)=3.44<F$,故线性模型显著.

在例 9.15 中,虽然经过检验知道 y 与 x_1,x_2 之间线性关系显著.但可能 y 只与 x_1 之间线性关系显著,与 x_2 之间线性关系不显著;也可能 y 只与 x_2 之间线性关系显著,与 x_1 之间线性关系不显著;还可能 y 与 x_1,x_2 之间线性关系都显著.一般地,如果 y 与 $x_1,x_2,\cdots,x_p$ 之间线性关系显著,还需检查 y 到底和哪些变量的线性关系显著,和哪些变量的线性关系不显著.应从线性模型中剔除不显著的那些 x_i,重新建立线性回归方程,以便更利于实际应用. y 与 x_i 线性关系显著,当且仅当 $b_i\neq0$.因此,建立检验假设

$$H_{0i}:b_i=0, \quad i=1,2,\cdots,p,$$

用来检验 y 与 x_i 线性关系是否显著.因为 $\hat{\beta}\sim N_{p+1}(\beta,\sigma^2(X'X)^{-1})$,记 c_{ij} 为 $(X'X)^{-1}$ 的第 $i+1$ 行第 $j+1$ 列元素,$i,j=1,2,\cdots,p$.从而

$$F_i=\frac{\hat{b}_i^2/c_{ii}}{Q_e/(n-p-1)}\sim F(1,n-p-1), \tag{9.57}$$

故给定显著水平 α,查表得 $F_a(1,n-p-1)$ 使之满足

$$P\{F_i>F_a(1,n-p-1)\}=\alpha.$$

得 H_{0i} 的拒绝域为

$$\{F_i>F_a(1,n-p-1)\}. \tag{9.58}$$

如果检验结果接受 H_{0i},应将 x_i 从回归方程中剔除.需要注意的是,如果同时有多个变量对 y 的影响都不显著,考虑到变量之间的相互作用,不能同时将不显著的变量都剔除,而是先剔除其中 F_i 值最小的那个变量.剔除该变量后,由最小二乘法重新建立回归方程,然后继续检验剩下的 $p-1$ 个变量对 y 的影响是否显著.如果仍然有不显著的,则利用上述方法继续剔除,直到保留下来的变量对 y 的影响都显著为止.

假设已经得到经验回归方程(9.49)

$$\hat{y}=\hat{b}_0+\hat{b}_1x_1+\hat{b}_2x_2+\cdots+\hat{b}_px_p,$$

且方程通过显著性检验,但某些因子没有通过显著性检验.我们假设应将 x_i 从回归方程中剔除,且剔除后的经验回归方程为

$$\hat{y}=\hat{b}_0^*+\hat{b}_1^* x_1+\cdots+\hat{b}_{i-1}^* x_{i-1}+\hat{b}_{i+1}^* x_{i+1}+\cdots+\hat{b}_p^* x_p,$$

如果直接用最小二乘法或者极大似然法去求,计算量非常大.事实上,我们可以证明

$$\hat{b}_j^*=\hat{b}_j-c_{ij}\hat{b}_i/c_{ii},\quad i\neq j,\tag{9.59}$$

其中 c_{ij} 为 $(X'X)^{-1}$ 的第 $i+1$ 行第 $j+1$ 列元素,$i,j=1,2,\cdots,p$. 于是可以大大减少计算量.

例 9.16　继续例 9.15,检验线性模型中 x_1,x_2 是否都显著($\alpha=0.05$).

解:例 9.15 已经检验线性模型显著.下面检验假设 $H_{0i}:b_i=0,i=1,2$.

$$F_1=\frac{(n-p-1)\hat{b}_1^2}{c_{ii}Q_e}=\frac{22\times 0.221\,8^2}{0.015\,1\times 1.979\,3}=36.212\,4,$$

$$F_2=\frac{(n-p-1)\hat{b}_2^2}{c_{ii}Q_e}=\frac{22\times 0.055\,6^2}{0.001\,2\times 1.979\,3}=28.633\,8.$$

查表得 $F_{0.05}(1,22)=4.30$ 远小于 F_1 和 F_2.所以模型中 x_1,x_2 都显著.

9.4.4　预测

和一元回归分析一样,我们建立回归模型就是为了预测和控制因变量 y.假设我们已经得到多元线性回归方程,且通过了显著性检验.我们想预测自变量 $x_1,x_2,\cdots,x_p$ 取值为 $x_{01},x_{02},\cdots,x_{0p}$ 时的因变量 y 的值 y_0,则有

$$\begin{cases}y_0=b_0+b_1 x_{01}+b_2 x_{02}+\cdots+b_p x_{0p}+\varepsilon_0,\\ \varepsilon_0\sim N(0,\sigma^2)\end{cases}\tag{9.60}$$

其中 ε_0 与 $\varepsilon_1,\varepsilon_2,\cdots,\varepsilon_p$ 独立.一个自然的想法就是用

$$\hat{y}_0=\hat{b}_0+\hat{b}_1 x_{01}+\hat{b}_2 x_{02}+\cdots+\hat{b}_p x_{0p}$$

作为 y_0 的点预测(估计).可以证明 $E(\hat{y}_0-y_0)=0$,所以 $\hat{y}_0$ 是 y_0 的无偏估计量.

下面我们推导 y_0 的区间预测(估计).对于给定的 $x_{01},x_{02},\cdots,x_{0p}$,可以证明

$$y_0-\hat{y}_0\sim N(0,\sigma^2[1+x_0'(X'X)^{-1}x_0]),\tag{9.61}$$

其中 $x_0=(1,x_{01},x_{02},\cdots,x_{0p})'$. 若令 $x_{00}=1$,则 $x_0'(X'X)^{-1}x_0=\sum_{i=0}^{p}\sum_{j=0}^{p}c_{ij}x_{0i}x_{0j}$,$c_{ij}$ 为 $(X'X)^{-1}$ 的第 $i+1$ 行第 $j+1$ 列元素,$i,j=0,1,\cdots,p$. 于是

$$T=\frac{y_0-\hat{y}_0}{\hat{\sigma}\sqrt{1+x_0'(X'X)^{-1}x_0}}\sim t(n-p-1).\tag{9.62}$$

给定置信度 $1-\alpha$,查得 $t_{\frac{\alpha}{2}}(n-p-1)$ 的值,使

$$P\{|T|<t_{\frac{\alpha}{2}}(n-p-1)\}=1-\alpha,$$

仍令 $\delta=t_{\frac{\alpha}{2}}(n-p-1)\hat{\sigma}\sqrt{1+x_0'(X'X)^{-1}x_0}$,可得 y_0 的置信度为 $1-\alpha$ 的预测(置信)区间为

$$[y_0-\delta,y_0+\delta].\tag{9.63}$$

多元线性回归的控制问题相当复杂,已经超出本书讨论范围.有兴趣的读者可参阅多元统计分析相关书籍.

例 9.17　在例 9.13 中,计算含碳量为 21 和含锰量为 60 时的屈服点,并求其置信度为 0.95 的预测区间.

解:本例即求当 $x_{01}=21,x_{02}=60$ 时,相应的 y_0 的点预测和区间预测.

$$\hat{y}_0 = 18.107\ 9 + 0.221\ 8 \times 21 + 0.055\ 6 \times 60 = 26.101\ 7,$$

$$\hat{\sigma} = 0.299\ 9,\ \sqrt{1 + x_0'\ (X'X)^{-1} x_0} = 1.303\ 6,$$

查表得 $t_{0.025}(22) = 2.074$，于是 $\delta = 0.810\ 8$．则 y_0 的点预测为 26.101 7，置信度为 0.95 的预测区间 $[25.290\ 9, 26.912\ 5]$．

9.4.5 最优回归模型

在某些实际问题中，比如气象预报、地震预报、水文预报、虫害预报，影响因变量 y 的因子非常多，而且很多因子是不可控制的．在处理这类问题时，人们往往选取几个认为是重要的因子作为自变量，建立回归模型，求得回归方程，并依此进行预测或控制．问题是判断在这么多因子当中哪些是重要的，哪些是不重要的，即哪些自变量对因变量的影响是显著的．如果一个回归模型中包含所有对因变量影响显著的自变量，且不包含影响不显著的自变量，则称这个模型是"最优"回归模型．

一般来说剩余平方和 Q_e 越小，预测或控制越精确．如果模型中不包含某个影响显著的自变量，该模型是不合适的，因为此时的回归平方和 U 太小，而剩余平方和 Q_e 太大，所以模型中应该包含所有影响显著的自变量．那么，是不是模型中的自变量越多越好？事实上，自变量太多，特别是有不显著的自变量，也有不利的一面．首先，自变量太多使得问题规模增大，计算量和存储量大幅增加，模型使用起来很不方便．例如，明天的天气预报后天才能计算出结果显然是不合适的．其次，自变量变多不见得模型就更精确．虽然自变量越多，Q_e 越小，但由于加入的是不显著的自变量，Q_e 的减少并不明显，但其自由度 $n - k - 1$ 则随着模型中变量的个数 k 的增加而减少．于是剩余方差 $\hat{\sigma}^2 = Q_e/(n - k - 1)$ 反而由于自变量的增加而减少，使得预测精度降低．

综上所述，"最优"回归模型的确定就显得尤为重要．下面我们给出 4 种确定"最优"回归模型的方法．这些方法都是基于剩余平方和 Q_e 和显著性检验，由于本书是概率论与数理统计教材，并不是专门的回归分析教材，因此只介绍这些方法的主要思想．

1. 穷举法

穷举法考虑所有可能的因子组合，对每一个组合都建立回归模型，求出回归方程并做显著性检验和每个回归因子的显著性检验．在通过显著性检验的模型中选择一个剩余平方和 Q_e 或者剩余方差 $\hat{\sigma}^2$ 最小的模型．该方法的优点是显而易见的，它不会漏掉任何一种可能性，找到的一定是"最优"方案．其缺点是工作量实在是太大，实际上往往行不通．例如，回归问题有 6 个因子，要建立 $2^6 - 1 = 63$ 个模型，并对这些模型求解、检验；回归问题有 10 个因子要建立 1 023 个模型；回归问题有 20 个因子要建立 1 048 575 个模型．随着因子数目的增加，改方法的计算规模呈几何级数增加．

2. 向后回归法

其实每个回归因子的显著性检验方法已经给我们一个确定"最优"回归模型的方法．其思路为：先将所有可能对因变量产生影响的自变量都纳入模型，然后求解并检验，逐个剔除最不显著的变量（F 值最小的变量），直到模型中的变量都不能被剔除，或者模型中没有任何变量为止．其步骤如下：

(1) 将所有可能对因变量产生影响的自变量都纳入模型．

(2) 求解并检验．

(3) 如果有不显著的变量，从模型中剔除 F 值最小的；否则当前模型为最优模型，结束．

(4) 如果模型中没有任何变量，求解失败，结束；否则转 (2)．

　　该方法的缺点是一旦某个变量被剔除,该变量永远都不会再进入模型.事实上,在剔除其他变量后,该变量有可能变得显著.因此,该方法得到的可能不是全局最优方案.另外,当不显著因子较多时,该方法的计算量仍然是相当大的.

3. 向前回归法

　　向前回归法的思路与向后回归刚好相反:从不包含任何自变量的模型开始,逐个地向模型中加入最显著的变量(F 值最大的变量),直到模型外的变量都不能被加入,或者所有变量都已加入模型为止.其步骤如下:

　　(1)记模型为空模型.

　　(2)对模型外的变量一一引入模型,求解并检验.

　　(3)如果新引入的变量有通过检验的,将 F 值最大的变量引入模型;否则当前模型为最优模型,结束.

　　(4)如果模型外没有任何变量,前模型为最优模型,结束;否则转(2).

　　该方法的缺点是一旦某个变量被引入,该变量永远都会呆在模型中.事实上,在之后引入其他变量后,该变量有可能变得不显著.出现这种情况是因为回归变量之间可能存在着相关性的缘故.因此,该方法得到的可能不是全局最优方案.

　　另外,上面所介绍的向前回归法和向后回归法都是单方向的,但事实上变量的作用可能复杂得多.例如,某些变量单个考虑时对因变量的作用都很小,但它们联合起来,对因变量的共同作用却很大.比如在某些化学反应中,单独增加温度、增加压力或者加入催化剂都不能明显地增加反应速率,但当三者一起时,反应速率则增加很多.下面的逐步回归法可以在线性回归的框架下稍微克服这一问题——至少可以克服向前回归法和向后回归法的缺点.但对这一问题更深入的讨论需要很大篇幅,有兴趣的读者可参阅多元统计分析的相关书籍.

4. 逐步回归法

　　逐步回归法是对向前回归和向后回归的修正,它综合了这两种方法的优点.为了克服在向前回归中加入到模型中的变量即使不再显著也不可能被剔除这一缺点,我们在模型引入新变量之后,对所有变量进行显著性检验,将不显著的变量按照向后回归法中的原则剔除,因此,逐步回归法是一种反复应用向前回归法和向后回归法的方法.这种"加入—剔除"的步骤,直到模型中的所有变量都不能剔除,而且模型外的所有变量都不能加入为止,最终的模型就是被选定的"最优"模型.逐步回归法的步骤可以综合向前回归法和向后回归法的步骤得到,读者可以自行写出,并可上机试验.

　　例 9.18　在有氧训练中,人的耗氧能力记为 y[单位:mL/(min·kg)],是衡量人的身体状况的重要指标,它可能与下列的变量有关:x_1 表示年龄;x_2 表示体重;x_3 表示 1.5 英里跑所用时间;x_4 表示静止时心率;x_5 表示跑步时心率;x_6 表示跑步时最大心率.北卡罗来纳州立大学的健身中心作了一次试验,对 31 个自愿参加者进行了测试,得到数据如表 9.29 所示.

表 9.29　试验数据

ID	x_1	x_2	x_3	x_4	x_5	x_6	y
1	44	89.47	11.37	62	178	182	44.609
2	40	75.07	10.07	62	185	185	45.313

ID	x_1	x_2	x_3	x_4	x_5	x_6	y
3	44	85.84	8.65	45	156	168	54.297
4	42	68.15	8.17	40	166	172	59.571
5	38	89.02	8.22	55	178	180	49.874
6	47	77.45	11.63	58	176	176	44.811
7	40	75.98	11.95	70	176	180	45.681
8	43	81.19	10.85	64	162	170	49.091
9	44	81.42	13.08	63	174	176	39.442
10	38	81.87	8.63	48	170	186	60.055
11	44	73.03	10.13	45	168	168	50.541
12	45	87.66	14.03	56	186	192	37.388
13	45	66.45	11.12	51	176	176	44.754
14	47	78.15	10.60	47	162	164	47.273
15	54	83.12	10.33	50	166	170	51.855
16	49	81.42	8.95	44	180	186	78.156
17	51	69.63	10.95	57	168	172	40.836
18	51	77.91	10.00	48	162	168	46.672
19	48	91.63	10.25	48	162	164	46.774
20	49	73.37	10.08	67	168	168	50.388
21	57	73.37	12.63	58	174	176	39.407
22	54	79.38	11.07	62	156	165	46.080
23	52	76.32	9.63	48	164	166	45.441
24	50	70.87	8.92	48	146	155	54.625
25	51	67.25	11.08	48	172	172	45.118
26	54	91.63	12.88	44	168	172	45.118
27	51	73.71	10.47	59	186	188	45.790
28	57	59.08	9.93	49	148	155	50.545
29	49	76.32	9.40	56	186	188	48.673
30	48	61.24	11.50	52	170	176	47.920
31	52	82.78	10.50	53	170	172	47.467

我们考察耗氧能力与这些自变量之间的关系.

解: 建立线性模型

$$\begin{cases} y=b_0+b_1x_1+b_2x_2+\cdots+b_6x_6+\varepsilon, \\ \varepsilon\sim N(0,\sigma^2) \end{cases}$$

可以算出:$Q_e=722.543\,21,S_{yy}=851.381\,54,U=128.837\,94,F=22.433$.

如果取 $\alpha=0.10,F_{0.10}(6,24)=2.04,F>F_{0.10}(6,24)$ 说明线性模型是有效的.

其逐步回归过程和结果如下:

第一步:首先对全模型计算模型的有效性的 F 统计量,为 $F=22.433$;模型有效,每个变量检验的 F 统计量如表 9.30 所示.

表 9.30　第一步每个变量检验的 F 统计量

变量	x_1	x_2	x_3	x_4	x_5	x_6
F	5.17	1.85	46.42	0.11	9.51	4.93

$F_{0.10}(1,24)=2.93$,由此可得到 x_4,x_2 应剔除. 由于 x_4 的 F 值最小,首先剔除 x_4;重新建立模型.

第二步:对剔除 x_4 后的新模型计算模型有效性的 F 统计量,为 $F=27.90$;$F>F_{0.10}(5,25)=2.09$,模型有效,每个变量检验的 F 统计量如表 9.31 所示.

表 9.31　第二步每个变量检验的 F 统计量

变量	x_1	x_2	x_3	x_5	x_6
F	5.29	1.84	61.89	10.16	5.18

$F_{0.10}(1,25)=2.92$,而 x_2 的检验统计量 $F<F_{0.10}(1,25)$,由此可得到 x_2 应剔除.

第三步:对剔除 x_4,x_2 后的新模型计算模型有效性的 F 统计量,为 $F=33.33$;$F>F_{0.10}(4,26)=2.17$,模型有效,每个变量检验的 F 统计量如表 9.32 所示.

表 9.32　第三步每个变量检验的 F 统计量

变量	x_1	x_3	x_5	x_6
F	4.27	66.05	8.78	4.10

$F_{0.10}(1,26)=2.91$,所有变量的检验统计量都大于 $F_{0.10}(1,26)$,由此可得到没有变量可剔除,这样就得到了最终的模型:

$$\begin{cases} y=b_0+b_1x_1+b_3x_3+b_5x_5+b_6x_6+\varepsilon \\ \varepsilon\sim N(0,\sigma^2) \end{cases}.$$

习　题

1. 思考题:

(1)简述方差分析的研究范围和前提条件.

(2)简述方差分析中 S_T,S_A,S_B,S_{AB},S_E 各自的定义及它们之间的关系,并逐个指出自由度.

(3)如何计算 F 统计量及它的自由度? 它服从何种分布?

2. 养鸡场要检验 4 种饲料配方对小鸡增重的影响,用每种饲料分别喂养了 6 只同一品种同时孵化出的小鸡,共饲养 8 周,每只鸡增重(单位:g)数据如下:

配方	小鸡					
	鸡 1	鸡 2	鸡 3	鸡 4	鸡 5	鸡 6
配方 1	370	420	450	490	500	450
配方 2	490	380	400	390	500	410
配方 3	330	340	400	380	470	360
配方 4	410	480	400	420	380	410

问:这 4 种不同配方的饲料对小鸡增重的影响是否相同?

3. 今有某种型号的电池 3 批,它们分别是一厂、二厂、三厂生产的. 为评比其质量,各随机抽取 5 只电池样品,经试验测得其寿命(单位:h)如下:

生产厂	电池				
	电池 1	电池 2	电池 3	电池 4	电池 5
一厂	40	48	38	42	45
二厂	26	34	30	28	32
三厂	39	40	43	50	50

试在显著性水平 5% 的条件下,检验电池的平均寿命有无显著的差异.

4. 一个年级有 3 个班,他们进行了一次数学考试. 现从各个班级随机抽取了一些学生,成绩如下:

1 班	73	89	82	43	80	73	66	60	45	93	36	77		
2 班	88	78	48	91	51	85	74	56	77	31	78	62	76	96	80
3 班	68	79	56	91	71	71	87	41	59	68	53	79	15	

若各班学生成绩服从正态分布,且方差相等,试在显著性水平 5% 的条件下检验各班级的平均分数有无显著差异.

5. 设有 3 个车间以不同的工艺生产同一种产品,为考察不同工艺对产品产量的影响,现对每个车间各记录 5 天的日产量,如下所示:

一车间	44	45	47	48	46
二车间	50	51	53	55	51
三车间	47	44	44	50	45

问:这 3 个车间的日产量是否相同?

6. 设有 3 种钢筋加工机的下料长度抽样如下所示:

加工机 1	40	47	42	38	46
加工机 2	39	40	50	45	50
加工机 3	39	37	32	33	35

问：这 3 种钢筋加工机的下料长度是否相同？

7. 测定 4 种种植密度下"金皇后"玉米的千粒质量（单位：g）各 4 次，得结果如下：

种植密度/（千株/亩）	千粒质量/g			
2	258	247	256	251
4	244	238	246	236
6	227	214	221	218
8	204	210	200	210

试对 4 种种植密度下的千粒重作相互比较，并作出差异显著性结论．

8. 为探索丹参对肢体缺血再灌注损伤的影响，将 30 只纯种新西兰实验用大白兔，按窝别相同、体重相近划分为 10 个区组．每个区组 3 只大白兔随机采用 A，B，C 这 3 种处理方案，即在松止血带前分别给予丹参 2 mL/kg、丹参 1 mL/kg、生理盐水 2 mL/kg，在松止血带前及松后 1 h 分别测定血中白蛋白含量（g/L），算出白蛋白减少量如下：

A 方案	2.21	2.32	3.15	1.86	2.56	1.98	2.37	2.88	3.05	3.42
B 方案	2.91	2.64	3.67	3.29	2.45	2.74	3.15	3.44	2.61	2.86
C 方案	4.25	4.56	4.33	3.89	3.78	4.62	4.71	3.56	3.77	4.23

问：A，B，C 这 3 种处理方案的处理效果是否不同？

9. 在某材料的配方中可添加两种元素 A 和 B，为考察这两种元素对材料强度的影响，分别取元素 A 的 5 个水平和元素 B 的 4 个水平进行试验，取得数据如下：

元素 A	元素 B			
	B_1	B_2	B_3	B_4
A_1	323	332	308	290
A_2	341	336	345	260
A_3	345	365	333	288
A_4	361	345	358	285
A_5	355	364	322	294

试在显著性水平 5% 的条件下，检验这两种元素对材料强度的影响是否显著．

10. 由 5 名操作者轮流操作 3 台机器，分别各抽取 1 h 统计其产量如下：

机器	操作者				
	操作者 1	操作者 2	操作者 3	操作者 4	操作者 5
机器 1	53	47	46	50	49
机器 2	61	55	52	58	54
机器 3	51	51	49	54	50

试在显著性水平 5% 的条件下,检验产量是否依赖于机器类型和操作者.

11. 施用农药治虫后,抽查 3 块稻田排出的水,各取 3 个水样,每水样分析使用农药后的残留量 2 次,得不同稻田不同水样农药残留量结果如下:

水样	稻田		
	稻田 1	稻田 2	稻田 3
水样 1	1.3 1.1	1.3 1.4	1.8 2.0
水样 2	1.1 1.2	1.2 1.0	2.1 2.0
水样 3	1.3 1.5	1.4 1.2	2.2 1.9

试测验:不同稻田不同水样的农药残留量有无差别?

12. 为研究某降血糖药物对糖尿病及正常大鼠心肌磺脲类药物受体 SUR 的 mRNA 的影响,某研究者进行了如下实验:将 24 只大鼠随机等分成 4 组,两组正常大鼠,另两组制成糖尿病模型,糖尿病模型的两组分别进行给药物和不给药物处理,剩余两组正常大鼠也分别进行给药物和不给药物处理,测得各组 mRNA 吸光度的值(%)结果如下:

是否给药物	大鼠分类	
	正常大鼠	糖尿病大鼠
给药物	30 28 34 37 40 33	31 38 42 20 29 33
不给药物	51 34 38 29 24 29	52 45 46 40 50 60

试分析该药物是否有效.

13. 研究者拟研究煤焦油(因素 A)以及作用时间(因素 B)对细胞毒性的作用,煤焦油的含量分别为 $3\,\mu g/mL$ 和 $75\,\mu g/mL$ 两个水平,作用时间分别为 6 h 和 8 h. 将统一制备的 16 盒已培养好的细胞随机分为 4 组,分别接受 A、B 不同组合情况下的 4 种不同处理,测得处理液吸光度的值,结果如下:

时间	煤焦油含量/$(\mu g/mL)$	
	3	75
6 h	0.163 0.199 0.184 0.198	0.124 0.151 0.127 0.101
8 h	0.127 0.168 0.152 0.150	0.101 0.192 0.079 0.086

试分析这两个因素对细胞毒性的作用是否显著.

14. 为探讨甲、乙两药是否有降低胆固醇的作用及两药在降血脂时是否存在交互作用,现对 12 名高胆固醇血症患者采用以下方案治疗,胆固醇降低值(mg %)如下:

是否使用乙药	是否使用甲药	
	用甲药	不用甲药
用乙药	64 78 80	28 31 23
不用乙药	56 44 42	16 25 18

试分析这两种药的作用是否显著.

15. 为探讨白血病患儿在不同缓解程度、不同化疗期淋巴细胞转化率是否相同以及两者间有无交互作用,对 32 名白血病患儿不同处理方式下采取数据如下:

时期	缓解程度	
	完全缓解	未缓解
化疗期	46 51 41 32 45 52 41 34	39 28 26 33 31 35 37 50
化疗间期	56 36 46 47 63 56 54 39	53 58 66 51 57 64 45 45

16. 将 20 只家兔随机等分 4 组进行损伤后的缝合实验,数据如下:

时间	缝合方式	
	外膜缝合	束膜缝合
1 个月	10 10 40 50 10	10 20 30 50 30
2 个月	30 30 70 60 30	50 50 70 60 30

试比较不同缝合方法及缝合后时间对轴突通过率的影响.

17. 为观察 A、B 两种镇痛药物联合运用在产妇分娩时的镇痛效果,现将 27 名产妇随机等分为 9 组,各组注射药物 A 和 B 若干计量,并记录每名产妇分娩时的镇痛时间如下:

药物 A 用量/mg	药物 B 用量		
	5μg	15μg	30μg
1.0	105 80 65	115 105 100	75 95 85
2.5	115 80 85	125 130 90	135 120 150
5.0	85 120 125	65 120 100	180 190 160

试分析 A、B 两药物的镇痛效果.

18. 为研究广告效果,某公司选取 4 种广告方式:当地报纸、当地广播、店内销售员和店内展示,分布在 6 个地区的 144 个销售点(每个地区 24 个销售点). 每种广告每个地区随机抽取 6 个销售点并记录销售额(单位:千元)如下:

广告方式	地区					
	地区 1	地区 2	地区 3	地区 4	地区 5	地区 6
当地报纸	75 57 76 68 75 83	77 75 72 66 66 76	76 81 63 70 86 62	94 54 70 88 56 86	87 65 65 84 77 78	79 62 75 80 62 70
当地广播	69 51 100 54 78 79	90 77 60 83 74 69	33 79 73 68 75 65	100 61 68 70 53 73	68 63 83 79 66 65	76 73 74 81 57 65
店内销售员	63 67 85 58 82 78	80 87 62 87 70 77	70 75 40 68 61 55	64 40 67 76 70 77	51 61 75 42 71 65	64 50 62 78 37 83
店内展示	52 61 61 41 44 86	76 57 52 75 75 63	33 69 60 52 61 43	61 66 41 69 43 51	65 58 50 60 52 55	44 45 58 52 45 60

试分析：

（1）4 种广告方式下销售量数据是否服从正态分布？方差是否相等？检验销售量是否有显著差异.如果有差异请指出哪种广告效果好,哪种广告效果差.

（2）试用双因素方差分析方法分析销售数据,并指出广告方式和地区对销售是否影响显著,以及广告方式和销售地区是否有交互效应.

19. 随机抽取某公司不同学历、不同性别的员工,调查其工资收入如下：

学历	性别		工资			
	男	女	3 000 元以下	3 000~5 000 元	5 000~10 000 元	10 000 元以上
研究生	8	6	1	6	4	3
大学	18	24	5	18	15	4
高中	12	10	4	7	9	2
初中	5	2	1	2	3	1
小学	2	3	1	2	1	1

以 95% 的置信水平推断或检验：

（1）全体职工平均工资是多少？

（2）全体职工高中以上学历的比重是多少？

（3）全体职工工资为 3 000 以上的比重是多少？

（4）高中与初中学历的职工平均工资有无显著性差异？

（5）不同学历的职工平均工资有无显著性差异？

（6）不同性别的职工平均工资有无显著性差异？

（7）学历和性别有无关系？

20. 某种商品的年需求量（单位：0.5 kg/家庭）与该商品的价格（单位：元）之间的一组调查数据如下：

价格	1	2	2	2.3	2.5	2.6	2.8	3	3.3	3.5
需求量	5	3.5	3	2.7	2.4	2.5	2	1.5	1.2	1.2

试求需求量对价格的回归直线方程.

21. 试求下列各表中 y 对 x 的回归直线方程,并检验回归方程是否显著,并求给定点 x_0 的点估计和置信度为 95 的区间估计.

（1）$x_0 = 9$.

x	2	3	4	5	6	8	10	12	14	16
y	15	20	25	30	35	45	60	80	80	110

（2）$x_0 = 245$.

x	82	93	105	130	144	150	160	180	200	270	300	400
y	75	85	92	105	120	120	130	145	156	200	200	240

(3)$x_0 = 15.1$.

x	17.1	10.5	13.8	15.7	11.9	10.4	15.0	16.0	17.8
y	16.7	10.4	13.5	15.7	11.6	10.2	14.5	15.8	17.6
x	15.8	15.1	12.1	18.4	17.1	16.7	16.5	15.1	15.1
y	15.2	14.8	11.9	18.3	16.7	16.6	15.9	15.1	14.5

(4)$x_0 = 1.5$.

x	1.4	1.2	1.0	1.9	1.3	2.4	1.4	1.6	2.0	1.0	1.6	1.8	1.4
y	4.2	5.3	7.1	3.7	6.2	3.5	4.8	5.5	4.1	5.0	4.0	3.4	6.9

22. 钢线的电阻与其含碳量有关,今用不同含碳量的钢做成同样大小的钢线,测其电阻率数据如下:

含碳量 $x/\%$	0.10	0.30	0.40	0.55	0.70	0.80	0.95
电阻率 $y/\mu\Omega$	15	18	19	21	22.6	23.8	26

(1)画出散点图;

(2)求线性回归方程;

(3)求 ε 的方差 σ^2 的无偏估计;

(4)检验回归效果是否显著;

(5)求 b 的置信水平为 95% 的置信区间.

23. 某种果树叶面积的前期数据如下,试确定叶面积与时间的回归方程.

天数 x	0	5	10	15	20	25	30
叶面积 y	5.7	43.7	76.7	102.3	183.4	225.1	344.2

24. 某种甘薯薯块在生长过程中的鲜重和呼吸强度的关系数据如下,试确定呼吸强度与鲜重的回归方程.

鲜重 x	10	38	80	125	200	310	445	480
呼吸强度 y	92	32	21	12	10	7	7	6

25. 一矿脉有 13 个样本点,在地面设定原点后,测得样本点与原点的距离 x 与该样本点处某种金属含量 y 的一组数据如下:

x	2	3	4	5	7	8	10	11	14	15	15	18	19
y	106.42	109.2	109.58	109.5	110	109.93	110.49	110.59	110.6	110.9	110.76	111	111.2

试建立合适的回归模型.

26. 某销售公司将库存占用资金情况 x_1(万元)、广告投入费用 x_2(万元)、员工薪酬 x_3(万元)以及销售额 y(万元)这 4 个方面做了数据汇总,试图根据这些数据找到销售额与其他 3 个变量之间的关系,以便进行销售额预测并为公司决策提供参考依据. 试根据下表建立销售额的回归模型并对模型进行检验;如果未来某月库存金额为 150 万元,广告投入预算为 45 万元,员工薪酬总额为 27 万元,请根据建立的回归模型预测该月的销售额.

月份	x_1	x_2	x_3	y	月份	x_1	x_2	x_3	y
1	75.2	30.6	21.1	1 090.4	10	151	27.7	24.7	1 554.6
2	77.6	31.3	21.4	1 133	11	90.8	45.5	23.2	1 199
3	80.7	33.9	22.9	1 242.1	12	102.3	42.6	24.3	1 483.1
4	76	29.6	21.4	1 003.2	13	115.6	40	23.1	1 407.1
5	79.5	32.5	21.5	1 283.2	14	125	45.8	29.1	1 551.3
6	81.8	27.9	21.7	1 012.2	15	137.8	51.7	24.6	1 601.2
7	98.3	24.8	21.5	1 098.8	16	175.6	67.2	27.5	2 311.7
8	67.7	23.6	21	826.3	17	155.2	65	26.5	2 126.7
9	74	33.9	22.4	1 003.3	18	174.3	65.4	26.8	2 256

27. 某发电站机组发电耗水率 y(m^3/万 kW)的主要影响因素为水库位 x_1(m)和出库流量 x_2(m^3). 试根据下表建立机组发电耗水率的回归模型并检验回归模型.

编号	x_1	x_2	y	编号	x_1	x_2	y
1	65.08	15 607	60.46	9	65.40	15 519	58.73
2	65.10	15 565	60.28	10	65.43	15 510	58.63
3	65.12	15 540	60.10	11	65.47	15 489	58.48
4	65.17	15 507	59.78	12	65.53	15 437	58.31
5	65.21	15 432	59.44	13	65.62	16 355	57.96
6	65.37	15 619	59.25	14	65.58	14 708	57.06
7	65.38	15 536	58.91	15	65.70	14 393	56.43
8	65.39	15 514	58.76	16	65.84	14 296	55.83

28. 下表列出了某地区 1980 年到 2002 年家庭人均鸡肉年消费量 y(kg)与家庭月平均收入 x_1(元)、鸡肉价格 x_2(元/kg)、猪肉价格 x_3(元/kg)和牛肉价格 x_4(元/kg)的相关数据. 试根据下表建立家庭人均鸡肉年消费量的如下模型

$$\ln y = b_0 + b_1 \ln x_1 + b_3 \ln x_3 + b_5 \ln x_4 + \varepsilon,$$

并分析家庭人均鸡肉年消费量是否受猪肉价格和牛肉价格的影响,利用向后回归法确定最优模型.

y	x_1	x_2	x_3	x_4	y	x_1	x_2	x_3	x_4
2.78	397	4.22	5.07	7.83	4.18	911	3.97	7.91	11.40
2.99	413	3.81	5.20	7.92	4.04	931	5.21	9.54	12.41
2.98	439	4.03	5.40	7.92	4.07	1 021	4.89	9.42	12.76
3.08	459	3.95	5.53	7.92	4.01	1 165	5.83	12.35	14.29

续表

y	x_1	x_2	x_3	x_4	y	x_1	x_2	x_3	x_4
3.12	492	3.73	5.47	7.74	4.27	1 349	5.79	12.99	14.36
3.33	528	3.81	6.37	8.02	4.41	1 449	5.67	11.76	13.92
3.56	560	3.93	6.98	8.04	4.67	1 575	6.37	13.09	16.55
3.64	624	3.78	6.59	8.39	5.06	1 759	6.16	12.98	20.33
3.67	666	3.84	6.45	8.55	5.01	1 994	5.89	12.80	21.96
3.84	717	4.01	7.00	9.37	5.17	2 258	6.64	14.10	22.16
4.04	768	3.86	7.32	10.61	5.29	2 478	7.04	16.82	23.26
4.03	843	3.98	6.78	10.48					

29. 在某实验中,效率 y 与比能量 x 有关,请根据下表数据利用一元多项式回归模型确定 y 与 x 的函数关系.

x	0	0.110 3	0.220 7	0.441 4	0.662 1	0.882 8	1.103 5	1.324 1	1.544 8
y	0	14.261 4	27.671 7	48.279 9	62.192 6	71.062 5	74.165 2	75.086 2	73.675 9

30. 对某地区土壤中所含植物可给态磷的情况进行试验,得到下表数据. 其中 x_1 为土壤中所含无机磷浓度,x_2 为土壤中溶于 K_2CO_3 溶液并被溴化物水解的有机磷,x_3 为土壤中溶于 K_2CO_3 溶液但不溶于溴化物的有机磷,y 为栽在 $20℃$ 土壤中的玉米内的可给态磷. 请利用逐步回归法建立回归模型.

编号	x_1	x_2	x_3	y	编号	x_1	x_2	x_3	y
1	0.4	53	158	64	10	12.6	58	112	51
2	0.4	23	163	60	11	10.9	37	111	76
3	3.1	19	37	71	12	23.1	46	114	96
4	0.6	34	157	61	13	23.1	50	134	77
5	4.7	24	59	54	14	21.6	44	73	93
6	1.7	65	123	77	15	23.1	56	168	95
7	9.4	44	46	81	16	1.9	36	143	54
8	10.1	31	117	93	17	26.8	58	202	168
9	11.6	29	173	93	18	29.9	51	124	99

附录

附录 A 标准正态分布表

$$\Phi(z) = \int_{-\infty}^{z} \frac{1}{\sqrt{2\pi}} \mathrm{e}^{-\frac{x^2}{2}} \mathrm{d}x = P\{Z \leqslant z\}$$

z	0	1	2	3	4	5	6	7	8	9
0.0	0.500 0	0.504 0	0.508 0	0.512 0	0.516 0	0.519 9	0.523 9	0.527 9	0.531 9	0.535 9
0.1	0.539 8	0.543 8	0.547 8	0.551 7	0.555 7	0.559 6	0.563 6	0.567 5	0.571 4	0.575 3
0.2	0.579 3	0.583 2	0.587 1	0.591 0	0.594 8	0.598 7	0.602 6	0.606 4	0.610 3	0.614 1
0.3	0.617 9	0.621 7	0.625 5	0.629 3	0.633 1	0.636 8	0.640 4	0.644 3	0.648 0	0.651 7
0.4	0.655 4	0.659 1	0.662 8	0.666 4	0.670 0	0.673 6	0.677 2	0.680 8	0.684 4	0.687 9
0.5	0.691 5	0.695 0	0.698 5	0.701 9	0.705 4	0.708 8	0.712 3	0.715 7	0.719 0	0.722 4
0.6	0.725 7	0.729 1	0.732 4	0.735 7	0.738 9	0.742 2	0.745 4	0.748 6	0.751 7	0.754 9
0.7	0.758 0	0.761 1	0.764 2	0.767 3	0.770 3	0.773 4	0.776 4	0.779 4	0.782 3	0.785 2
0.8	0.788 1	0.791 0	0.793 9	0.796 7	0.799 5	0.802 3	0.805 1	0.807 8	0.810 6	0.813 3
0.9	0.815 9	0.818 6	0.821 2	0.823 8	0.826 4	0.828 9	0.831 5	0.834 0	0.836 5	0.838 9
1.0	0.841 3	0.843 8	0.846 1	0.848 5	0.850 8	0.853 1	0.855 4	0.587 7	0.859 9	0.862 1
1.1	0.864 3	0.866 5	0.868 6	0.870 8	0.872 9	0.874 9	0.877 0	0.879 0	0.881 0	0.883 0
1.2	0.884 9	0.886 9	0.888 8	0.890 7	0.892 5	0.894 4	0.896 2	0.898 0	0.899 7	0.901 5
1.3	0.903 2	0.904 9	0.906 6	0.908 2	0.909 9	0.911 5	0.913 1	0.914 7	0.916 2	0.917 7
1.4	0.919 2	0.920 7	0.922 2	0.923 6	.092 5 1	0.926 5	0.927 8	0.929 2	0.930 6	0.931 9
1.5	0.933 2	0.934 5	0.935 7	0.937 0	0.938 2	0.939 4	0.940 6	0.941 8	0.943 0	0.944 1
1.6	0.945 2	0.946 3	0.947 4	0.948 4	0.949 5	0.950 5	0.951 5	0.952 5	0.953 5	0.954 5
1.7	0.955 4	0.956 4	0.957 3	0.958 2	0.959 1	0.959 9	0.960 8	0.961 6	0.962 5	0.963 3
1.8	0.964 1	0.964 8	0.965 6	0.966 4	0.967 1	0.967 8	0.968 6	0.969 3	0.970 0	0.970 6
1.9	0.971 3	0.971 9	0.972 6	0.973 2	0.973 8	0.974 4	0.975 0	0.975 6	0.976 2	0.976 7
2.0	0.977 2	0.977 8	0.978 3	0.978 8	0.979 3	0.979 8	0.980 3	0.980 8	0.981 2	0.981 7
2.1	0.982 1	0.982 6	0.983 0	0.983 4	0.983 8	0.984 2	0.984 6	0.985 0	0.985 4	0.985 7
2.2	0.986 1	0.986 4	0.986 8	0.987 1	0.987 4	0.987 8	0.988 1	0.988 4	0.988 7	0.989 0
2.3	0.989 3	0.989 6	0.989 8	0.990 1	0.990 4	0.990 6	0.990 9	0.991 1	0.991 3	0.991 6
2.4	0.991 8	0.992 0	0.992 2	0.992 5	0.992 7	0.992 9	0.993 1	0.993 2	0.993 4	0.993 6
2.5	0.993 8	0.994 0	0.994 1	0.994 3	0.994 5	0.994 6	0.994 8	0.994 9	0.995 1	0.995 2
2.6	0.995 3	0.995 5	0.995 6	0.995 7	0.995 9	0.996 0	0.996 1	0.996 2	0.996 3	0.996 4
2.7	0.996 5	0.996 6	0.996 7	0.996 8	0.996 9	0.997 0	0.997 1	0.997 2	0.997 3	0.997 4
2.8	0.997 4	0.997 5	0.997 6	0.997 7	0.997 7	0.997 8	0.997 9	0.997 9	0.998 0	0.998 1
2.9	0.998 1	0.998 2	0.998 2	0.998 3	0.998 4	0.998 4	0.998 5	0.998 5	0.998 6	0.998 6
3.0	0.998 7	0.999 0	0.999 3	0.999 5	0.999 7	0.999 8	0.999 8	0.999 8	0.999 9	1.000 0

注:表中末行系函数值 $\Phi(3.0)$,$\Phi(3.1)$,$\cdots$,$\Phi(3.9)$.

附录 B 泊松分布表

$$1 - F(x-1) = \sum_{r=x}^{\infty} \frac{e^{-\lambda}\lambda^{r}}{r!}$$

x	$\lambda=0.2$	$\lambda=0.3$	$\lambda=0.4$	$\lambda=0.5$	$\lambda=0.6$
0	1.000 000 0	1.000 000 0	1.000 000 0	1.000 000 0	1.000 000 0
1	0.181 269 2	0.259 181 8	0.329 680 0	0.323 469	0.451 188
2	0.017 523 1	0.036 936 3	0.061 551 9	0.090 204	0.121 901
3	0.001 148 5	0.003 599 5	0.007 926 3	0.014 388	0.023 115
4	0.000 056 8	0.000 265 8	0.000 776 3	0.001 752	0.003 358
5	0.000 002 3	0.000 015 8	0.000 612	0.000 172	0.000 394
6	0.000 000 1	0.000 000 8	0.000 004 0	0.000 014	0.000 039
7			0.000 000 2	0.000 000 1	0.000 000 3

x	$\lambda=0.7$	$\lambda=0.8$	$\lambda=0.9$	$\lambda=1.0$	$\lambda=1.2$
0	1.000 000 0	1.000 000 0	1.000 000 0	1.000 000 0	1.000 000 0
1	0.503 415	0.550 671	0.593 430	0.632 121	0.698 806
2	0.155 805	0.191 208	0.227 518	0.264 241	0.337 373
3	0.034 142	0.047 423	0.062 857	0.080 301	0.120 513
4	0.005 753	0.009 080	0.013 459	0.018 988	0.033 769
5	0.000 786	0.001 411	0.002 344	0.003 660	0.007 746
6	0.000 090	0.000 184	0.000 343	0.000 594	0.001 500
7	0.000 009	0.000 021	0.000 043	0.000 083	0.000 251
8	0.000 001	0.000 002	0.000 005	0.000 010	0.000 037
9					0.000 005
10				0.000 001	0.000 001

x	$\lambda=1.4$	$\lambda=1.6$	$\lambda=1.8$		
0	1.000 000	1.000 000	1.000 000		
1	0.753 403	0.798 103	0.834 701		
2	0.408 167	0.475 069	0.537 163		
3	0.166 520	0.216 642	0.269 379		
4	0.053 725	0.078 813	0.108 708		
5	0.014 253	0.023 862	0.036 407		
6	0.003 201	0.006 040	0.010 378		
7	0.000 622	0.001 336	0.002 569		
8	0.000 107	0.000 260	0.000 562		
9	0.000 016	0.000 045	0.000 110		
10	0.000 002	0.000 007	0.000 019		
11		0.000 001	0.000 003		

$$1 - F(x-1) = \sum_{r=x}^{\infty} \frac{e^{-\lambda}\lambda^r}{r!}$$

续表

x	$\lambda=2.5$	$\lambda=3.0$	$\lambda=3.5$	$\lambda=4.0$	$\lambda=4.5$	$\lambda=5.0$
0	1.000 000 0	1.000 000 0	1.000 000 0	1.000 000 0	1.000 000 0	1.000 000 0
1	0.917 915	0.950 213	0.969 803	0.981 684	0.988 891	0.993 261
2	0.712 703	0.800 852	0.864 112	0.908 422	0.938 901	0.959 572
3	0.456 187	0.576 810	0.679 153	0.761 897	0.826 422	0.875 348
4	0.242 424	0.352 768	0.463 367	0.566 530	0.657 704	0.734 974
5	0.108 822	0.184 737	0.274 555	0.371 163	0.467 896	0.559 507
6	0.042 021	0.083 918	0.142 386	0.214 870	0.297 070	0.384 039
7	0.014 187	0.033 509	0.065 288	0.110 674	0.168 949	0.237 817
8	0.004 247	0.011 905	0.026 793	0.051 134	0.086 586	0.133 372
9	0.001 140	0.003 803	0.009 874	0.021 363	0.040 257	0.068 094
10	0.000 277	0.001 102	0.003 315	0.008 132	0.017 093	0.031 828
11	0.000 062	0.000 292	0.001 019	0.002 840	0.006 669	0.013 695
12	0.000 013	0.000 071	0.000 289	0.000 915	0.002 404	0.005 453
13	0.000 002	0.000 016	0.000 076	0.000 274	0.000 805	0.002 019
14		0.000 003	0.000 019	0.000 076	0.000 252	0.000 698
15		0.000 001	0.000 004	0.000 020	0.000 074	0.000 226
16			0.000 001	0.000 005	0.000 020	0.000 069
17				0.000 001	0.000 005	0.000 020
18					0.000 001	0.000 005
19						0.000 001

附录 C　t 分布分位数表

$$P\{t(n) > t_\alpha(n)\} = \alpha$$

n	$\alpha=0.2$	$\alpha=0.10$	$\alpha=0.05$	$\alpha=0.025$	$\alpha=0.01$	$\alpha=0.005$
1	1.000 0	3.077 7	6.313 8	12.706 2	31.827 0	63.657 4
2	0.816 5	1.885 6	2.920 0	4.307 2	6.964 6	9.924 8
3	0.764 9	1.637 7	2.353 4	3.182 4	4.540 7	5.840 9
4	0.740 7	1.533 2	2.131 8	2.776 4	3.746 9	4.604 1
5	0.726 7	1.475 9	2.015 0	2.570 6	3.364 9	4.032 2
6	0.717 6	1.439 8	1.943 2	2.446 9	3.142 7	3.707 4
7	0.711 1	1.414 9	1.894 6	2.364 6	2.998 0	3.499 5
8	0.706 4	1.396 8	1.859 5	2.306 0	2.896 5	3.355 4
9	0.702 7	1.383 0	1.833 1	2.262 2	2.824 1	3.249 8
10	0.699 8	1.372 2	1.812 5	2.228 1	2.763 8	3.169 3
11	0.697 4	1.363 4	1.795 9	2.201 0	2.718 1	3.105 8
12	0.695 5	1.356 2	1.782 3	2.178 8	2.681 0	3.054 5
13	0.693 8	1.350 2	1.770 9	2.160 4	2.650 3	3.012 3
14	0.692 4	1.345 0	1.761 3	2.144 8	2.624 5	2.976 8
15	0.691 2	1.340 6	1.753 1	2.131 5	2.602 5	2.946 7
16	0.690 1	1.336 8	1.745 9	2.119 9	2.583 5	2.920 8
17	0.689 2	1.333 4	1.739 6	2.109 8	2.566 9	2.898 2
18	0.688 4	1.330 4	1.734 1	2.100 9	2.552 4	2.878 4
19	0.687 6	1.327 7	1.729 1	2.093 0	2.539 5	2.860 9
20	0.687 0	1.325 3	1.724 7	2.086 0	2.528 0	2.845 3
21	0.686 4	1.323 2	1.720 7	2.079 6	2.517 7	2.831 4
22	0.685 8	1.321 2	1.717 1	2.073 9	2.508 3	2.818 8
23	0.685 3	1.319 5	1.713 9	2.068 7	2.499 9	2.807 3
24	0.684 8	1.317 8	1.710 9	2.063 9	2.492 2	2.796 9
25	0.684 4	1.316 3	1.708 1	2.059 5	2.485 1	2.787 4
26	0.684 0	1.315 0	1.705 6	2.055 5	2.478 6	2.778 7
27	0.683 7	1.313 7	1.703 3	2.051 8	2.472 7	2.770 7
28	0.683 4	1.312 5	1.701 1	2.048 4	2.467 1	2.763 3
29	0.683 0	1.311 4	1.699 1	2.045 2	2.462 0	2.756 4
30	0.682 8	1.310 4	1.697 3	2.042 3	2.457 3	2.750 0
31	0.682 5	1.309 5	1.695 5	2.039 5	2.452 8	2.744 0
32	0.682 2	1.308 6	1.693 9	2.036 9	2.448 7	2.738 5
33	0.682 0	1.307 7	1.692 4	2.034 5	2.444 8	2.733 3
34	0.681 8	1.307 0	1.690 9	2.032 2	2.441 1	2.782 4
35	0.681 6	1.306 2	1.689 6	2.030 1	2.437 7	2.723 8
36	0.681 4	1.305 5	1.688 3	2.028 1	2.434 5	2.719 5
37	0.681 2	1.304 9	1.687 1	2.026 2	2.431 4	2.715 4
38	0.681 0	1.304 2	1.686 0	2.024 4	2.428 6	2.711 6
39	0.680 8	1.303 6	1.684 9	2.022 7	2.425 8	2.707 9
40	0.680 7	1.303 1	1.683 9	2.021 1	2.423 3	2.704 5
41	0.680 5	1.302 5	1.682 9	2.019 5	2.420 8	2.701 2
42	0.680 4	1.302 0	1.682 0	2.018 1	2.418 5	2.698 1
43	0.680 2	1.301 6	1.681 1	2.016 7	2.416 3	2.695 1
44	0.680 1	1.301 1	1.680 2	2.015 4	2.414 1	2.692 3
45	0.680 0	1.300 6	1.679 4	2.014 1	2.412 1	2.689 6

附录 D χ² 分布分位数表

$$P\{\chi^2(n) > \chi^2_\alpha(n)\} = \alpha$$

n	$\alpha=0.995$	$\alpha=0.99$	$\alpha=0.975$	$\alpha=0.95$	$\alpha=0.90$	$\alpha=0.75$
1	—	—	0.001	0.004	0.016	0.102
2	0.010	0.020	0.052	0.103	0.211	0.575
3	0.072	0.115	0.216	0.352	0.584	1.213
4	0.207	0.297	0.484	0.711	1.064	1.923
5	0.412	0.554	0.831	1.145	1.610	2.675
6	0.676	0.872	1.237	1.635	2.204	3.455
7	0.989	1.239	1.690	2.167	2.833	4.255
8	1.344	1.646	2.180	2.733	3.490	5.071
9	1.735	2.088	2.700	3.325	4.168	5.899
10	2.156	2.558	3.247	3.940	4.865	6.737
11	2.603	3.053	3.816	4.575	5.578	7.584
12	3.074	3.571	4.404	5.226	6.304	8.438
13	3.565	4.107	5.009	5.892	7.042	9.299
14	4.075	4.660	5.629	6.571	7.790	10.165
15	4.601	5.229	6.262	7.261	8.547	11.037
16	5.142	5.812	6.908	7.962	9.312	11.912
17	5.697	6.408	7.564	8.672	10.085	12.792
18	6.265	7.015	8.231	9.390	10.865	13.675
19	6.844	7.633	8.907	10.117	11.651	14.562
20	7.434	8.260	9.591	10.851	12.443	15.452
21	8.034	8.897	10.283	11.591	13.240	16.344
22	8.634	9.542	10.982	12.338	14.042	17.240
23	9.260	10.196	11.689	13.091	14.848	18.137
24	9.886	10.856	12.401	13.848	15.659	19.037
25	10.520	11.524	13.120	14.611	16.473	19.939
26	11.160	12.198	13.844	15.379	17.292	20.843
27	11.808	12.879	14.573	16.151	18.114	21.749
28	12.416	13.565	15.308	16.928	18.939	22.657
29	13.121	14.257	16.047	17.708	19.768	23.576
30	13.787	14.954	16.791	18.493	20.599	24.478
31	14.458	15.655	17.593	19.281	21.434	25.390
32	15.134	16.362	18.291	20.072	22.271	26.304
33	15.815	17.074	19.047	20.867	23.110	27.219
34	16.501	17.789	19.806	21.664	23.952	28.136
35	17.192	18.509	20.569	22.465	24.797	29.054
36	17.887	19.233	21.336	23.269	25.643	29.973
37	18.586	19.960	22.106	24.075	26.492	30.893
38	19.289	20.691	22.878	24.884	27.343	31.815
39	19.996	21.426	23.654	25.695	28.196	32.737
40	20.707	22.164	24.433	26.509	29.051	33.660
41	21.421	22.906	25.215	27.326	29.907	34.585
42	22.138	23.650	25.999	28.144	30.765	35.510
43	22.859	24.398	26.785	28.965	31.625	36.436
44	23.584	25.148	27.575	29.787	32.487	37.363
45	24.311	25.901	28.366	30.612	33.350	38.291

$$P\{\chi^2(n) > \chi_\alpha^2(n)\} = \alpha \qquad 续表$$

n	$\alpha=0.25$	$\alpha=0.10$	$\alpha=0.05$	$\alpha=0.025$	$\alpha=0.01$	$\alpha=0.005$
1	1.323	2.706	3.841	5.024	6.635	7.879
2	2.773	4.605	5.991	7.378	9.210	10.579
3	4.108	6.251	7.815	9.348	11.345	12.838
4	5.385	7.779	9.488	11.143	13.277	14.860
5	6.626	9.236	11.071	12.833	15.086	16.750
6	7.841	10.645	12.592	14.449	16.812	18.584
7	9.037	12.017	14.067	16.013	18.475	20.278
8	10.219	13.362	15.507	17.535	20.090	21.955
9	11.389	14.684	16.919	19.023	21.666	23.589
10	12.549	15.987	18.307	20.483	23.209	25.188
11	13.701	17.275	19.675	21.920	24.725	26.757
12	14.845	18.549	21.026	23.337	26.217	28.299
13	15.984	19.812	22.363	24.736	27.688	29.819
14	17.117	21.064	23.685	26.119	29.141	31.319
15	18.245	22.307	24.996	27.488	30.578	32.801
16	19.369	23.542	24.296	28.845	32.000	34.267
17	20.489	24.769	27.587	30.191	33.409	35.718
18	21.605	25.989	28.869	31.526	34.805	37.156
19	22.718	27.204	30.144	32.852	36.191	38.582
20	23.828	28.412	31.410	34.170	37.566	39.997
21	24.935	29.615	32.671	35.479	38.932	41.401
22	26.039	30.813	33.924	36.781	40.289	42.796
23	27.141	32.007	35.172	38.076	41.638	44.181
24	28.241	33.196	36.415	39.364	42.980	45.559
25	29.339	34.382	37.652	40.646	44.314	46.928
26	30.435	35.563	38.885	41.923	45.642	48.290
27	31.528	36.741	40.113	43.194	46.963	49.645
28	32.620	37.916	41.337	44.461	48.278	50.993
29	33.711	39.087	42.557	45.722	49.588	52.336
30	34.800	40.265	43.773	46.979	50.892	53.672
31	35.887	41.422	44.985	48.232	52.191	55.003
32	36.973	42.585	46.194	49.480	53.486	56.328
33	38.058	43.745	47.400	50.725	54.776	57.648
34	39.141	44.903	48.602	51.966	56.061	58.964
35	40.223	46.059	49.802	53.203	57.342	60.275
36	41.304	47.212	50.998	54.437	58.619	61.581
37	42.383	48.363	52.192	55.668	59.892	62.883
38	43.462	49.513	53.384	56.806	61.162	64.181
39	44.539	50.660	54.527	58.120	62.428	65.476
40	45.616	51.805	55.758	59.342	63.691	66.766
41	46.692	52.949	56.942	60.561	64.950	68.053
42	47.766	54.090	58.124	61.777	66.206	69.336
43	48.840	55.230	59.304	62.990	67.459	70.616
44	49.913	56.369	60.481	64.201	68.710	71.893
45	50.985	57.505	61.656	65.410	69.957	73.166

附录 E　F 分布分位数表

$$P\{F(n_1,n_2) > F_\alpha(n_1,n_2)\} = \alpha$$

$$\alpha = 0.10$$

n_2 \ n_1	1	2	3	4	5	6	7	8	9	10	12	15	20	24	30	40	60	120	∞
1	39.86	49.50	53.59	55.83	57.24	58.20	58.91	59.44	59.86	60.19	60.71	61.22	61.74	62.00	62.26	62.53	62.79	63.06	63.33
2	8.53	9.00	9.16	9.24	9.29	9.33	9.35	9.37	9.38	9.39	9.41	9.42	9.44	9.45	9.46	9.47	9.47	9.48	9.49
3	5.54	5.46	5.39	5.34	5.31	5.28	5.27	5.25	5.24	5.23	5.22	5.20	5.18	5.18	5.17	5.16	5.15	5.14	5.13
4	4.54	4.32	4.19	4.11	4.05	4.01	3.98	3.95	3.94	3.92	3.90	3.87	3.84	3.83	3.82	3.80	3.79	3.78	3.76
5	4.06	3.78	3.62	3.52	3.45	3.40	3.37	3.34	3.32	3.30	3.27	3.24	3.21	3.19	3.17	3.16	3.14	3.12	3.10
6	3.78	3.46	3.29	3.18	3.11	3.05	3.01	2.98	2.96	2.94	2.90	2.87	2.84	2.82	2.80	2.78	2.76	2.74	2.72
7	3.59	3.26	3.07	2.96	2.88	2.83	2.78	2.75	2.72	2.70	2.67	2.63	2.59	2.58	2.56	2.54	2.51	2.49	2.47
8	3.46	3.11	2.92	2.81	2.73	2.67	2.62	2.59	2.56	2.54	2.50	2.46	2.42	2.40	2.38	2.36	2.34	2.32	2.29
9	3.36	3.01	2.81	2.69	2.61	2.55	2.51	2.47	2.44	2.42	2.38	2.34	2.30	2.28	2.25	2.23	2.21	2.18	2.16
10	3.29	2.92	2.37	2.61	2.52	2.46	2.41	2.38	2.35	2.32	2.28	2.24	2.20	2.18	2.16	2.13	2.11	2.08	2.06
11	3.23	2.86	2.66	2.54	2.45	2.39	2.34	2.30	2.27	2.25	2.21	2.17	2.12	2.10	2.08	2.05	2.03	2.00	1.97
12	3.18	2.81	2.61	2.48	2.39	2.33	2.28	2.24	2.21	2.19	2.15	2.10	2.06	2.04	2.01	1.99	1.96	1.93	1.90
13	3.14	2.76	2.56	2.43	2.35	2.28	2.23	2.20	2.16	2.14	2.10	2.05	2.01	1.98	1.96	1.93	1.90	1.88	1.85
14	3.10	2.73	2.52	2.39	2.31	2.24	2.19	2.15	2.12	2.10	2.05	2.01	1.96	1.94	1.91	1.89	1.86	1.83	1.80
15	3.07	2.70	2.49	2.36	2.27	2.21	2.16	2.12	2.09	2.06	2.02	1.97	1.92	1.90	1.87	1.85	1.82	1.79	1.76
16	3.05	2.67	2.46	2.33	2.24	2.18	2.13	2.09	2.06	2.03	1.99	1.94	1.89	1.87	1.84	1.81	1.78	1.75	1.72
17	3.03	2.64	2.44	2.31	2.22	2.15	2.10	2.06	2.03	2.00	1.96	1.91	1.86	1.84	1.81	1.78	1.75	1.72	1.69
18	3.01	2.62	2.42	2.29	2.20	2.13	2.08	2.04	2.00	1.98	1.93	1.89	1.84	1.81	1.78	1.75	1.72	1.69	1.66
19	2.99	2.61	2.40	2.27	2.18	2.11	2.06	2.02	1.98	1.96	1.91	1.86	1.81	1.79	1.76	1.73	1.70	1.67	1.63
20	2.97	2.59	2.38	2.25	2.16	2.09	2.04	2.00	1.96	1.94	1.89	1.84	1.79	1.77	1.74	1.71	1.68	1.64	1.61
21	2.96	2.57	2.36	2.23	2.14	2.08	2.20	1.98	1.95	1.92	1.87	1.83	1.78	1.75	1.72	1.69	1.66	1.62	1.59
22	2.95	2.56	2.35	2.22	2.13	2.06	2.01	1.97	1.93	1.90	1.86	1.81	1.76	1.73	1.70	1.67	1.64	1.69	1.57
23	2.94	2.55	2.34	2.21	2.11	2.05	1.99	1.95	1.92	1.89	1.84	1.80	1.74	1.72	1.69	1.66	1.62	1.59	1.55
24	2.93	2.54	2.33	2.19	2.10	2.04	1.98	1.94	1.91	1.88	1.83	1.78	1.73	1.70	1.67	1.64	1.61	1.57	1.53
25	2.92	2.53	2.32	2.18	2.09	2.02	1.97	1.93	1.89	1.87	1.82	1.77	1.72	1.69	1.66	1.63	1.59	1.56	1.52
26	2.91	2.52	2.31	2.17	2.08	2.01	1.96	1.92	1.88	1.86	1.81	1.73	1.71	1.65	1.65	1.61	1.58	1.54	1.50
27	2.90	2.51	2.30	2.17	2.07	2.00	1.95	1.91	1.87	1.85	1.80	1.75	1.70	1.67	1.64	1.60	1.57	1.53	1.49
28	2.89	2.50	2.29	2.16	2.06	2.00	1.94	1.90	1.87	1.84	1.79	1.74	1.69	1.66	1.63	1.59	1.56	1.52	1.48
29	2.89	2.50	2.28	2.15	2.06	1.99	1.93	1.89	1.86	1.83	1.78	1.73	1.68	1.65	1.62	1.58	1.55	1.51	1.47
30	2.88	2.49	2.28	2.14	2.05	1.98	1.93	1.88	1.85	1.82	1.77	1.72	1.67	1.64	1.61	1.57	1.54	1.50	1.46
40	2.84	2.24	2.23	2.09	2.00	1.93	1.87	1.83	1.79	1.73	1.71	1.65	1.61	1.57	1.54	1.51	1.47	1.35	1.29
60	2.79	2.39	2.18	2.04	1.95	1.87	1.82	1.77	1.74	1.71	1.66	1.60	1.54	1.51	1.48	1.44	1.40	1.35	1.29
120	2.75	2.35	2.13	1.99	1.90	1.82	1.77	1.72	1.68	1.65	1.60	1.55	1.48	1.45	1.41	1.37	1.32	1.26	1.19
∞	2.71	2.30	2.08	1.94	1.85	1.77	1.72	1.67	1.63	1.60	1.55	1.49	1.42	1.38	1.34	1.30	1.24	1.17	1.00

$\alpha=0.05$　　　　　　　　　　　　　　　　　　　　　　　　　　　　续表

n_2 \ n_1	1	2	3	4	5	6	7	8	9	10	12	15	20	24	30	40	60	120	∞
1	161.4	199.5	215.7	224.6	230.2	234.0	236.8	238.9	240.5	241.9	243.9	245.9	248.0	249.1	250.1	251.1	252.2	253.3	254.3
2	18.51	19.00	19.16	19.25	19.30	19.33	19.35	19.37	19.38	19.40	19.41	19.43	19.45	19.45	19.46	19.47	19.48	19.49	19.50
3	10.13	9.55	9.28	9.12	9.01	8.94	8.89	8.85	8.81	8.79	8.74	8.70	8.66	8.64	8.62	8.59	8.57	8.55	8.53
4	7.71	6.94	6.59	6.39	6.26	6.16	6.09	6.04	6.00	5.96	5.91	5.86	5.80	5.77	5.75	5.72	5.69	5.66	5.63
5	6.61	5.79	5.41	5.19	5.05	4.95	4.88	4.82	4.77	4.74	4.68	4.62	4.56	4.53	4.50	4.46	4.43	4.40	4.36
6	5.99	5.14	4.76	4.53	4.39	4.28	4.21	4.15	4.10	4.06	4.00	3.94	3.87	3.84	3.81	3.77	3.74	3.70	3.67
7	5.59	4.47	4.35	4.12	3.97	3.87	3.79	3.73	3.68	3.64	3.57	3.51	3.44	3.41	3.38	3.34	3.30	3.27	3.23
8	5.32	4.46	4.07	3.84	3.69	3.58	3.50	3.44	3.39	3.35	3.28	3.22	3.15	3.12	3.08	3.04	3.01	2.97	2.93
9	5.12	4.26	3.86	3.63	3.48	3.37	3.29	3.23	3.18	3.14	3.07	3.01	2.94	2.90	2.86	2.83	2.79	2.75	2.71
10	4.96	4.10	3.71	3.48	3.33	3.22	3.14	3.07	3.02	2.98	2.91	2.85	2.77	2.74	2.70	2.66	2.62	2.58	2.54
11	4.84	3.98	3.59	3.36	3.20	3.09	3.01	2.95	2.90	2.85	2.79	2.72	2.65	2.61	2.57	2.53	2.49	2.45	2.40
12	4.75	3.89	3.49	3.26	3.11	3.00	2.91	2.85	2.80	2.75	2.69	2.62	2.54	2.51	2.47	2.43	2.38	2.34	2.30
13	4.67	3.81	3.41	3.18	3.03	2.92	2.83	2.77	2.71	2.67	2.60	2.53	2.46	2.42	2.38	2.34	2.30	2.25	2.21
14	4.60	3.74	3.34	3.11	2.96	2.85	2.76	2.70	2.65	2.60	2.53	2.46	2.39	2.35	2.31	2.27	2.22	2.18	2.13
15	4.54	3.68	3.29	3.06	2.90	2.79	2.71	2.64	2.59	2.54	2.48	2.40	2.33	2.29	2.25	2.20	2.16	2.11	2.07
16	4.49	3.63	3.24	3.01	2.85	2.74	2.66	2.59	2.54	2.49	2.42	2.35	2.28	2.24	2.19	2.15	2.11	2.06	2.01
17	4.45	3.59	3.20	2.96	2.81	2.70	2.61	2.55	2.49	2.45	2.38	2.31	2.23	2.19	2.15	2.10	2.06	2.01	1.96
18	4.41	3.55	3.16	2.93	2.77	2.66	2.58	2.51	2.46	2.41	2.34	2.27	2.19	2.15	2.11	2.06	2.02	1.97	1.92
19	4.38	3.52	3.13	2.90	2.74	2.63	2.54	2.48	2.42	2.38	2.31	2.23	2.16	2.11	2.07	2.03	1.98	1.93	1.88
20	4.35	3.49	3.10	2.87	2.71	2.60	2.51	2.45	2.39	2.35	2.28	2.20	2.12	2.08	2.04	1.99	1.95	1.90	1.84
21	4.32	3.47	3.07	2.84	2.68	2.57	2.49	2.42	2.37	2.32	2.25	2.18	2.10	2.05	2.01	1.96	1.92	1.87	1.81
22	4.30	3.44	3.05	2.82	2.66	2.55	2.46	2.40	2.34	2.30	2.23	2.15	2.07	2.03	1.98	1.94	1.89	1.84	1.78
23	4.28	3.42	3.03	2.80	2.64	2.53	2.44	2.37	2.32	2.27	2.20	2.13	2.05	2.01	1.96	1.91	1.86	1.81	1.76
24	4.26	3.40	3.01	2.78	2.62	2.51	2.42	2.36	2.30	2.25	2.18	2.11	2.03	1.98	1.94	1.89	1.84	1.79	1.73
25	4.24	3.39	2.99	2.76	2.60	2.49	2.40	2.34	2.28	2.24	2.16	2.09	2.01	1.96	1.92	1.87	1.82	1.77	1.71
26	4.23	3.37	2.98	2.74	2.59	2.47	2.39	2.32	2.27	2.22	2.15	2.07	1.99	1.95	1.90	1.85	1.80	1.75	1.69
27	4.21	3.35	2.96	2.73	2.57	2.46	2.37	2.31	2.25	2.20	2.13	2.06	1.97	1.93	1.88	1.84	1.79	1.73	1.67
28	4.20	3.34	2.95	2.71	2.56	2.45	2.36	2.29	2.24	2.19	2.12	2.04	1.96	1.91	1.87	1.82	1.77	1.71	1.65
29	4.18	3.33	2.93	2.70	2.55	2.43	2.35	2.28	2.22	2.18	2.10	2.03	1.94	1.90	1.85	1.81	1.75	1.70	1.64
30	4.17	3.32	2.92	2.69	2.53	2.42	2.33	2.27	2.21	2.16	2.09	2.01	1.93	1.89	1.84	1.79	1.74	1.68	1.62
40	4.08	3.23	2.84	2.61	2.45	2.34	2.25	2.18	2.12	2.08	2.00	1.92	1.84	1.79	1.74	1.69	1.64	1.58	1.51
60	4.00	3.15	2.76	2.53	2.37	2.25	2.17	2.10	2.04	1.99	1.92	1.84	1.75	1.70	1.65	1.59	1.53	1.47	1.39
120	3.92	3.07	2.68	2.45	2.29	2.17	2.09	2.02	1.96	1.91	1.83	1.75	1.66	1.61	1.55	1.50	1.43	1.35	1.25
∞	3.84	3.00	2.60	2.37	2.21	2.10	2.01	1.94	1.88	1.83	1.75	1.67	1.57	1.52	1.46	1.39	1.32	1.22	1.00

$$\alpha=0.025$$

n_2 \ n_1	1	2	3	4	5	6	7	8	9	10	12	15	20	24	30	40	60	120	∞
1	647.8	799.5	864.2	899.6	921.8	937.1	948.2	956.7	963.3	968.6	976.7	984.9	993.1	997.2	1 001	1 006	1 010	1 014	1 018
2	38.51	39.00	39.17	39.25	39.30	39.33	39.36	39.37	39.39	39.40	39.41	39.43	39.45	39.45	39.46	39.47	39.48	39.49	39.50
3	17.44	16.06	15.44	15.10	14.88	14.73	14.62	14.54	14.47	14.42	14.34	14.25	14.17	14.12	14.08	14.04	13.99	13.95	13.90
4	12.22	10.65	9.98	9.60	9.36	9.20	9.07	8.98	8.90	8.84	8.75	8.66	8.56	8.51	8.46	8.41	8.36	8.31	8.26
5	10.01	8.43	7.76	7.39	7.15	6.98	6.85	6.76	6.68	6.62	6.52	6.43	6.33	6.28	6.23	6.18	6.12	6.07	6.02
6	8.81	7.26	6.60	6.23	5.99	5.28	5.70	5.60	5.52	5.46	5.37	5.27	5.17	5.12	5.07	5.01	4.96	4.90	4.85
7	8.07	6.54	5.89	5.52	5.29	5.12	4.99	4.90	4.82	4.76	4.67	4.57	4.47	4.42	4.36	4.31	4.25	4.20	4.14
8	7.57	6.06	5.42	5.05	4.82	4.65	4.53	4.43	4.36	4.30	4.20	4.10	4.00	3.95	3.89	3.84	3.78	3.73	3.67
9	7.21	5.71	5.08	4.72	4.48	4.23	4.20	4.10	4.03	3.96	3.87	3.77	3.67	3.61	3.56	3.51	3.45	3.39	3.33
10	6.94	5.46	4.83	4.47	4.24	4.07	3.95	3.85	3.78	3.72	3.62	3.52	3.42	3.37	3.31	3.26	3.20	3.14	3.08
11	6.72	5.26	4.63	4.28	4.04	3.88	3.76	3.66	3.59	3.53	3.43	3.33	3.23	3.17	3.12	3.06	3.00	2.94	2.88
12	6.55	5.10	4.47	4.12	3.89	3.73	3.61	3.51	3.44	3.37	3.28	3.18	3.07	3.02	2.96	2.91	2.85	2.79	2.72
13	6.41	4.97	4.35	4.00	3.77	3.60	3.48	3.39	3.31	3.25	3.15	3.05	2.95	2.89	2.84	2.78	2.72	2.66	2.60
14	6.30	4.86	4.24	3.89	3.66	3.50	3.38	3.29	3.21	3.15	3.05	2.95	2.84	2.79	2.73	2.67	2.61	2.55	2.49
15	6.20	4.77	4.15	3.80	3.58	3.41	3.29	3.20	3.12	3.06	2.96	2.86	2.76	2.70	2.64	2.59	2.52	2.46	2.40
16	6.12	4.69	4.08	3.73	3.50	3.34	3.22	3.12	3.05	2.99	2.89	2.79	2.68	2.63	2.57	2.51	2.45	2.38	2.32
17	6.04	4.62	4.01	3.66	3.44	3.28	3.16	3.06	2.98	2.92	2.82	2.72	2.62	2.56	2.50	2.44	2.38	2.32	2.25
18	5.98	4.56	3.95	3.61	3.38	3.22	3.10	3.01	2.93	2.87	2.77	2.67	2.56	2.50	2.44	2.38	2.32	2.26	2.19
19	5.92	4.15	3.90	3.56	3.33	3.17	3.05	2.96	2.88	2.82	2.72	2.62	2.51	2.45	2.39	2.33	2.27	2.20	2.13
20	5.87	4.46	3.86	3.51	3.29	3.13	3.01	2.91	2.84	2.77	2.68	2.57	2.46	2.41	2.35	2.29	2.22	2.16	2.09
21	5.83	4.42	3.82	3.48	3.25	3.09	2.97	2.87	2.80	2.73	2.64	2.53	2.42	2.37	2.31	2.25	2.18	2.11	2.04
22	5.79	4.38	3.78	3.44	3.22	3.05	2.93	2.84	2.76	2.70	2.60	2.50	2.39	2.33	2.27	2.21	2.14	2.08	2.00
23	5.75	4.35	3.75	3.41	3.18	3.02	2.90	2.81	2.73	2.67	2.57	2.47	2.36	2.30	2.24	2.18	2.11	2.04	1.97
24	5.72	4.32	3.72	3.38	3.15	2.99	2.87	2.78	2.70	2.64	2.54	2.44	2.33	2.27	2.21	2.15	2.08	2.01	1.94
25	5.69	4.29	3.69	3.35	3.13	2.97	2.85	2.75	2.68	2.61	2.51	2.41	2.30	2.24	2.18	2.12	2.05	1.98	1.91
26	5.66	4.27	3.67	3.33	3.10	2.94	2.82	2.73	2.65	2.59	2.49	2.39	2.28	2.22	2.16	2.09	2.03	1.95	1.88
27	5.63	4.24	3.65	3.31	3.08	2.92	2.80	2.71	2.63	2.57	2.47	2.36	2.25	2.19	2.13	2.07	2.00	1.93	1.85
28	5.61	4.22	3.63	3.29	3.06	2.90	2.78	2.69	2.61	2.55	2.45	2.34	2.23	2.17	2.11	2.05	1.98	1.91	1.83
29	5.59	4.20	3.61	3.27	3.04	2.88	2.76	2.67	2.59	2.53	2.43	2.32	2.21	2.15	2.09	2.03	1.96	1.89	1.81
30	5.57	4.18	3.59	3.25	3.03	2.87	2.75	2.65	2.57	2.51	2.41	2.31	2.20	2.14	2.07	2.01	1.94	1.87	1.79
40	5.42	4.05	3.46	3.13	2.90	2.74	2.62	2.53	2.45	2.39	2.29	2.18	2.07	2.01	1.94	1.88	1.80	1.72	1.64
60	5.29	3.93	3.34	3.01	2.79	2.63	2.51	2.41	2.33	2.27	2.17	2.06	1.94	1.88	1.82	1.74	1.67	1.58	1.48
120	5.51	3.80	3.23	2.89	2.67	2.52	2.39	2.30	2.22	2.16	2.05	1.94	1.82	1.76	1.69	1.61	1.53	1.43	1.31
∞	5.02	3.69	3.12	2.97	2.57	2.41	2.29	2.19	2.11	2.05	1.94	1.83	1.71	1.64	1.57	1.48	1.39	1.27	1.00

$\alpha=0.01$　　　　　　　　　　　　　　　　续表

n_1 n_2	1	2	3	4	5	6	7	8	9	10	12	15	20	24	30	40	60	120	∞
1	4 052	4 999.5	5 403	5 625	5 764	5 859	5 928	5 982	6 022	6 056	6 106	6 157	6 209	6 235	6 261	6 287	6 313	6 339	6 366
2	98.50	99.00	99.17	99.25	99.30	99.33	99.36	99.37	99.39	99.40	99.42	99.43	99.45	99.46	99.47	99.47	99.48	99.49	99.50
3	34.12	30.82	29.46	28.71	28.24	27.91	27.67	27.49	27.35	27.23	27.05	26.87	26.69	26.60	26.50	26.41	26.32	26.22	26.13
4	21.20	18.00	16.69	15.98	15.52	15.21	14.98	14.80	14.66	14.55	14.37	14.20	14.02	13.93	13.84	13.75	13.65	13.56	13.46
5	16.26	13.27	12.06	11.39	10.97	10.67	10.46	10.29	10.16	10.05	9.89	9.72	9.55	9.47	9.38	9.29	9.20	9.11	9.02
6	13.75	10.92	9.78	9.15	8.75	8.47	8.26	8.10	7.98	7.87	7.72	7.56	7.40	7.13	7.23	7.14	7.06	6.97	6.88
7	12.25	9.55	8.45	7.85	7.46	7.19	6.99	6.84	6.72	6.62	6.47	6.31	6.16	6.07	5.99	5.91	5.82	5.74	5.65
8	11.26	8.65	7.59	7.01	6.63	6.37	6.18	6.03	5.91	5.81	5.67	5.52	5.36	5.28	5.20	5.12	5.03	4.95	4.86
9	10.56	8.02	6.99	6.42	6.06	5.80	5.61	5.47	5.35	5.26	5.11	4.96	4.81	4.73	4.65	4.57	4.48	4.40	4.31
10	10.04	7.56	6.55	5.99	5.64	5.39	5.20	5.06	4.94	4.85	4.71	4.56	4.41	4.33	4.25	4.17	4.08	4.00	3.91
11	9.65	7.21	6.22	5.67	5.32	5.07	4.89	4.74	4.63	4.54	4.40	4.25	4.10	4.02	3.94	3.86	3.78	3.69	3.60
12	9.33	6.93	5.95	5.41	5.06	4.28	4.64	4.50	4.39	4.30	4.16	4.01	3.86	3.78	3.70	3.62	3.54	3.45	3.36
13	9.07	6.70	5.74	5.21	4.86	4.62	4.44	4.30	4.19	4.10	3.96	3.82	3.66	3.59	3.51	3.43	3.34	3.25	3.17
14	8.86	6.51	5.56	5.04	4.69	4.46	4.28	4.14	4.03	3.94	3.80	3.66	3.51	3.43	3.35	3.27	3.18	3.09	3.00
15	8.68	6.36	5.42	4.89	4.56	4.32	4.14	4.00	3.89	3.80	3.67	3.52	3.37	3.29	3.21	3.13	3.05	2.96	2.87
16	8.53	6.23	5.29	4.77	4.44	4.20	4.03	3.89	3.78	3.69	3.55	3.41	3.26	3.18	3.10	3.02	2.93	2.84	2.75
17	8.40	6.11	5.18	4.67	4.34	4.10	3.93	3.79	3.68	3.59	3.46	3.31	3.16	3.08	3.00	2.92	2.83	2.75	2.65
18	8.29	6.01	5.09	4.58	4.25	4.01	3.84	3.71	3.60	3.51	3.37	3.23	3.08	3.00	2.92	2.84	2.75	2.66	2.57
19	8.18	5.93	5.01	4.50	4.17	3.94	3.77	3.63	3.52	3.43	3.30	3.15	3.00	2.92	2.84	2.76	2.67	2.58	2.49
20	8.10	5.85	4.94	4.43	4.10	3.87	3.70	3.56	3.46	3.37	3.23	3.09	2.94	2.86	2.78	2.69	2.61	2.52	2.42
21	8.02	5.78	4.87	4.37	4.04	3.81	3.64	3.51	3.40	3.31	3.17	3.03	2.88	2.80	2.72	2.64	2.55	2.46	2.36
22	7.95	5.72	4.82	4.31	3.99	3.76	3.59	3.45	3.35	3.26	3.12	2.98	2.83	2.75	2.67	2.58	2.50	2.40	2.31
23	7.88	5.66	4.76	4.26	3.94	3.71	3.54	3.41	3.30	3.21	3.07	2.93	2.78	2.70	2.62	2.54	2.45	2.35	2.26
24	7.82	5.61	4.72	4.22	3.90	3.67	3.50	3.36	3.26	3.17	3.03	2.89	2.74	2.66	2.58	2.49	2.40	2.31	2.21
25	7.77	5.57	4.68	4.18	3.85	3.63	3.46	3.32	3.22	3.13	2.99	2.85	2.70	2.62	2.54	2.45	2.36	2.27	2.17
26	7.72	5.53	4.64	4.14	3.82	3.59	3.42	3.29	3.18	3.09	2.96	2.81	2.66	2.58	2.50	2.42	2.33	2.23	2.13
27	7.68	5.49	4.60	4.11	3.78	3.56	3.39	3.26	3.15	3.06	2.93	2.78	2.63	2.55	2.47	2.38	2.29	2.20	2.10
28	7.64	5.45	4.57	4.07	3.75	3.53	3.36	3.23	3.12	3.03	2.90	2.75	2.60	2.52	2.44	2.35	2.26	2.17	2.06
29	7.60	5.42	4.54	4.04	3.73	3.50	3.33	3.20	3.09	3.00	2.87	2.73	2.57	2.49	2.41	2.33	2.23	2.14	2.03
30	7.56	5.39	4.51	4.02	3.70	3.47	3.30	3.17	3.07	2.98	2.84	2.70	2.55	2.47	2.39	2.30	2.21	2.11	2.01
40	7.31	5.18	4.31	3.83	3.51	3.29	3.12	2.99	2.89	2.80	2.66	2.52	2.37	2.29	2.20	2.11	2.02	1.92	1.80
60	7.08	4.98	4.13	3.65	3.34	3.12	2.95	2.82	2.72	2.63	2.50	2.35	2.20	2.12	2.03	1.94	1.84	1.73	1.60
120	6.85	4.79	3.95	3.84	3.17	2.96	2.79	2.66	2.56	2.47	2.34	2.19	2.03	1.95	1.86	1.76	1.66	1.58	1.38
∞	6.63	4.61	3.78	3.32	3.02	2.80	2.64	2.51	2.41	2.32	2.18	2.04	1.88	1.79	1.70	1.59	1.47	1.32	1.00

$\alpha=0.005$ 续表

n_2 \ n_1	1	2	3	4	5	6	7	8	9	10	12	15	20	24	30	40	60	120	∞
1	16 211	20 000	21 615	22 500	23 056	23 437	23 715	23 925	24 091	24 224	24 426	24 630	24 836	24 940	25 004	25 148	25 253	25 359	25 465
2	198.5	199.0	199.2	199.2	199.3	199.3	199.4	199.5	199.4	199.4	199.4	199.4	199.4	199.5	199.5	199.5	199.5	199.5	199.5
3	55.55	49.80	47.47	46.19	45.39	44.84	44.43	44.13	43.88	43.69	43.39	43.08	42.78	42.62	42.47	42.31	42.15	41.99	41.83
4	31.33	26.28	24.26	23.15	22.46	21.97	21.62	21.35	21.14	20.97	20.70	20.44	20.17	20.03	19.89	19.75	19.61	19.47	19.32
5	22.78	18.31	16.53	15.56	14.94	14.51	14.20	13.96	13.77	13.62	13.38	13.15	12.90	12.78	12.66	12.53	12.40	12.27	12.14
6	18.63	14.54	12.92	12.03	11.46	11.07	10.79	10.57	10.39	10.25	10.03	9.81	9.59	9.47	9.36	9.24	9.12	9.00	8.88
7	16.24	12.40	10.88	10.05	9.52	9.16	8.89	8.68	8.51	8.38	8.18	7.97	7.75	7.65	7.53	7.42	7.31	7.19	7.08
8	14.69	11.04	9.60	8.81	8.30	7.95	7.69	7.50	7.34	7.21	7.01	6.81	6.61	6.50	6.40	6.29	6.18	6.06	5.95
9	13.61	10.11	8.72	7.96	7.47	7.13	6.88	6.69	6.54	6.42	6.23	6.03	5.83	5.73	5.62	5.52	5.41	5.30	5.19
10	12.83	9.43	8.08	7.34	6.87	6.54	6.30	6.12	5.97	5.85	5.66	5.47	5.27	5.17	5.05	4.97	4.86	4.75	4.64
11	12.23	8.91	7.60	6.88	6.42	6.10	5.86	5.68	5.54	5.42	5.24	5.05	4.86	4.76	4.65	4.55	4.44	4.34	4.23
12	11.75	8.51	7.23	6.52	6.07	5.76	5.52	5.35	5.20	5.09	4.91	4.72	4.53	4.43	4.33	4.23	4.12	4.01	3.90
13	11.37	8.19	6.93	6.23	5.79	5.48	5.25	5.08	4.94	4.82	4.64	4.46	4.27	4.17	4.07	3.97	3.87	3.76	3.65
14	11.06	7.92	6.68	6.00	5.56	5.26	5.03	4.86	4.72	4.60	4.43	4.25	4.06	3.96	3.86	3.76	3.66	3.55	3.44
15	10.80	7.70	6.48	5.80	5.37	5.07	4.85	4.67	4.54	4.42	4.25	4.07	3.88	3.79	3.69	3.58	3.48	3.37	3.26
16	10.58	7.51	6.30	5.64	5.12	4.91	4.69	4.52	4.38	4.27	4.10	3.92	3.73	3.64	3.54	3.44	3.33	3.22	3.11
17	10.38	7.35	6.16	5.50	5.07	4.78	4.56	4.39	4.25	4.14	3.97	3.79	3.61	3.51	3.41	3.31	3.21	3.10	2.98
18	10.22	7.21	6.03	5.37	4.96	4.66	4.44	4.28	4.17	4.03	3.86	3.68	3.50	3.40	3.30	3.20	3.10	2.99	2.87
19	10.07	7.09	5.92	5.27	4.85	4.56	4.34	4.18	4.04	3.93	3.76	3.59	3.40	3.31	3.21	3.11	3.00	2.89	2.78
20	9.94	6.99	5.82	5.17	4.76	4.47	4.26	4.09	3.90	3.85	3.68	3.50	3.32	3.22	3.12	3.02	2.92	2.81	2.69
21	9.83	6.89	5.73	5.09	4.68	4.39	4.18	4.01	3.88	3.77	3.60	3.43	3.24	3.15	3.05	2.95	2.84	2.73	2.61
22	9.73	6.81	5.65	5.02	4.61	4.32	4.11	3.94	3.81	3.70	3.54	3.36	3.18	3.03	2.98	2.88	2.77	2.66	2.55
23	9.63	6.73	5.58	4.95	4.54	4.26	4.05	3.88	3.75	3.64	3.47	3.30	3.12	3.02	2.92	2.82	2.71	2.60	2.48
24	9.55	6.66	5.52	4.89	4.49	4.20	3.99	3.83	3.69	3.59	3.42	3.25	3.06	2.97	2.87	2.77	2.66	2.55	2.43
25	9.48	6.60	5.46	4.84	4.43	4.15	3.94	3.78	3.64	3.54	3.37	3.20	3.01	2.92	2.82	2.72	2.61	2.50	2.38
26	9.41	6.54	5.41	4.79	4.38	4.10	3.89	3.73	3.60	3.49	3.33	3.15	2.97	2.87	2.77	2.67	2.56	2.45	2.33
27	9.34	6.49	5.36	4.74	4.34	4.06	3.85	3.69	3.56	3.45	3.28	3.11	2.93	2.83	2.73	2.63	2.52	2.41	2.29
28	9.28	6.44	5.32	4.70	4.30	4.02	3.81	3.65	3.52	3.41	3.25	3.07	2.89	2.79	2.69	2.59	2.48	2.37	2.25
29	9.23	6.40	5.28	4.66	4.26	3.98	3.77	3.61	3.48	3.38	3.21	3.04	2.86	2.76	2.66	2.56	2.45	2.33	2.21
30	9.18	6.35	5.24	4.62	4.23	3.95	3.74	3.58	3.45	3.34	3.18	3.01	2.82	2.73	2.63	2.52	2.42	2.30	2.18
40	8.83	6.07	4.98	4.37	3.99	3.71	3.51	3.35	3.22	3.12	2.95	2.78	2.60	2.50	2.40	2.30	2.18	2.00	1.93
60	8.49	5.79	4.73	4.14	3.76	3.49	3.29	3.13	3.01	2.90	2.74	2.57	2.39	2.29	2.19	2.08	1.96	1.83	1.69
120	8.18	5.54	4.50	3.92	3.55	3.28	3.09	2.93	2.81	2.71	2.54	2.37	2.19	2.09	1.98	1.87	1.75	1.61	1.43
∞	7.88	5.30	4.28	3.27	3.35	3.09	2.90	2.74	2.62	2.52	2.36	2.19	2.00	1.90	1.79	1.67	1.53	1.36	1.00

$$\alpha=0.005$$

ˆ表示要将所列数乘以 100　　　　　　　　　　　　　　　　　　　　　　　　　　续表

n_2 \ n_1	1	2	3	4	5	6	7	8	9	10	12	15	20	24	30	40	60	120	∞
1	4 053ˆ	5 000ˆ	5 404ˆ	5 625ˆ	5 764ˆ	5 859ˆ	5 929ˆ	5 981ˆ	6 023ˆ	6 056ˆ	6 107ˆ	6 158ˆ	6 209ˆ	6 235ˆ	6 261ˆ	6 287ˆ	6 313ˆ	6 340ˆ	6 366ˆ
2	998.5	999.0	999.2	999.2	999.3	999.3	999.4	999.4	999.4	999.4	999.4	99.4	999.4	999.4	999.5	999.5	999.5	999.5	999.5
3	167.0	148.5	141.1	137.1	134.6	132.8	131.6	130.6	129.9	129.2	128.3	127.4	126.4	125.9	125.4	125.0	124.5	124.0	123.5
4	74.14	61.25	56.18	53.44	51.71	50.53	49.66	49.00	48.47	48.05	47.41	46.76	46.10	45.77	45.43	45.09	44.75	44.40	44.05
5	47.18	37.12	33.20	31.09	29.75	28.84	28.16	27.64	27.24	26.92	26.42	25.91	25.39	25.14	24.87	24.60	24.33	24.06	23.97
6	35.51	27.00	23.70	21.92	20.18	20.03	19.46	19.03	18.69	18.41	17.99	17.56	17.12	16.89	16.67	16.44	16.21	15.99	15.77
7	29.25	21.69	18.77	17.19	16.21	15.52	15.02	14.63	14.33	14.08	13.71	13.32	12.93	12.73	12.53	12.33	12.12	11.91	11.70
8	25.42	18.49	15.83	14.39	13.49	12.86	12.40	12.04	11.77	11.54	11.19	10.84	10.48	10.30	10.11	9.92	9.73	9.53	9.33
9	22.86	16.39	13.90	12.56	11.71	11.13	10.70	10.37	10.11	9.89	9.57	9.24	8.90	8.72	8.55	8.37	8.19	8.00	7.81
10	21.04	14.91	12.55	11.28	10.48	9.92	9.52	9.20	8.96	8.75	8.45	8.13	7.80	7.64	7.47	7.30	7.12	6.94	6.76
11	19.69	13.81	11.56	10.35	9.58	9.05	8.66	8.35	8.12	7.92	7.63	7.32	7.01	6.85	6.68	6.52	6.35	6.17	6.00
12	18.64	12.97	10.80	9.63	8.89	8.38	8.00	7.71	7.48	7.29	7.00	6.71	6.40	6.25	6.09	5.93	5.76	5.59	5.42
13	17.81	12.31	10.21	9.07	8.35	7.86	7.49	7.21	6.98	6.80	6.52	6.23	5.93	5.78	5.63	5.47	5.30	5.14	4.97
14	17.14	11.78	9.73	8.62	7.92	7.43	7.08	6.80	6.58	6.40	6.13	5.85	5.56	5.41	5.25	5.10	4.94	4.77	4.60
15	16.59	11.34	9.34	8.25	7.57	7.09	6.74	6.47	6.26	6.08	5.81	5.54	5.25	5.10	4.95	4.80	4.64	4.47	4.31
16	16.12	10.97	9.00	7.94	7.27	6.81	6.46	6.19	5.98	5.81	5.55	5.27	4.99	4.85	4.70	4.54	4.39	4.23	4.09
17	15.72	10.66	8.73	7.68	7.02	7.56	6.22	5.96	5.75	5.58	5.32	5.05	4.78	4.63	4.48	4.33	4.18	4.02	3.85
18	15.38	10.93	8.49	7.46	6.81	6.35	6.02	5.76	5.56	5.39	5.13	4.87	4.59	4.45	4.30	4.15	4.00	3.84	3.67
19	15.08	10.16	8.28	7.26	6.62	6.18	5.85	5.59	5.39	5.22	4.97	4.70	4.43	4.29	4.14	3.99	3.84	3.68	3.51
20	14.82	9.95	8.10	7.10	6.46	6.02	5.69	5.44	5.24	5.08	4.82	4.56	4.29	4.15	4.00	3.86	3.70	3.54	3.38
21	14.59	9.77	7.94	6.95	6.32	5.88	5.56	5.13	5.11	4.95	4.70	4.44	4.17	4.03	3.88	3.74	3.58	3.42	3.26
22	14.38	9.61	7.80	6.81	6.19	5.76	5.44	5.19	4.99	4.83	4.58	4.33	4.06	3.92	3.78	3.63	3.48	3.32	3.15
23	14.19	9.47	7.67	6.69	6.08	6.56	5.33	5.09	4.89	4.73	4.48	4.23	3.96	3.82	3.68	3.53	3.38	3.22	3.05
24	14.03	9.34	7.55	6.59	5.98	5.55	5.23	4.99	4.80	4.64	4.39	4.14	3.87	3.74	3.59	3.45	3.29	3.14	2.97
25	13.88	9.22	7.45	6.49	5.88	5.46	5.15	4.91	4.71	4.56	4.31	4.06	3.79	3.66	3.52	3.37	3.22	3.06	2.89
26	13.74	9.12	7.36	6.41	5.80	5.38	5.07	4.83	4.64	4.48	4.24	3.99	3.72	3.59	3.44	3.30	3.15	2.99	2.82
27	13.61	9.02	7.27	6.33	5.73	5.31	5.00	4.76	4.57	4.41	4.17	3.92	3.66	3.52	3.38	3.23	3.08	2.92	2.75
28	13.50	8.93	7.19	6.25	5.66	5.24	4.93	4.69	4.50	4.35	4.11	3.86	3.60	3.46	3.32	3.18	3.02	2.86	2.69
29	13.39	8.85	7.12	6.19	5.59	5.18	4.87	4.64	4.45	4.29	4.05	3.80	3.54	3.41	3.27	3.12	2.97	2.81	2.64
30	13.29	8.77	7.05	6.12	5.53	5.12	4.82	4.58	4.39	4.24	4.00	3.75	3.49	3.36	3.22	3.07	2.92	2.76	2.59
40	12.61	8.25	6.60	5.70	5.13	4.73	4.44	4.21	4.02	3.87	3.64	3.40	3.15	3.01	2.87	2.73	2.57	2.41	2.23
60	11.97	7.76	6.17	5.31	4.76	4.37	4.09	3.87	3.69	3.54	3.31	3.08	2.83	2.69	2.55	2.41	2.25	2.08	1.89
120	11.38	7.32	5.79	4.95	4.42	4.04	3.77	3.55	3.38	3.24	3.02	2.78	2.53	2.40	2.26	2.11	1.95	1.76	1.54
∞	10.83	6.91	5.42	4.62	4.10	3.74	3.47	3.27	3.10	2.96	2.74	2.51	2.27	2.13	1.99	1.84	1.66	1.45	1.00

参 考 文 献

[1]盛骤,谢式千,潘承毅.概率论与数理统计[M].4版.北京:高等教育出版社,2008.

[2]魏振军.概率论与数理统计[M].北京:中国铁道出版社,2008.

[3]范玉妹,汪飞星,王萍,等.概率论与数理统计[M].3版.北京:机械工业出版社,2017.

[4]魏忠舒.概率论与数理统计[M].北京:高等教育出版社,1993.

[5]易正俊.数理统计及其工程应用[M].北京:清华大学出版社,2014.

[6]茆诗松,程依明.概率论与数理统计[M].北京:高等教育出版社,2004.

[7]方开泰,全辉,陈庆云.实用回归分析[M].北京:科学出版社,1988.

[8]陈希孺.概率论与数理统计[M].合肥:中国科学技术大学出版社,1992.

[9]龙永红.概率论与数理统计[M].3版.北京:高等教育出版社,2009.

[10]李贤平,沈崇圣,陈子毅.概率论与数理统计[M].上海:复旦大学出版社,2003.

[11]陈家鼎,郑国忠.概率与统计[M].2版.北京:清华大学出版社,2017.

[12] CHUNG K L, AITSAHLIA F. Elementary Probability Theory(4th ed):影印版[M].北京:世界图书出版公司,2010.

[13]邓集贤,杨维权,司徒荣,等.概率论及数理统计[M].4版.北京:高等教育出版社,2009.

[14]张怡慈.概率论与数理统计[M].北京:科学出版社,2006.

[15]罗斯.概率论基础教程(第9版)[M].童行伟,梁宝生,译.北京:机械工业出版社,2014.

[16]王梓坤.概率论基础及其应用[M].北京:北京师范大学出版社,2007.

[17]伯特瑟卡斯.概率导论(第2版)[M].郑忠国,童行伟,译.北京:人民邮电出版社,2016.

[18]费勒.概率论及其应用:第1卷(第3版)[M].胡迪鹤,译.北京:人民邮电出版社,2014.

[19]卡塞拉,伯格.统计推断(第2版)[M].张忠占,傅莺莺,译.北京:机械工业出版社,2010.

[20]沈恒范.概率论与数理统计教程[M].4版.北京:高等教育出版社,2003.

普通高等学校"十三五"规划教材

概率论与数理统计

GAILÜLUN YU SHULI TONGJI

责任编辑：钱 鹏 徐盼欣
封面设计：刘 颖

中国铁道出版社有限公司
CHINA RAILWAY PUBLISHING HOUSE CO., LTD.

地址：北京市西城区右安门西街8号
邮编：100054
网址：http://www.tdpress.com/51eds/

ISBN 978-7-113-26635-6

9 787113 266356 >

定价：38.00元